最新
大学计算机基础
学习导航

主　编　熊　江　吴鸿娟　刘井波

副主编　潘　勇　罗爱萍　王自全　张　洪　吴　愚

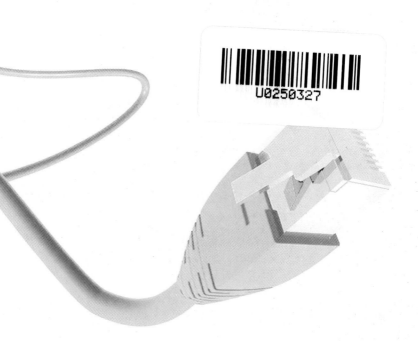

U0250327

WUHAN UNIVERSITY PRESS

武汉大学出版社

图书在版编目(CIP)数据

最新大学计算机基础学习导航/熊江,吴鸿娟,刘井波主编. —武汉:武汉大学出版社,2014.6(2016.8 重印)

ISBN 978-7-307-13513-0

Ⅰ.最…　Ⅱ.①熊…　②吴…　③刘…　Ⅲ.电子计算机—高等学校—教学参考资料　Ⅳ.TP3

中国版本图书馆 CIP 数据核字(2014)第 120885 号

责任编辑:张　欣　　　责任校对:鄢春梅　　　版式设计:韩闻锦

出版发行:**武汉大学出版社**　　(430072　武昌　珞珈山)

(电子邮件:cbs22@whu.edu.cn　网址:www.wdp.com.cn)

印刷:湖北民政印刷厂

开本:787×1092　1/16　　印张:17.75　字数:446 千字　插页:1

版次:2014 年 6 月第 1 版　　2016 年 8 月第 3 次印刷

ISBN 978-7-307-13513-0　　定价:29.80 元

前 言

随着计算机技术的飞速发展，计算机在经济与社会发展中的地位日益重要。在培养高等专业人才方面，计算机知识与应用能力是极其重要的组成部分。"大学计算机基础"主要结合当今信息社会的文化背景，学习计算机基础知识及基本操作技能。为了大家更好地掌握计算机基本知识，参加各类考试，我们按照2009年公布的《高等学校计算机基础教学战略研究报告暨计算机基础课程教学基本要求》的要求，编写了该学习指导。全书内容包含近400道例题的讲解分析、2000余道习题和3个附录。分成计算机与当代信息社会、微型计算机硬件系统、操作系统基础（Windows 7操作系统）、办公应用文字处理软件（中文Word 2010）、表格处理软件（Excel 2010）、演示文稿制作软件（PowerPoint 2010）、Access 2010的使用和计算机网络与多媒体技术基础8个部分。

本书由重庆三峡学院的熊江老师、吴鸿娟老师、刘井波老师主编，西昌学院的罗爱萍老师，重庆三峡学院的王自全老师、张洪老师、潘勇老师、吴愚老师、刘华成老师、刘雨露老师、张成林老师、王绍恒老师、徐家良老师、吴元斌老师、罗卫敏老师、刘福明老师、陈晓峰老师和方刚老师，重庆教育学院的包骏杰老师和袁萍老师，内江师范学校的胡玲老师参加了部分编写工作，最后由熊江老师总编纂。我们衷心感谢兄弟院校的领导、学者和同仁们对本书的支持和肯定，感谢学生们的认真校对。

由于作者的水平有限，书中错误与缺点在所难免，恳请广大读者批评指正。

编 者

2014年6月

目　录

第1章 计算机与当代信息社会

1.1 考纲要求

1. 计算机的发展、特点、分类及应用领域。
2. 数制的概念：二、八、十及十六进制数的表示及相互转换。
3. 计算机的数与编码，计算机中数的表示，字符、汉字编码。
4. 计算机中信息的存储单位：位、字节、字、字长。
5. 汉字常用的输入方法（熟练掌握一种）；了解汉字输入码（外码）、内码、汉字库的概念。

1.2 内容要求

1.2.1 计算机的发展、特点、分类及应用领域

电子计算机是一种能够按照人们的需求，对输入信息进行加工、处理，并将处理后的信息输出、显示的电子设备。

计算机的发展概况：世界上第一台电子计算机（ENIAC）于 1946 年诞生于美国宾夕法尼亚大学，有体积庞大、耗电量大、运算速度慢等众多缺点，但它的问世，却宣告了电子计算机时代的到来。

电子计算机的发展：从第一台电子计算机诞生到现在短短的 60 年中，计算机技术迅猛发展。根据计算机所采用的电子器件的不同，可将其发展历程划分为 4 个阶段。

第 1 代：电子管计算机时代（1946—1957 年）。

第 2 代：晶体管计算机时代（1958—1964 年）。

第 3 代：中小规模集成电路计算机时代（1965—1970 年）。

第 4 代：大规模、超大规模集成电路计算机时代（1971 年至今）。

微型机的发展：当电子计算机发展到第 4 代时，出现了微型计算机。

计算机的四大发展趋势：巨型化、微型化、网络化和智能化。

计算机的特点：计算速度快、计算精度高、具有强大的"记忆"能力、具有逻辑判断能力和高度的自动化能力。在这些特点中，核心是存储程序控制自动工作。

计算机的分类：根据不同的标准，计算机可以分成多种不同的类型，其常见的分类标准如下：

按处理数据的形态分类：数字计算机、模拟计算机、混合计算机。

　　按使用范围分类：通用计算机、专用计算机。

　　按性能和规模分类：巨型机计算机、大型计算机、中型计算机、小型计算机、微型计算机、工作站。

　　计算机的应用领域：计算机已广泛应用到人们生活及工作的各个方面。其主要应用领域有：科学计算（数值计算）、信息处理（数据处理）、过程控制（自动控制）、计算机辅助系统、人工智能等。

　　计算机辅助系统有关的英文缩写：CAD（计算机辅助设计）；CAM（计算机辅助制造）；CAT（计算机辅助测试）、CAE（计算机辅助工程）和 CAI（计算机辅助教学）。

1.2.2　数制的概念：二、八、十及十六进制数的表示及相互转换

　　数制的基本概念：数制又称计数制，是人们利用符号来计数的科学方法。数制被分为非进位计数制和进位计数制。而文字、图形、图像、声音、视频等都是非数值数据。任何信息在计算机内部都以二进制编码的形式表示、保存和处理。

　　非进位计数制的特点是：数码的数值大小与其在数中的位置无关。最典型的非进位计数制是罗马数字，如：Ⅰ 总是代表 1，Ⅱ 总是代表 2，Ⅲ 总是代表 3，Ⅳ 总是代表 4，它们的数值大小不会因为在数中位置的不同而不同。

　　为了便于区分不同进制的数，我们在数后面加 B（表示二进制数）、D（表示十进制数）、H（表示十六进制数）和 O（表示八进制数，也可以用 Q 表示）。

　　进位计数制是按进位的方式计数的数制。其特点是：数码的数值大小与其数中的位置有关。如：十进制 1111，从左到右，第一个 1 位于个位上，它代表 1；第二个 1 位于十位上，代表 10；第三个 1 位于百位上，它代表 100；第四个 1 位于千位上，它代表 1000；这 4 个 1 数值大小会因为在数中位置的不同而发生改变。

　　数位、基数和权是进位计数制的 3 个要素。数位指的是数码在某个数中所处的位置。基数指的是在某种进位计数制中，可以使用的基本数码的个数。权又称"位权"，指的是以某种进位计数制的基数为底，以数码所处的位置在数中的序号为指数，所得的幂。

　　将十进制转换为二进制的方法是：整数部分"除 2 取余，倒序写"，小数部分"乘 2 取整，顺序写"。另外，将十进制转换为其他非十进制的方法与此相似，其方法总结为：整数部分"除基取余"，小数部分"乘基取整"。

　　（1）整数部分"除 2 取余，倒序写"：其含义是将十进制数的整数部分除以 2，得到一个商数和一个余数；然后将此次得到的商数再除以 2，又得到一个商数和余数，如此反复，直到商数等于 0 为止。最后，将所有得到的余数按倒序（即第一个所得的余数是最低位，最后一个所得的余数是最高位）排列，所得的数就是该十进制数的整数部分转换后的二进制数的整数部分。

　　（2）小数部分"乘 2 取整，顺序写"：其含义是将十进制数的小数部分乘以 2，取其积的整数部分，并将其积的小数部分再乘以 2；如此反复，直到乘积的小数部分等于 0 为止。最后，将所有得到的积的整数部分按顺序（即第一个所得的余数是最高位，最后一个所得的余数是最低位）排列，所得的数就是该十进制数的小数部分转换后的二进制数的小数部分。

　　二进制转换为八进制的方法是：以小数点为基准，将二进制数的整数部分从右向左，

每三位分成一组，最高位不足三位时，左边添 0 补足三位；将二进制数的小数部分从左向右，每三位分成一组，最低位不足三位时，右边添 0 补足三位；然后将每组三位二进制数用八进制表示，并依次排列，得到的数即为转换后的八进制数。

二进制转换为十六进制的方法是：以小数点为基准，将二进制数的整数部分从右向左，每四位分成一组，最高位不足四位时，左边添 0 补足四位；将二进制数的小数部分从左向右，每四位分成一组，最低位不足四位时，右边添 0 补足四位；然后将每组四位二进制数用十六进制表示，并依次排列，得到的数即为转换后的十六进制数。

1.2.3 计算机的数与编码，计算机中数的表示，字符、汉字编码

字符编码的基础知识：计算机中的信息都是用二进制编码表示的，用以表示字符的二进制编码称为字符编码；计算机中常用的字符编码有 EBCDIC 码和 ASCII 码。IBM 系列大型机采用 EBCDIC 码。微机采用 ASCII 码。

ASCII（美国信息交换标准代码）是用七位二进制数表示一个字符，一共可以表示 128 个字符。ASCII 码表中有 33 个码不对应任何可印刷的字符，主要对计算机通信中的通信控制或对计算机设备的控制，称为控制码；空格字符 SP 的编码值是 32D（20H）；数字符（0~9）、大写英文字母 A~Z 和小写字母 a~z 分别按它们的自然顺序排在表的不同位置中。这三组的 ASCII 码值先后顺序为：数字符、大写英文字母和小写英文字母。例如：字符"B"的 ASCII 码值为 66D，那么"C"的 ASCII 码值为 66+1=67D；大写英文字母和小写英文字母在表中不是连接在一起的，它们对应字符的码值相差 32D。例如："A"的 ASCII 码值为 65D，则"b"的 ASCII 码值为 65+32=97D；字符的 ASCII 码就是它的内部码。

汉字码分为：国标码、机内码、汉字输入码、字形码；1981 年颁布了《信息交换用汉字编码字符集基本集》，代号"GB2312-80"简称国标码。国标码规定了 7445 个编码。其中 682 个非汉字图形字符代码和 6763 个汉字代码，汉字代码中分为一级常用字 3755 个，按汉字拼音字母顺序排列和二级常用字 3008 个，按部首笔画次序排列。每两个字节存储一个国标码；国标码的编码范围是 2121H~7E7EH。国标码是一个四位十六进制数，区位码是一个四位的十进制数。1994 年颁布了 GB13000 里面还包含了繁体汉字，总共 20975 个汉字字符，911 个非汉字符号和 1894 个用户定义字符（如偏旁、部首、笔画等）。

区位码和国标码之间的转换方法是：将一个汉字的十进制区号和十进制位号分别转换成十六进制数，然后分别加上 20H，就成为此汉字的国标码。

汉字国标码=区号（十六进制数）+20H 位号（十六进制）+20H
汉字机内码=汉字国标码+8080H。

在计算机内部传输、处理和存储的汉字代码叫做汉字的机内码。机内码需要两个字节存储，每个字节以最高位置 b_7 设置为"1"，作为机内码的标识。

将汉字通过键盘输入到计算机而编制的代码称为汉字输入码，又称外码。根据汉字的发音、字形特点编制的外码又分为：拼音码、形码、音形混合码、数字码。

字形码是为显示或打印输出汉字用的。通常用点阵方法表示汉字的字形，它用一位二进制数与一点对应，将汉字字形数字化，称为字形码或字模。

3

计算机中的数是用二进制来表示的，数值数据分为有符号数和无符号数。无符号数最高位表示数值，而有符号数最高位表示符号。数的符号也是用二进制表示的。在机器中，把一个数连同其符号在内数值化表示称为机器数。一般用最高有效位来表示数的符号，正数用 0 表示，负数用 1 表示。机器数可以用不同的码制来表示，常用的有原码、补码和反码表示法。大多数机器的整数采用补码表示法，80×86 机也是这样。

1.2.4 计算机中信息的存储单位：位、字节、字、字长

位（bit）：存储一个二进制数 0 或 1，是存储器的最小组成单位。

字节（Byte）：由 8 个二进制数组成的存储单元。字节是度量存储器容量大小的基本单位，整个内存储器分为若干个连续的存储单元，每一个单元赋以一个唯一的号码，称为存储器的地址。

$$1\,\text{Byte} = 8\,\text{bit}$$

$$1\,\text{KB} = 2^{10}\,\text{Byte} = 1024\,\text{Byte}$$

$$1\,\text{MB} = 2^{10}\,\text{KB} = 1024\,\text{KB} = 2^{20}\,\text{B}$$

$$1\,\text{GB} = 2^{10}\,\text{MB} = 1024\,\text{MB} = 2^{30}\,\text{B}$$

1.2.5 二进制数的逻辑运算

计算机中的逻辑关系是一种二值逻辑，逻辑运算的结果只有"真"或"假"两个值。二值逻辑很容易用二进制的"0"和"1"来表示，一般用"1"表示真，用"0"表示假。逻辑值的每一位表示一个逻辑值，逻辑运算是按对应位进行的，每位之间相互独立，不存在进位和借位关系，运算结果也是逻辑值。

三种基本的逻辑运算是"或"、"与"和"非"三种。其他复杂的逻辑关系都可以由这三个基本逻辑关系组合而成。

（1）"与"运算（AND）。

"与"运算又称逻辑乘，运算符可用 AND，·，×，∩ 或 ∨ 表示。逻辑"与"的运算规则如下：$0×0=0$；$0×1=0$；$1×0=0$；$1×1=1$，即两个逻辑位进行"与"运算，只要有一个为"假"，逻辑运算的结果为"假"。在各种取值的条件下得到的"与"运算结果只有当两个变量的取值均为 1 时，它们的"与"运算结果才是 1。

（2）"或"运算（OR）。

"或"运算又称逻辑加，可用+，OR，∪或 ∨ 表示。逻辑"或"的运算规则如下：$0+0=0$；$0+1=1$；$1+0=1$；$1+1=1$，即两个逻辑位进行"或"运算，只要有一个为"真"，逻辑运算的结果为"真"。

（3）"非"运算（NOT）。

"非"运算的规则，即非 0 为 1，非 1 为 0。用于表示逻辑非关系的运算，该运算常在逻辑变量上加一横线表示，即对逻辑位求反。

（4）"异或"运算（XOR，exclusive-OR）。

"异或"运算，即当两个变量的取值相异时，它们的"异或"运算结果为 1。逻辑"异或"的运算规则如下：$0⊕0=0$；$0⊕1=1$；$1⊕0=1$；$1⊕1=0$。

1.3 例 题 分 析

例1 X＝45D 和 Y＝－45D 的有符号数的原码表示。

答案： X＝45D＝+101101B，$[X]_原$＝ 00101101B

Y＝－45D＝－101101B，$[Y]_原$＝10101101B

分析： 最高位表示符号（正数用0，负数用1），其他位表示数值位，称为有符号数的原码表示法，一个字节是8位，符号位加数值位不够8位的，在两者中间加0，使其位数为8。

例2 PC机键盘上的（ ）指示灯亮，表示此时输入英文的大写字母。

A. Num Lock   B. Caps Lock   C. Scroll Lock   D. 以上都不对

答案： B

分析： 如果 Num Lock 灯亮着，表示可用小键盘；如果 Scroll Lock 灯亮着，表示停止屏幕上的信息滚动显示；如果 Caps Lock 灯亮着，表示输入英文大写字母。

例3 下列等式中正确的是（ ）。

A. 1KB＝1024×1024B   B. 1MB＝1024B

C. 1KB＝1024MB   D. 1MB＝1024×1024B

答案： D

分析： 1MB＝1024KB＝1024×1024B。

例4 目前使用的微型计算机所采用的逻辑元件是（ ）。

A. 电子管   B. 大规模和超大规模集成电路

C. 晶体管   D. 小规模集成电路

答案： B

分析： 按所采用的逻辑元件来划分，计算机的发展经历了电子管、晶体管、小规模集成电路、大规模和超大规模集成电路四个阶段，从1971年起至今，计算机采用大规模集成电路和超大规模集成电路。

例5 计算机之所以能够按照人们的意图自动地进行操作，主要是因为它采用了( )。

A. 二进制编码   B. 高速的电子元器件

C. 高级语言   D. 存储程序控制

答案： D

分析： 存储程序是计算机的工作原理，是计算机能自动处理的基础。无论想让计算机做什么样的工作，都必须事先将做此工作过程和要将处理的原始数据编制成程序存入计算机，计算机才能按程序的指令逐一进行相应的工作。计算机的这种工作原理就是存储程序控制原理也叫冯·诺依曼原理。

例 6　二进制数 11000011 对应的十进制数是 （　　）。

　　A. 195　　　　　　　B. 385　　　　　　　C. 99　　　　　　　D. 321

答案：A

分析：将二进制数转换成十进制数的方法是：按权展开成多项式，然后相加，即

$(11000001)_B = 1 \times 2^7 + 1 \times 2^6 + 1 \times 2^1 + 1 \times 2^0 = 195_D$。

例 7　计算机的应用领域可大致分为几个方面，下列正确的是 （　　）。

　　A. 计算机辅助教学、专家系统、人工智能

　　B. 工程计算、数据结构、文字处理

　　C. 实时控制、科学计算、数据处理

　　D. 数值处理、人工智能、操作系统

答案：C

分析：计算机的应用领域非常广泛，主要包括科学计算（数值计算）、信息处理（数据处理）、过程控制（自动控制）、计算机辅助系统、人工智能等。

例 8　计算机对汉字进行存储、处理的汉字代码是 （　　）。

　　A. 汉字的内码　　　　　　　　　B. 汉字的外码

　　C. 汉字的字模　　　　　　　　　D. 汉字的变换码

答案：A

分析：汉字外码是将汉字输入计算机而编制的代码。汉字内码是计算机内部对汉字进行存储、处理的汉字代码。汉字的字模是确定一个汉字字形点阵的代码，存放在字库中。

例 9　对于无符号整数，一个字节的二进制数最大相当于十进制数为 （　　）。

　　A. 10000000$_B$　　　B. 01111111$_B$　　　C. 255$_D$　　　D. 256$_D$

答案：C

分析：在计算机内，计算对象和计算步骤都是以二进制形式出现的，被计算、存储和传送的都是二进制数码，计算机只认识二进制数码。当然，这种二进制数码可能代表许多种含义：被计算的数、被处理的字符、指挥计算机工作的指令等。二进制数码的最小单位是二进制的"位"（bit），它只能有 0 和 1 两种值。为了表达容量较大的事物，需要若干"位"组成的数码串。通常以 8 位二进制作为这种二进制数码串的一个单位，称为"字节"（byte）。一个字节是 8 位，那么其最大值就是 11111111$_B$，按无符号整数对待，转换为十进制数为 128+64+32+16+8+4+2+1=255$_D$。

例 10　在微型计算机中，字符的编码是 （　　）。

　　A. 原码　　　　　B. 反码　　　　　C. ASCII 码　　　　　D. 补码

答案：C

分析：计算机中的字符包括数值、英文字母、标点符号、制表符号及其他符号。每一符号都用一个特定的二进制代码来表示，这就是字符的编码。目前，字符编码采用的是美

国信息交换标准代码，即 ASCII 码。它是用一个字节的低七位二进制数来表示一个字符的编码。

例 11 下列字符中 ASCII 码值最小的是（　　）。

A. "A"　　　　B. "a"　　　　C. "k"　　　　D. "M"

答案：A

分析：英文大小写字母的 ASCII 码值是不同的，从 ASCII 码表可看出规律：大写字母比小写字母的值小，同为大写或小写字母，排列顺序在前面的值小。

例 12 二进制数 110101 转换成八进制数为（　　）。

A. $(71)_8$　　　　B. $(65)_8$　　　　C. $(56)_8$　　　　D. $(51)_8$

答案：B

分析：将二进制数整数转换为八进制数整数的方法是：以小数点为标准从右到左每三位为一组，最左边不够三位时，用 0 添补，然后直接用八进制写出即得到相应的八进制数。

例 13 设汉字点阵为 32×32，那么 100 个汉字的字形码信息所占用的字节数是（　　）。

A. 12800　　　　B. 3200　　　　C. 32×13200　　　　D. 32×32

答案：A

分析：100 个汉字所占用的字节数是 100×（32×32/8）= 1288B。

例 14 100 个 24×24 点阵的汉字字模信息所占用的字节数是（　　）。

A. 2400　　　　B. 7200　　　　C. 57600　　　　D. 73728

答案：B

分析：对于 24×24 点阵的汉字而言，每一行有 24 个点，一个字节占用 8 位，共需 3 个字节，3×24=72 个字节，所以在 24×24 点阵的汉字字库中，一个汉字的字模信息需要占用 72 个字节，100 个汉字则需 7200 个字节。

例 15 计算机内部采用二进制位表示数据信息，二进制的主要优点是（　　）。

A. 容易实现　　B. 方便记忆　　C. 书写简单　　D. 符合使用的习惯

答案：A

分析：二进制是计算机中的数据表示形式。因为二进制有如下特点：简单可行、容易实现、运算规则简单、适合逻辑运算。

例 16 一个非零的无符号二进制整数，若在其右边末尾加上两个"0"形成一个的无符号二进制整数，则新的数是原来数的（　　）倍。

A. 2 倍　　　　B. 4 倍　　　　C. 1/2 倍　　　　D. 1/4 倍

答案：B

分析：二进制整数的权从右向左依次是 2^0，2^1，2^2，…，2^{n-1}，从 2^1 起，各个数位依次是 2 倍，4 倍，8 倍，…。所以，在右边添两个零就增加了 4 倍。

例 17　十进制数 1024 转换成二进制数是（　　）。

    A. 10000000000　　B. 100000000000　　C. 1000000000　　D. 1000000000000

答案：A

分析：由于 $2^{10}=1024\mathrm{D}$，所以 1024 对应的二进制数就是 1 后面加上 10 个 0。

例 18　以国标码为基础的汉字机内码是两个字节的编码，每个字节的最高位为（　　）。

答案：1

分析：汉字机内码是指在计算机上存储、传送所使用的汉字编码。它与国标码的关系是：将国标码两个字节的最高位 "0" 变为 "1" 就成了汉字机内码。

1.4　练　习　题

（一）判断题

（　　）1. 在 Windows 的汉字输入系统中，用户不能自定义词组。

（　　）2. 笔画多的汉字比笔画少的汉字占的存储容量大。

（　　）3. 从键盘输入汉字时，输入的是汉字的输入码。

（　　）4. 我国的国家标准 GB2312-80 中，二级汉字有 3008 个，按拼音字母顺序列。

（　　）5. 每个汉字的机内码用两个字节表示，每个字节的最高位为 1，以区别于 ASCII 码。

（　　）6. 国标 GB2312-80 共收汉字、字母和图形等 7445 个，按 94 行×94 列排列在一张大码表中，其行号称区号，列号称位号。

（　　）7. 把某汉字的国标码的两个字节最高位置 1，就得到对应的机内码。

（　　）8. 标准英文 ASCII 码字符集只有 127 个字符。

（　　）9. 计算机的汉字的内码的唯一性是不同中文系统间交流的基础。

（　　）10. 一个汉字占两个西文字符显示宽度。

（　　）11. 计算机系统中，没有汉字操作系统也能处理中文信息。

（　　）12. 在计算机内存储和处理汉字用的代码是机内码。

（　　）13. 在微机中用 2 字节存一个汉字的内码。

（　　）14. 我们根据计算机采用的物理器件将计算机分为四代。

（　　）15. 在微机中，应用最普遍的字符编码是汉字编码。

（　　）16. 字节是微机存储器的基本度量单位。

（　　）17. 打印机面板上的缺纸灯亮时，表示打印纸已用完，需装打印纸。

（　　）18. 打印机面板上联机灯亮时，打印机处于脱机状态。

（　　）19. 在计算机中，一个字节由 7 位二进制组成。

（　　）20. 退格键（BackSpace）可将光标向左侧退一个字符位置，并将在左侧位置上的字符删除。

（　　）21. "图书检索"属于计算机应用领域中的数值计算应用。

（　　）22. 一个十进制整数可以找到一个与其完全对应表示的二进制整数。

（　　）23. 在计算机中除了使用二进制数据外，还可用八进制、十六进制数据。

（   ）24. BackSpace 是退格键，用于光标右移一格，同时抹去光标位置上的字符。

（   ）25. 在 ASCII 码文件中，1 个汉字占两个字节。

（二）填空题

1. 若想在各中文输入法之间进行切换，请按（   ）；如果需要快速地在英文输入模式和已设置的中文输入法之间切换，可以使用（   ）；（   ）组合键在全角/半角方式之间进行切换；（   ）组合键可以在中、英文标点之间切换。

2. 4 个字节是（   ）个二进制位。

3. 在进行汉字输入时，提示的汉字多于一行可用（   ）和（   ）往前、往后翻页。

4. 一个汉字的区位码是用 4 位（   ）表示，其中前两位表示（   ），后两位表示（   ）。

5. 区位码输入法的最大优点是（   ）。

6. 一个汉字的国标码为 2706H，则该汉字的机内码为（   ）。

7. 在一个 64×64 点阵的字库中，存放一个汉字的字模，要用（   ）字节。

8. 五笔字型的 130 个字根分布在（   ）个字母键上，其中一个字母键（   ）没有使用。

9. 计算机主要应用于数值计算、（   ）、数据处理、（   ）和人工智能等方面。

10. 在计算机中，作为一个整体被传送、运算的一串二进制码叫做（   ）。

11. 世界上公认的第一台电子计算机于（   ）年，在（   ）诞生，它的组成元件是（   ），取名为（   ）。

12. 将十进制数 188 表示成二进制数为（   ）。

13. 将二进制数 1010100 表示成十进制数为（   ）。

14. 将十进制数 374 表示成八进制数为（   ）。

15. 二–十进制记数法用（   ）位二进制数来表示（   ）位十进制数的方法。

16. 微处理器研制成功的时间是（   ）年。

17. 计算机辅助设计的英文缩写为（   ）。

18. 3.5 英寸 HD 软盘每面有（   ）个磁道，每磁道有（   ）个扇区，每扇区有（   ）字节，其容量为（   ）MB。

19. 计算机的工作原理由（   ）提出，其基本思想是（   ）。

20. （   ）语言是计算机唯一能直接执行的语言。

21. 计算机的运算速度用（   ）表示，其英文缩写为 MIPS。

22. 通常被称为 386、486 或 586 的计算机是针对该机的（   ）而言。

23. 以超大规模集成电路为基础，未来的计算机将向（   ）、（   ）、（   ）和（   ）的方向发展。

24. 已知大写字母 A 的 ASCII 码为十进制数 65，那么 ASCII 码值为十进制数 68 的字母是（   ）。

25. 在一个无符号的二进制整数的右边添加一个 0，新形成的数是原数的（   ）倍。

26. 设有两个八位二进制数 00010101 与 01000111 相加，其结果的十进制数为（   ）。

27. 如果用八位二进制补码表示带符号的定点整数，则能表示的十进制数的范围是（   ）。

28. 在内存中，每个基本存储单位都被赋予一个唯一的序号，这个序号称为（   ）。

29. 在有符号数的原码、补码和反码表示中，能唯一表示正零和负零的是（   ）。

（三）选择题

1. 以下有关汉字操作系统的叙述中，不正确的是（   ）。

　A. 汉字操作系统是具有汉字处理能力的操作系统

　B. 汉字操作系统不可以中西文兼容

　C. 汉字操作系统是在西文操作系统的基础上开发的

　D. 汉字信息的处理是非数值处理

2. 汉字输入的全拼码、双拼码、简拼码都属于（　　　）。

    A. 顺序编码   B. 字音码   C. 字形码   D. 音形码

3. 在微机上使用的字处理软件有（　　　）。

    A. WPS   B. FoxPro   C. C++   D. Word

4. 汉字存储一般是以点阵进行的，常见的有 16×16、24×24、32×32 等，点阵的多少决定着汉字的（　　　）。

    A. 大小   B. 显示质量   C. 重码率   D. 输入难易

5. 在汉字操作系统下，使用不带汉字库的打印机输出汉字时，必须（　　　）。

    A. 调入汉字库   B. 运行打印驱动程序   C. 退出汉字操作系统   D. 执行 CHKDSK

6. 用全拼输入法输入汉字"张"，其拼音为"ZHANG"，则该汉字在机器内存储时要占用的字节数为（　　　）。

    A. 1   B. 2   C. 4   D. 5

7. 一个汉字的国标码可以用两个字节表示，每个字节的最高位为（　　　）。

    A. 0 和 1   B. 0 和 0   C. 1 和 0   D. 1 和 1

8. 一张 3.5HD 软盘最多可存储（　　　）汉字。

    A. 360×1024   B. 720×1024   C. 1200×1024   D. 1.44×1024×1024/2

9. 下列汉字输入法中，重码率最低，基本可以实现"盲打"的是（　　　）。

    A. 全拼输入法   B. 双拼输入法   C. 五笔字型   D. 表形码

10. （　　　）是计算机输入汉字时没有重码的编码。

    A. 五笔码   B. 郑码   C. 区位码   D. 拼音码

11. 输入方法重码最多的是（　　　）。

    A. 区位码   B. 拼音码   C. 五笔字型   D. 自然码

12. 在 Windows 的"全角"状态下输入了一个英文字符和一个标点符号，此时（　　　）。

    A. 英文字符和标点符号都占一个字符的位置

    B. 英文字符和标点符号都占两个字符的位置

    C. 英文字符占一个字符的位置，标点符号占两个字符的位置

    D. 英文字符占两个字符的位置，标点符号占一个字符的位置

13. 微型计算机中存储数据的最小单位是（　　　）。

    A. 字节   B. 字   C. 位   D. KB

14. 数字字符"1"的 ASCII 码的十进制表示为 49，那么数字字符"8"的 ASCII 码的十进制表示为（　　　）。

    A. 56   B. 58   C. 60   D. 54

15. 计算机最早的应用领域是（　　　）。

    A. 科学计算   B. 数据处理   C. 实时控制   D. 辅助设计

16. 计算机按人的要求进行工作，从计算机外部获取信息的设备称为（　　　）设备。

    A. 输出   B. 输入   C. 控制   D. 寄存

17. 键盘上的换档键是（　　　）。

    A. Caps Lock   B. BackSpace   C. Esc   D. Shift

18. 在 ASCII 码文件中，一个英文字母占（　　　）字节。

    A. 1 个   B. 8 个   C. 2 个   D. 16 个

19. Bit 的中文意思是（　　　）。

    A. 二进制位   B. 字   C. 字节   D. 其他

20. 为了保护计算机系统，从开机到关机或者从关机到开机的时间间隔，一般情况（　　　）。

A. 不要间隔　　　　　　　　　　B. 有一段时间间隔

C. 有很长一段时间间隔　　　　　　D. 有时间间隔或没有都可以

21. 键盘 Caps Lock 指示灯现在灭着，如果我们需要输入大写英文字母，下列哪种操作是可行的(　　)。

A. 按下 Shift 键的同时，敲入字母键。　　B. 按下 Ctrl 键的同时，敲入字母键

C. 按下 Alt+F4 键的同时，敲入字母键。　　D. 以上操作都不对。

22. 我们需要使用小键盘的数字键，应该 (　　)。

A. 先按下 CapsLock 键，使 Caps Lock 指示灯处于亮的状态。

B. 先按下 Num Lock 键，使 Num Lock 指示灯处于亮的状态。

C. 先按下 scroll Lock 键，使 Scroll Lock 指示灯处于亮的状态。

D. 可以直接使用，而不管键盘指示灯处于何种状态。

23. 使用 (　　) 键，可以使光标实现插入状态与覆盖状态的转换。

A. Delete　　　　B. Insert　　　　C. Shift　　　　D. Ctrl

24. 关于"计算机特点"下面的论述错误的是 (　　)。

A. 运算速度快，精确度高

B. 对于运算不能进行逻辑判断

B. 具有记忆功能

D. 运行过程是按事先编制好的程序自动、连续地运行，不需要人工干预

25. 比特（Bit）是数据的最小单位。一个字节由 (　　) 个比特组成。

A. 2　　　　B. 4　　　　C. 8　　　　D. 16

26. 当键盘处于大写状态时，按 Shift+A 键屏幕上将显示 (　　)。

A. a　　　　B. A　　　　C. aA　　　　D. Aa

27. 下列哪一种表示法是错误的 (　　)。

A. $(131.6)_{10}$　　B. $(10000.1)_2$　　C. $(D3F1G)_{16}$　　D. $(236)_8$

28. 表示计算机存储容量多少的单位有 (　　)。

A. Byte　　　　B. GB　　　　C. KB　　　　D. MB

29. 在下面关于字符之间 ASCII 大小关系的说法中，正确的是 (　　)。

A. 空格符> "i" > "I"　　　　B. 空格符> "I" > "i"

C. "i" > "I" >空格符　　　　D. "I" > "i" >空格符

30. 二进制数 01100100 转换成十六进制数是 (　　)。

A. 64　　　　B. 63　　　　C. 100　　　　D. 144

31. 在计算机内部，数据是以何种形式加工、处理和传送的 (　　)

A. 二进制码　　B. 八进制码　　C. 十六进制码　　D. 十进制码

32. 世界上第一台电子数字计算机取名为 (　　)。

A. UNIVC　　　　B. EDSAC　　　　C. ENIAC　　　　D. EDVCAC

33. 在一个字节中，可存放 (　　)。

A. 一个汉字　　　　　　　　B. 0～255 之间的无符号整数

C. 一个全角英文单词　　　　D. 一个全角标点符号

34. 汉字的两种编码是 (　　)。

A. 简体字和繁体字　　　　　B. 国标码和机内码

C. ASCII 和 EBCDIC　　　　D. 二进制和八进制

35. 在微机上用二进制数码表示英文字母、符号、阿拉伯数字等，应用得最广泛、具有国际标准的是(　　)。

11

A. 机内码　　　　　　B. 补码　　　　　　C. ASCII 码　　　　　　D. BCD 码

36. 下列四条叙述中，正确的一条是（　　）。

    A. 存储一个汉字和存储一个英文字符所占用的存储容量是相同的

    B. 微型计算机只能进行数值运算

    C. 计算机中数的存储和处理都使用二进制

    D. 计算机中数据的输入和输出都使用二进制

1.5　练习题参考答案

（一）判断题

1. F　2. F　3. T　4. F　5. T　6. T　7. T　8. F　9. T　10. T　11. F　12. T　13. T　14. T　15. F
16. T　17. T　18. F　19. F　20. T　21. F　22. T　23. T　24. F　25. T

（二）填空题

1. CTRL+SHIFT、CTRL+空格、SHIFT+空格、CTRL+.

2. 32　3. −、+　4. 十进制数、区号、位号　5. 没有重码　6. A786$_H$　7. 512　8. 25、Z　9. 过程控制、计算机辅助系统　10. 计算机字　11. 1946. 美国、电子管、ENIAC　12. 10111100　13. 84　14. 566

15. 4.1　16. 1971　17. CAD　18. 80、18、512. 1. 44　19. 冯·诺依曼、存储程序，程序控制　20. 机器

21. 百万次/秒　22. CPU 的型号　23. 巨型化、微型化、网络化、智能化　24. D　25. 2　26. 92

27. −128~+127　28. 地址　29. 补码

（三）选择题

1. B	2. B	3. AD	4. B	5. B	6. B	7. B	8. D	9. C	10. C
11. B	12. B	13. C	14. A	15. A	16. B	17. D	18. A	19. A	20. B
21. A	22. B	23. B	24. B	25. C	26. A	27. C	28. ABCD	29. C	30. A
31. A	32. C	33. B	34. B	35. C	36. C				

第 2 章　微型计算机硬件系统

2.1　考纲要求

1. 计算机系统的概念
2. 硬件系统
(1) 硬件系统组成：
①中央处理器功能；
②存储器功能及分类：内存储器（RAM、ROM、EPROM）；外存储器（软盘、硬盘、驱动器、光驱）；
③外部设备功能和分类：键盘、鼠标、显示器、打印机及其他常用外设；
④总线结构（数据总线、地址总线、控制总线）。
(2) 微机的主要性能指标（字长，内、外存储器容量，运算速度、可靠性及外设配置等）
3. 软件系统
(1) 指令和程序的概念：指令、程序；
(2) 程序设计语言的分类及区别：机器语言、汇编语言、高级语言（面向过程、面向对象）；
(3) 系统软件和应用软件。
4. 计算机的"存储程序，程序控制"工作原理

2.2　内 容 要 求

2.2.1　计算机系统的概念

"存储程序控制"计算机的概念：著名匈牙利数学家冯·诺依曼提出一个全新的存储程序的通用电子计算机 EDVAC 的方案，他总结并提出以下几点思想：一个完整的计算机系统是由计算机硬件系统和计算机软件系统组成；计算机的硬件系统由五个基本部件：运算器、存储器、控制器、输入设备和输出设备；采用二进制；存储程序控制；存储程序控制实现了计算机的自动工作，同时也奠定了现代计算机的基础。

2.2.2　计算机硬件系统的组成及功能

运算器（ALU）：是计算机处理数据信息的工厂。运算器由一个加法器、若干个寄存

器和一些控制线路组成。它主要的功能是对二进制数进行算术运算和逻辑运算。

控制器（CU）：是计算机的神经中枢。控制器由指令寄存器、译码器、时序节拍发生器、操作控制部件和指令计数器组成。控制器的主要功能是从内存中取指令和执行指令。

存储器（Memory）：是计算机的记忆装置，主要功能是保存数据和程序。它分为内存储器和外存储容量，存取周期是度量存储器的主要技术指标。

内存储器：由 ROM 和 RAM 两部分组成。ROM 为只读存储器，其特点是存储的信息只能读出，断电后也不消失。ROM 主要存储系统参数和基本输入输出系统（BIOS）等。RAM 称为随机存储器，可读可写。RAM 主要存放当前正执行的程序和数据，特点是断电后信息要丢失。RAM 的速度比 ROM 快。

存取时间：是指从启动一次存储操作到完成操作所需的时间。

高速缓冲存储器（Cache）：为提高 RAM 的读写速度，在主存和 CPU 之间引进高速缓冲存储器。

外部存储器（又叫辅助存储器）：主要用来保存暂时不用的程序和数据。外存的特点是容量大、价格低、可长期保存信息。

外部存储器可分为：软盘存储器、硬盘存储器、光盘存储器、电子盘和可移动硬盘。

输入设备：是将外部可读数据转换成计算机内部的数字编码的设备。

输出设备：是将计算机内部数字编码转换成可读的字符、图形或声音的设备。

2.2.3　计算机软件系统的组成

计算机软件系统分为系统软件和应用软件两部分。

计算机指令包括操作码和地址码两部分。一条指令中只有一个操作码，但可以有一个或两个操作数。指令是一串二进制代码。

程序设计语言可分为：机器语言、汇编语言和高级语言三类。

高级语言的知识点：

（1）高级语言是面向问题的语言，用它编写的程序叫源程序。

（2）CPU 不能直接识别和执行由高级语言编写的程序。

（3）我们把语言处理程序称为编译程序。源程序翻译成机器语言的方法有"解释"和"编译"两种。

（4）编译就是对源程序先进行全面的语法、词法检查，只有当源程序中没有语法和词法错误时，编译程序才会将整个源程序翻译成等价的机器语言程序，称为目标程序。一个高级语言源程序必须经过"编译"和"连接装配"两个步骤才能成为一个等价的可执行的目标程序。

（5）高级语言不依赖于具体计算机型号，它与机器无关，通用性（兼容性）好。

系统软件主要包括操作系统、语言处理系统、数据库管理系统、应用软件等。其中操作系统是系统软件的核心。

操作系统包括下列五大功能模块：处理器管理、作业管理、存储器管理、设备管理、文件管理。

操作系统的作用是管理、控制和监督计算机全部软、硬件资源，合理组织计算机工作流程。

机器语言：计算机不能识别人们日常使用的自然语言，只能识别按照一定规则编制好的二进制语言，他是计算机唯一能直接执行和识别的计算机语言，执行速度快。

高级程序设计语言编写的程序称为源程序，必须通过翻译程序翻译成等价的机器语言程序。翻译的方法有：解释和编译。

解释程序：是逐句解释并执行源程序，不产生可执行程序。

编译程序：首先对源程序进行全面的词法与句法检查，无误后才编译产生目标代码，再连接装配上标准库函数，成为一个等价的可执行程序。

数据库：是按照一定规则存储的数据集合，数据库系统是对数据库进行加工管理的软件系统。

数据库系统：由数据库、数据库管理系统和管理者构成。其功能主要是对数据进行检索、查找、修改、更新、删除、合并和排序统计等。

应用软件分为通用软件和专用软件两类。

2.3 例题分析

例1 微型机硬件系统的最小配置包括主机、键盘和（　　）。

    A. 打印机　　　　　B. 硬盘　　　　　C. 显示器　　　　　D. 外存储器

答案：C

分析：根据冯·诺依曼型计算机工作原理，任何一台计算机硬件系统必须具有五大部件才能工作，即输入设备、输出设备、控制器、运算器和存储器。

例2 用汇编语言或高级语言编写的程序称为（　　）。

    A. 用户程序　　　　B. 源程序　　　　C. 系统程序　　　　D. 汇编程序

答案：B

分析：用汇编语言或高级语言编写的程序叫做源程序，CPU 不能直接执行它，必须翻译成对应的目标程序才行。

例3 IBM PC 微机及其兼容机的性能指标中内存储容量是指（　　）。

    A. 高速缓存 cache 的容量　　　　　B. RAM 的容量

    C. RAM 和 ROM 的总容量　　　　　D. RAM、ROM、Cache 的总容量

答案：B

分析：内存包括 RAM 和 ROM，内存容量指内存条 RAM 的容量，目前内存条为 DRAM、EDO DRAM、SDRAM、DDRAM 等。Cache 在 CPU 与内存之间，用来解决高速 CPU 与内存之间的速度差。

例4 微机中以下不能既用于输入又用于输出的设备是（　　）。

    A. CD-ROM　　　　　　　　　　B. 可擦写光盘驱动器

    C. 软盘　　　　　　　　　　　　D. 硬盘

答案：A

分析：外存储器是既可用于输入又可用于输出的设备。外存包括磁盘、磁带、光盘，磁盘包括软盘、硬盘，可擦写光盘包括 MO、CD-RW，它们都是既可用于输入又可用于输出的设备，而 CD-ROM 是只读型光盘，只能将其上的信息读至内存，而不能将内存上的信息写至 CD-ROM。

例 5　计算机的硬盘工作时应特别注意避免（　　）。
　A. 噪声　　　　　B. 震动　　　　　C. 潮湿　　　　　D. 日光
答案：B
分析：硬盘是一个密闭实体，一般放在机箱内部，所以噪声、潮湿、日光都不会有较大的影响，而硬盘工作时震动会使硬盘磁头划伤盘面，致使数据丢失或造成严重后果。

例 6　RAM 与 ROM 的主要区别是（　　）。
　A. 断电后，ROM 内保存的信息会丢失，而 RAM 则可长期保存，不会丢失
　B. 断电后，RAM 内保存的信息会丢失，而 ROM 则可长期保存，不会丢失
　C. ROM 是外存储器，而 RAM 是内存储器
　D. RAM 是外存储器，而 ROM 是内存储器
答案：B
分析：目前计算机主存都是采用半导体存储器，主要有 RAM、ROM 两大类。RAM（随机存取存储器），即对其中任一存储单元的信息均能以同样速度进行读写，它通常都有易失性（断电后其存储的信息便立即消失），内存空间中绝大部分由 RAM 构成。ROM 存储器是非易失性的，一般是一次性地写入信息，永久保存供使用，即使断电，其中保存的信息也不会丢失，通常用于存放供系统使用的程序或数据。

例 7　计算机硬件能直接识别和执行的是（　　）。
　A. 高级语言　　　B. 符号语言　　　C. 汇编语言　　　　D. 机器语言
答案：D
分析：高级语言是一种与计算机硬件无关的程序设计语言，通用性好，用高级语言编写的程序需要经过编译程序编译才能被计算机执行。汇编语言是面向机器的，但是计算机仍不能直接识别。用汇编语言编写的源程序，要经过汇编程序的翻译，才能转换成计算机可以识别的语言。只有机器语言是唯一能被计算机直接识别的语言。

例 8　电子数字式计算机都属于冯·诺依曼式的，这是由于它们是建立在冯·诺依曼提出的（　　）核心思想基础上的。
　A. 二进制　　　　　　　　　　B. 程序顺序存储与执行
　C. 采用大规模集成电路　　　　D. 计算机分为五大部分
答案：B
分析：一条指令指示计算机完成一个基本操作，要想让计算机完成一个完整的任务，就必须按一定顺序去做一系列指令。把若干条指令按照一定顺序排列起来构成一个整体，就是程序。程序是指令的有序集合。计算机就是在程序的控制下去一步步工作的。美籍匈

牙利科学家冯·诺依曼在参加世界上第一台电子数字计算机 ENIAC 的研制过程中，针对 ENIAC 的缺点进行了深入研究，在 1946 年发表了《电子计算机装置逻辑结构初探》论文，奠定了离散变量计算机的设计基础。其主要改进有两点：一是为了充分发挥电子元件的高速性能而采用二进制，二是存储空间由定长的单元按线性结构组成，能直接寻址，把指令和数据都以二进制形式存储起来，由机器自动执行程序，从而实现对整个计算过程的顺序控制。六十年来虽然计算机技术已经发生了极大变化，但目前的计算机基本上都是沿用这种体系结构。

例 9 具有多媒体功能的微机系统常用 CD-ROM 作为外存储器。CD-ROM 是（　　　）。
A. 只读存储器　　B. 只读硬盘　　C. 只读光盘　　D. 只读大容量软盘

答案： C

分析： CD-ROM 是一种小型光盘只读存储器，它可提供播放大型多媒体应用软件所需的存储容量，所以被看做多媒体系统的标准配置之一。

例 10 计算机字长取决于（　　　）总线的宽度。
A. 数据　　　　B. 地址　　　　C. 控制　　　　D. 信息

答案： A

分析： 微机系统总线由数据总线、地址总线和控制总线组成。数据总线用于存储器和输入/输出设备之间传送数据；地址总线用于传送存储器单元地址或输入/输出接口地址信息；控制总线用于传送控制器的各种信号。计算机字长就是由数据总线的宽度决定的。

例 11 一台彩色显示器的显示效果（　　　）。
A. 只取决于分辨率　　　　　　B. 只取决于显示器
C. 只取决于显示卡　　　　　　D. 既取决于显示器，又取决于显示卡

答案： D

分析： 显示器的控制部分在显示卡上。显示器的分辨率是显示效果的基础，但必须有相应分辨率的显示卡配套才能实现此显示效果。

例 12 微型计算机硬件系统中最核心的部件是（　　　）。
A. 主板　　　　B. CPU　　　　C. 内存储器　　　　D. I/O 设备

答案： B

分析： 计算机硬件系统中最核心的部件应为 CPU，CPU 是由运算器和控制器组成。计算机所发生的全部动作都受 CPU 控制，它是计算机的心脏，CPU 品质的高低直接决定了计算机系统的档次。CPU、内存等都是安装在主板上。

例 13 配置高速缓冲存储器（Cache）是为了解决（　　　）。
A. 内存与辅助存储器之间速度不匹配问题
B. CPU 与辅助存储器之间速度不匹配问题
C. CPU 与内存储器之间速度不匹配问题

　　　　D．主机与外设之间速度不匹配问题

答案： C

分析： 由于 CPU 处理指令和数据的速度比从常规主存中读取指令速度快，所以内存储器是系统的"瓶颈"，解决办法就是在主存和 CPU 之间增加一个高速缓冲存储器，使得等效的存取速度是接近于 Cache 的，但容量是主存的容量。Cache 中存放的内容是当前最频繁使用的程序段和数据，CPU 可与 Cache 直接交换信息。

　　例 14　目前微型计算机中 CPU 进行算术运算和逻辑运算时，可以处理的二进制信息的长度是（　　）。

　　　　A．32 位　　　　　　　B．16 位　　　　　　　C．64 位　　　　　　　D．以上 3 种都可以

答案： D

分析： 字长是 CPU 一次能同时处理的二进制数据的位数，字长越长计算机处理数据速度越快。目前计算机中的 CPU 有 64 位、32 位、16 位、8 位等。常见的 Intel Pentium Ⅳ系列是 64 位；80486 系列是 32 位；80286 系列是 16 位。

　　例 15　计算机的存储单元中存储的内容（　　）。

　　　　A．只能是数据　　　　　　　　　　　B．只能是程序

　　　　C．可以是数据和指令　　　　　　　　D．只能是指令

答案： C

分析： 存储器是计算机的记忆装置，可以用来存储数据和指令。

　　例 16　下面哪组的两个软件都是系统软件（　　）。

　　　　A．DOS 和 MIS　　　B．WPS 和 UNIX　　　C．DOS 和 UNIX　　　D．UNIX 和 Word

答案： C

分析： MIS 是管理信息系统的简称，是管理软件，属于应用软件；Word 和 WPS 字处理软件，也属于应用软件。所以只有 C 选项满足要求，UNIX 和 DOS 都是操作系统，属于系统软件。

　　例 17　计算机的主机由（　　）组成。

　　　　A．CPU、外存储器、外部设备　　　　B．CPU 和内存储器

　　　　C．CPU 和存储器系统　　　　　　　　D．主机箱、键盘、显示器

答案： B

分析： 计算机的主机是由 CPU 和内存储器组成，存储器包括内存和外存，而外存属于输入/输出部分，所以它不是主机的组成部分。

　　例 18　计算机的存储器是一种（　　）。

　　　　A．运算部件　　　B．输入部件　　　C．输出部件　　　D．记忆部件

答案： D。

分析： 运算部件负责计算逻辑运算；输入部件可向计算机输入程序和数据，如键盘是

输入部件；输出部件可输出程序和数据，如显示器和打印机均为输出部件；存储器用来存储程序和数据，属于记忆部件。

例 19 输入/输出设备必须通过 I/O 接口电路才能和（ ）相连接。

    A. 地址总线　　　B. 数据总线　　　C. 控制总线　　　D. 系统总线

答案：D

分析：地址总线的作用是 CPU 通过它对外设接口进行寻址，也可以通过它对内存进行寻址。数据总线的作用是进行数据传输，表示一种并行处理的能力。控制总线的作用是 CPU 通过它传输各种控制信号。系统总线包括地址总线、数据总线和控制总线，具有相应的综合性功能。

例 20 专门为学习目的而设计的软件是（ ）。

    A. 工具软件　　　B. 应用软件　　　C. 系统软件　　　D. 目标程序

答案：B

分析：工具软件是专门用来进行测试、检查、维护等项的软件，应用软件是利用某种语言专门为某种目的而设计的一种软件。系统软件是专门用于管理和控制计算机的运行等功能的软件。

例 21 计算机能识别并能运行的全部指令的集合称为该计算机的（ ）。

    A. 程序　　　　　B. 二进制代码　　C. 软件　　　　　D. 指令系统

答案：D

分析：程序是计算机完成某一任务的一系列有序指令，软件分为系统软件和应用软件。程序与软件的关系可表示为：软件＝程序＋数据。不同类型机器其指令系统不一样，一台机器内的所有指令的集合称为该机器的指令系统。

例 22 在程序设计中可使用各种语言编制源程序，但唯有（ ）在执行转换过程中不产生目标程序。

    A. 编译程序　　　B. 解释程序　　　C. 汇编程序　　　D. 数据库管理系统

答案：B

分析：用 C 语言、FORTRAN、PASCAL 语言等高级语言编制的源程序，需经编译程序转换为目标程序，然后交给计算机运行。由 BASIC 语言编制的源程序，经解释程序的翻译，实现的是边解释、边执行并立即得到运行结果，因而不产生目标程序。用汇编语言编制的源程序，经汇编程序转换为目标程序，然后才能被计算机运行。用数据库语言编制的源程序，需经数据库管理系统转换为目标程序，才能被计算机执行。

例 23 控制器主要由指令部件、时序部件和（ ）组成。

    A. 运算器　　　　B. 程序计数器　　C. 存储部件　　　D. 控制部件

答案：D

分析：控制器是 CPU 中的一个重要部分，它由指令部件、时序部件和控制部件组成。

指令部件主要完成指令的寄存和指令的译码；时序部件一般由周期、节拍和工作脉冲三级时序组成，为指令的执行产生时序信号；控制部件根据组合条件形成相应的逻辑关系，再与时序信号组合，便可产生所需的控制信号。

例 24　内部存储器的机器指令，一般先读取数据到缓冲寄存器，然后再送到（　　）。
　　　　A. 指令寄存器　　B. 程序计数器　　C. 地址寄存器　　D. 标志寄存器
答案：A
分析：从内存中读取的机器指令进入到数据缓冲寄存器，然后经过内部数据总线进入到指令寄存器，再通过指令译码器得到某一条指令，最后通过控制部件产生相应的控制信号。

例 25　I/O 接口位于（　　）之间。
　　　　A. 主机和 I/O 设备　B. 主机和主存　　C. CPU 和主存　　D. 总线和 I/O 设备
答案：D
分析：主机与外部设备要通过系统总线、I/O 接口，然后才与 I/O 设备相连接，而并不是 I/O 设备直接与系统总线相连接。

例 26　计算机的软件系统可分为（　　）。
　　　　A. 程序和数据　　　　　　　　　B. 操作系统和语言处理系统
　　　　C. 程序、数据和文档　　　　　　D. 系统软件和应用软件
答案：D
分析：计算机系统由硬件系统和软件系统组成，计算机软件系统分为系统软件和应用软件。

例 27　下列关于存储器的叙述中正确的是（　　）。
　　　　A. CPU 能直接访问存储在内存中的数据，也能直接访问存储在外存中的数据
　　　　B. CPU 不能直接访问存储在内存中的数据，能直接访问存储在外存中的数据
　　　　C. CPU 只能直接访问存储在内存中的数据，不能直接访问存储在外存中的数据
　　　　D. CPU 不能直接访问存储在内存中的数据，也不能直接访问存储在外存中的数据
答案：C
分析：外存中数据被读入内存后，才能被 CPU 读取，CPU 不能直接访问外存，按照 CPU 能不能直接访问，才把存储器分为内存储器和外存储器。

例 28　硬盘的一个主要性能指标是容量，硬盘容量的计算公式为（　　）。
　　　　A. 磁头数×柱面数×扇区数×512B　　　B. 磁头数×柱面数×扇区数×128B
　　　　C. 磁头数×柱面数×扇区数×80×512B　D. 磁头数×柱面数×扇区数×15×128B
答案：A

分析：硬盘总容量的计算只涉及 4 个参数：磁头数、柱面数、扇区数及每个扇区中所含的字节。

2.4 练 习 题

（一）判断题

（　　）1. 存储单元的内容可多次反复读出，其中内容保持不变。

（　　）2. 程序只要在磁盘上，不一定要装入主存储器就可以运行。

（　　）3. 硬盘在主机箱中固定，故它不是外存。

（　　）4. ROM 是可读可写存储器。

（　　）5. 通常说 1.44MB 软盘中 1.44MB 指的是磁盘编号。

（　　）6. 内存可以长期保存数据，硬盘在关机以后数据就丢失了。

（　　）7. 内存储器一般分为只读存储器（ROM）和随机存储器（RAM）。

（　　）8. 内存储器容量的大小是衡量微机性能的指标之一。

（　　）9. 在软盘表面上分为若干磁道，而每一个磁道就是一个扇区。

（　　）10. 不配置软件，计算机就不能工作。

（　　）11. 对磁盘作格式化将会删除磁盘中原有的全部信息。

（　　）12. 计算机操作系统将所运行的程序和所有处理的数据统称为文件加以统一管理。

（　　）13. 我们常用的光驱（CD-ROM）只能从光盘中读出数据，而不能写入。

（　　）14. 打印机可以分为针式打印机、喷墨打印机和激光打印机。

（　　）15. 一台可用的电脑最基本的配置为：机箱、主板、CPU、内存、硬盘、软驱、显示器、显示卡、键盘、鼠标。

（　　）16. 硬盘在计算机箱内，因而是内部存储器。

（　　）17. 键盘由主键盘、小键盘、功能键区和光标控制区四部分组成。

（　　）18. ROM 中存储的内容可随时被用户改写，RAM 中存储内容不能被用户改写。

（　　）19. 系统软件的功能主要是对整个计算机系统进行管理、监视、维护和服务。

（　　）20. 软磁盘的写保护口的作用是使磁盘上的信息只能读出不能写入，也不能删除。可保护存储的信息不因误操作而破坏，同时也防止病毒的感染。

（　　）21. 鼠标器是微机的输入设备，在 DOS 环境下无需软件驱动程序就可使用。

（　　）22. 计算机软件被分成系统软件和应用软件两大类。

（　　）23. 计算机系统是由中央处理器，内存储器，输入和输出设备组成。

（　　）24. 硬盘就是我们所指的主存储器，这是因为硬盘是放在主机箱内的原因。

（　　）25. 我们将操作系统称为是管理和控制计算机运行的一组程序。

（　　）26. CPU 就是我们通常所指的运算器和控制器。

（　　）27. 单总线方式可以很方便地实现对计算机系统进行扩充和压缩。

（　　）28. 触摸屏既然是一种显示器，那么它应属于是计算机系统的输出设备。

（　　）29. 计算机的输出设备有打印机和键盘。

（　　）30. 计算机从外部获取信息的设备称为输入设备。

（　　）31. 计算机常用的输入设备有键盘、鼠标、光笔、写字板等。

（　　）32. 微处理器是微机的控制运算部件。

（　　）33. 硬盘分内置式和外置式两种，其中内置式又可称为内存。

（二）填空题

1. 微机的内存储器比外存储器存取速度（　　　），内存储器可与微处理器（　　　）交换信息，内存储器根据工作方式的不同又可分为（　　　）和（　　　）。

2. 衡量微机的主要技术指标是字长、运算速度、（　　　）可靠性和可用性等。

3. 常见的输入设备有（　　　）、（　　　）、（　　　）。

4. 计算机硬件系统是由（　　　）、（　　　）、（　　　）、（　　　）、（　　　）五个基本部分组成。

5. 软件分成两大类（　　　）和（　　　）。

6. 计算机语言可分为机器语言、（　　　）和高级语言。

7. 微机硬件组成都是采用总线结构，总线包括（　　　）总线、（　　　）总线和控制总线。

8. 一般空白全新的软磁盘，在使用之前要先经过（　　　）产生磁道、扇区，才能正常使用。

9. 在计算机工作时，（　　　）用来存储当前正在使用的程序和数据。

10. 某学校的学籍管理程序属于（　　　）软件。

11. 用任何计算机高级语言编写的程序（未经过编译）习惯上被称为（　　　）。

（三）选择题

1. 微型计算机中，运算器、控制器和内存储器的总称是（　　　）。

    A. 主机　　　　　　　　B. MPU　　　　　　　　C. CPU　　　　　　　　D. ALU

2. 微型计算机，ROM 是（　　　）。

    A. 顺序存储器　　　B. 只读存储器　　　C. 随机存储器　　　D. 高速缓冲存储器

3. 下列设备中，只能作输出设备的是（　　　）。

    A. 磁盘存储器　　　B. 键盘　　　　　　C. 鼠标器　　　　　D. 打印机

4. 由高级语言编写的源程序要转换成计算机能直接执行的目标程序，必须经过（　　　）。

    A. 编辑　　　　　　B. 编译　　　　　　C. 汇编　　　　　　D. 解释

5. 软盘上存储容量的计量单位是（　　　）。

    A. 字节　　　　　　B. 磁道　　　　　　C. 扇区　　　　　　D. 柱面

6. 软盘应属于微机的（　　　）部分。

    A. 主机　　　　　　B. 外存储器　　　　C. 内存储器　　　　D. CPU

7. ROM 的特性是（　　　）。

    A. 不取不存　　　　B. 可取可存　　　　C. 只取不存　　　　D. 只存不取

8. 3.5 英寸软盘，写保护窗口上有一滑块，将滑块推向一侧，使其写保护窗口暴露出来，此时（　　　）。

    A. 只能写盘，不能读盘　　　　　　　　B. 只能读盘，不能写盘

    C. 既能读盘，又能写盘　　　　　　　　D. 不能读盘，也不能写盘

9. 一张 CD-ROM 光盘的容量大约为（　　　）MB。

    A. 550　　　　　　　B. 650　　　　　　　C. 750　　　　　　　D. 850

10. 从硬盘上把数据写入计算机内存，称之为（　　　）。

    A. 写盘　　　　　　B. 读盘　　　　　　C. 显示　　　　　　D. 输出

11. RAM 中存储的数据在断电后（　　　）丢失。

    A. 不会　　　　　　B. 部分　　　　　　C. 完全　　　　　　D. 不一定

12. 通常所说 1.44M 软盘，其中的 1.44M 指的是（　　　）。

    A. 厂商代号　　　　B. 商标号　　　　　C. 磁盘流水号　　　D. 磁盘容量

13. 一般把软件分外两大类（　　　）。

    A. 字处理软件和数据库管理软件　　　　B. 操作系统和数据库管理软件

    C. 程序和数据　　　　　　　　　　　　D. 系统软件和应用软件

14. 断电会使原存信息丢失的存储器是（　　　）。

    A. ROM　　　　　　B. 硬盘　　　　　　C. RAM　　　　　　D. 软盘

15. 计算机的内存储器比外存储器（　　　）。

A. 更便宜　　　　　B. 能存储更多的信息　C. 较贵, 但速度快　　D. 以上说法都不对

16. 对一台显示器而言, 当分辨率越高时, 其扫描频率将会 (　　　)。

A. 增高　　　　　　B. 降低　　　　　　C. 不变　　　　　　D. 无任何联系

17. 下列叙述中有错误的是 (　　　)。

A. 微型计算机应避免置于强磁场之中

B. 微型计算机应避免频繁关开, 以延长其使用寿命

C. 微型计算机使用时间不宜过长, 而应隔几个小时关机一次

D. 计算机应经常使用, 不宜长期闲置不用

18. 微机的核心部件是 (　　　)。

A. 显示器　　　　　B. 外存　　　　　　C. 键盘　　　　　　D. CPU

19. 关于内存下列说法错误的是 (　　　)。

A. 从硬件的角度考虑, 内存大致分为只读存储器 ROM 和随机存储器 RAM 两类。其中 RAM 又可分为静态随机存储器 SRAM 和动态随机存储器 DRAM。

B. 一般说电脑有 1GB 内存, 指的是动态随机存储器 DRAM。

C. 内存条上通常印有 -6, -7, 指的是内存条的刷新时间为 60 纳秒或 70 纳秒。

D. 内存配置的大小, 不影响计算机的整体性能。

20. 微机常用的外存储器是 (　　　)。

A. 键盘　　　　　　B. CPU　　　　　　C. 硬盘和软盘　　　D. 打印机

21. 在购置微机时, 486-DX4/100, 这里的 486 和 100 分别代表 (　　　)。

A. 内存的存储速度, CPU 型号　　　　　　B. CPU 型号, 内存容量

C. 输出设备型号, CPU 主频　　　　　　　D. CPU 型号, CPU 主频

22. 下列描述中, 错误的是 (　　　)。

A. 用机器语言编写的程序可以由计算机直接执行

B. 软盘是一种存储介质

C. 计算机运算速度可用每秒所执行指令的条数来表示

D. 操作系统是一种应用软件

23. BASIC 语言属于 (　　　)。

A. 高级语言　　　　B. 中级语言　　　　C. 低级语言　　　　D. 机器语言

24. 下列所述软件中属于系统软件的是 (　　　)。

A. Word　　　　　　B. Internet Explorer　C. 通用财务软件　　D. Windows

25. 关于系统软件下列说法错误的是 (　　　)。

A. Windows NT 是典型的网络操作系统

B. Windows 98 是较优秀的单机操作系统

C. Excel 是 WindowsXP 操作系统上的一个应用软件

D. Office 2010 是字处理系统的一个操作系统

26. 将微机的主机与外设相连的是 (　　　)。

A. 总线　　　　　　　　　　　　　　　　B. 磁盘驱动器

C. 输入/输出接口电路　　　　　　　　　　D. 内存

27. 一台普通 PC 升级为多媒体电脑, 需要添置的构件为 (　　　)。

A. 显示卡、调制解调器　　　　　　　　　B. 显示卡、光驱

C. 声卡、光驱 (CD-ROM)　　　　　　　　D. 声卡、调制解调器

28. 我们常用的光盘, 是厂家生产时一次性写入数据的, 我们在使用时只可读取数据, 不能写入, 这种光盘属于 (　　　)。

A. 只读存储器　　　　B. 外存储器　　　　　C. 随机存储器　　　　D. 以上都不是

29. 数码照相机拍照结束以后，通过数据线与计算机相连，便可将照片信息送入计算机存储和处理。这种数字照相机属于（　　）。

A. 中央处理器　　　B. 存储器　　　　　C. 输入设备　　　　D. 输出设备

30. 下列所述各项中，属于输出设备的是（　　）。

A. 光盘驱动器　　　B. 调制解调器　　　C. 鼠标和键盘　　　D. 显示器

31. 现在市场上流行一种称为"光笔"的设备。通过用户在书写板上使用小光笔书写或绘画，计算机获得相应的信息。"光笔"是一种（　　）。

A. 随机存储器　　　B. 输入设备　　　　C. 输出设备　　　　D. 通信设备

32. 数字视频光盘 DVD，下列关于 DVD 的描述错误的是（　　）。

A. 比普通的 CD-ROM 光盘容量更大

B. 比普通的 CD-ROM 光盘具有更高的视频画面质量

C. 比普通的 CD-ROM 光盘具有高质量的伴音质量

D. 与普通的 CD-ROM 光盘一样属于输出设备

33. 对于光驱（CD-ROM）下列描述错误的是（　　）。

A. 通常讲八倍速光驱，指的是光驱的理论数据传输速率为每秒 8×150KB

B. 一张 CD-ROM 盘容量为 650MB

C. 光驱读盘时，激光头不会接触光盘

D. 使用 CD-ROM 驱动器，可以对光盘进行读写操作

34. 操作系统是（　　）接口。

A. 主机和外设　　B. 用户和计算机　　C. 系统软件和应用软件　　D. 高级语言和机器语言

35. 计算机的内存储器比外存储器（　　），内存储器可与 CPU（　　）交换信息，内存储器又分为（　　）和（　　）；运行程序时，如果存储容量不够，可通过（　　）来解决。

A. 便宜　　　　　　B. 存取时间快　　　C. 存储信息多　　　D. 直接

E. 部分　　　　　　F. 间接　　　　　　G. RAM　　　　　　H. 软盘

I. 光盘　　　　　　J. 随机存储器　　　K. ROM　　　　　　L. 主存储器

M. CPU 的一部分　　N. 外部设备　　　O. 外存储器　　　　P. 把软盘换为硬盘

Q. 把磁盘换为光盘　　R. 增加内存条

36. 计算机外存储器是指（　　）和（　　）。

A. ROM　　　　　　B. 磁盘　　　　　　C. RAM　　　　　　D. 虚盘

E. 内存储器　　　　F. 光盘　　　　　　G. 外存　　　　　　H. 内存

I. 运算器　　　　　J. 控制器　　　　　K. 主机的一部分

37. 通常人们所说的一个完整的计算机系统包含（　　）。

A. 主机、键盘、显示器　　　　　　　　　B. 计算机和它的外围设备

C. 系统软件和应用软件　　　　　　　　　D. 计算机硬件系统和软件系统

38. 下列各项中属系统软件的有（　　）。

A. 操作系统　　　　B. 编译程序　　　　C. 编辑程序　　　　D. BASIC 源程序

E. 汇编源程序　　　F. 监控程序　　　　H. FOXBASE 库文件　　I. 配链接程序

39. 在计算机的外围设备中，鼠标属（　　），硬盘属（　　）。

A. 输入设备　　　　B. 输出设备　　　　C. 外（辅）存储器　　D. 主（内）存储器。

40. 软盘设置写保护后，处于写保护状态，这时可进行的操作为（　　）。

A. 只能从软盘读出内容，但不能给软盘写入内容

B. 可以从软盘读出内容，也可以给软盘写入内容

C. 只能给软盘写入内容，但不能从软盘读出内容

D. 不能从软盘读出内容，也不能给软盘写入内容

41. 计算机的软盘与硬盘比较，硬盘的特点是（　　），软盘的特点（　　）。

A. 存储容量较大　　　B. 存储容量较小　　　C. 存取速度较快

D. 存取速度较慢　　　E. 便于随身携带　　　F. 通常固定在机器内，不便于随身携带

42. 微型计算机的硬件性能主要取决于（　　）的性能。

A. RAM　　　　　　B. CPU　　　　　　　C. 显示器　　　　　D. 硬盘

43. 计算机硬件系统的主要性能指标有（　　）。

A. 字长　　　　　　B. 操作系统性能　　　C. 主频　　　　　　D. 主存储器

44. 用高级语言编写的源程序，可以借助（　　）程序将此程序输入计算机，再借助（　　）程序将源程序翻译为（　　）程序，然后经过（　　）才能得到可执行程序。最后执行的是（　　）程序。

A. 编译　　　　　　B. 汇编　　　　　　　C. 链接　　　　　　D. 编辑

E. 源　　　　　　　F. 可执行　　　　　　G. 目标　　　　　　H. 解释

45. 内存，软盘，硬盘，光盘四种存储器按其速度快慢排序，正确的是（　　）。

A. 内—软—硬—光　B. 光—硬—软—内　C. 内—硬—光—软　D. 软—硬—光—内

46. 在微机中，主机对磁盘数据的读写是以（　　）为单位的。

A. 文件　　　　　　B. 磁道　　　　　　　C. 扇区　　　　　　D. 字节

47. 一台完整的计算机系统是由（　　）组成。

A. 主机，键盘，显示器　　　　　　　B. 计算机硬件，软件系统

C. 计算机及其外部设备　　　　　　　D. 系统软件各应用软件

48. 计算机操作系统是一个（　　）。

A. 系统软件　　　B. 编译程序系统　　　C. 高级语言工作环境　D. 用户操作规范

49. 常见的 3.5 HD 软磁盘的容量为（　　）。

A. 360KB　　　　　B. 1.44MB　　　　　C. 720KB　　　　　D. 1.2MB

50. 操作系统的基本功能有（　　）。

A. CPU 管理　　　　B. 文件管理　　　　C. 存储管理　　　　D. 设备管理

51. 计算机的外存储器与内存储器相比，具有（　　）特点。

A. 盘上的信息可长期脱机保存　　　　B. 价格便宜

C. 存储容量大　　　　　　　　　　　D. 存取速度快

52. 计算机软件是由（　　）两大类构成。

A. 操作系统和信息处理系统　　　　　B. 系统操作平台和数据库管理系统

C. 应用软件和信息系统管理软件　　　D. 系统软件和应用软件

53. （　　）编制的所有程序都有一致的外观和结构。

A. DOS　　　　　　B. Windows　　　　C. UNIX　　　　　　D. CP/M

54. 以下（　　）是计算机硬件系统中必不可少的组成部分。

A. 中央处理器　　　B. 键盘　　　　　　C. 主存储器　　　　D. 显示器

55. 在计算机运行时，把程序和数据一样存放在内存中，这是 1946 年由（　　）所领导的研究小组正式提出并论证的。

A. 图灵　　　　　　B. 布尔　　　　　　C. 冯·诺依曼　　　　D. 爱因斯坦

56. 在下面关于计算机系统硬件的说法中，不正确的是（　　）。

A. CPU 主要由运算器、控制器和寄存器组成

B. 当关闭计算机电源后，RAM 中的程序和数据就消失了

C. 软盘和硬盘上的数据均可由 CPU 直接存取

D. 软盘和硬盘驱动器既属于输入设备，又属于输出设备

57. （　　）属于面向对象的程序设计语言。

　　A. C　　　　　　　　B. FORTRAN　　　　　　C. Pascal　　　　　　　　D. Java

58. 在下面关于计算机的说法中，正确的是（　　）。

　　A. 微机内存容量的基本计量单位是字符　　　B. 1 GB＝1024 KB

　　C. 二进制数中右起第 10 位上的 1 相当于 2^{10}　　D. 1 TB＝1024 GB

59. 目前在台式 PC 上最常用的 I/O 总线是（　　）。

　　A. ISA　　　　　　　B. PCI　　　　　　　　C. EISA　　　　　　　　D. VL–BUS

60. 下列叙述中，错误的一个是（　　）。

　　A. 个人微型计算机键盘上的 Ctrl 键是起控制作用的，它必须与其他键同时按下才有作用

　　B. 个人微型计算机在使用过程中突然断电，内存 RAM 中保存的信息全部丢失，ROM 中保存的信息不受影响

　　C. 计算机指令是指挥 CPU 进行操作的命令，指令通常由操作码和操作数组成

　　D. 键盘属于输入设备，但显示器上显示的内容既有机器输出的结果，又有用户通过键盘打入的内容，所以显示器既是输入设备，又是输出设备

61. 下列有关存储器读写速度的排列，正确的是（　　）。

　　A. RAM>Cache>硬盘>软盘　　　　　　　　B. Cache>RAM>硬盘>软盘

　　C. Cache>硬盘>RAM>软盘　　　　　　　　D. RAM>硬盘>软盘>Cache

62. 存储一个汉字占（　　）字节。

　　A. 1 个　　　　　　　B. 2 个　　　　　　　C. 4 个　　　　　　　　D. 8 个

63. 一张软盘上原存的有效信息在下列（　　）情况下会丢失。

　　A. 放在强磁场附近　　　　　　　　　　　　B. 通过海关的 X 射线监视仪

　　C. 放在盒内半年没有使用　　　　　　　　　D. 放在零下 10 摄氏度的库房中

64. 微型计算机中使用的数据库属于（　　）。

　　A. 科学计算方面的计算机应用　　　　　　　B. 过程控制方面的计算机应用

　　C. 数据处理方面的计算机应用　　　　　　　D. 辅助设计方面的计算机应用

65. 下列选项中正确的一项是（　　）。

　　A. 若计算机配了 C 语言，就是说它一开机就可以用 C 语言编写和执行程序

　　B. 外存上的信息可以直接进入 CPU 被处理

　　C. 用机器语言编写的程序可以由计算机直接执行，用高级语言编写的程序必须经过编译（解释）才能执行程序

　　D. 系统软件就是买来的软件，应用软件就是自己编写的软件

66. 下列四条关于计算机基础知识的叙述中，正确的一条是（　　）。

　　A. 微型计算机是指体积微小的计算机

　　B. 存储器必须在电源电压正常时才能存取信息

　　C. 字长 32 位的计算机是指能计算最大为 32 位十制数的计算机

　　D. 防止软盘感染计算机病毒的方法是定期对软盘格式化

67. 通常所说的"裸机"指的是（　　）。

　　A. 只装备有操作系统的计算机　　　　　　　B. 未装备任何软件的计算机

　　C. 不带输入输出设备的计算机　　　　　　　D. 计算机主机暴露在外

68. 在微型计算机中，微处理器的主要功能是进行（　　）。

　　A. 算术运算　　　　　　　　　　　　　　　B. 逻辑运算

　　C. 算术逻辑运算　　　　　　　　　　　　　D. 算术逻辑运算及全机的控制

69. 硬盘连同驱动器是一种 (　　)。

　　A. 内存储器　　　　　B. 外存储器　　　　　C. 只读存储器　　　　D. 半导体存储器

70. 下列叙述中，正确的是 (　　)。

　　A. 所有微机上都可以使用的软件称为应用软件

　　B. 操作系统是用户与计算机之间的接口

　　C. 一个完整的计算机系统是由主机和输入输出设备组成的

　　D. 软磁盘驱动器是存储器

71. 通常，在微机中所指的 80586 是 (　　)。

　　A. 产品型号　　　　　B. 主频　　　　　C. 微机名称　　　　D. 微处理器型号

72. 在下列存储器中，访问速度最快的是 (　　)。

　　A. 硬盘存储器　　　　　　　　　　　B. 软盘存储器

　　C. 半导体 RAM（内存储器）　　　　D. 磁带存储器

73. 解释程序的功能是 (　　)。

　　A. 解释执行汇编语言程序　　　　　　B. 将汇编语言程序编译成目标程序

　　C. 将高级语言程序翻译成目标程序　　D. 解释执行高级语言程序

74. 下面有关计算机操作系统的叙述中，不正确的是 (　　)。

　　A. 操作系统属于系统软件

　　B. 操作系统只负责管理内存储器，而不管理外存储器

　　C. 从用户的观点看，操作系统是用户和计算机之间的接口

　　D. 计算机的处理机、内存等硬件资源也由操作系统管理

75. 下面有关计算机的叙述中，正确的是 (　　)。

　　A. 计算机的主机包括 CPU、内存储器和硬盘三部分

　　B. 计算机程序必须装载到内存中才能执行

　　C. 计算机必须具有硬盘才能工作

　　D. 第一电子计算机 ENIAC 属于微型计算机

76. 下列 4 条叙述中，正确的一条是 (　　)。

　　A. 二进制正数原码的补码就是原码本身

　　B. 所有十进制小数都能准确地转换为有限位的二进制小数

　　C. 存储器中存储的信息即使断电也不会丢失

　　D. 汉字的机内码就是汉字的输入码

77. 在下列叙述中，正确的一条是 (　　)。

　　A. 在计算机中，汉字的区位码就是机内码

　　B. 在汉字国标码 GB2312-80 的字符集中，共收集了 6763 个常用汉字

　　C. 英文小写字母 "e" 的 ASCII 码为 101，英文小写字母 "h" 的 ASCII 码为 103

　　D. 存放 80 个 24×24 点阵的汉字字模信息需要占用 2560 个字节

78. 下列叙述中，正确的一条是 (　　)。

　　A. 显示器既是输入设备又是输出设备　　B. 使用杀毒软件可以清除一切病毒

　　C. 温度是影响计算机正常工作的重要因素　　D. 喷墨打印机属于击打式打印机

79. 640 KB 等于 (　　) 字节。

　　A. 655360　　　　　B. 640000　　　　　C. 600000　　　D. 64000

80. 第二代计算机使用的电子元件是 (　　)。

　　A. 电子管　　　　　B. 晶体管　　　　　C. 集成电路　　　D. 超大规模集成电路

81. 硬件系统一般包括外部设备和 (　　)。

　　　A. 运算器和控制器　　B. 存储器　　　　　　C. 主机　　　　　　　　D. 内存储器

82. 微型计算机的运算器、控制器及内存储器的总称是（　　　）。

　　　A. CPU　　　　　　　　B. ALU　　　　　　　　C. MPU　　　　　　　　D. 主机

83. 微型计算机中运算器的主要功能是进行（　　　）。

　　　A. 算术运算　　　　　　B. 逻辑运算　　　　　　C. 算术或逻辑运算　　　D. 函数运算

84. 对微型计算机影响最小的因素是（　　　）。

　　　A. 湿度　　　　　　　　B. 噪声　　　　　　　　C. 磁场　　　　　　　　D. 温度

85. 在计算机中，控制器的基本功能是（　　　）。

　　　A. 实现算术运算和逻辑运算　　　　　　　　B. 存储各种控制信息

　　　C. 保持各种控制状态　　　　　　　　　　　D. 控制机器各个部件协调一致工作

86. 专门为某一应用目的而设计的软件是（　　　）。

　　　A. 应用软件　　　　　　B. 系统软件　　　　　　C. 工具软件　　　　　　D. 目标程序

87. CPU 中有一个程序计数器（又称指令计数器），它用于存放（　　　）。

　　　A. 正在执行的指令　　　　　　　　　　　　B. 下一条要执行的指令内容

　　　C. 正在执行的指令的内存地址　　　　　　　D. 下一条要执行的指令的内存地址

88. 计算机对数据进行加工处理的部件，通常称为（　　　）。

　　　A. 运算器　　　　　　　B. 控制器　　　　　　　C. 显示器　　　　　　　D. 存储器

89. 操作系统的作用是（　　　）。

　　　A. 把源程序译成目标程序　　　　　　　　　B. 便于进行数据管理

　　　C. 控制和管理系统资源的使用　　　　　　　D. 实现软硬件的转接

90. 计算机的主存储器是指（　　　）。

　　　A. RAM 和磁盘　　　　B. ROM　　　　　　　　C. ROM 和 RAM　　　　D. 硬盘和控制器

91. 下列四条叙述中，正确的一条是（　　　）。

　　　A. 正数二进制原码的补码是源码本身

　　　B. 一个完整的计算机系统是由主机和输入输出设备组成的

　　　C. 汉字的计算机内码就是国标码

　　　D. 所有的十进制小数都能完全准确地转换成有限位二进制小数

92. 高级语言程序必须翻译成目标程序后才能执行，完成这种翻译过程的程序是（　　　）。

　　　A. 汇编程序　　　　　　B. 编辑程序　　　　　　C. 解释程序　　　　　　D. 编译程序

93. 计算机内存储器是（　　　）。

　　　A. 按二进制编址　　　　　　　　　　　　　B. 按字节编址

　　　C. 按字长编址　　　　　　　　　　　　　　D. 根据微处理器型号不同而编址不同

94. 在计算机领域中通常用 MIPS 来描述（　　　）。

　　　A. 计算机的运算速度　　　　　　　　　　　B. 计算机的可靠性

　　　C. 计算机的可运行性　　　　　　　　　　　D. 计算机的可扩充性

95. 若某台微型计算机的型号是 586/75，其中 75 的含义是（　　　）。

　　　A. 时钟频率为 75MHz　　　　　　　　　　　B. CPU 中有 75 个寄存器

　　　C. CPU 中有 75 个运算　　　　　　　　　　D. 该微型计算机的内存为 75MB

96. 下列属于高级程序设计语言的是（　　　）。

　　　A. Windows　　　　　　B. CPAV　　　　　　　C. 汇编语言　　　　　　D. FORTRAN

97. 在微型计算机内存储器中，不能用指令修改其存储内容的部分是（　　　）。

　　　A. RAM　　　　　　　　B. DRAM　　　　　　　C. ROM　　　　　　　　D. SRAM

98. 存储容量的基本单位是（　　　）。

A. 字　　　　　　　　B. 字节　　　　　　　C. 位　　　　　　　D. KB

99. SRAM 存储器是（　　　）。

A. 静态随机存储器　　B. 静态只读存储器　　C. 动态随机存储器　　D. 动态只读存储器

100. 静态 RAM 的特点是（　　　）。

A. 在不断电的情况下，其中的信息保持不变，因而不必定期刷新

B. 在不断电的情况下，其中的信息不能长期保持，因而必须定期刷新才不会丢失信息

C. 其中的信息只能读不能写

D. 其中的信息断电后也不丢失

101. 下列选项中正确的一条是（　　　）。

A. 假若 CPU 向外输出 20 位地址，则它能直接访问的存储空间可达 1MB

B. PC 机在使用过程中突然断电，SRAM 中存储的信息不会丢失

C. PC 机在使用过程中突然断电，DRAM 中存储的信息不会丢失

D. 外存储器中的信息可以直接被 CPU 处理

102. 下列叙述中，正确的是（　　　）。

A. 激光打印机属击式打印机　　　　　　B. CAI 软件属于系统软件

C. 就存取速度而论，软盘比硬盘快，硬盘比内存快

D. 计算机的运算速度可以用 MIPS 来表示

103. 根据打印机的原理及印字技术，打印机可分为（　　　）。

A. 击打式打印机和非击打式打印机　　B. 针式打印机和喷墨打印机

C. 静电打印机和喷墨打印机　　　　　　D. 点阵式打印机和行式打印机

104. 在微型计算机中，数据写到软盘上称为（　　　）。

A. 写盘　　　　　　　B. 读盘　　　　　　　C. 输入　　　　　　D. 以上都不是

105. 速度快、分辨率高的打印机类型是（　　　）。

A. 非击打式　　　　　B. 激光式　　　　　　C. 击打式　　　　　D. 点阵式

106. 磁盘工作时，应特别注意避免（　　　）。

A. 光线直射　　　　　B. 强烈震动　　　　　C. 卫生环境　　　　D. 噪声

107. 下列描述中不正确的是（　　　）。

A. 多媒体技术最主要的两个特点是集成性和交互性

B. 所有计算机的字长都是固定不变的

C. 通常计算机存储容量越大，性能越好

D. 各种高级语言的翻译程序都属于系统软件

108. 在一般情况下，软盘中存储的信息在断电后（　　　）。

A. 不会丢失　　　　　B. 全部丢失　　　　　C. 大部分丢失　　　D. 局部丢失

109. CPU 不能直接访问的存储器是（　　　）。

A. ROM　　　　　　　B. RAM　　　　　　　C. Cache　　　　　D. 外存储器

110. 计算机字长取决于（　　　）的宽度。

A. 数据总线　　　　　B. 地址总线　　　　　C. 控制总线　　　　D. 通信总线

111. 操作系统是计算机系统中的（　　　）。

A. 核心系统部件　　　　　　　　　　　　B. 关键的硬件部件

C. 广泛使用的应用软件　　　　　　　　D. 外部设备

112. 下列叙述中，正确的一条是（　　　）。

A. 存储在任何存储器中的信息，断电后都不会丢失

B. 操作系统可以对硬盘进行管理的程序

C. 硬盘装在主机箱内，因此硬盘属于主存

D. 硬盘驱动器属于外部设备

113. 下列选项中，都是硬件的是（　　）。

A. CPU、RAM 和 DOS

B. RAM、DOS 和 BASIC

C. 软盘、硬盘和光盘

D. 键盘、打印机和 WPS

114. 要使用外存储器中的信息，应先将其调入（　　）。

A. 控制器　　　　　B. 运算器　　　　　C. 微处理器　　　　　D. 内存储器

115. 微型计算机键盘上 Ctrl 键称为（　　）。

A. 上档键　　　　　B. 控制键　　　　　C. 回车键　　　　　D. 强行退出键

116. 数据库系统的核心是（　　）。

A. 操作系统　　　　B. 编译系统　　　　C. 数据库　　　　　D. 数据库管理系统

117. 当代微机中 PCI 是指（　　）。

A. 产品型号

B. 总线标准

C. 微型计算机系统名称

D. 微处理器型号

118. 汇编语言源程序须经（　　）翻译成目标程序。

A. 汇编程序　　　　B. 监控程序　　　　C. 机器语言程序　　　D. 诊断程序

119. 下列操作中，最易磨损硬盘的是（　　）。

A. 在硬盘建立目录　B. 向硬盘拷贝文件　C. 高级格式化　　　D. 低级格式化

120. 下列 4 种软件中属于应用软件的是（　　）。

A. BASIC 解释程序　B. Windows 7　　　C. 财务管理系统　　D. C 语言编译程序

121. 设当前操作盘是硬盘，存盘命令中没有指明盘符，则信息将存放于（　　）。

A. 内存　　　　　　B. 软盘　　　　　　C. 硬盘　　　　　　D. 硬盘和软盘

122. CPU 与内存交换信息必须经过（　　）。

A. 指令寄存器　　　B. 地址译码器　　　C. 数据缓冲寄存器　D. 标志寄存器

123. 下列 4 种设备中，属于计算机输入设备的是（　　）。

A. 显示器　　　　　B. 服务器　　　　　C. 绘图仪　　　　　D. 鼠标器

124. 磁盘上存放信息的最小物理单位是（　　）。

A. 位　　　　　　　B. 字节　　　　　　C. 字　　　　　　　D. 扇区

125. 微型计算机系统采用总线结构对 CPU、存储器和外部设备进行连接，总线通常由 3 部分组成。它们是（　　）。

A. 逻辑总线、传输总线和通信总线

B. 地址总线、运算总线和逻辑总线

C. 数据总线、信号总线和传输

D. 数据总线、地址总线和控制总线

126. 下列 4 种软件中属于系统软件的是（　　）。

A. PowerPoint　　　B. Word　　　　　　C. UNIX　　　　　　D. Excel

127. 一台计算机的字长是 4 个字节，这意味着它（　　）。

A. 能处理的字符串最多由 4 个英文字母组成

B. 能处理的数值最大为 4 位十进制数 9999

C. 在 CPU 中作为一个整体加以传送处理的二进制数码为 32 位

D. 在 CPU 中运算的结果最大为 232

128. 存储的内容被读出后并不被破坏，这是（　　）的特性。

A. 随机存储器　　　B. 内存　　　　　　C. 磁盘　　　　　　D. 存储器共同

129. CPU 能直接访问的存储部件是（　　）。

A. 软盘　　　　　　B. 硬盘　　　　　　C. 内存　　　　　　D. 光盘

130. 计算机的控制器不包括（　　）。
  A. 指令部件　　　　B. 运算部件　　　　C. 控制部件　　　　D. 时序部件
131. 指令系统是计算机硬件的语言系统，因此也称（　　）。
  A. 高级语言　　　　B. 编辑语言　　　　C. 机器语言　　　　D. 汇编语言
132. 在内存储器中，需要对（　　）所存的信息进行周期性的刷新。
  A. PROM　　　　B. EPROM　　　　C. SRAM　　　　D. DRAM
133. 现代计算机之所以能自动地连续进行数据处理，主要是因为（　　）。
  A. 采用了开关电路　B. 采用了半导体器件　C. 采用了二进制　　D. 具有存储程序的功能
134. 磁盘是（　　）。
  A. 随机存取设备　　B. 只读存取设备　　C. 直接存取设备　　D. 顺序存取设备
135. 下面关于系统软件的叙述中，正确的一项是（　　）。
  A. 系统软件与具体应用领域无关　　　　B. 系统软件与具体硬件逻辑功能无关
  C. 系统软件是在应用软件的基础上开发的　D. 系统软件不具体提供人机界面
136. 某 32 位微型计算机中，若存储器容量为 1MB，按字节编址，那么主存的地址寄存器至少应有（　　）位。
  A. 20　　　　B. 24　　　　C. 32　　　　D. 16
137. 关于显示器的叙述中、正确的是（　　）。
  A. 显示器是输入设备　　　　　　　　B. 显示器是存储设备
  C. 显示器是输出设备　　　　　　　　D. 显示器是 I/O 设备
138. 指令在取指和执行过程中，在微处理器中的顺序是（　　）。
  A. 并行　　　　B. 串行　　　　C. 先并行后串行　　D. 先串行后并行
139. 显示器是目前使用最多的（　　）。
  A. 控制设备　　　　B. 存储设备　　　　C. 输出设备　　　　D. 输入设备
140. ROM 与 RAM 的主要区别是（　　）。
  A. ROM 是内存储器，RAM 是外存储器
  B. 断电后，RAM 内保存的信息会丢失，而 ROM 中的信息则可长期保存、不会丢失
  C. ROM 是外存储器，RAM 是内存储器
  D. 断电后，ROM 内保存的信息会丢失，而 RAM 中的信息则可长期保存
141. WPS、Word 等字处理软件属于（　　）。
  A. 应用软件　　　　B. 管理软件　　　　C. 网络软件　　　　D. 系统软件
142. 下列关于运算器功能的说法中，正确的一项是（　　）。
  A. 分析指令并进行译码　　　　　　B. 保存各种指令信息供系统其他部件使用
  C. 实现算术运算和逻辑运算　　　　D. 按主频指标规定发出时钟脉冲

2.5　练习题参考答案

（一）判断题

1. T　2. F　3. F　4. F　5. F　6. F　7. T　8. T　9. F　10. T　11. T
12. T　13. T　14. T　15. T　16. F　17. T　18. F　19. T　20. T　21. F　22. T
23. F　24. F　25. T　26. T　27. T　28. F　29. F　30. T　31. T　32. T　33. F

（二）填空题

1. 快、直接，RAM、ROM 2. 微处理器　3. 键盘、鼠标、扫描仪　4. 运算器、控制器、存储器、输入设

备、输出设备 5. 系统软件、应用软件 6. 汇编 7. 数据、地址 8. 格式化 9. 内存储器
10. 应用 11. 源程序

(三) 选择题

1. A	2. B	3. D	4. B	5. A	6. B	7. C	8. B	9. B
10. B	11. C	12. D	13. D	14. C	15. C	16. C	17. C	18. D
19. D	20. C	21. D	22. D	23. A	24. D	25. D	26. C	27. C
28. B	29. C	30. D	31. B	32. D	33. D	34. B	35. B, D, G, K, R	
36. B, F	37. D	38. A, F	39. A, C	40. A	41. ACF, BDF		42. B	43. ACD
44. D, A, G, C, F	45. C	46. C	47. B	48. A	49. B	50. ABCD	51. ABC	
52. D	53. B	54. ABCD	55. C	56. C	57. D	58. C	59. B	60. D
61. B	62. B	63. A	64. C	65. C	66. B	67. B	68. D	69. B
70. B	71. D	72. C	73. D	74. B	75. B	76. A	77. B	78. C
79. A	80. B	81. C	82. D	83. C	84. B	85. D	86. A	87. D
88. A	89. C	90. C	91. C	92. D	93. B	94. A	95. A	96. D
97. C	98. B	99. A	100. A	101. A	102. D	103. A	104. A	105. B
106. B	107. B	108. A	109. D	110. A	111. A	112. B	113. C	114. D
115. B	116. D	117. B	118. A	119. D	120. C	121. C	122. C	123. D
124. D	125. D	126. C	127. C	128. D	129. C	130. B	131. C	132. D
133. D	134. C	135. A	136. A	137. C	138. A	139. C	140. B	141. A
142. C								

第3章 操作系统基础（Windows 操作系统）

3.1 考纲要求

1. 操作系统的基本概念、发展、功能、组成及分类
2. 文件与文件夹
（1）文件概念：命名规则、分类及文件属性。
（2）目录树与文件夹：根、子文件夹、当前文件夹、文件。
3. Windows 7 操作系统的基本知识、概念和常用术语
（1）Windows 7 的特点、功能。
（2）Windows 7 的运行环境、启动、退出。
（3）Windows 7 桌面、图标、窗口、对话框、库。
（4）帮助系统。
4. Windows 7 操作系统的基本操作和应用
（1）Windows 7 的基本操作。
（2）桌面外观的设置，基本的网络配置。
（3）熟练掌握资源管理器的操作与应用。
（4）掌握文件、磁盘、显示属性的查看、设置等操作。
（5）中文输入法的安装、删除和选用。
（6）掌握检索文件、查询程序的方法。

3.2 内容要求

3.2.1 操作系统的基本概念、发展、功能、组成及分类

操作系统：用来控制及指挥电脑系统运作的软件程序。具有控制和管理计算机硬件、软件资源，合理组织计算机工作流程以及方便用户使用的大型程序，它由许多具有控制和管理功能的子程序组成。

操作系统的组成和功能：操作系统是对计算机系统资源（包括硬件和软件两大部分）进行管理、控制、协调的程序的集合，共分为八个部分。

（1）处理机管理：处理机是计算机中的核心资源。处理机管理对处理机的时间进行分配，对不同程序的运行进行记录和调度，实现用户和程序之间的相互联系，解决不同程序在运行时相互发生的冲突。

33

（2）存储器管理：存储器用来存放用户的程序和数据。存储器管理以最合适的方案为不同的用户和不同的任务划分出分离的存储器区域，保障各存储器区域不受别的程序的干扰；在主存储器区域不够大的情况下，使用硬盘等其他辅助存储器来替代主存储器的空间，自行对存储器空间进行整理等。

（3）作业管理：向计算机通知用户的到来，对用户要求计算机完成的任务进行记录和安排；向用户提供操作计算机的界面和对应的提示信息，接受用户输入的程序、数据及要求，同时将计算机运行的结果反馈给用户。

（4）信息管理：计算机中存放的、处理的、流动的都是信息。信息有不同的表现形态，可以是数据项、记录、文件、文件的集合等。信息管理对这些文件进行分类，保障不同信息之间的安全，将各种信息与用户进行联系，使信息不同的逻辑结构与辅助存储器上的存储结构进行对应。

（5）设备管理：计算机主机连接着许多设备，包括输入/输出数据的设备、存储数据的设备、某些特殊要求的设备。设备管理为用户提供设备的独立性，使用户不管是通过程序逻辑还是命令来操作设备时都不需要了解设备的具体操作，设备管理在接到用户的要求以后，将用户提供的设备与具体的物理设备进行连接，再将用户要处理的数据送到物理设备上；对各种设备信息的记录、修改；对设备行为的控制。

除了以上五大管理功能以外，操作系统还实现一些标准的技术处理。

（6）标准输入/输出：用户通过键盘输入数据，计算机通过显示器向用户反馈信息同时输出运行结果。

（7）中断处理：在系统的运行过程中可能发生各种各样的异常情况，如硬件故障、电源故障、软件本身的错误，以及程序设计者所设定的意外事件。中断处理功能针对可预见的异常配备好了中断处理程序及调用路径，当中断发生时暂停正在运行的程序而转去处理中断处理程序，它可对当前程序的现场进行保护、执行中断处理程序逻辑，在返回当前程序之前进行现场恢复直到当前程序再次运行。

（8）错误处理：当用户程序在运行过程中发生错误的时候，操作系统的错误处理功能既要保证错误不影响整个系统的运行，又要向用户提示发现错误的信息。

操作系统分类：常用的操作系统类型有 DOS、Windows、UNIX、Linux、OS/2. AIX 等。按与用户界面分为命令行界面操作系统 DOS、图形用户界面操作系统 Windows；按支持的用户数里分为单用户操作系统 DOS、Windows，多用户操作系统 UNIX、XENIX；按能否运行多个任务分为单任务操作系统 DOS，多任务操作系统 Windows；按系统的功能分为批处理任务、分时操作系统（UNIX，Linux），实时操作系统和网络操作系统 Windows NT, Windows Server。

Windows 发展简史：Windows 95→Windows 98→Windows Me→Windows 2000→Windows Server 2003→Windows XP→Vista→Windows 7→Windows 8。

3.2.2　文件与文件夹

应用程序：一个完成指定功能的计算机程序。

文档：由应用程序所创建的一组相关的信息的集合，是包含文件格式和所有内容的文件。

文件：是存储在外存储器（如磁盘）上的相关信息的集合。这些信息最初是在内存中建立的，然后以用户给予的名称转存到磁盘上，以便长期保存。

文件的基本属性：文件名、类型、大小、创建时间等。

文件名：文件名用来标识每一个文件，实现"按名字存取"。文件名格式为：<主文件名> [. <扩展名>]。主文件名是必须有的，而扩展名是可选的，扩展名代表文件的类型。

文件名命名规则：在文件或文件夹的名字中，最多可使用 255 个字符。用汉字命名，最多可以有 127 个汉字；组成文件名或文件夹的字符可以是空格。但不能使用下列字符：+、*、/、?、"、<、>、|；在同一文件夹中不能有同名文件。

文件类型：根据文件存储不同种类的内容划分出文件的类型。不同类型的文件后缀名不同，如可执行文件（. EX、E、COM）、文本文件（. txt）、Word 文档文件（. DOC）等。

文件夹：文件夹是文件和子文件夹的集合，用来存放各种不同类型的文件。各级文件夹之间有互相包含的关系，使得所有文件夹构成树状结构，称为文件夹树。"桌面"、"我的电脑"、磁盘驱动器等也是文件夹。

文件的位置（路径）：文件在磁盘上的位置（路径），它包含了要找到指定文件所顺序经过的全部文件夹。如：C：\ D1 \ D11 \ S1. DO C、C：\ T4. TXT。文件路径分为相对路径和绝对路径。

绝对路径：是从磁盘盘符开始的路径，形如 C：\ windows \ system32 \ cmd. exe。

相对路径：是从当前路径开始的路径，如当前路径为 C：\ windows，要描述上面路径，只需输入 . \ system32 \ cmd. exe 其中，"."表示当前路径。（各子文件夹名之间用"\"分隔）。

文件名通配符：搜索查找文件过程中若记不清楚文件名可使用通配符代替记不住的部分。"?"代替所在位置上的任一字符，如：P? A. DOC；"*"代替从所在位置起的任意一串字符，如：*. EXE。

3.2.3 Windows 7 操作系统的基本知识、概念和常用术语

Windows 7 是由微软公司（Microsoft）开发的操作系统，核心版本号为 Windows NT 6.1。Windows 7 可供家庭及商业工作环境、笔记本电脑、平板电脑、多媒体中心等使用。

版本类型：Windows 7 交易版（Windows 7 Starter）、Windows 7 家庭普通版（Windows 7 Home Basic）、Windows 7 家庭高级版（Windows 7 Home Premium）、Windows 7 专业版（Windows 7 Professional）、Windows 7 企业版（Windows 7 Enterprise）、Windows 7 旗舰版（Windows 7 Ultimate）。

配置要求：CPU 要求 1GHz 及以上，32 位或 64 位处理器；内存要求 1GB 以上，基于 32 位（64 位 2GB 内存）；硬盘要求 16 GB 以上可用空间，基于 32 位（64 位 20 GB 以上）；显卡要求有 WDDM1.0 或更高版驱动的显卡 64MB 以上，128MB 为打开 Aero 最低配置。

系统特点：易用、简单、效率高、有方便的小工具、最节能的 Windows、加快电脑运行。

桌面：是人与计算机交互的主要入口，同时也是人机交互的图形用户界面。计算机开

机后 Windows 7 的桌面屏幕空间由任务栏、图标、桌面背景组成。

图标：用来表示计算机内的各种资源（文件、文件夹、磁盘驱动器、打印机等）。每个图标由图形和文字两部分组成。Windows 通过对这些图标的选定、复制、移动和删除等操作，来完成对文件或文件夹的处理。

快捷方式图标：是一个连接对象的图标。它与某个对象（如程序、文档）相连接，使之能快速地访问到指定的对象。可以为任何一个对象建立快捷方式，并可以随意将快捷方式放置于 Windows 中的任何位置，例如，可以在桌面、"开始"菜单中为一个程序文件、文档等创建快捷方式。

桌面背景：桌面背景又称墙纸，即电脑屏幕上显示的背景画面。

任务栏：任务栏（taskbar）就是指位于桌面最下方的小长条。Windows 7 操作系统的任务栏从左到右依次为："开始"菜单、快速启动区、任务按钮（应用程序区）、语言栏、系统提示区（托盘区）、"显示桌面"按钮（任务栏最右端）。

窗口：是屏幕上与一个应用程序相对应的矩形区域，包括框架和客户区，是用户与产生该窗口的应用程序之间的可视界面。每当用户开始运行一个应用程序时，应用程序就创建并显示一个窗口；当用户操作窗口中的对象时，程序会作出相应反应。用户通过关闭一个窗口来终止一个程序的运行；通过选择相应的应用程序窗口来选择相应的应用程序。窗口是计算机用户界面中最重要的部分，Windows 的窗口分为应用程序（或文件夹）窗口和文档窗口两类。Windows 7 中的窗口主要由：控制图标、标题栏、地址栏、搜索框、菜单栏、工具栏、导航窗格、工作区、滚动条、状态栏、窗口最小化、最大化/还原和关闭按钮等组成。

对话框：是系统或应用程序与用户进行交互、对话的场所，让用户在进行下一步的操作前作出相应的选择。对话框与窗口很相似，但是不能最大化和最小化，大小是固定的，不能改变。组成对话框的元素一般有标题栏、选项卡、单选按钮、复选框、列表框、下拉列表框、文本框、数值框、滑块、命令按钮、帮助按钮等。

菜单：是一张命令列表，是应用程序与用户交互的主要方式。用户可从菜单上选择所需的命令来指示应用程序执行相应的动作，菜单既是 Windows 的缓存区的资源，还是用户的控件。Windows 7 的菜单有"开始"菜单、快捷菜单、窗口菜单等类型。

"开始"菜单：存放操作系统或设置系统的绝大多数命令，而且还可以使用安装到当前系统里面的所有的程序。开始菜单与开始按钮是 Microsoft Windows 系列操作系统图形用户界面（GUI）的基本部分，可以称为是操作系统的中央控制区域。Windows 7 的"开始"菜单中包含了搜索框、关机选项、所有程序、常用程序区、系统控制区等几部分。

下拉式菜单：下拉式菜单位于应用程序窗口标题栏下方，在菜单中有若干条命令，这些命令按功能分组，分别放在不同的菜单项里。单击某一菜单项，即可展开它下面的下拉式菜单。菜单栏上的文字如"文件"、"编辑"、"帮助"等称为菜单名。

弹出式快捷菜单：当把鼠标指针指向某个选中的对象或把鼠标指针放在屏幕的某个位置时，鼠标右键单击，即可弹出一个与该对象有关的快捷菜单，列出了可以执行的相关操作命令。右键单击时根据鼠标指针指向的对象和位置不同，弹出的菜单内容也不一样。如在桌面的空白处右键单击，就会出现快捷菜单。

菜单的约定：正常的菜单命令是用黑色字符显示，表示此命令当前有效，可以选用。

用灰色字符显示的菜单命令表示当前情形下无效，不能选用。随选定的对象不同，可选择的菜单命令是变化的。

带省略号"…"的菜单命令：表示选择该命令后，就弹出一个相应的对话框，要求进一步输入某种信息或改变某些设置。

名字前带有"√"记号的菜单命令：该符号是一个选择标记，当菜单命令前有此符号时，表示该命令有效。通过再次选择该命令可以删除此选择标记，使它不再起作用。

名字前带有"·"记号的菜单选项：这种选项表示该项已经选用。在同组的这些选项中，只能有一个且必须有一个被选用的菜单项前面出现"·"记号。如果选中其中一个，则其他选项自动失效。

名字后带有组合键的菜单命令：这种在菜单命令右边显示的组合键称为该命令的快捷键，表示用户可以不打开菜单，直接按下该组合键就可以执行该菜单命令。

向下的双箭头：菜单中有许多命令没有显示，会出现一个双箭头，当鼠标指向它时，会显示一个完整的菜单。

菜单的分组线：菜单命令之间用线条分开，形成若干菜单命令组。这种分组是按照菜单命令的功能组合的。

回收站：是硬盘上的特殊文件，用来存放用户删除的文件。通过"回收站"的"文件"菜单，可以将删除到回收站的文件恢复到原来位置，也可永久删除。

"我的电脑"与"资源管理器"："资源管理器"和"我的电脑"都是用来管理系统资源（文件）的管理工具，两者是并行的。使用"资源管理器"可以查看本台电脑的所有资源，特别是它提供的树形的文件系统结构，使我们能更清楚、更直观地认识电脑的文件和文件夹，还可以对文件进行各种操作，如打开、复制、移动等。

库：在 Windows 7 以前，文件管理主要通过文件夹的形式作为基础分类进行存放，然后再按照文件类型进行细化。但随着文件数量和种类的增多，加上用户行为的不确定性，原有的文件管理方式往往会造成文件存储混乱、重复文件多等情况，已经无法满足用户的实际需求。Windows 7 首次推出了库的概念，可以把本地或局域网中的文件添加到"库"，把文件收藏起来。库将需要的文件和文件夹集中到一起，只要单击库中的链接，就能快速打开添加到库中的文件夹，不管它们原来深藏在本地电脑或局域网当中的任何位置，它们都会随着原始文件夹的变化而自动更新，并且可以以同名的形式存在于文件库中。

Windows 7 帮助功能：单击"开始"菜单右侧系统控制区的"帮助和支持"命令或按键盘上的 F1 键打开"帮助和支持"窗口。

3.2.4 Windows 7 操作系统的基本操作和应用

1. Windows 7 的基本操作

选定：选定一个项目通常是指对该项目做一标记，选定操作不产生动作。

组合键：两个、三个键名之间用"+"连接表示。Ctrl 和 Alt 键只有与其他键组合才会起作用。复制（Ctrl+C）、粘贴（Ctrl+V）、剪贴（Ctrl+X）、任务间切换（Alt+Tab）、输入法切换（Ctrl+Shift）、中英文切换（Ctrl+空格键）、打开任务管理器（Ctrl+Alt+Delete）等。

鼠标操作：Windows 7 支持两键（左键和右键）模式及带有滚轮的鼠标。

（1）指向：移动鼠标指针到某一对象上。

（2）单击（或称左击）：迅速按下并立即释放鼠标左键。

（3）右单击（或称右击）：迅速按下并立即释放鼠标右键。

（4）双击：快速地连续两次按下并立即释放鼠标左键。

（5）拖动：按住鼠标左键不放，移动鼠标到另一地方松开。

（6）右拖动：按住鼠标右键不放，移动鼠标到另一地方松开。

键盘操作：键盘不仅可以用来输入文字或字符，而且使用组合键还可以替代鼠标操作，例如：组合键 Alt+Tab 可以完成任务之间的切换，相当于用鼠标单击任务按钮。

Windows 窗口的操作：窗口的基本操作包括窗口的移动、放大、缩小、切换、排列和关闭等。

激活（切换）窗口：用鼠标在所要激活的窗口内任意处单击一下，可激活相应窗口。

移动窗口：用鼠标指针指向窗口标题栏，拖动鼠标到所需要的地方，松开鼠标左键，即完成窗口移动。

改变窗口大小：用鼠标根据需要通过拖动窗口边框或边脚来调整窗口的大小。

窗口最小化：单击"最小化"按钮。此时，激活的应用程序窗口显示成为任务栏中任务栏按钮。

窗口最大化：单击"最大化"按钮，活动窗口扩大到整个桌面，此时"最大化"按钮变成"还原"按钮。

窗口还原：对于应用程序窗口，单击"还原"按钮或任务按钮，可以将最大化（和最小化）的窗口还原。

窗口的大小：对于文档窗口，单击"还原"按钮或双击标题栏，可将最大化（或最小化）的窗口还原成原窗口的大小。

窗口关闭：单击"关闭"按钮，可以快速关闭窗口。对于应用程序，关闭窗口导致应用程序运行结束，其任务按钮也从任务栏上消失；关闭文档窗口时，如果用户还没有保存对文档的修改，那么，应用程序会提示用户保存文件。

注意："窗口最小化"和"关闭窗口"是两个截然不同的概念。应用程序窗口最小化后，它仍然在内存中运行，占据系统资源，而关闭窗口表示应用程序结束运行，退出内存。

窗口内容的滚动：将鼠标指针指向窗口滚动条的滚动块上，按住左键拖动滚动块，即可滚动窗口中的内容。另外，单击滚动条上的上箭头按钮或下箭头按钮，可以上滚或下滚一行窗口内容。

窗口内容复制：若希望将当前某个窗口的内容复制到另一些文档或图像中去，可按 Alt + Print Screen 组合键将整个窗口放入剪贴板；再进入处理文档或图像的窗口，进行"粘贴"，剪贴板中存放的窗口内容就粘贴到这个文件中了。如果想复制整个桌面的内容，可按 Print Screen 键实现。

排列窗口：窗口排列方法有层叠、横向平铺和纵向平铺三种。用鼠标右击"任务栏"空白处，弹出快捷菜单，即可选择窗口排列方式的命令。

菜单操作有：打开菜单、选择菜单和关闭菜单。

打开下拉菜单的方法：用鼠标单击菜单栏中的相应菜单名，即可打开下拉菜单。

选择菜单命令：打开菜单，用鼠标单击菜单中要选择的菜单命令。

菜单的关闭：用鼠标单击被打开的下拉菜单以外的任何地方或者按 Esc 键可关闭被打开的下拉菜单。

操作"开始菜单"：鼠标单击"开始菜单"按钮，选择相应的菜单项实现指定的功能。关闭"开始"菜单的方法为：单击桌面上"开始"菜单以外的任意处或按 Esc 键可关闭"开始"菜单。

（1）"所有程序"菜单项当鼠标指针指向"所有程序"菜单项时，自动打开下一级级联菜单。单击此菜单上的程序名，Windows 就启动该程序。

（2）"文档"菜单项：单击该菜单项可以打开"文档库"。"文档库"中保存了最近用户保存的文档，单击文档名就可启动相应的应用程序并打开该文档。

（3）"搜索框"菜单项具有查找文件和文件夹、网络中的计算机和用户以及 Internet 上的 Web 页等功能。

（4）"帮助和支持"菜单项可启动联机帮助系统。

（5）"运行"菜单项可执行 DOS 的外部命令、运行应用程序或打开文件夹。

（6）"关机"菜单项可选择切换用户、注销、锁定、重新启动、睡眠功能。

"快捷菜单"操作：右击桌面上的对象而打开的菜单。快捷菜单中包含了操作该对象的常用命令。单击菜单以外任意处关闭"快捷菜单"。

工具栏及其操作：多数 Windows 应用程序都有工具栏，工具栏上的按钮在菜单中都有对应的命令。当移动鼠标指针指向工具栏上的某个按钮时，稍停留片刻，应用程序将显示该按钮的功能名称。用户可以用鼠标把工具栏拖放到窗口的任意位置，或改变排列方式。

任务栏操作及方法：Windows 7 锁定任务栏、自动隐藏任务栏、使用小图标、屏幕上的任务栏位置、任务栏按钮。操作方法：任务栏空白处单击鼠标右键，在弹出的快捷菜单中选择"属性"命令，在打开"任务栏"和"开始"菜单对话框中进行设置。

选择文件或文件夹：

（1）选定文件和文件夹：选定一个文件或文件夹：单击；

（2）选定多个相连的文件或文件夹：单击首部，再 Shift + 单击尾部；

（3）选定文件夹中全部文件：Ctrl + A；

（4）选定多个不连续的文件/文件夹：先选第一个，再按住 Ctrl 键的同时选择下一个；

（5）取消选定的内容：单击窗口工作区的空白处。

复制文件和文件夹：选定→"复制"（Ctrl+C）→移至目标位置→"粘贴"（Ctrl+V）。

移动文件和文件夹：通过移动操作后，在原位置处不再保留原有内容，移动操作方法与复制操作相似。选定→"剪切（Ctrl+X）"→移至目标位置→"粘贴（Ctrl+V）"。

重命名文件或文件夹：利用"组织"→"重命名"菜单为文件或文件夹改名；单击鼠标右键→在弹出的快捷菜单中选择"重命名"命令。

删除文件和文件夹：选定→按 Delete 键/（单击右键，选择"删除"）。直接将文件删除可使用组合键"Shift" + "Delete"。

查看文件或文件夹的属性：文件或文件夹的属性信息包括：名称、位置、大小、创建时间、属性（只读/隐藏/存档/系统）。选定→单击右键→"属性"）。

搜索文件和文件夹：搜索一个或多个具有某些相同属性的文件夹及文件。这些属性包括：采用通配符表示的文件名、正文包含的相同文字、文件大小范围（字节数）、文件修改的日期。

2. 桌面外观的设置，基本的网络配置。

Windows 7 在外观上、任务栏、开始菜单的变化较大，其桌面图标也比以前版本的 Windows 系统更大、更难设置，如果想调整图标大小或添加计算机、网络、控制面板及用户文件夹等图标则需另外设置。

Windows 7 桌面图标设置方法：

（1）Windows 7 桌面图标大小设置：直接在桌面点击鼠标右键，选择"属性"，然后在"查看"中选择"中等图标"或"小图标"。

（2）Windows 7 家庭版桌面图标设置：点击"开始"菜单→然后在搜索框内输入"ico"→在搜索结果中点击"更改或隐藏桌面上的通用图标"→然后在弹出的桌面图标设置窗口中勾选需要显示的桌面图标→点击"确定"。

（3）Windows 7 专业版、旗舰版桌面图标设置：直接在桌面点击鼠标右键→选择"个性化"→在弹出的个性化设置窗口中点击左侧的"更改桌面图标"选项→在弹出的桌面图标设置窗口中勾选需要显示的桌面图标→点击"确定"。

Windows 7 个性化设置：

（1）桌面主题：右击桌面空白处→在弹出的快捷菜单中选择"个性化"项→打开"个性化"窗口→在"Aero 主题"列表框中预置了多个主题，从中选择一种主题。

（2）个性化的桌面图标："个性化"窗口→单击"更改桌面图标"项→"桌面图标设置"对话框→"桌面图标"选项卡中选择桌面要显示的图标。更改桌面图标显示图片："桌面图标"选项卡→鼠标左键单击选中要修改图片的图标，勾选"允许主题更改桌面图标"→单击"更改图标"按钮→选择一个图标→"确定"→"确定"。

（3）设置桌面背景："个性化"窗口中单击"桌面背景"图标→"桌面背景"窗口→单击"图片位置"下拉列表框右侧的"浏览"按钮→"浏览文件夹"对话框中图片所在的文件夹→"确定"→返回"桌面背景"窗口→选择要作为桌面背景的文件→单击"保存修改"按钮。

（4）设置窗口颜色和外观："个性化"窗口→单击"窗口颜色"项→打开"更改窗口边框、开始菜单和任务栏颜色"窗口中选择一种颜色→单击"保存修改"按钮。在"更改窗口边框、开始菜单和任务栏颜色"窗口中还可进行如下设置：若拖动"颜色浓度"滑块，可调节颜色的浓度；若单击"显示颜色混合器"文本左侧的展开按钮，可在展开的界面中设置颜色的色调、饱和度和浓度；若单击"高级外观设置"→"窗口颜色和外观"对话框→选择"活动窗口边框"项→选择颜色→"确定"按钮，可设置活动窗口颜色。

（5）设置屏幕保护程序："个性化"窗口中单击"屏幕保护程序"图标→"屏幕保护程序设置"对话框→选择一种屏幕保护程序→单击"设置"按钮→在打开的对话框中设置屏幕保护选项→"确定"。

（6）设置显示器分辨率和刷新频率："个性化"窗口左侧单击"显示"项→"显示"窗口→单击"调整分辨率"选项→"屏幕分辨率"窗口→单击"分辨率"按钮→在展出

开的列表中拖动分辨率滑块→"确定"。"个性化"窗口左侧单击"显示"项→"显示"窗口，单击"调整分辨率"选项→"屏幕分辨率"窗口→单击"高级设置"选项→"通用即插即用监视器和……"对话框→单击"监视器"选项卡标签→"屏幕刷新频率"下拉列表中选择一种屏幕刷新频率→单击"确定"按钮→在打开的对话框中单击"是"按钮。（液晶显示器的刷新频率一般为60赫兹，CRT显示器为80赫兹以上）

（7）Windows 7 桌面小工具的打开和设置：右击桌面空白处→在弹出的快捷菜单中选择"小工具"项→打开小工具窗口，从中可看到系统提供的9种桌面小工具→双击要添加的桌面小工具（可在桌面左上角位置显示所选的小工具），也可从小工具窗口中直接拖动小工具到桌面的任意位置。添加小工具后还可以根据需要利用右键菜单对其进行设置。

（8）设置系统日期、时间和音量：将鼠标指针移到通知区域的时间或日期上或单击→弹出一浮动窗口显示当前系统的日期和星期→单击"更改日期和时间设置"→在"日期和时间对话框"中单击"更改日期和时间"→在"日期和时间设置"对话框中调整日期、调整时间→"确定"。

（9）设置系统音量：将鼠标指针移到通知区域的声音上或单击→上下拖动音量控制滑块，调节音量；将鼠标指针移到通知区域的声音上或单击→单击"合成器"→"音量合成器-扬声器"对话框→拖动各滑块对"扬声器"和"系统声音"的音量进行设置。

个性化鼠标设置：

（1）更改鼠标的左右手习惯：在"控制面板"窗口中单击"硬件和声音"→单击"鼠标"选项→在弹出的"鼠标属性"对话框中选择"按钮"选项卡→选择"习惯右手/习惯左手"单选框→单击"确定"按钮。

（2）更改鼠标指针的形状：在"控制面板"窗口中单击"硬件和声音"→单击"鼠标"选项→在弹出的"鼠标属性"对话框中选择"指针"选项卡→"方案"下拉菜单中选择"Windows Aero（系统方案）"中的方案→"自定义"中选择要设置的指针类型→"浏览"按钮→"浏览"对话框中选择要使用的指针，单击"打开"按钮→返回"鼠标属性"对话框→单击"确定"按钮。

（3）设置鼠标指针的灵敏度：在"控制面板"窗口中单击"硬件和声音"→单击"鼠标"选项→在弹出的"鼠标属性"对话框中选择"指针选项"选项卡标签→在"移动"设置区左右拖动滑块进行设置→单击"确定"按钮。

（4）设置鼠标滚轮的滚动范围：在"控制面板"窗口中单击"硬件和声音"→单击"鼠标"选项→在弹出的"鼠标属性"对话框选择"滑轮"选项卡→根据需要在"垂直滚动"和"水平滚动"选项区中进行设置→单击"确定"按钮。

设置个性化任务栏：鼠标右击任务栏中空白处→在右键菜单中选择"属性"，即可查看任务栏属性→在属性对话框中可进行个性化设置操作。

（1）任务栏按钮设置：在Win7中，微软为任务栏按钮提供了始终合并隐藏图标、当任务栏被占满时合并、从不合并等三种样式。

（2）让程序图标更小巧：在任务栏属性对话框，"任务栏"选项卡，勾选"使用小图标"，点击"确定"。

（3）设置任务栏位置：在任务栏属性对话框→"任务栏"选项卡，即可选择任务栏的位置，可选择底部、左侧、右侧、顶部等。在解锁状态下，直接用鼠标拖动到指定位置。

（4）添加工具栏：在任务栏上鼠标右键单击→选择"工具栏"，然后就可以根据需要勾选，这一功能还可以在"任务栏属性"对话框中实现。

（5）自定义通知区域图标：在任务栏属性对话框，"任务栏"选项卡，点击通知区域中的"自定义"按钮，进入"通知区域图标"对话框，用户即可对程序图标选择"显示图标和通知"、"隐藏图标和通知"、"仅显示通知"等自定义操作。

（6）Aero Peek 预览桌面：Aero Peek 是 Win7 中一个新功能，可以帮助用户在打开很多 Windows 窗口时快速找到自己需要的桌面或窗口，也可以透过所有窗口预览桌面。在"任务栏属性"对话框中，勾选"使用 Aero Peek 预览桌面"，确定后，即可将鼠标停留在"显示桌面"按钮上，透过所有窗口查看桌面。

Windows 7 自定义开始菜单：在开始菜单空白处点击鼠标右键→选择"属性"→弹出"任务栏和开始菜单属性"对话框→设置"电源按钮操作"／"自定义"参数。

利用开始菜单快速启动程序：可以将经常会用到的程序的快捷方式锁定到开始菜单，不用到"所有程序"中寻找。方法：对想要添加到开始菜单的快捷方式点击鼠标右键→选择"附到开始菜单"。

Windows 7 网络配置步骤：点击桌面右下角任务栏网络图标→点击"打开网络和共享中心"按钮→在打开的窗口里点击左侧的"更改适配器设置"→在打开的窗口里，用鼠标右键点击"本地连接"图标→并点击"属性"选项→在打开的窗口里双击"Internet 协议版本 4（TCP/IPv4）"→在随后打开的窗口里，可以选择"自动获得 IP 地址（O）"或者是"使用下面的 IP 地址（S）"→设置完成后点击"确定"提交设置，再在本地连接"属性"中点击"确定"保存设置。

3. 资源管理器的操作与应用

"资源管理器"是 Windows 操作系统提供的资源管理工具，可以通过资源管理器查看计算机上的所有资源，能够清晰、直观地对计算机上形形色色的文件和文件夹进行管理。Windows 7 的资源管理器包含：左侧的列表、各类图标、地址栏、菜单栏等。

Windows 7 "资源管理器"的打开方法：桌面双击计算机图标打开资源管理器；Windows 键+ E 快捷键打开；开始菜单中点击右边的计算机打开；超级任务栏中锁定任务栏处打开；在开始按钮上点击鼠标右键，菜单中点"打开 Windows 资源管理器"。

Windows 7 资源管理器左侧的列表区：在这个列表中，整个计算机的资源被划分为五大类分别为收藏夹、库、家庭网组、计算机和网络。在收藏夹下"最近访问的位置"中可以查看到最近打开过的文件和系统功能，方便再次使用；在网络中，可以直接在此快速组织和访问网络资源。"库"功能，它将各个不同位置的文件资源组织在一个个虚拟的"仓库"中，这样集中在一起的各类资源自然可以极大提高用户的使用效率。

Windows 7 资源管理器的地址栏：采用了叫做"面包屑"的导航功能。如果要复制当前的地址，只要在地址栏空白处点击鼠标左键，即可让地址栏以传统的方式显示。

Windows 7 不再显示工具栏，一些有必要保留的按钮则与菜单栏放置在同一行中。如视图模式的设置，点击按钮后即可打开调节菜单，在多种模式之间进行调整，包括 Windows 7 特色的大图标、超大图标等模式。

Windows 7 的搜索：在搜索框中输入搜索关键词后回车，立刻就可以在资源管理器中得到搜索结果。

新库的创建：Win7 系统中默认有四个库：文档、音乐、图片、视频，也可以建立自己的库。点击 Win7 任务栏中那个文件夹模样的图标/进入资源管理器，打开库文件夹；在"库"中右键单击"新建"→"库"，创建一个新库，并输入新库的名称。

库属性设置：打开库文件夹→鼠标右键点击要设置的库→打开"属性"对话框→属性中的"库位置"就是这个库中所包含的文件夹，点击"包含文件夹"向库位置中添加新的文件夹→单击窗口右侧上方的"包含文件夹"项右侧的"库位置"随后打开一个添加对话框，在此可以添加多个文件夹到个库中→添加完成后，按"确定"按钮保存设置并关闭属性对话框。

库中文件的搜索：在"库"窗口上面的搜索框中输入需要搜索文件的关键字→随后单击回车。库搜索功能非常强大，不但能搜索到文件夹、文件标题、文件信息、压缩包中的关键字信息，还能对一些文件中的信息进行检索。

库共享：右键单击需要共享的个库→在弹出的右键菜单中选择"共享"→并在下拉菜单中选择共享权限。

4. 文件、磁盘、显示属性的查看、设置等操作

Windows 7 隐藏文件和文件夹：鼠标左键打开"我的电脑"→单击"组织"→单击"文件夹和搜索选项"→"查看"选项卡→"高级设置"→选择"不显示隐藏的文件、文件夹或驱动器"单选项→"确定"；鼠标右键选择文件夹→"属性"→"常规"→选择"隐藏"→"确定"。

取消隐藏文件和文件夹：鼠标左键打开"我的电脑"→单击"组织"→单击"文件夹和搜索选项"→"查看"选项卡→"高级设置"→选择"显示隐藏的文件、文件夹或驱动器"单选项→"确定"；鼠标右键选择文件夹→"属性"→"常规"→去掉"隐藏"前的勾→"确定"。

Windows 7 的磁盘管理器新建磁盘分区：以 E 分区为例。打开"开始"菜单→右击"计算机"→"管理"→点击"磁盘管理"→鼠标右击 E 分区→选择"压缩卷"→此时会弹出一个状态窗口，"正在查询卷以获取可用空间"→压缩卷那里要填写的"输入压缩空间"为想要从 E 分区分出去的磁盘空间的大小→"确定"。E 分区的后面会出现一块绿色的未分配空间，鼠标右击这一块空间→弹出"欢迎使用新建简单卷向导"的对话框→输入想要的新分区的大小，点击"下一步"→分配一个分区号点击"下一步"→点击完成。此时计算机会根据选项是否格式化分区→新建分区成功。

删除分区并扩展与他相邻的分区：以 E 分区为例。打开"开始"菜单→右击"计算机"→"管理"→点击"磁盘管理"→鼠标右击不想要的分区，选择"删除卷"→右击 E 分区，选择"扩展卷"→"扩展卷向导"中点击"下一步"→"选择磁盘"参数设置并点击"下一步"→"完成扩展向导"点击"完成"。

硬盘属性设置：左键单击"我的电脑"→鼠标右击要设置属性的硬盘分区→"属性"→在常规、共享、安全、工具、硬件等选项卡中设置相关参数。

控制面板是 Windows 系统中重要的设置工具之一，方便用户查看和设置系统状态。Windows 7 的控制面板中包括了：系统和安全、网络和 Internet、硬件和声音、程序、用户账户和家庭安全、外观和个性化、时钟与语言和区域、轻松访问几部分。

控制面板打开：单击"开始"菜单→选择"控制面板"；右击桌面空白处→在弹出的快捷菜单中选择"个性化"项→打开"个性化"窗口→单击"控制面板主页"。

在 Windows 7 系统中，系统提供了三种用户账户类型。管理员账户：该类用户账户拥有对电脑使用的最大权利。可以安装、卸载程序或增删硬件，访问电脑中的所有文件，可以管理电脑中的所有其他用户账户；标准用户账户：该类用户账户在使用电脑时将受到某些限制。例如，不能更改大多数的系统设置，不能删除重要的文件等；来宾账户：该类用户账户是为那些没有用户账户的人使用电脑而准备的。来宾账户没有密码，所以该用户账户将拥有最小的使用电脑的权利。要使用该账户，必须先将其激活。

创建新的用户账户：打开"控制面板"窗口→单击"用户账号与家庭安全"项→单击"添加或删除用户账户"项→单击"创建一个新账户"→输入新账户名，选择账户类型，单击"创建账户"按钮。

设置用户账户登录密码：打开"控制面板"窗口→单击"用户账号与家庭安全"项→单击"添加或删除用户账户"项→单击要创建密码的账户→打开"更改账户"窗口→单击"创建密码"选项→打开"创建密码"窗口，输入密码→单击"创建密码"按钮。

使用家长控制：以管理员身份登录系统→打开"控制面板"窗口→单击"用户账号与家庭安全"项→单击"家长控制"图标→打开"家长控制"窗口→选择家长要控制的账户→打开"用户控制"窗口→选中"启用，应用当前设置"单选钮→单击"确定"按钮。接下来就可以在"用户控制"窗口设置家长控制功能，若单击"用户控制"窗口中的"游戏"和"允许和阻止特定程序"选项，可在打开的窗口中分别设置该账户可玩的游戏和应用程序；若单击"控制×××使用计算机时间"选项，可设置使用电脑的时间。

5. 中文输入法的安装、删除和选用：

点击"开始"→"控制面板"→"时钟、语言和区域"→"区域和语言"→选中"键盘和语言"选项卡，点击"更改键盘"→在"文本服务和输入语言"→"常规"中选择"添加"→在列表中选择需要添加的输入法、在"常规"中选中要删除的输入法，点击"删除"即可删除相应的输入法。也可以在桌面的右下角的语言栏处，点击鼠标右键→"设置"进行添加。

输入法切换快捷键设置：在桌面的右下角的语言栏处，点击鼠标右键→"设置"→"高级键设置"→设置各参数→"确定"。

6. 检索文件、查询程序方法

Windows 7 提供了查找文件和文件夹的多种方法：

（1）使用"开始"菜单上的搜索框：能查找存储在计算机上的文件、文件夹、程序和电子邮件。单击"开始"按钮→在搜索框中键入字词或字词的一部分→显示搜索结果。

（2）使用文件夹或库中的搜索框：打开任一文件夹→在窗口顶部的搜索框中键入字词或字词的一部分→键入时，将筛选文件夹或库的内容，以反射键入的每个连续字符→看到需要的文件后停止键入。

（3）将搜索扩展到特定库或文件夹之外：如果在特定库或文件夹中无法找到要查找的内容，则可以扩展搜索，以便包括其他位置。在搜索框中键入某个字词→滚动到搜索结果列表的底部。在"在以下内容中再次搜索"下，执行下列操作之一：

①单击"库"在每个库中进行搜索。

②单击"计算机"在整个计算机中进行搜索，搜索会变得比较慢。

③单击"自定义"搜索特定位置。

④单击 Internet，以使用默认 Web 浏览器及默认搜索提供程序进行联机搜索。

3.3　例题分析

例 1　Windows 7 中，显示桌面按钮在桌面的（　　）。

A. 左下方　　　　　　B. 右下方　　　　　　C. 左上方　　　　　　D. 右上方

答案：B

分析：在 Windows 7 任务栏的最右侧，有一个"显示桌面"按钮，指向后，可以隐藏所有窗口的内容，显示桌面墙纸和工具，单击则可以将所有打开的窗口最小化。由此选择"右下方"。

例 2　在 Windows 7 中，为查看帮助信息，应按的功能键是（　　）。

A. F2　　　　　　　　B. F1　　　　　　　　C. F6　　　　　　　　D. F10

答案：B

分析：在 Windows 7 中，为查看帮助信息，应按的功能键是 F1。

例 3　在 Windows 7 中，呈灰色显示的菜单意味着（　　）。

A. 该菜单当前不能选用　　　　　　B. 选中该菜单后将弹出对话框

C. 选中该菜单后将弹出下级子菜单　　D. 该菜单正在使用

答案：A

分析：在 Windows 7 中，菜单是各种应用程序命令的集合。每个菜单上列有若干命令项，菜单命令列表中有一些标志约定，其中呈灰色显示的命令项表示该命令当前不能使用。正常的菜单选项是用黑色字符显示的，用户可以随时选用。

例 4　在 Windows 7 中打开一个文档一般就能同时打开相应的应用程序，因为（　　）。

A. 文档就是应用程序　　　　　　B. 文档与应用程序进行了关联

C. 文档是应用程序的附属　　　　D. 必须通过这个方法来打开应用程序

答案：B

分析：文档是指应用程序所建立的磁盘文件。打开一个文档就是把它从磁盘复制到内存中应用程序的工作区中，以便由该应用程序对其进行处理，所以打开文档总是与运行相应应用程序联系在一起的。在应用程序窗口的"文件"菜单里执行"打开"命令，就是打开一个有关的文档，在"资源管理器"等工具的窗口或对话框内选择一个文档并双击它，也能打开该文档，但这时实际上是先启动相应的应用程序，然后再在这个应用程序中打开文档。

例 5　下列关于 Windows"回收站"的叙述中，错误的是（　　）。

　　A. "回收站"中的信息可以清除，也可以还原

　　B. 每个逻辑硬盘上"回收站"的大小可以分别设置

　　C. 当硬盘空间不够使用时，系统自动使用"回收站"所占据的空间

　　D. "回收站"中存放的是所有逻辑硬盘上被删除的信息

　　答案：C

　　分析：在 Windows 中，用户删除的文件被系统放到了"回收站"中，而不是真正被删除。"回收站"是系统在硬盘上开辟的一块临时存放区，其作用是用户可以随时恢复被删除的文件。该区域系统默认为硬盘的百分之十。用户可以在"回收站"的快捷菜单中选择"属性"项，定制适合自己需要的"回收站"空间。系统不会自动回收"回收站"所占据的空间。用户可以在"回收站"窗口中恢复被删除的文件（还原）或永久性删除（清空回收站）文件。如果不恢复，也不"清空回收站"，则被删除的信息将一直存放在硬盘上。

　　例 6　Windows 7 中，下列关于切换输入法的组合键设置的叙述中，错误的是（　　）。

　　A. 可将其设置为 Ctrl+Shift　　　　　　　　B. 可将其设置为左 Alt+Shift

　　C. 可将其设置为 Tab+Shift　　　　　　　　D. 可不做组合键设置

　　答案：C

　　分析：在 Windows 中，设置切换输入法的组合键的方法如下：在任务栏右边输入法图标上右键点击"设置"→"文本服务和输入语言"对话框→"高级键设置"页→"在输入语言之间"→"更改按键顺序"按钮→在"更改按键顺序"对话框中→把"切换键盘布局"选中"CTRL+SHIFT"（"切换输入语言"选择"未分配"）→点确定→"应用"→"确定"。

　　例 7　在 Windows 中，剪贴板是指（　　）。

　　A. 硬盘上的一块区域　　　　　　　　　　B. 软盘上的一块区域

　　C. 内存中的一块区域　　　　　　　　　　D. 高速缓存中的一块区域

　　答案：C

　　分析：剪贴板是 Windows 中的一个重要概念，其作用是暂时存放用户指定的信息以便进行信息的复制、删除、移动等。剪贴板可以存放文字、图形、声音等，其容量根据实际需要由系统自动调整。它是内存中的一块区域，一旦退出系统，其中的内容就会消失。

　　例 8　在某个文档窗口中，已经进行了多次剪贴操作，当关闭了该文档窗口后，剪贴板中的内容为（　　）。

　　A. 第一次剪贴的内容　　　　　　　　　　B. 最后一次剪贴的内容

　　C. 所有剪贴的内容　　　　　　　　　　　D. 空白

　　答案：B

　　分析：剪贴板只保留刚刚剪贴的内容，虽然文件已经被关闭，但是剪贴板中的内容仍然存在，所以剪贴板中保存的是最后一次剪贴的内容。

例9 在 Windows 7 中，下列不能用在文件名中的字符是（　　）。

    A. ,　　　　　　B. ^　　　　　　C. ?　　　　　　D. +

答案：C

分析：Windows 7 支持长达255 个字符的长文件名和文件夹名。长文件名中可以包含一个或多个空格，也可以用多个圆点"."分隔，还可以使用汉字，但下列字符禁止使用:?、\、*、<、>、|。长文件名有利于在文件名中描述更多有关文件的信息，从而能更加清晰辨认。

例10 Windows 7 任务栏上存放的是（　　）。

    A. 只有当前窗口的图标　　　　　　B. 已启动并正在执行的程序名

    C. 所有已经打开的窗口的图标　　　　D. 已经打开的文件名

答案：C

分析："任务栏"通常位于桌面底部，当用户打开一个窗口时，任务栏上就会出现一个代表相应窗口的按钮。单击任务栏上的按钮，可在不同窗口之间进行切换。

例11 在 Windows 7 中，若系统长时间不响应用户的要求，为了结束该任务应使用的组合键是（　　）。

    A. Shift+Esc+Tab　　　　　　B. Ctrl+ Shift+ Enter

    C. Alt+Shift+Enter　　　　　　D. Alt+ Ctrl+ Del

答案：D

分析：在 Windows 7 中，若系统长时间不响应用户的要求，为了结束该任务，使用的组合键为 Alt+Ctrl+Del，在弹出的"关闭程序"对话框中，选择需要结束的任务名称，单击"结束任务"按钮即可。

例12 删除 Windows 7 桌面上某个应用程序的图标，意味着（　　）。

    A. 只删除了该应用程序，对应的图标被隐藏

    B. 只删除了图标，对应的应用程序被保留

    C. 该应用程序连同其图标一起被隐藏

    D. 该应用程序连同其图标一起被删除

答案：B

分析：在 Windows 7 桌面上，一个应用程序图标对应着一个应用程序的快捷方式。快捷方式使得运行应用程序或打开文档时，不必再查找它所在的文件夹和文件名，只需双击该快捷方式图标即可。应用程序的图标只是该应用程序的一个入口指针，并不代表程序的本身，所以删除 Windows 7 桌面上某个应用程序的图标，只意味着删除了图标本身，并不意味着对应的应用程序被删除。几乎所有 Windows 7 的对象，包括应用程序、文件、文件夹、控制面板、打印机以及网络资源等都可创建快捷方式。快捷方式图标可放在桌面或文件夹中，使用户可以在不同的地方访问该文件。

例13 在 Windows 7 中，对于用户新建的文档，系统默认的属性是（　　）。

A. 存档　　　　　B. 隐藏　　　　　C. 压缩　　　　　D. 只读

答案：A

分析：在 Windows 7 中，对于用户新建的文档，系统默认的属性是"存档"。

例 14 Windows 7 在哪里不可以进行搜索（　　　）。

    A. 库中搜索框　　　　　　　　　B. 开始菜单

    C. 文件夹中搜索框　　　　　　　D. 游戏窗口

答案：D

分析：Windows 7 中可以在："开始"菜单上的搜索框、文件夹或库中的搜索框中实现文件搜索功能。

例 15 在 Windows 7 中，下列不能进行文件夹重命名操作的是（　　　）。

    A. 选定文件后再按 F2 键

    B. 选定文件后再单击文件名一次

    C. 右击文件，在弹出的快捷菜单中选择"重命名"命令

    D. 选定文件后再按 F4 键

答案：D

分析：在这 4 个选项中，执行 A、B、C 操作都能实现文件夹重命名。执行 D 操作，系统将在地址栏里直接显示该文件夹的路径，而不能实现文件夹重命名。

例 16 Windows 7 系统中按 Print Screen 键，则使整个桌面内容（　　　）。

    A. 打印到打印纸上　　　　　　　B. 打印到指定文件

    C. 复制到指定文件　　　　　　　D. 复制到剪贴板

答案：D

分析：在 Windows 7 中，按 Print Screen 键，会将整个桌面内容以位图的格式复制到剪贴板中。

例 17 计算机操作系统的五大管理功能模块为（　　　）。

    A. 程序管理、文件管理、编译管理、设备管理、用户管理

    B. 硬盘管理、软盘管理、存储器管理、文件管理、批处理管理

    C. 运算器管理、控制器管理、打印机管理、磁盘管理、分时管理

    D. 处理器管理、存储器管理、设备管理、文件管理、作业管理

答案：D

分析：计算机操作系统的五大功能模块为：处理器管理、存储器管理、设备管理、文件管理、作业管理。

例 18 非法的 Windows 7 文件名是（　　　）。

    A. X * Y　　　　　B. X–Y　　　　　C. X+Y　　　　　D. X×Y

答案：A

分析：在 Windows 7 中，规定了文件名中不能有 ?、*、:、<、>、|、\、/。在这 4 个选项中，X*Y 中有符号 *，因此，X*Y 是非法的 Windows 7 文件名。

例 19 Windows 7 中，如何把应用程序锁定到任务栏（　　）。
 A. 右键选择任务栏上应用程序图标，选择锁定到任务栏
 B. 复制文件后直接粘贴到任务栏
 C. 左键点击，选择锁定到任务栏
 D. 点击应用程序，选择属性

答案：A

在 Windows 7 系统中快速启动栏这个概念不存在了，常用的程序要想将其钉到任务栏中很简单，以 QQ 浏览器为例：先启动 QQ 浏览器，接下来再右击任务栏中的 QQ 程序图标并选择锁定到任务栏项；或用鼠标左键按住 QQ 浏览器图标不放，直接拖拽到任务栏上。

例 20 Windows 7 默认状态下进行输入法切换，应先（　　）。
 A. 单击任务栏右侧的"语言指示器"
 B. 在控制面板中双击"时钟、语言和区域"
 C. 在任务栏空白处右击打开快捷菜单，选"输入法切换"命令
 D. 按 Ctrl+. 键

答案：A

分析：执行 A 操作，将弹出系统所有的输入法菜单，用户只需单击其中的任意输入法，就可以进行相应的输入法切换。执行 B 操作，将打开"区域和语言"对话框，用户可以在此实现添加/删除输入法等操作。执行 C 操作，弹出的快捷菜单中没有"输入法切换"命令。执行 D 操作，可以实现中英文标点的切换。

例 21 32 位 Windows 7 操作系统可以管理的内存是（　　）。
 A. 32MB B. 64MB C. 1GB D. 4GB

答案：D

分析：Windows 7 操作系统有 32/64 位系统，32 位系统可以管理的内存是：$2^{32}B=4GB$

例 22 在 Windows 7 默认状态下，下列关于文件复制的描述不正确的是（　　）。
 A. 利用鼠标左键拖动可以实现文件复制
 B. 利用鼠标右键拖动不能实现文件复制
 C. 利用剪贴板可实现文件复制
 D. 利用组合键 Ctrl+C 和 Ctrl+V 实现文件复制

答案：B

分析：在这 4 个选项中，执行 A、C、D 都能够实现文件复制。并且，利用鼠标右键拖动能实现文件复制，因此，B 错误。

例 23　在 Windows 7 中，全角方式下输入的数字和字符占的字节数是（　　）。

　　A. 1　　　　　　　　B. 2　　　　　　　　C. 3　　　　　　　　D. 4

答案：B

分析：在 Windows 7 中，全角方式下输入的数字和字符占的字节数是 2。

例 24　在 Windows 7 默认状态下，进行全角/半角切换的组合键是（　　）。

　　A. Alt+.　　　　　B. Ctrl+.　　　　　C. Alt+空格　　　　D. Shift+空格

答案：D

分析：在 Windows 7 默认状态下，进行全角/半角切换的组合键是 Shift+空格。

例 25　Windows 7 默认环境中，在文档窗口之间切换的组合键是（　　）。

　　A. Ctrl+Tab　　　B. Ctrl+F6　　　C. Alt+Tab　　　D. Alt+F6

答案：C

分析：Windows 7 默认环境中，在文档窗口之间切换的组合键是：Alt+Tab。

例 26　Windows 7 文件名的最大长度是（　　）。

　　A. 128 字符　　　B. 225 字符　　　C. 255 字符　　　D. 260 字符

答案：C

分析：Windows 7 文件名的最大长度是 255 个字符。操作系统不允许使用超过 260 个字符（byte）的文件全路径。有时虽然文件名本身还未达到 255 个字符的限制，但由于文件路径+文件名的长度已超过 260 个字符，系统仍不会接受这样的文件名。

例 27　在 Windows 7 中，"回收站"是（　　）的一块区域。

答案：硬盘

分析："回收站"是在硬盘中划出一块区域，用来存储被删除的文件，"回收站"大小可以调整。千万不要以为回收站是内存。

例 28　在 Windows 7 中，要想将当前窗口的内容存入剪贴板中，可以按（　　）键。

答案：Alt+Print Screen

分析：在实际工作中，有时需要将当前窗口的内容存入剪贴板中。剪贴板是系统在内存中开设的一个区域。该区域用以暂时存储在"剪切"和"复制"操作中所选择的信息。当用"粘贴"命令时，Windows 7 就将剪贴板的内容插入到应用程序中。本题中也可以用"粘贴"命令将剪贴板当前窗口的内容插入到应用程序中。按 Alt+Print Screen 键可将当前窗口内容存入剪贴板中。按 Print Screen 将当前整个屏幕存入剪贴板中。

例 29　在 Windows 7 中文标点方式下，键面符"^"对应的中文标点是（　　）。

答案：省略号（或……）

分析：在 Windows 7 中文标点方式下，键面符"^"对应的中文标点是"省略号"。

例 30 在 Windows 7 中，进行系统设置和控制的程序组称为（   ）。

答案：控制面板

分析：在 Windows 7 中，进行系统设置和控制的程序组称为控制面板。

例 31 在 Windows 7 中，用"记事本"创建的文件的扩展名是（   ）。

答案：.TXT

分析：记事本是纯文本编辑器，用于创建、编辑、保存一些小型的纯文本文件，不能进行格式编排。用"记事本"创建的文件的扩展名是".TXT"。

例 32 在 Windows 7 操作系统中，要找出上周安装了哪些应用程序，需要怎么做（   ）。

    A. 从可靠性监视器，查看事件信息

    B. 从系统信息，查看软件环境

    C. 从性能监视器，查看系统诊断报告

    D. 从性能监视器，运行系统性能数据收集器集

答案：A

分析：Windows 7 与 VISTA 配备了可靠性监视程序：可以查看电脑前几天安装了什么软件、什么游戏、安装成功与否，还可以查看软件、游戏、浏览器非正常关闭的记录。

例 33 在 Windows 7 操作系统中，需要查看当前哪个进程产生网络行为，应该怎么做（   ）。

    A. 打开资源监视器，并单击网络标签

    B. 打开 Windows 任务管理器，并单击网络标签

    C. 打开事件查看器，并检查网络配置文件运行日志

    D. 打开性能监视器，并为所有网络接口添加计数器

答案：A

分析：Windows 7 系统中的 Windows 资源监视器，可以实时查看有关硬件（CPU、内存、磁盘和网络）以及软件（文件句柄和模块）资源使用情况的信息。

例 34 Windows 7 系统中，发现一个名为 App1 的应用程序在系统启动时自动运行。如要阻止 App1 在启动时自动运行，同时又允许用户手动运行 App1。如何设置（   ）。

    A. 从本地组策略，修改应用程序控制策略

    B. 从本地组策略，修改软件限制策略

    C. 从系统配置工具中，选择"诊断启动"

    D. 从系统配置工具中，修改启动应用程序

答案：D

分析：在 Windows 7 系统里，有个非常实用的命令程序：msconfig，即系统配置实用程序。该程序为系统启动和加载项设置，合理的配置可以大大提升系统的启动速度和运行

效率。使用方法："开始"→"运行"→在运行命令框中输入：msconfig→回车。

例 35　在 Windows 7 操作系统中，有一个文件夹名为 D：\ Reports，如何确认所有存储在 Reports 文件夹中的文件都被 Windows 搜索索引（　　）。
　　　　A. 在文件夹上启用存档属性
　　　　B. 从控制面板中修改文件夹选项
　　　　C. 修改 Windows 搜索服务的属性
　　　　D. 创建一个新的库，并添加 Reports 文件夹到这个库中
　　答案：D
　　分析：Windows 7 引入库的概念并非传统意义上的用来存放用户文件的文件夹，它还具备了方便用户在计算机中快速查找到所需文件的作用。文件库可以将我们需要的文件和文件夹统统集中到一起，就如同网页收藏夹一样，只要单击库中的链接，就能快速打开添加到库中的文件夹，而不管它们原来深藏在本地电脑或局域网当中的任何位置。另外，它们都会随着原始文件夹的变化而自动更新，并且可以以同名的形式存在于文件库中。

例 36　Windows 7 操作系统的系统分区采用的文件系统是（　　）。
　　　　A. FAT　　　　　B. exFAT　　　　　C. NTFS　　　　　D. 所有均可以使用
　　答案：C
　　分析：Windows 7 的系统区只能是 NTFS 格式，FAT、FAT32. exFAT 格式的分区只能存在于非系统分区。FAT32 最多支持 4GB 的单文件。

例 37　在一个局域网中，默许网关被设置成 192.168.1.1，子网掩码是 255.255.255.0，以下哪个 IP 地址是该局域网中可以使用的 IP 地址（　　）。
　　　　A. 192.168.1.1　　　　　　　　　B. 192.168.1.300
　　　　C. 192.168.1.30　　　　　　　　　D. 192.168.2.10
　　答案：C
　　分析：255.255.255.0 是一标准的 C 类地址的子网掩码。表示前面 24 位都是网络号，即 IP 地址中的 192.168.1 就是网络号；后 8 位是主机号，范围是 0～255。故正确的答案是 C。

例 38　Windows 7 的"开始"菜单中包括 Windows 7 系统的（　　）。
　　　　A. 主要功能　　　B. 全部功能　　　C. 部分功能　　　D. 初始化功能
　　答案：B
　　分析：在桌面上的左下角有一个"开始"按钮，用鼠标单击该按钮，可打开"开始"菜单，该菜单包括 Windows 7 系统所有的功能，其中主要包含的命令有所有程序、文档、控制面板、运行等。

例 39　在 Windows 7 中，窗口和对话框的差别在于（　　）。
　　　　A. 二者都能改变大小，但对话框不能移动

B. 对话框既不能移动，也不能改变大小

C. 二者都能移动，但对话框不能改变大小

D. 二者都能移动和改变大小，但对话框不属于某个程序或文档

答案：C

分析：窗口是用户在 Windows 7 桌面上的工作区，它随着程序或文档的打开而打开；对话框是用户选择了窗口中或桌面上快捷菜单中的带省略号的菜单项时弹出的，专供用户与系统对话，可以输入文字、选择某个选项等。窗口和对话框外形上有类似之处，二者都可以移动，但对话框不能改变大小。

例 40 下列说法正确的是（　　　）。

A. 将鼠标定在窗口的任意位置，按住鼠标左键不放，任意拖动，可以移动窗口

B. 单击窗口右上角的标有一条短横线的按钮，可最大化窗口

C. 单击窗口右上角的标有两个方框的按钮，可最小化窗口

D. 用鼠标拖动窗口的边和角，可任意改变窗口的大小

答案：D

分析：窗口操作是 Windows 最基本的操作。窗口是 Windows 集成环境中在桌面上一个矩形工作区，四周有边框，可以用鼠标拖动边框线的四个角来调整窗口的大小。窗口最上面一行的中间是"标题栏"，用来显示应用程序名或文件名。用鼠标指向"标题栏"进行"拖放"操作可改变整个窗口在屏幕上的位置。"标题栏"的右侧有三个按钮，从左到右依次为最小化（标有一条短横线）、最大化（标有空心方框）、关闭（标有叉形），单击这些按钮可执行相应的操作。

例 41 通常在 Windows 7 的附件中不包含的应用程序是（　　　）。

A. 记事本　　　　　B. 画图　　　　　C. 计算器　　　　　D. 公式

答案：D

分析：在 Windows 7 的附件中的应用程序是：系统工具、画图、计算器、记事本、写字板等，没有"公式"。

例 42 在 Windows 7 中，下列关于应用程序窗口的描述，不正确的是（　　　）。

A. 一个应用程序窗口可含多个文档窗口

B. 一个应用程序窗口与多个应用程序相对应

C. 应用程序窗口最小化后，其对应的程序仍占用系统资源

D. 应用程序窗口关闭后，其对应的程序结束运行

答案：B

分析：在 Windows 7 中，一个应用程序窗口可含多个文档窗口；应用程序窗口最小化后，其对应的程序并没有结束运行，它仍占用系统资源；应用程序窗口关闭后，其对应的程序就结束运行；一个应用程序窗口只与一个应用程序相对应。所以 B 错误。

例 43　在 Windows 7 中，对同时打开的多个窗口进行平铺式排列后，参加排列的窗口为（　　）。

    A. 所有已打开的窗口　　　　　　B. 用户指定的窗口

    C. 除已最小化外的所有打开的窗口　D. 当前窗口

答案：C

分析：Windows 7 允许同时打开多个窗口。当同时打开了多个窗口时，为了便于观察和操作，用户可以对窗口进行重新排列。排列窗口的方法为：用鼠标右键单击任务栏中的任意空白处，然后从弹出的快捷菜单中选择排列方式。窗口排列方式有 3 种：层叠窗口、堆叠显示窗口、并排显示窗口。在进行窗口重排时，已最小化的窗口不参加排列，即只排列桌面上的那些窗口。

例 44　Windows 7 中，下列关于输入法切换组合键设置的叙述中，错误的是（　　）。

    A. 可将其设置为 Ctrl+Shift　　　　B. 可将其设置为左 Alt+Shift

    C. 可将其设置为 Tab+Shift　　　　 D. 可不做组合键设置

答案：C

分析：在 Windows 7 中，设置输入法切换组合键的方法如下：①打开"控制面板"窗口；②双击"时钟、语言和区域"，③单击"更改键盘或其他输入法"在弹出的"区域和语言"对话框的"键盘和语言"选项卡中单击"更改键盘"按钮。④在弹出的"文本服务和输入语言"对话框的"高级键设置"选项卡中单击"更改按键顺序"按钮进行设置。

例 45　在 Windows 7 中，下列关于添加硬件的叙述正确的是（　　）。

    A. 添加任何硬件均应打开"控制面板"

    B. 添加即插即用硬件必须打开"控制面板"

    C. 添加任何硬件均不使用"控制面板"

    D. 添加非即插即用硬件应使用"控制面板"

答案：D

分析：在 Windows 7 中，若添加非即插即用硬件，用户应打开"控制面板"，然后利用"硬件和声音"组中的命令"添加设备"进行添加操作。若添加即插即用硬件，用户不需要打开"控制面板"，Windows 7 就会自动去完成添加操作。

例 46　在 Windows 7 中，关闭系统的命令位于（　　）。

    A. "关闭"菜单中　　　　　　　　B. "退出"菜单中

    C. "开始"菜单中　　　　　　　　D. "启动"菜单中

答案：C

分析：在 Windows 7 中，关闭系统的命令位于"开始"菜单中。

例 47　下列关于 Windows 7 文件和文件夹的说法中，正确的是（　　）。

    A. 在一个文件夹中可以有两个同名文件

    B. 在一个文件夹中可以有两个同名文件夹

    C. 在一个文件夹中不可以有一个文件与一个文件夹同名

    D. 在不同文件夹中可以有两个同名文件

答案：C

分析：在 Windows 7 中，同一个文件夹中：不能有两个同名文件，也不可以有一个文件与一个文件夹同名。

例 48　在 Windows 7 中，可以打开"开始"菜单的组合键是（　　）。

    A. ALT+Esc　　　　B. Tab+Esc　　　　C. Shift+Esc　　　　D．Ctrl+Esc

答案：D

分析：Windows 7 中，可以打开"开始"菜单的组合键是：Ctrl+Esc。

例 49　在 Windows 7 中，右击"开始"按钮，弹出的快捷菜单中有（　　）。

    A. "新建"命令　　　　　　　　B. "属性"命令

    C. "关闭"命令　　　　　　　　D. "替换"命令

答案：B

分析：在 Windows 7 中，右击"开始"按钮，弹出的快捷菜单中有"属性"命令、"打开 Windows 资源管理器"命令。

例 50　Windows 7 中，磁盘驱动器"属性"对话框"工具"标签中包括的磁盘管理工具有（　　）。

    A. 修复　　　　　B. 碎片整理　　　　C. 复制　　　　D. 格式化

答案：B

分析：在 Windows 7 中，磁盘驱动器"属性"对话框"工具"标签中包括的磁盘管理工具有"查错"、"备份"和"碎片整理"。

例 51　Windows 7 系统中，通过"鼠标属性"对话框，不能调整鼠标的（　　）。

    A. 单击速度　　　B. 双击速度　　　C. 移动速度　　　D. 指针轨迹

答案：A

分析：在 Windows 7 系统中，通过"鼠标属性"对话框，可以调整鼠标的双击速度、移动速度、指针轨迹等属性。

例 52　Windows XP 系统中，利用"搜索"窗口不能按（　　）。

    A. 文件名　　　　　　　　　　B. 文件创建日期搜索

    C. 文件所属类型搜索　　　　　D. 文件属性搜索

答案：D

分析：在 Windows 7 中，在搜索框中可以输入待搜索文件的文件名、文件类型、搜索范围的信息并可在搜索筛选器可以添加：文件修改日期、文件大小信息快速地查找文件（文件夹）。

例 53　在 Windows 7 帮助窗口中，若要通过按类分的帮助主题获取帮助信息，应选择的标签是（　　）。

　　　A. 主题　　　　　　B. 目录　　　　　　C. 索引　　　　　　D. 搜索

答案：B

分析：在 Windows 7 帮助窗口中，若要通过按类分的帮助主题获取帮助信息，应选择的标签是：目录。

例 54　在 Windows 7 中，下列叙述正确的是（　　）。

　　　A. Windows 7 任务栏可以放在桌面 4 个边的任意边上

　　　B. "开始"菜单只能用鼠标单击"开始"按钮才能打开

　　　C. Windows 7 任务栏的大小是不能改变的

　　　D. "开始"菜单是系统生成的，用户不能再设置它

答案：A

分析：打开"开始"菜单的方法有很多种，如：单击"开始"按钮，打开"开始"菜单；按 Ctrl+Esc 组合键打开"开始"菜单等，B 错误；Windows 7 任务栏既能改变大小，也能改变位置，C 错误；用户可以根据所需设置"开始"菜单，D 错误。

例 55　在 Windows 7 默认状态下，进行全角/半角切换的组合键是（　　）。

　　　A. Alt+.　　　　　B. Ctrl+.　　　　　C. Alt+空格　　　　D. Shift+空格

答案：D

分析：在 Windows 7 默认状态下，进行全角/半角切换的组合键是：Shift+空格。

例 56　下列关于 Windows XP 菜单的说法中，不正确的是（　　）。

　　　A. 命令前有"•"记号的菜单选项，表示该项已经选用

　　　B. 当鼠标指向带有黑色箭头符号（▲）的菜单选项时，弹出一个子菜单

　　　C. 带省略号（…）、的菜单选项执行后会打开一个对话框

　　　D. 用灰色字符显示的菜单选项表示相应的程序被破坏

答案：D

分析：在这 4 个选项中；A、B、C 都正确。用灰色字符显示的菜单选项表示：当前项不能选用，并不是意味着相应的程序被破坏。因此，D 错误。

例 57　在 Windows 7 中，单击"开始菜单"的"关机"按钮旁边▲选项弹出的对话框不包含的选项是（　　）。

　　　A. 注销　　　　　　B. 重新启动

　　　C. 睡眠　　　　　　D. 重新启动计算机并切换到 MS-DOS 方式

答案：D

分析：在 Windows 7 中，"关闭"对话框包含的 5 个选项，分别是：切换用户、注销、锁定、重新启动、睡眠。不包含重新启动计算机并切换到 MS-DOS 方式。在 Windows 98 中有重新启动计算机并切换到 MS-DOS 方式。

例 58 在 Windows 7 中，当用鼠标左键在不同驱动器之间拖动对象时，系统默认的操作是（　　）。

    A. 复制   B. 剪切   C. 粘贴   D. 删除

答案：A

分析：在 Windows XP 中，可用鼠标左键拖动对象以完成复制或移动功能。在不同驱动器之间拖动对象时，不按（Ctrl）键，系统默认为复制；在同一驱动器之间进行拖动时，不按 Ctrl 键，则为移动。由于拖动鼠标操作既可复制也可移动文件，为了区别复制和移动，拖动鼠标时，对于复制操作，鼠标指针右下侧将显示一个带"+"号的方框。对于移动操作，则无此方框。

例 59 在 Windows 7 中，快捷方式是安排在桌面上的某个应用程序的图标。如果要启动该程序，只需要（　　）该图标即可。

    A. 左键单击   B. 拖动   C. 左键双击   D. 右键单击

答案：C

分析：如果某个应用程序要经常使用，则可以将它设置成快捷方式。这样，运行时就不必再去查找它所在的磁盘、路径和文件名，只需要直接双击该图标即可。

例 60 若使用 Windows 7 的"写字板"创建一个文档，当用户没有指定该文档的存放位置时，则系统将该文档默认存放在（　　）文件夹中。

    A. 音乐库   B. 视频库   C. 图片库   D. 文档库

答案：D

分析：Windows 7 中，使用"写字板"创建一个文档，输入完成后应该存盘。单击"文件"菜单中的"保存"项，弹出"另存为"对话框，其中默认"文档"库为当前目录，如果用户没有另外指定存放路径，则系统将该文档默认存放在"文档"库中。类似的情况也同样发生在用 Word、Excel 创建文档的时候。

例 61 在 Windows 7 的"回收站"窗口中，要想恢复选定的文件或文件夹，可以使用"文件"菜单中的（　　）命令。

    A. 删除   B. 还原   C. 重命名   D. 属性

答案：B

分析：在 Windows 7 中，用户在硬盘上删除的文件被系统放到了"回收站"中。"回收站"是系统在硬盘上开辟的一块临时存放区，作用是用户可以随时恢复被误删除的文件。用鼠标左键双击桌面的"回收站"图标，即可打开"回收站"窗口。在该窗口中，既可以恢复被误删除的文件，也可通过"清空回收站"来永久性删除文件。在"回收站"窗口中恢复被删除的文件有三种方法：一是选中要恢复的文件后，单击"文件"菜单中的"还原"命令；二是用鼠标右击要恢复的文件，在弹出的快捷菜单中单击"还原"命令；三是选中要恢复的文件后，单击"组织"工具栏上的"还原此项目"按钮。

例 62　在 Windows XP 系统中，为了在系统启动成功后自动执行某个程序，应将该程序文件添加到（　　）文件夹中。

　　　　A. 启动　　　　　　B. 附件　　　　　　C. 游戏　　　　　　D. 维护

答案：A

分析：Windows 7 系统启动成功后，可以自动执行某个程序。具体方法为：鼠标左键单击"开始"菜单，选择"所有程序"，鼠标右键单击"启动"图标在弹出的快捷菜单中选择"打开"命令，这时打开"启动"窗口，将需要在系统启动成功后自动执行的程序文件或其图标拖到该"启动"窗口后关闭设置窗口即可。

例 63　Windows 7 中，由于各级文件夹之间有包含关系，使得所有文件夹构成一个（　　）状结构。

　　　　A. 表格　　　　　　B. 链　　　　　　C. 树　　　　　　D. 网

答案：C

分析：在 Windows 7 中，由于各级文件夹之间有包含关系，使得所有文件夹构成一个树状结构。

3.4　练 习 题

（一）判断题

（　　）1. Windows 7 系统是一种应用软件。

（　　）2. 不用物理键盘就不能向可编辑文件输入字符。

（　　）3. 在 Windows 7 系统中，除特殊规定外，一般没有区分字母的大小写。

（　　）4. 在窗口中，可以自由设定工具栏为可见或不可见。

（　　）5. 多个窗口重叠时，最前面的窗口称为激活窗口（当前窗口）。

（　　）6. 窗口间切换也可在任务栏上完成。

（　　）7. 磁盘扫描程序是用于检测和修复磁盘错误的。

（　　）8. 在窗口编辑中，快捷键 Ctrl+X 表示剪切，Ctrl+C 表示复制，Ctrl+V 表示粘贴。

（　　）9. 对话框中的选择按钮有单选按钮和复选按钮两类，单选按钮为方框形，复选按钮为圆形。

（　　）10. 搜索文件或文件夹时在位置框中选择搜索范围、在名称框中输入文件名；也可选择"修改日期"或"大小"标签搜索。

（　　）11. 在 Windows 7 系统中，同一个文件夹中的文件名可以相同。

（　　）12. 用"我的电脑"或"资源管理器"可新建文件夹，先打开文件菜单中的新建子菜单，选择文件夹，输入文件夹名字，就建立了新文件夹。

（　　）13. 在资源管理器中，如果某个文件或文件夹被误删除，可用编辑菜单中的"撤销删除"选项恢复。

（　　）14. 要删除某个项目的快捷方式，直接将它拖到回收站即可，删除后该项目仍保留在磁盘中。

（　　）15. 在 Windows 7 中，保存文档时使用长文件名，可以在文件名中加入空格。

（　　）16. 在 Windows 7 中，所有删除掉的文件及文件夹都暂时存放在回收站中，所以，直接将文件及文件夹拖动到回收站中也可实现删除。

（　　）17. 要快速打印某一文档，请将其图标拖动到打印机图标上。

（　　）18. 在显示器属性中设置了屏幕保护（未加口令）之后，一旦到指定时间，屏幕保护程序就会启动。此后如果用户按任意键或动一下鼠标，屏幕就会恢复以前的图像，回到原来的环境当中。

( ) 19. Windows 7 中文件扩展名的作用是为文件分类。

( ) 20. 在 Windows 7 系统中，我们可以进行以下的操作：单击"开始/运行"命令，然后在对话框中键入所需的 Internet 地址。

( ) 21. 在 Windows 7 中可以外挂多台监视器。

( ) 22. 安装即插即用的硬件时，Windows 7 自动检测新设备然后安装所需的驱动程序，可以毫不费力地安装硬件。

( ) 23. 只能利用 EXIT 命令从 DOS 窗口切换到 Windows 7 窗口。

( ) 24. 在 Windows 7 中，Microsoft Internet Explorer 已将 Web 的相关技术移植到计算机桌面上。

( ) 25. 窗口是 Windows 7 系统中使用最多的对象。

( ) 26. "开始"菜单包含有：所有程序、文档、控制面板、计算机、帮助和支持、运行和关闭计算机等。

( ) 27. 在 Windows 7 中作屏幕复制时，能将鼠标箭头复制下来。

( ) 28. 在 Windows 7 中，可以使用"开始"菜单启动应用程序。

( ) 29. Windows 7 中，在桌面上鼠标右键单击，弹出的快捷菜单中包含"个性化"选项。

( ) 30. 在 MS-DOS 提示符下输入 win，然后按回车键，可以关闭 MS-DOS 窗口。

( ) 31. 如果想用键盘在应用程序之间进行切换，可按住 Ctrl 键，同时按下 Tab 键。

( ) 32. 设置 Windows 7 系统参数时，一般都涉及"资源管理器"窗口。

( ) 33. 若想在各中文输入法之间进行切换，请按 Ctrl+Shift 键。

( ) 34. 中文输入法模式下输入的某些符号大小比汉字要小一些，这种方式是全角方式。

( ) 35. "资源管理器"窗口分为左、右两个部分，也称之为左、右窗格。右窗格中显示系统中的磁盘驱动器和文件夹名，左窗格显示活动文件夹中包含的子文件夹或文件。

( ) 36. 文件夹图标中含"◢"时，表示该文件夹未被展开。

( ) 37. Windows 7 回收站对防止误删文件有保护作用。

( ) 38. Windows 7 是一个操作系统。

( ) 39. 剪贴板中的内容不能以文件的方式直接保存。

( ) 40. Windows 7 提供了复制活动窗口的图像到剪贴板的功能。

( ) 41. 剪贴板中只能放由画笔构造出来的图像。

( ) 42. Windows 7 具有保护屏幕的能力。

( ) 43. 正版 Windows 7 操作系统不需要激活即可使用。

( ) 44. Windows 7 旗舰版支持的功能最多。

( ) 45. Windows 7 家庭普通版支持的功能最少。

( ) 46. 在 Windows 7 的各个版本中，支持的功能都一样。

( ) 47. 要开启 Windows 7 的 Aero 效果，必须使用 Aero 主题。

( ) 48. 在 Windows 7 中默认库被删除后可以通过恢复默认库进行恢复。

( ) 49. 在 Windows 7 中默认库被删除了就无法恢复。

( ) 50. 正版 Windows 7 操作系统不需要安装安全防护软件。

( ) 51. 任何一台计算机都可以安装 Windows 7 操作系统。

( ) 52. 安装安全防护软件有助于保护计算机不受病毒侵害。

( ) 53. 在安装 Windows 时没有设置打印机，以后就不能设置打印机，除非你再重新安装 Windows。

( ) 54. 在安装 Windows 7 系统过程中，系统将提示用户在完成安装前重启动计算机，以便 Windows 7 对计算机的配置生效。

（　　） 55. 在 Windows 7 系统中，关机时，直接切断电源即可，不会对文件产生影响。

（　　） 56. 启动 Windows 7 系统后的整个屏幕称作桌面。

（　　） 57. 回收站中的文件夹或文件不能被恢复。

（　　） 58. 在整理磁盘碎片时，一般不要执行其他任务。

（　　） 59. 级联菜单可以嵌套，即级联菜单下可再设级联菜单。

（　　） 60. 任务栏可隐藏，但其位置不可改变。

（　　） 61. 用鼠标左键单击"开始"按钮可弹出开始菜单。

（　　） 62. 每个窗口的标题栏中的名称与打开的对象不一定一致。

（　　） 63. 可根据左右手习惯，转换鼠标左右键功能。

（　　） 64. 鼠标指针是指移动鼠标时在屏幕上显示的与鼠标同步移动的图形，形状是不可改变的。

（　　） 65. 双击鼠标操作瞬间，不能改变鼠标指针所指的对象，否则双击操作无效。

（　　） 66. 在桌面上移动窗口，可将鼠标指针指向标题栏上，按下鼠标左键不动，拖动窗口到目标位置，释放鼠标左键即可。

（　　） 67. 当文档窗口或对话框内出现闪烁的光标时，不能输入字符。

（　　） 68. 用户可通过控制面板的鼠标设置，按照自己的喜好选定鼠标指针形状。

（　　） 69. 单击鼠标左键可弹出对象的快捷菜单。

（　　） 70. 把鼠标指向一程序或窗口图标，双击鼠标左键可启动程序或打开窗口。

（　　） 71. 将鼠标指针移到窗口边框上，当鼠标指针变成双向箭头时，按下鼠标左键并拖动鼠标上下左右移动可改变窗口大小。

（　　） 72. 在桌面上添加新对象时可从其他地方拖来一个对象，也可用单击鼠标右键创建新对象。

（　　） 73. 用鼠标右键单击桌面上某对象（文件或快捷方式），然后从弹出的快捷菜单中选取删除命令删除该对象。

（　　） 74. 在桌面的空白处单击鼠标右键，从弹出的快捷菜单中选取排列图标的相应选项即可重排图标。

（　　） 75. 任务栏左端是开始菜单，右端是数字时钟、汉字输入方法等图标，中间是当前启动的程序和打开窗口的标题按钮。

（　　） 76. 把鼠标指针移到任务栏与桌面交界处，当指针变成上下箭头时，按下鼠标左键并上下拖动鼠标可改变任务栏尺寸。

（　　） 77. 把鼠标指针移到任务栏空白处，按住鼠标左键并拖动鼠标，可将任务栏放到不同位置。

（　　） 78. 可以按 Alt+Esc 键打开"开始"菜单。

（　　） 79. 用户不能自己把程序添加到开始菜单的程序菜单中，Windows 7 没有提供这种功能。

（　　） 80. 用开始菜单中的运行命令执行程序，需在"运行"窗口的"打开"输入框中输入程序的路径和名称。

（　　） 81. 用鼠标左键单击窗口的最小化按钮，其窗口在桌面上消失，表示关闭了该窗口，并退出了程序执行。

（　　） 82. 用鼠标指针指向窗口标题栏，按住鼠标左键并拖动鼠标就可将窗口放到桌面上任意位置。

（　　） 83. 双击窗口标题栏区域，也可实现窗口的最大化或复原操作。

（　　） 84. 窗口间切换可单击任务栏上相应的标题按钮，也可用鼠标单击要切换的窗口，还可以用 Alt+Tab 键切换。

（　　） 85. 如果想复制整个屏幕的内容到剪贴板，请按 Print Screen 键，如果想复制一个窗口的内容到剪贴板，请按 Alt+Print Screen 键。

（　　） 86. MS-DOS 程序窗口是一种特殊的程序窗口，它有全屏幕模式和窗口模式两种显示方式，用 Alt+Enter 键可相互转换。

( ) 87. 在资源管理器中创建了一个子文件夹、创建后立刻就可以在文件夹窗口中看到。

( ) 88. 有些窗口有滚动条，有些窗口没有，说明用户可自由设定是否有滚动条。

( ) 89. 滚动条有垂直滚动条和水平滚动条，每根滚动条有滚动箭头和滚动块。

( ) 90. 可从滚动块的长度看出当前窗口工作区区包含的内容占总内容的多少。

( ) 91. 滚动块在滚动条中的位置代表当前工作区显示内容在全部内容中的位置。

( ) 92. 变灰的菜单选项表示当前正在被执行。

( ) 93. 菜单选项名字后跟有省略号，表示此菜单选项是级联菜单。

( ) 94. 菜单选项名字后跟有三角标记，表示选择此菜单选项就会弹出一个对话框。

( ) 95. 菜单选项名字后带有组合键，它是一种快捷键，表示用户直接按组合键就可执行该菜单命令。

( ) 96. 菜单选项名字前带有"√"标记，表示当前此选项正在起作用。

( ) 97. 按 Ctrl+X 键或 Ctrl+C 键，可将当前选定内容放到剪贴板上。

( ) 98. 对话框中的输入框分为文本框和列表框两类。

( ) 99. 在使用 Windows 7 帮助系统时，如果用户知道要查找的主题在什么地方，而不知道它的名字，用目录标签查询最方便。

( ) 100. 要查看对话框中某一项的帮助信息，可单击标题栏右侧的问号按钮。

( ) 101. 当文件放入回收站后就不再占用磁盘空间。

( ) 102. 在打印机打印完文档后，任务栏上的打印机图标将会自动消失。

( ) 103. 关闭计算机后"回收站"中的文件将自动清空，不再保存。

( ) 104. 卷标是用户为硬盘或软盘指定的名字。

( ) 105. Windows 7 系统没有提供硬盘格式化功能。

( ) 106. 磁盘碎片整理程序的作用是将破碎的磁盘再修复。

( ) 107. 在 Windows 系统中，按 F1 可以启动联机帮助。

( ) 108. 在 Windows 系统中，我们可以进行以下的操作：单击"开始"，单击"运行"，然后在对话框中键入所需的 Internet 地址。

( ) 109. 在网络中，如果所要访问的文件位于其他计算机上，那么需要双击"我的电脑"。

( ) 110. "记事本"只以 ASCII（纯文本）格式打开或保存文件。

( ) 111. 使用 Windows 中的磁盘扫描工具，可以发送电子邮件、闲谈和查看新闻组。

( ) 112. Windows 7 只允许在屏幕上打开一个窗口。

( ) 113. 标题条最右边的一个×按钮，单击该按钮将关闭窗口。

( ) 114. 鼠标定位到某个对象上，然后单击鼠标左键，可以用来启动一个程序或打开一个窗口。

( ) 115. 有些菜单命令后面带有一个右向箭头，有些命令后面带有省略号。用鼠标单击带有右向箭头的命令时，会出现一个对话框。当用鼠标单击带有省略号的命令时，会打开一个级联菜单。

( ) 116. 对话框常用于描述对象的属性、桌面的设置环境以及对话信息的输入等。

( ) 117. 资源管理器中的状态栏可以看到某个目录下的全部文件大小之和。

( ) 118. 可以按 Alt+F5 键来关闭应用程序。

( ) 119. 在中文 Windows 中，目录被称为文件夹，子目录称为子文件夹。

( ) 120. 连续选择多个文件时，先单击要选择的第一个文件，再按住 Ctrl 键并单击要选择的最后一个文件，这样包括在这两个文件之间的所有文件都被选中。

( ) 121. 磁盘卷标最多不超过为 255 个字符。

( ) 122. Windows 的窗口是不可改变大小的。

( ) 123. Windows 的窗口是可以移动位置的。

（　　）124. 窗体上乱七八糟的图标可以靠某个菜单选项来排列整齐。

（　　）125. 剪贴板中只能存放文本信息。

（　　）126. 剪贴板采用与画笔文件相同的文件后缀名。

（　　）127. Windows 的鼠标箭头是要闪烁的。

（　　）128. 可编辑光标是要闪烁的。

（　　）129. Windows 中的日期格式是不可改变的。

（　　）130. 在 Windows 中除了系统已经提供的颜色之外，不能再定义自己喜欢的颜色。

（　　）131. 可以改变 Windows 的窗口颜色配置方案。

（　　）132. 在 Windows 中不能改变图标间的间隔距离。

（　　）133. 在 Windows 中可以取消删除文件前的提问。

（二）填空题

1. 在中文 Windows 7 中，它允许每个文件的文件名最长可以有（　　）个字节。

2. 鼠标的两个按键分别称为（　　）和（　　）。

3. 在 Windows 7 中，鼠标一般有以下四种操作，包括（　　）、（　　）、（　　）和（　　）。

4. Windows 7 中关闭活动项目或者退出活动程序，可使用 Alt+（　　）键。

5. Windows 7 的附件程序中，能够进行进制数计算的应用软件是（　　）。

6. 在中文 Windows 7 中，目录被称为（　　），子目录称为（　　）。

7. 在 Windows 7 中，如要需要彻底删除某文件或者文件夹，可以按（　　）组合键。

8. 在中文 Windows 7 中，为了添加某个中文输入法，应选择（　　）窗口中的"时钟、语言和区域"选项。

9. 在 Windows 7 中，当启动程序或打开文档时，若不知道某个文件位于何处，可以使用系统提供的（　　）功能。

10. 在 Windows 7 中，各个应用程序之间可通过（　　）交换信息。

11. 在 Windows 7 的"回收站"窗口中，要想恢复选定的文件或文件夹，可以使用"工具栏"中的（　　）按钮。

12. 在安装 32 位 Windows 7 的最低配置中，内存的基本要求是（　　）GB 及以上。

13. Windows 7 有四个默认库，分别是视频、图片、（　　）和音乐。

14. Windows 7 是由（　　）公司开发，具有革命性变化的操作系统。

15. 要安装 Windows 7，系统磁盘分区必须为（　　）格式。

16. 在 Windows 操作系统中，"Ctrl" + "C" 是（　　）命令的快捷键。

17. 在安装 Windows 7 的最低配置中，硬盘的基本要求是（　　）GB 以上可用空间。

18. 在 Windows 操作系统中，"Ctrl" + "X" 是（　　）命令的快捷键。

19. 在 Windows 操作系统中，"Ctrl" + "V" 是（　　）命令的快捷键。

20. Windows 系统默认硬盘上的文件删除后放在（　　）中。

21. 完整的磁盘文件名由（　　）和（　　）组成。

22. 每张磁盘只有一个（　　）文件夹，但可以有多个（　　）文件夹。

23. 文件通配符 "?" 代表（　　）个任意字符，而 "*" 代表（　　）个任意字符。

24. 要将一个运行中发生错误的程序强行终止，可同时按下（　　）键，此时屏幕将出现一个"关闭程序"对话框，在对话框的列表中选定要终止的应用程序，然后单击（　　）按钮即可。

25. 在 Windows 系统中，为了在系统启动成功后自动执行某个程序，应将该程序文件添加到（　　）"开始"菜单中（　　）中。

26. 打开"开始"菜单的快捷组合键是（　　）。

27. 将当前窗口内容复制到剪贴板上，应按（　　）键。

28. （　　）是 Windows 系统中使用最多的对象。

29. 窗口的操作主要分为窗口的（　　）、（　　）、（　　）以及窗口的（　　）。

30. 用鼠标单击带有右向箭头的命令时，会打开一个（　　）。用鼠标单击带有省略号的命令时，会出现一个（　　）。

31. 文件夹图标中含（　　）时，表示该文件夹含有子文件夹，可以展开，文件夹图标中含有（　　）时，表示该文件夹已被展开，可以关闭。

32. 启动应用程序的方法有：（　　）、（　　）和（　　）。

33. 关闭应用程序的方法有：（　　）、（　　）、（　　）和（　　）。

34. Windows 回收站对防止（　　）有保护作用。

35. 为了在桌面上合理地安排好窗口，可采用（　　）、（　　）和（　　）。

36. 在 Windows 中，当用户打开多个窗口时，只有一个窗口处于激活状态，该窗口称为（　　）窗口。

37. 如果用键盘在应用程序之间进行切换，可按住 Alt 键，同时按下（　　）键。

38. 如果想使用键盘选择文件夹，则可以先按（　　）键在左右窗格间移动光标。

39. 连续选择多个文件时，先单击要选择的第一个文件，再按住（　　）键并单击要选择的最后一个文件，这样包括在这两个文件之间的所有文件都被选中；不连续选择多个文件时，先按住（　　）键，然后逐个单击要选择的各个文件。

40. 在 Windows 中，如果要安装或删除某个应用程序，必须先打开（　　）窗口，然后在该窗口内操作。

41. 在 Windows 中输入中文文档时，为了输入一些特殊的符号，可以使用系统提供的（　　）。

42. 在 Windows 中，用（　　）菜单中的"运行"命令，可以启动一个应用程序。

43. 在 Windows 中，U 盘上所删除的文件（　　）从"回收站"中恢复。

（三）选择题

1. 在 Windows 7 系统的应用软件中使用下列哪一个键可以激活菜单（　　）。
   A. Shift　　　　　　B. Alt　　　　　　C. Ctrl　　　　　　D. ESC

2. Windows 7 在中文输入法状态下，实现中英文间转换的快捷键为（　　）。
   A. Ctrl+Shift+空格　　B. Ctrl+Alt+空格　　C. Ctrl+空格　　D. Alt+空格

3. Windows 7 系统在没有鼠标的情况下，需要关闭当前应用软件，可使用组合键（　　）。
   A. Ctrl+F4　　　　B. Alt+F4　　　　C. F4　　　　D. 以上都不行

4. 在安装 Windows 7 时，哪种设备可不需要（　　）。
   A. CPU　　　　　　B. 主板　　　　　　C. 打印机　　　　　　D. 硬盘

5. 在 Windows 7 系统中，应用软件的安装程序名一般是（　　）。
   A. INSTALL. BAT　　B. LOAD. BAT　　C. WIN. BAT　　D. SETUP. EXE

6. 打开程序、文档或窗口时，任务栏上将出现（　　），可以使用它在已经打开的窗口间进行切换。
   A. 按钮　　　　　　B. 快捷方式　　　　　　C. 菜单　　　　　　D. 以上都不对

7. 如果正在使用网络，则双击桌面上的（　　）图标，即可浏览工作组中的计算机和网上的全部计算机。
   A. 公文包　　　　　　B. 网络　　　　　　C. 收件箱　　　　　　D. 资源管理器

8. DOS 系统中的（　　），在 Windows 7 系统中被称为文件夹。
   A. 程序　　　　　　B. 路径　　　　　　C. 文件　　　　　　D. 目录

9. 右击任何项目将弹出一个（　　），可用于该项的常规操作。
   A. 图标　　　　　　B. 快捷菜单　　　　　　C. 按钮　　　　　　D. 菜单

10. 可以使用"开始"菜单中的"运行"命令，打开文件夹或启动程序。这个执行程序的路径会被（　　）。

  A. 保存   B. 删除   C. 更新   D. 修改

11. 双击某个文件时，如果 Windows 7 系统不知道该使用哪个程序打开该文件，会显示（ ）对话框，需用户指定要使用的程序。

  A. 运行   B. 保存   C. 打开方式   D. 帮助

12. 要设置计算机时钟，可以在任务栏上单击（ ）。

  A. 显示器图标 B. 输入法图标 C. "开始"按钮 D. 显示时间

13. 要查看磁盘剩余空间的大小，可在"我的电脑"中右击该磁盘的图标，然后单击（ ）。

  A. 查看   B. 打开   C. 系统   D. 属性

14. 打开文件夹后，按（ ）键可以返回到上一级文件夹。

  A. Esc   B. Alt   C. Enter   D. BackSpace

15. 为了保证 Windows 7 安装后能正常使用，采用的安装方法是（ ）。

  A. 升级安装   B. 卸载安装   C. 覆盖安装   D. 全新安装

16. 任务栏中一般不包括（ ）。

  A. "开始"菜单 B. 数字时钟   C. 输入法按钮 D. 打印机设置

17. 在"开始"菜单中不包括（ ）项。

  A. 所有程序   B. 帮助和支持 C. 文档   D. 关闭程序

18. 下列鼠标操作不正确的（ ）。

  A. 单击   B. 双击   C. 拖动   D. 左右双击

19. 在 Windows 7 系统对话框中，用户只能选一项的矩形区称为（ ），用户输入文本信息的矩形区域称为（ ）。

  A. 单选框，文本框 B. 复选框，列表框 C. 列表框，对话框 D. 文本框，对话框

20. 在 Windows 7 系统中，菜单命令后面带有省略号，表示执行该命令后会出现（ ）。

  A. 程序窗口   B. 菜单栏   C. 对话框   D. 文档窗口

21. 菜单命令前面带有符号"√"，表示该命令（ ）。

  A. 执行时有对话框 B. 有若干子命令 C. 正在起作用 D. 不能执行

22. 在 Windows 7 系统中，对话框与程序窗口不同，最明显的是对话框没有（ ）。

  A. 菜单栏   B. 标题栏   C. 单选框   D. 关闭按钮

23. 下面哪一项是正确的（ ）。

  A. DOS 下设置日期，Windows 中不可用 B. Windows 下设置日期，DOS 下可用

  C. Windows 下设置日期，DOS 下不可用 D. 都不能设置日期

24. 在安装 Windows 7 系统时，一般用户应选择以下哪种安装方式（ ）。

  A. 典型安装   B. 便携安装   C. 最小化安装 D. 选择安装

25. 在应用程序窗口中打开一个文档窗口，则该文档窗口的大小可以（ ）。

  A. 超过应用程序窗口大小   B. 最多等于应用程序窗口大小

  C. 小于应用程序窗口的大小   D. 未知

26. 在下列软件中，属于计算机操作系统的是（ ）。

  A. Windows 7   B. Word 2010 C. Excel 2010 D. Powerpoint 2010

27. 对话框中的选择按钮有单选按钮和复选按钮，复选按钮可以同时选择几项（ ）。

  A. 一项   B. 二项   C. 多项   D. 以上都不对

28. 在对话框中，单选按钮的图形是（ ）。

  A. 圆形   B. 方框形   C. √   D. ×

29. 利用键盘在对话框中的不同项目组间移动光标用（ ）键。

  A. Tab   B. Esc   C. Shift   D. Ctrl

30. 要找出文件名以 MS 开头的所有文件, 在搜索对话框名称项目中应输入 ( )。
    A. MS * * B. MS. * C. *.* D. ?? . MS
31. "取消" (CANCEL) 按钮表示 ( )。
    A. 什么都不做 B. 什么都不做, 且退出对话框
    C. 继续做 D. 退出
32. 在 "资源管理器" 中, 在同一个磁盘上用拖动方式复制文件, 必须按 ( ) 键辅助。
    A. Tab B. Esc C. Ctrl D. Shift
33. 在 "我的电脑" 和 "资源管理器" 中, 连续多个文件选定可用 ( ) 键辅助完成。
    A. Tab B. Shift C. Ctrl D. Esc
34. 要更改系统配置, 请在 "控制面板" 中双击 ( ) 图标。
    A. 程序 B. 系统和安全 C. 网络和 Internet D. 硬件和声音
35. 安装中文输入法后, 就可以在 Windows 7 工作环境中随时使用默认的 ( ) 键进行中英文标点符号切换。
    A. Alt+空格 B. Esc+空格 C. Ctrl+. D. Ctrl+空格
36. 文件的类型可以根据 ( ) 来识别。
    A. 文件的大小 B. 文件的用途 C. 文件的扩展名 D. 文件的存放位置
37. 驱动器转换器 (FAT32) 是文件分配表的改进版, 该系统允许将大于 ( ) GB 的硬盘格式化为单个驱动器。
    A. 1 B. 2 C. 4 D. 8
38. 安装 Windows 7 操作系统时, 系统磁盘分区必须为 ( ) 格式才能安装。
    A. FAT B. FAT16 C. FAT32 D. NTFS
39. 极小化一个窗口, 则该窗口将表现为 ( )。
    A. 什么都没有 B. 一个点 C. 一个程序名 D. 一个图标
40. Windows 中的图标实际被保存在 ( )。
    A. 内存中 B. BMP 文件中 C. CMOS D. EPROM
41. 用 ( ) 可以创建或编辑不需要格式的、并且小于 64K 的文本文件。
    A. Word B. 写字板 C. 记事本 D. 映像
42. 使用画图程序, 可以打开具有以下文件后缀名的 ( ) 种文件。
    A. XLS B. DOC C. DLL D. BMP
43. 在 Windows 7 操作系统中, 显示 3D 桌面效果的快捷键是 ( )。
    A. "Win" + "D" B. "Win" + "P" C. "Win" + "Tab" D. "Alt" + "Tab"
44. 下列哪一个操作系统不是微软公司开发的操作系统? ( )
    A. Windows server 2003 B. Win7 C. Linux D. Vista
45. Win7 目前有几个版本? ( )
    A. 3 B. 4 C. 5 D. 6
46. 在 Windows 7 的各个版本中, 支持的功能最少的是 ( )。
    A. 家庭普通版 B. 家庭高级版 C. 专业版 D. 旗舰版
47. 在 Windows 7 的各个版本中, 支持的功能最多的是 ( )。
    A. 家庭普通版 B. 家庭高级版 C. 专业版 D. 旗舰版
48. 在 Windows 7 操作系统中, 将打开窗口拖动到屏幕顶端, 窗口会 ( )。
    A. 关闭 B. 消失 C. 最大化 D. 最小化
49. 在 Windows 7 操作系统中, 显示桌面的快捷键是 ( )。
    A. "Win" + "D" B. "Win" + "P" C. "Win" + "Tab" D. "Alt" + "Tab"

50. 在 Windows 7 操作系统中，打开外接显示设置窗口的快捷键是（　　）。

　　A. "Win" + "D"　　B. "Win" + "P"　　C. "Win" + "Tab"　　D. "Alt" + "Tab"

51. 在 Windows 7 系统中，当我们需要帮助时，可以按（　　）键。

　　A. Tab　　　　　　B. F1　　　　　　C. F10　　　　　　D. Ctrl

52. 在 Windows 系统中将当前屏幕拷贝到系统剪贴板上，可以按（　　）键。

　　A. Scroll Lock　　B. Print Screen　　C. F10　　　　　D. Esc

53. 在 Windows 系统中，当需要在已打开的多个应用软件之间转换时，可以使用的快捷键为（　　）。

　　A. Shift + Tab　　B. Ctrl + Esc　　C. Alt + Tab　　　D. 以上都不是

54. Windows 7 系统是微软公司推出的一种（　　）。

　　A. 应用程序　　　B. 操作系统　　　C. 管理系统　　　D. 网络系统

55. 启动 Windows XP 系统后的整个屏幕区域称为（　　），代表程序或文件的小图形称为（　　）。

　　A. 桌面. 图标　　B. 窗口. 工作区　　C. 图标. 桌面　　D. 工作面. 菜单

56. 安装 Windows 7 系统后，桌面上没有（　　）图标。

　　A. 计算机　　　　B. 回收站　　　　C. 网络　　　　　D. 资源管理器

57. 在 Windows 中，启动一个程序时（　　）桌面上的程序图标即可。

　　A. 单击　　　　　B. 双击　　　　　C. 选定　　　　　D. 拖动

58. 在 Windows 系统中，回收站的功能是（　　）。

　　A. 浏览上网的计算机　　　　　　　　B. 设置计算机参数

　　C. 收发信件　　　　　　　　　　　　D. 临时存放删除文件

59. 在安装完 Windows 7 应用程序后，程序能在"开始"菜单下的（　　）子菜单中找到。

　　A. 所有程序　　　B. 文档　　　　　C. 计算机　　　　D. 默认程序

60. 复制一个文件，可右键单击选定文件，然后在弹出的快捷菜单中单击"复制"命令，打开目标文件所在的文件夹，单击鼠标右键在弹出的快捷菜单中后单击（　　）命令。

　　A. 剪切　　　　　B. 复制　　　　　C. 粘贴　　　　　D. 删除

61. 每个窗口的右上角都有一个 ⊠ 按钮，单击该按钮可以（　　）。

　　A. 还原窗口　　　B. 最大化窗口　　C. 最小化窗口　　D. 关闭窗口或退出程序

62. 要查看或更改某一项目的信息可用鼠标（　　）该项目，然后单击"属性"对话框。

　　A. 右键单击　　　B. 右键双击　　　C. 左键单击　　　D. 左键双击

63. 要获得对话框中某个选项或区域的帮助信息，只需单击窗口右上角的（　　），然后单击该项。

　　A. ⊠　　　　　　B. B　　　　　　C. ?　　　　　　D. U

64. 使用"开始"菜单中的（　　）命令即可迅速找到文件和文件夹。

　　A. 搜索　　　　　B. 帮助　　　　　C. 运行　　　　　D. 程序

65. 在 Windows 系统打印文档时（　　）。

　　A. 系统被打印程序独占，不能做其他工作

　　B. 可采用后台方式打印，前台做其他的工作

　　C. 文档打印完之后，才能做其他工作

　　D. 以上选项都不正确

66. 将某应用程序的图标拖动到（　　）文件夹中，这样每次启动 Windows 时，该程序将自动执行。

　　A. 程序　　　　　B. 启动　　　　　C. 附件　　　　　D. 游戏

67. 如果想改变鼠标左右键功能，可以在（　　）中对"鼠标"参数进行设置。

　　A. 系统　　　　　B. 网上邻居　　　C. 控制面板　　　D. 我的电脑

68. 在默认设置下，选定图标后单击鼠标右键可弹出（　　）。

A. 对话框   B. 窗口   C. 快捷菜单   D. 文件菜单

69. Windows 窗口内有（ ）滚动条。

     A. 一种   B. 二种   C. 三种   D. 四种

70. 在 Windows 系统中，利用键盘在多窗口间切换，可用下列哪一组合（ ）键。

     A. Alt+Enter   B. Alt+Tab   C. Ctrl+Tab   D. Ctrl+Esc

71. 什么是 Windows 中所指的对象（ ）。

     A. 窗口   B. 图标   C. 窗口和图标都是   D. 都不是

72. 复制图标的操作按键是（ ）。

     A. Ctrl+拖动   B. Esc+拖动   C. Alt+拖动   D. 拖动

73. 从 Windows 最多能打开（ ）DOS 窗口。

     A. 多个   B. 三个   C. 一个   D. 二个

74. 是否可以设置左手优先的鼠标（ ）。

     A. 不可以   B. 可以   C. 可能可以   D. 可能不可以

75. 用"我的电脑"和"资源管理器"都可浏览计算机资源，两者区别在于（ ）。

     A. 标题栏位置不同   B. 显示的计算机资源内容不同

     C. 二者功能不同   D. 显示方式不同

76. 任务栏不能被移动到屏幕的哪个位置（ ）。

     A. 顶部   B. 中间   C. 左侧   D. 右侧

77. 使用键盘打开"开始"菜单，可用（ ）键。

     A. Ctrl+Esc   B. Ctrl+Tab   C. Alt+Deld   D. Alt+Shift

78. 启动一个应用程序，也可用"开始"菜单下的（ ）。

     A. 文档   B. 运行   C. 设置   D. 查找

79. 利用"开始"菜单的"运行"命令来启动程序，在运行对话框中必须输入（ ）。

     A. 路径   B. 程序名   C. 路径和程序名   D. 不输入字符，直接按确定

80. 在打印机打印完文档后，任务栏上的打印机图标将会自动（ ）。

     A. 变换成带感叹号的图标   B. 消失

     C. 闪烁   D. 变换成带问号的图标

81. 按窗口最小化按钮后，下列说法正确的是（ ）。

     A. 程序停止执行   B. 程序优化执行   C. 程序后台运行   D. 以上都不是

82. 在打开的窗口中，滚动块的长度代表（ ）。

     A. 文件的长度   B. 工作区内容在整个文件中所处的位置

     C. 当前工作区内容占文件总内容的多少   D. 没有意义

83. 以下打开菜单的方式，正确的是（ ）。

     A. 单击菜单栏上的菜单名   B. 单击窗口左上角的窗口图标打开窗口控制菜单

     C. 右键单击某一对象，即可打开对象快捷菜单 D. 以上都正确

84. 不管 Windows 7 处于什么状态。利用"开始"菜单下的（ ）选项，均可打开"帮助主题"窗口。

     A. 所有程序   B. 控制面板   C. 帮助和支持   D. 运行

85. 创建一个新的文件夹不可在（ ）中进行操作

     A. 开始菜单   B. 我的文档   C. 我的电脑   D. 资源管理器

86. 当处于中文输入法状态时，按（ ）键可以进行中文全角/半角切换。

     A. Alt+空格   B. Esc+空格   C. Shift+空格   D. Ctrl+空格

87. 可以使用（ ）程序把本机硬盘上的文件保存到软盘、磁盘或网络中的其他计算机上。

A. 磁盘扫描　　　　B. 备份　　　　　C. 磁盘整理　　　　D. 磁盘压缩

88. 安全删除不再使用的 Windows 组件，可以在"控制面板"中选择（　　）图标。

A. 网络　　　　　B. 系统　　　　　C. 添加或删除程序　D. 添加新硬件

89. 打印机正在打印文档时，用鼠标（　　）任务栏上的打印机图标，可以获得正在打印文档的信息。

A. 右键单击　　　B. 右键双击　　　C. 左键单击　　　D. 左键双击

90. 将一个正在运行程序的窗口极小化，则其中运行的程序将（　　）。

A. 停止运行　　　B. 暂停运行　　　C. 继续运行　　　D. 出错

91. 要切换窗口，请单击（　　）中代表相应的窗口的按钮。

A. 任务栏　　　　B. 状态栏　　　　C. 提示栏　　　　D. 标题栏

92. 若要利用鼠标来改变窗口的大小，则鼠标应（　　）。

A. 置于窗口内　　B. 置于菜单项　　C. 置于窗口边框　D. 任意位置

93. 在 Windows 中，退出没有响应的程序的步骤如下：首先按下（　　）键。然后在"应用程序"对话框中，单击没有响应的程序，然后单击"结束任务"。

A. Ctrl+Alt+Del　B. Ctrl+Del　　　C. Alt+Del　　　　D. Ctrl+Alt+Esc

94. 显示当前窗口的系统菜单需要按下（　　）键。

A. Alt +空格键　　B. Shift+空格键　C. Shift+Esc　　　D. Alt+Esc

95. 鼠标能做的动作有（　　）。

A. 通讯　　　　　B. 移动　　　　　C. 单击　　　　　D. B 和 C

96. 运行（　　）可以帮助释放硬盘上的空间。通过它进行搜索驱动器后，可以列出临时文件.INTERNET 缓存文件和可以安全删除的不需要的文件。

A. 磁盘整理程序　B. 磁盘清理程序　C. 磁盘扫描程序　D. 磁盘碎片清理程序

97. 操纵 Windows 最方便的工具是（　　）。

A. 鼠标　　　　　B. 打印机　　　　C. 屏幕　　　　　D. 键盘

98. "记事本"应用程序在储存文件时默认的文件后缀名为（　　）。

A. TXT　　　　　B. DOC　　　　　C. DLL　　　　　D. WPS

99. 在 Windows 7 中内嵌了更多的新的打印机.调制解调器或其他硬件设备的驱动程序，使得硬件的安装较以往更（　　）。

A. 简单　　　　　B. 复杂　　　　　C. 繁琐　　　　　D. 友好

100. 窗口的大小可以（　　）。

A. 仅变大　　　　B. 大小皆可变　　C. 仅变小　　　　D. 不能变大和变小

3.5　练习题参考答案

(一) 判断题

1. F　2. F　3. T　4. T　5. T　6. T　7. T　8. T　9. F　10. T　11. F　12. T　13. T
14. T　15. T　16. T　17. T　18. T　19. T　20. T　21. T　22. F　23. F　24. T　25. T　26. T
27. F　28. T　29. T　30. F　31. F　32. F　33. T　34. F　35. F　36. T　37. T　38. T　39. F
40. T　41. F　42. T　43. F　44. T　45. T　46. F　47. T　48. T　49. F　50. F　51. F　52. T
53. F　54. T　55. F　56. T　57. F　58. T　59. F　60. F　61. F　62. F　63. T　64. F　65. T
66. T　67. F　68. T　69. F　70. T　71. F　72. T　73. F　74. T　75. T　76. F　77. T　78. F
79. F　80. T　81. F　82. T　83. T　84. T　85. T　86. F　87. F　88. F　89. T　90. T　91. T
92. F　93. F　94. T　95. T　96. T　97. T　98. T　99. F　100. T　101. F　102. T　103. F　104. T

105. F 106. F 107. T 108. T 109. F 110. T 111. F 112. F 113. T 114. F 115. F 116. T 117. T
118. F 119. T 120. F 121. F 122. F 123. T 124. T 125. F 126. F 127. F 128. T 129. F 130. F
131. T 132. F 133. T

（二）填空题

1. 255 2. 左键、右键 3. 单击左键、双击、拖放、单击右键 4. F4 5. 计算器 6. 文件夹、子文件夹
7. Shift+Delete 8. 控制面板 9. 搜索 10. 剪贴板 11. 还原此项目 12. 1GB 13. 文档 14. 微软
15. NTFS 16. 复制 17. 16G 以上 18. 剪切 19. 粘贴 20. 回收站 21. 主文件名、后缀 22. 根、子
23. 1、多 24. Ctrl+Alt+Del、结束任务 25. 开始、程序/启动 26. Ctrl+Esc 27. Alt+PrintScreen 28.
窗口 29. 最大化、最小化、关闭、比例缩放 30. 级联菜单、对话框 31. +、− 32. 使用开始菜单、
使用运行对话框、利用文档 33. 选择文件菜单的退出命令、按 Alt+F4 键、双击应用程序标题栏左上角
的控制菜单按钮 34. 误删文件 35. 层叠窗口、横向平铺、纵向平铺 36. 活动窗口 37. Tab 38. Tab
39. Shift、Ctrl 40. 添加或删除程序 41. 软键盘 42. 开始 43. 不能

（三）选择题

1. B   2. C   3. B   4. C   5. D   6. A   7. B   8. D   9. B   10. A 11. C 12. D 13. D
14. D 15. D 16. D 17. D 18. D 19. A 20. C 21. C 22. A 23. B 24. A 25. B 26. A
27. C 28. A 29. A 30. A 31. B 32. C 33. B 34. B 35. C 36. C 37. B 38. D 39. D
40. B 41. C 42. D 43. C 44. C 45. D 46. A 47. D 48. C 49. B 50. B 51. B 52. B
53. C 54. B 55. A 56. D 57. B 58. D 59. A 60. C 61. B 62. B 63. C 64. A 65. B
66. B 67. C 68. C 69. B 70. B 71. C 72. A 73. A 74. B 75. D 76. B 77. A 78. B
79. C 80. B 81. C 82. C 83. D 84. C 85. A 86. B 87. B 88. B 89. D 90. C 91. A
92. C 93. A 94. A 95. D 96. B 97. A 98. A 99. A 100. B

第4章 文字处理软件（Word 2010）

4.1 考纲要求

1. 文字处理的基本概念。
2. Word 的基本功能、运行环境、启动和退出。
3. 文档的创建、打开、保存、关闭。
4. 文档的编辑：插入、查找、修改、替换、复制、删除、移动。
5. 文档的排版：字符格式设置，段落格式设置和页面格式设置、打印文档。
6. 表格制作：表格的插入、修改，数据的填写，数据的计算。
7. 图文混排。

4.2 内容要求

4.2.1 Word 2010 的基本功能、运行环境、启动和退出

（1）启动 Word 2010 的方法如下：

方法1：双击桌面上的"MicrosoftOffice Word 2010"的快捷方式图标。

方法2：单击任务栏左端的"开始"按钮，打开"开始"菜单；用鼠标单击"所有程序"菜单项；在菜单中的"Microsoft Office"文件夹下，单击"Microsoft Word 2010"命令。

方法3：在任何地方选择任意 Word 文档，双击即可启动 Word 同时自动加载该文档。

（2）退出 Word 2010 的方法：

假设 Word 窗口已打开，退出 Word 就是关闭 Word 窗口，通常有以下几种方法。

方法1：选择"文件"选项卡下的"退出"命令。

方法2：单击标题栏右端的 Word 2010 窗口关闭按钮，即 X 。

方法3：双击标题栏左端 Word 2010 窗口的"控制菜单"图标，即 W 。

方法4：按 Alt+F4 快捷键。

注意：在退出 Word 之前，若正在编辑的文档中有内容尚未存盘，则系统会弹出保存提示对话框，询问是否保存被修改过的文档，可根据需要进行选择。

Word 2010 窗口的组成：

（1）快速访问工具栏：常用命令位于此处，例如"保存"、"撤销"和"恢复"。在快速访问工具栏的末尾是一个下拉菜单，在其中可以添加其他常用命令或经常需要用到的

命令。

（2）标题栏：显示正在编辑的文档的文件名以及所使用的软件名。其中还包括标准的"最小化"、"还原"和"关闭"按钮。

（3）"文件"选项卡：单击此按钮可以查找对文档本身而非对文档内容进行操作的命令，例如"新建"、"打开"、"另存为"、"打印"和"关闭"。

（4）功能区：工作时需要用到的命令位于此处。功能区的外观会根据监视器的大小改变。Word 通过更改控件的排列来压缩功能区，以便适应较小的监视器。Word 2010 取消了传统的菜单操作方式，而代之以各种功能区，通常有"开始"、"插入"、"页面布局"、"引用"、"邮件"、"审阅"、"视图"这几个功能区。它们在 Word 2010 窗口上方看起来像菜单的名称其实是功能区的名称，当单击这些名称时并不会打开菜单，而是切换到与之相对应的功能区面板。每个功能区根据功能的不同又分为若干个组，比如在"开始"功能区下有"字体"、"段落"、"样式"等组。

（5）编辑窗口：显示正在编辑的文档的内容。

（6）状态栏：显示正在编辑的文档的相关信息。

（7）"视图"按钮：可用于更改正在编辑的文档的显示模式以符合您的要求。

（8）显示比例：可用于更改正在编辑的文档的显示比例设置。

（9）滚动条：分为水平滚动条和垂直滚动条，可用于更改正在编辑的文档的显示位置。单击垂直滚动条上面的"标尺"按钮，即▨，可以显示标尺；在草稿视图和 Web 版式视图下只能显示水平标尺，只有在页面视图下才能显示水平和垂直两种标尺。

（10）插入点：当 Word 2010 启动后就自动创建一个名为"文档 1"的文档，其编辑窗口是空白的，只是在第一行第一列有一个闪烁着的黑色竖条（或称光标插入点。键入文本时，它指示下一个字符的位置。在草稿视图下，还会出现一小段水平横条，称为文档结束标记。

"视图"：就是查看文档的方式。视图有页面视图、阅读版式视图、Web 版式视图、大纲视图和草稿视图。

（1）页面视图。

Word2010 默认的文档视图方式就是"页面视图"，在这种视图下我们看见的文档是显示 Word 2010 文档的打印结果外观，主要包括页眉、页脚、图形对象、分栏设置、页面边距等元素，是最接近打印结果的页面视图，也是用得最普遍的一种视图方式。

（2）阅读版式视图。

"阅读版式视图"以图书的分栏样式显示 Word 2010 文档，"文件"按钮、功能区等窗口元素被隐藏起来。在阅读版式视图中，用户还可以单击"工具"按钮选择各种阅读工具。

（3）Web 版式视图。

"Web 版式视图"以网页的形式显示 Word 2010 文档，Web 版式视图适用于发送电子邮件和创建网页。

（4）大纲视图。

"大纲视图"主要用于 Word 2010 文档的设置和显示标题的层级结构，并可以方便地折叠和展开各种层级的文档。大纲视图广泛用于 Word 2010 长文档的快速浏览和设置中。

（5）草稿视图。

"草稿视图"取消了页面边距、分栏、页眉页脚等元素，主要显示标题和正文，是最节省计算机系统硬件资源的视图方式。当然现在计算机系统的硬件配置都比较高，基本上不存在由于硬件配置偏低而使 Word 2010 运行遇到障碍的问题。

执行"文件"选项卡→"选项"将跳出"Word 选项"对话框，通过设置下面的"自定义功能区"可以创建功能区，也可以在功能区下创建组，让功能区更符合自己的使用习惯，以更好地满足用户个性化的需要，单击 Word 窗口右上方的"功能区最小化按钮"，即△，可以对功能区实现最小化或者还原。选择"Word 选项"对话框下的"快速访问工具栏"，还可以对快速访问工具栏进行个性化的设置。

4.2.2　Word 2010 的基本操作

创建新文档：当启动 Word 2010 后，它就自动打开一个新的空文档并暂时命名为"文档1"。可以用下列方法之一来创建新文档。

方法1：在"快速访问工具栏"上添加"新建"按钮，并单击该"新建"按钮。

方法2：执行"文件"→"新建"→"空白文档"命令可以新建一个空白文档；若选择其他的模板还可以根据其他现成的模板新建一个文档，其中，常用模板中比较特别的模板是"博客文章"模板和"根据现有内容新建"模板。在"Office.com 模板"列表中，有关于会议、证书、日历、广告、合同、新闻稿等一系列基于日常生活和工作中具体应用领域的常用模板。

方法3：直接用快捷键 Ctrl+N。

打开已存在的文档：当要查看、修改、编辑或打印已存在的 Word 2010 文档时，首先应该打开它，打开一个或多个已存在的 Word 2010 文档有下列三种常用的方法：

方法1：在"快速访问工具栏"上添加"打开"按钮，并单击该"打开"按钮。

方法2：执行"文件"→"打开"命令。

方法3：直接按快捷键 Ctrl+O。

执行"打开"命令时，Word 2010 会显示一个"打开"对话框。在"打开"对话框左侧的"导航窗格"中找到需要打开文件的位置，选定需要打开的文件进行打开。

如果要打开的多个文档名是连续排列在一起的，则可以先单击第一个要打开的文档名，然后，按住 Shift 键，再单击最后一个要打开的文档名，这样包含在这两个文档名之间的所有文档全被选定。

如果要打开的多个文档名是分散的，则可以先单击第一个要打开的文档名，然后，按住 Ctrl 键，再分别单击每个要打开的文档名来选定文档。

如果记不清要打开文档的具体位置，可以通过"打开"对话框上面的"搜索栏"直接进行文件的搜索。

打开最近使用过的文档：如果要打开最近使用过的文档，通过执行"文件"→"最近所用文件"将显示最近使用过的文档名，选择并单击它即可。

输入文本：在编辑窗口的左上角有一闪烁着的黑色竖条光标叫插入点，它表明输入的字符将出现的位置，当输入文本时，插入点自左向右移动。

Word 2010 有自动换行的功能，当输入到达每行的末尾时不必按 Enter 键，Word 会自动换行，另起一个新的段落时才需要按 Enter 键。按 Enter 键表示一个段落的结束，新段落的开始。

中文 Word 2010 既可输入汉字，又可输入英文。中/英文输入法的切换方法有：

方法 1：单击"任务栏"右端的"语言指示器"按钮，在"输入法"列表中单击所需的输入法。

方法 2：按组合键 Ctrl+空格可以在中/英文输入法之间切换，按组合键 Ctrl+Shift 可以在各种输入法之间循环切换。

插入符号：在输入文本时，可能要输入（或插入）一些键盘上没有的特殊符号，除了利用汉字输入法的软键盘外，Word 2010 还提供"插入符号"的功能。具体操作步骤如下：把插入点移动到要插入符号的位置，执行"插入"→"符号"组→"符号"→"其他符号"将出现"符号"对话框，选项卡中的"字体"下拉列表中选定适当的字体项，单击符号列表框中所需符号；单击"插入"按钮就可将所选择的符号插入到文档的插入点处；单击"关闭"按钮，关闭"符号"对话框。

Word 2010 可以直接键入日期和时间，也可以使用"日期和时间"命令来插入日期和时间，具体步骤如下：把插入点移动到要插入日期和时间的位置处，执行"插入"→"文本"组→"日期和时间"命令，打开"日期和时间"对话框；在"语言"下拉列表中选定"中文（中国）"或"英语（美国）"，在"可用格式"列表框中选定所需的格式；单击"确定"按钮。脚注和尾注都是注释，可以通过在"引用"→"脚注组"中进行脚注或者尾注的添加，其区别是：脚注是放在每一页面的底端，而尾注是放在文档尾处。

在 Word2010 文档中还可以插入其他的 Word、Excel、PowerPoint 等文件对象，具体步骤如下：把插入点移动到要插入另一个对象的位置；执行"插入"→"文本"组→"对象"命令，打开"对象"对话框；在"新建"选项卡中可以添加相应对象类型的新对象，在"由文件创建"选项卡中可以插入一个已经存在的文件对象，勾选"显示为图标"插入的对象还将以相应的图标进行显示，双击插入的对象，将调用创建此文件的应用程序进行编辑。

保存文档的方法有如下几种：

方法 1：单击"快速访问"工具栏中的"保存"按钮。

方法 2：单击"文件"→"保存"命令。

方法 3：直接按快捷键 Ctrl+S。

保存已有的文档：对已有的文件打开和修改后，单击"保存"按钮，此时不再出现"另存为"对话框。

用另一文档名保存文档：单击"文件"→"另存为"命令可以把一个正在编辑的文档以另一个不同的名字保存在同一文件夹下，或保存到不同的文件夹中，在"另存为"对话框中还可以通过设置"保存类型栏"将文档保存成为其他相应类型的文件，如：网页文件、纯文本等。执行"文件"→"保存并发送"→"创建 PDF/XPS 文档"，还可以将 Word 文档直接创建成 PDF 文档。

设置密码是保护文档的一种方法，设置密码的方法如下：

执行"文件"→"信息"→"保护文档"→"用密码进行加密"命令，打开"加密文档"对话框，输入密码，再确认一次密码，单击"确定"按钮可以完成密码设置，以后打开此文档将需要密码才行。

如果想要取消已设置的密码，可以按下列步骤操作：用正确的密码打开该文档；执行"文件"→"信息"→"保护文档"→"用密码进行加密"命令，打开"加密文档"对话框，然后删除"密码"栏中的所有内容，再单击"确定"按钮，这样就删除了密码，以后再打开此文件时就不需要密码了。

将文件进行限制编辑的方法是：执行"文件"→"信息"→"保护文档"→"限制编辑"，窗口中将出现"限制格式和编辑"窗格，勾选"仅允许在文档中进行此类型的编辑"，在下拉列表中选择相应的内容，如："不允许任何更改（只读）"，单击"是，启动强制保护"按钮，出现"启动强制保护"对话框，在对话框中设置密码，即可完成相应文档保护的设置。

4.2.3　Word 2010 文档的编辑

移动插入点的常用方法：对于一个长文档，可首先使用垂直或水平滚动条将要编辑的文本显示在文档窗口中，然后移动"I"形鼠标指针到所需的位置并单击左键。这样，插入点就移到该位置了。

文本的选定：如果要复制和移动文本的某一部分，则首先应选定这部分文本。可以用鼠标或键盘来实现选定文本的操作。

利用键盘上的组合键"Shift+光标移动键（就是上下左右的箭头键）"可以实现用键盘来选定文本。

用鼠标选定文本，根据所选定文本区域的不同情况，分别有：

选定任意大小的文本区：首先将"I"形鼠标指针移到所要选定文本区的开始处，然后拖动鼠标直到所选定文本区的最后一个文字并松开鼠标左键，这样，鼠标所拖过的区域被选定。Word 默认以蓝底显示被选定的文本。

选定大块文本：首先用鼠标指针单击选定区域的开始处，然后按住 Shift 键，再配合滚动条将文本翻到选定区域的末尾。单击选定区域的末尾，则两次单击范围中所包括的文本就被选定。

选定矩形区域中的文本：将鼠标指针移动到所选区域的左上角，按住 Alt 键，拖动鼠标直到区域的右下角，放开鼠标。

选定词组：将鼠标指针移到这个词或词组的任何地方，双击鼠标左键。

选定一个句子：按住 Ctrl 键，将鼠标光标移到所要选定句子的任意处单击一下。

选定一个段落：将鼠标指针移到所要选定段落左侧选定区，当鼠标指针变成向右上方指的箭头时双击。

选定一行或多行：将鼠标指针移到这一行左端的选定区，当鼠标指针变成向右上方指的箭头时，单击一下就可选定一行文本。如果拖动鼠标，则可选定若干行文本。

选定整个文档：按住 Ctrl 键，将鼠标指针移到文档左侧的选定区单击一下。或者将鼠标指针移到文档左侧的选定区并连续快速三击鼠标左键。也可以单击"开始"→"编辑"组→"选择"→"全选"命令或直接按快捷键 Ctrl+A 选定全文。

插入文本：在插入方式下，只要将插入点移到需要插入文本的位置，输入新文本就可以了。插入时插入点右边的字符和文字随着新的文字的输入逐一向右移动。如在改写方式下，则插入点右边的字符或文字将被新输入的文字或字符所替代。利用键盘上的"Insert"键可在这两种方式之间切换。

删除文本：按 Delete 键可以删除插入点右边的文本，按 BackSpace 键可以删除插入点左边的文本。

删除几行或一大块文本的快速方法是：首先选定要删除的那块文本，然后按 Delete 键或者 BackSpace 键。

移动文本，使用剪贴板移动文本的步骤如下：选定所要移动的文本；执行"开始"→"剪贴板"组→"剪切"命令，或按快捷键 Ctrl+X。此时所选定的文本被剪切掉并临时保存在剪贴板之中；将插入点移到文本拟要移动到的新位置；执行"开始"→"剪贴板"组→"粘贴"命令，或按快捷键 Ctrl+V。

复制文本：选定所要复制的文本；执行"开始"→"剪贴板"组→"复制"命令，或按快捷键 Ctrl+C。此时，所选定的文本的副本被临时保存在剪贴板之中；将插入点移到文本拟要复制到的新位置。与移动文本操作相同，此新位置也可以是在另一个文档上；执行"开始"→"剪贴板"组→"粘贴"命令，或按快捷键 Ctrl+V。此时，所选定的文本的副本就被复制到指定的新位置上了。

常规查找："执行"开始"→"编辑"组→"查找"命令或按快捷键 Ctrl+F，打开"导航"任务窗格；输入要查找的内容，将会在文档中凸显需要查找的内容。

也可以通过执行"开始"→"编辑"组→"替换"命令，或利用快捷键 Ctrl+H，打开"查找和替换"对话框；单击"查找"选项卡，在"查找内容"列表框中键入要查找的文本；单击"查找下一处"按钮开始查找；如果此时单击"取消"按钮，那么关闭"查找和替换"对话框，插入点停留在当前查找到的文本处；如果还需继续查找下一个，可再单击"查找下一处"按钮，直到整个文档查找完毕为止。

高级查找：在"查找和替换"对话框，单击"更多"按钮。设置"搜索选项"或者"格式"后可快速查出符合条件的文本，比如能实现查找某种字体或颜色的文本等。

替换文本："查找"还可以和"替换"配合对文档中出现的词/字进行更正。具体如下：执行"开始"→"编辑"组→"替换"命令，或利用快捷键 Ctrl+H，打开"查找和替换"对话框；单击"替换"选项卡；在"查找内容"列表框中键入要查找的内容；在"替换为"列表框中键入要替换的内容；单击"查找下一处"按钮开始查找；单击"替换"或者"全部替换"按钮，完成对找到的单个或者整体内容的替换。

Ctrl+Z 是撤销的快捷键，Ctrl+Y 是恢复的快捷键，在文档编辑过程中，利用这两个快捷键可以快速实现对编辑操作的撤销或者恢复。

多窗口的拆分：选择"视图"→"窗口"组→"拆分"命令，窗口中出现一条灰色的水平线，移动鼠标调整窗口到合适的大小，单击鼠标左键确定。如果要把拆分了的窗口合并成一个窗口，那么单击"视图"→"窗口"组→"取消拆分"命令即可。

并排查看文档：Word 2010 允许并排查看两个文档，以便比较其内容，可以进行剪切、粘贴、复制、同步滚动等操作。

4.2.4　Word 2010 文档的排版

文字的格式主要指的是字体、字形和字号。此外，还可以给文字设置颜色、边框、加下划线或着重号和改变字间距等。

设置文字格式的方法：通常利用"开始"功能区→"字体"组中的"字体"、"字号"、"加粗"、"倾斜"、"下划线"、"字符边框"、"字符底纹"和"字体颜色"等按钮来设置文字的格式；还可以单击"字体"组右下角的"显示字体对话框"按钮，即 🔲，出现"字体"对话框来设置文字的格式。

用"字体"组设置文字格式的步骤如下：选定要设置格式的文本；单击"字体"列表框的下拉按钮，单击所需的字体，如："宋体"等；单击"字号"列表框的下拉按钮，单击所需的字号，如"五号"等；单击"颜色"按钮的下拉按钮，拉下颜色列表框，从中选择所需的颜色选项；单击"加粗"、"倾斜"、"下划线"、"字符边框"、"字符底纹"等按钮，给所选的文字设置"加粗"、"倾斜"等格式。

改变字符间距的具体步骤是：选定要改变字符间距的文本；单击"开始"→"字体"组右下角的"显示字体对话框"按钮，打开"字体"对话框；在"高级"选项卡的"间距"列表框中有标准、加宽和紧缩三种间距；在"位置"列表框中有标准、提升和降低三种位置；在"缩放"列表框中可选择缩放的百分比；设置后单击"确定"按钮。

复制格式的具体步骤如下：选定已设置格式的文本；单击"开始"→"剪贴板"组→"格式刷"按钮，此时鼠标指针变为刷子形；将鼠标指针移到要应用该文本格式的文本开始处；拖动鼠标直到要应用该文本格式的文本结束处，放开鼠标左键就完成格式的应用。单击格式刷可以应用选定文本格式 1 次，双击格式刷可以将选定文本的格式应用多次。

格式的清除：其操作步骤是：选定要清除格式的文本，执行"开始"→"样式"组→单击"样式下拉按钮"→选择"清除格式"。

段落左右边界的设置：段落的左（右）边界是指段落的左（右）端与页面左（右）边距之间的距离。

（1）用"段落"对话框设置段落边界：选定拟设置左、右边界的段落；单击"开始"→"段落"组右下角的"显示段落对话框"按钮，打开"段落"对话框；在"缩进和间距"选项卡中，单击"缩进"组下的"左侧"或"右侧"文本框右端的增减按钮，设定左右边界的字符数；单击"特殊格式"列表框的下拉按钮，选择"首行缩进"、"悬挂缩进"或"无"，确定段落首行的格式；确认后单击"确定"按钮。

（2）用鼠标拖动标尺上的缩进标记：使用鼠标拖动水平标尺上的缩进标记可以对选定的段落设置左、右、首行和悬挂缩进的格式。如果在拖动标记的同时按住 Alt 键，那么在标尺上会显示出具体缩进的数值。

设置段落对齐方式：

（1）用"段落"组设置对齐方式：在"开始"→"段落"组工具栏中，提供了"两端对齐"、"居中"、"文本右对齐"、"文本左对齐"和"分散对齐"几个对齐按钮，默认情况是"两端对齐"。设置段落对齐方式的步骤是：先选定要设置对齐方式的段落，然后单击"段落"组工具栏中相应的对齐方式按钮即可。

（2）用"段落"对话框设置对齐方式的具体步骤如下：

选定要设置对齐方式的段落；单击"开始"→"段落"组右下角的"显示段落对话框"按钮，打开"段落"对话框；在"缩进和间距"选项卡中，单击"对齐方式"列表框的下拉按钮，在对齐方式的列表中选定相应的对齐方式；确认后单击"确定"按钮。

设置段间距的操作步骤：选定要改变段间距的段落；打开"段落"对话框；单击"缩进和间距"选项卡中"间距"组的"段前"和"段后"文本框设定间距；确认后单击"确定"按钮。

设置行距的操作步骤：选定要设置行距的段落；打开"段落"对话框；单击"行距"列表框下拉按钮，选择所需的行距选项；确认后单击"确定"按钮。

设置段落边框和底纹的操作步骤如下：执行"开始"→"段落"组→单击边框按钮旁的下拉按钮→单击"边框和底纹"命令，打开"边框和底纹"对话框；选定设置，在"边框"或"底纹"选项卡的"应用于"列表框中应选定"段落"选项；单击"确定"按钮。

制表位的设定：按 Tab 键后，插入点移动到的位置叫制表位。

使用"制表位"对话框设置制表位的步骤是：

将插入点置于要设置制表位的段落；执行"开始"→"段落"组右下角的"显示段落对话框"按钮，打开"段落"对话框→单击"制表位"按钮，打开"制表位"对话框；在"制表位位置"文本框中键入具体的位置值（以字符为单位）；在"对齐方式"组中，单击选择某一对齐方式单选框；在"前导符"组中选择一种前导符；单击"确定"按钮。

如果要删除某个制表位，则可以在"制表位"对话框下"制表位位置"文本框中选定要清除的制表位位置并单击"清除"按钮即可。单击"全部清除"按钮可以一次清除所有设置的制表位。

版面设置：可以在"页面布局"→"页面设置"组中，设置纸张大小、页边距和方向等还可以通过执行"页面布局"→单击"页面设置"组右下角的"显示页面设置对话框"按钮，打开"页面设置"对话框。对话框中包含有"页边距"、"纸张"、"版式"和"文档网格"四个选项卡；在"页边距"选项卡中，可以设置上下左右的页边距、装订线和纸张方向等；在"纸张"选项卡中，可以设置纸张大小等；在"版式"选项卡中，可设置页眉和页脚在文档中的编排等；在"文档网格"选项卡中，可设置行数和每行的字符数，还可设置分栏数等；单击"确定"按钮确认设置。

插入分页符：Word 2010 具有自动分页的功能。有时为了将文档的某一部分内容单独形成一页，可以通过"插入"→"页"组→"分页"进行人工分页，或者按 Ctrl+Enter。

插入页码的具体操作如下：单击"插入"→"页眉和页脚"组→"页码"的下拉按钮，从列表中选定页码的位置及风格；单击列表中的"设计页面格式"，出现"页码格式"对话框，在对话框中可以设置"编号格式"以及"起始页码"等，设置好后，单击"确定"按钮。

页眉和页脚是打印在一页顶部和底部的注释性文字或图形。页眉和页脚的建立方法一样，通过在"插入"→"页眉和页脚"组中可以在页眉或页脚处添加内容。建立页眉/页脚的方法：单击"插入"→"页眉和页脚"组→单击"页眉"或者"页脚"的下拉按钮，从列表中可以直接选择一种页眉/页脚风格，再添加内容；也可以在列表中单击"编辑页眉"/"编辑页脚"打开页眉（或页脚）编辑区；在"页眉"编辑窗口中键入页眉文本，在出现的"页眉和页脚工具"中单击"转至页脚"按钮切换到"页脚"编辑区并键入页脚文字；在"页眉和页脚工具"中单击"关闭"按钮，完成设置并返回文档编辑区，添加页眉/页脚后，也可以通过直接在文档编辑区或者页眉/页脚区直接双击鼠标的方式在这些编辑状态中进行切换。

页眉页脚的删除：进入页眉/页脚编辑状态，选定页眉或页脚并按 Delete 键即可。

分栏排版，如要对整个文档分栏，则将插入点移到文本的任意处；如要对部分段落分栏，则应先选定这些段落；单击"页面布局"→"页面设置"组→"分栏"的下拉按钮，在列表中选择一种分栏方式，或者单击列表中的"更多分栏"命令，打开"分栏"对话框；选定"预设"框中的分栏格式，或在"栏数"文本框中键入分栏数，在"宽度和间距"框中设置栏宽和间距；单击"分隔线"复选框，可以在各栏之间加一分隔线；选取"应用于"范围，单击"确定"按钮。若需要分成对等栏，在选择某段文字时不选最后一个"回车的格式标记"再分栏即可。

首字下沉，设置首字下沉的具体操作如下：将插入点移到要设置或取消首字下沉的段落的任意处；单击"插入"→"文本"组→"首字下沉"的下拉按钮命令，在列表中可以直接选择一种下沉方式，或者在列表中单击"首字下沉选项"，打开"首字下沉"对话框；在"位置"选项中选定一种；在"选项"组中选定首字的字体，填入下沉行数和距其后面正文的距离；单击"确定"按钮。

单击"页面布局"→"页面背景"组→"水印"，可以插入一些 word 内置的水印效果。如果对这些系统默认的水印效果不满意，可以单击"自定义水印"，打开"水印"对话框，里面提供了图片水印和文字水印。

文档的打印，单击"文件"→"打印"即会展开打印的常用设置和当前文档页面的预览效果。滚动打印设置的滚动条到最下方，可以看到"页面设置"超链接。滚动右边文档预览的滚动条，可以浏览整个文档的打印效果。在"页数"栏中，可以输入要打印哪些页面，比如输入 2，5，7-10，就表示要打印第 2 页、第 5 页以及 7 到 10 页。

4.2.5　表格制作

Word 2010 提供了多种创建简单表格的方法。

方法 1：将插入点置于文档中要插入表格的位置；执行"插入"→单击"表格"下拉按钮，出现表格模式；在模式表格中拖动鼠标，选定所需的行数和列数，放开鼠标后即可在插入点处插入表格。

方法 2：将插入点置于要插入表格的位置；执行"插入"→单击"表格"下拉按钮→选择"插入表格"命令，打开"插入表格"对话框；在"行数"和"列数"框中分别键入所需的行、列数；单击"确定"按钮。

方法 3：将文本转换成表格的步骤如下：选定用制表符分隔的表格文本；执行"插入"→"表格"→"文本转换成表格"，打开"将文字转换成表格"对话框；在对话框的"列数"框中键入具体的列数；在"文字分隔位置"选项组中，选定"制表符"；单击"确定"按钮。

绘制复杂表格：复杂表格是在简单表格的基础上，通过手工绘制方法绘制成的。

向表格中输入文本：建立空表格后，可以将插入点移到表格的单元格中输入文本，也可以按 Tab 键将插入点移到下一个单元格，按 Shift +Tab 键可将插入点移到上一个单元格。

为了对表格进行修改，首先必须选定要修改的表格部分。选定表格的方法有：

（1）用鼠标选定单元格、行或列的操作方法。

选定单元格：把鼠标指针移到选定的单元格的左侧，当指针变为右上指的箭头时，单击左键，就可选定所指的单元格。

选定表格的行：把鼠标指针移到要选行最左侧边框线，当指针改变成右上指的箭头时，单击左键就可选定所指的行。

选定表格的列：把鼠标指针移到表格的顶端，当鼠标指针变成向下的箭头时，单击左键就可选定箭头所指的列。

选定全表：单击表格移动控制点，即⊞，可以迅速选定全表。

（2）用键盘选定单元格、行或列的方法。

按 Tab 键可以选定下一单元格中的文本。

按 Shift+Tab 键可以选定上一单元格中的文本。

按 Shift+End 键可以选定插入点所在的单元格。

按 Shift+上/下/左/右箭头键可以选定包括插入点所在的单元格在内的相邻的单元格。

按任意箭头键可以取消选定。

修改表格的行高或列宽的操作方法：选定要修改列宽的一列（行）或数列（数行）；在出现的"表格工具"中单击"布局"选项→"单元格大小"组→在"高度"/"宽度"框中键入高度/宽度的数值即可。

用菜单命令插入行或列的操作如下：

点击表格，使光标落入表格内需要插入内容的地方，点击鼠标右键→"插入"，再选择需要插入的对象。

删除行/列：点击表格，使光标落入表格内需要删除内容的地方，点击鼠标右键→"删除单元格"根据需要删除行列、表格、单元格。

删除整张表格的话，单击表格移动控制点，即⊞，可以迅速选定全表，点击鼠标右键后选择删除表格。

合并单元格：选定要合并的单元格，单击功能区的"表格工具"→"布局"→"合并单元格"。也可以使用右键菜单，选定要合并的单元格，点击鼠标右键，选择"合并单元格"。

拆分单元格：选定要拆分的单元格→单击功能区的"表格工具"→"布局"→"拆分单元格"→输入拆分后的行数、列数→单击确定。

表格的拆分：首先将插入点置于拆分后成为新表格第一行的任意单元格中，然后，单击"表格工具"→"布局"→"拆分表格"命令，这样就在插入点所在行的上方插入一空白段，把表格拆分成两张表。

表格标题行重复的操作：选定第一页表格中的一行或多行标题行；单击"表格工具"→"布局"→"重复标题行"命令。

表格自动套用格式操作：除默认的网格式表格外，Word 2010 还提供了多种表格样式，这些表格样式可以采用自动套用的方法加以使用。点选表格→"表格工具"→"设计"→"表格样式"→单击显示的表格样式旁边的下拉按钮，展开表格样式，鼠标在样式上经过时，表格会按照对应的样式显示，点击选择一种即可。

表格边框和底纹的设置：选定表格（或单元格）→"表格工具"→"设计"→"边框"→选择加边框的方式。

选定表格（或单元格）→"表格工具"→"设计"→"底纹"→选择底纹。

设置表格在页面中的位置：首先将插入点置于表格中，单击鼠标右键，选择"表格属性"命令，打开"表格属性"对话框；单击"表格"选项卡，在"尺寸"组中，如选择"指定宽度"复选框，则可设定具体的表格宽度，在"对齐方式"组中，选择表格对齐方式；在"文字环绕"组中选择有/无环绕；单击"确定"按钮。

表格内数据的排序操作；将插入点置于要排序的表格中；执行"表格工具"→"布局"→"排序"命令，打开"排序"对话框；设置排序的"主要关键字"、"次要关键字"等，单击"确定"按钮。

表格内数据的计算（Word 提供了对表格中数据的一些诸如求和、求平均值等常用的统计计算功能）操作如下：选定可以放置运算结果的单元格→"表格工具"→"布局"→"fx 公式"。出现"公式"对话框，在"公式"列表框中将公式名在"粘贴函数"列表框中选定；在"编号格式"列表框中选定格式；单击"确定"按钮，得计算结果。

4.2.6　Word 2010 的图文混排功能

Word 2010 在剪切库中包含有各类剪贴画供选用，可以很容易地将它们插入到文档中。

插入剪贴画（或图片）的步骤如下：将插入点移到要插入剪贴画或图片的位置；执行"插入"→"插图"组→"剪贴画"，打开"剪贴画"任务窗格；在"搜索文字"编辑框中输入准备插入的剪贴画的关键字（例如"运动"）。如果当前电脑处于联网状态，则可以选中"包括 Office.com 内容"复选框，单击"结果类型"下拉按钮，在类型列表中仅选中"插图"复选框，完成搜索设置后，在"剪贴画"任务窗格中单击"搜索"按钮。如果被选中的收藏集中含有指定关键字的剪贴画，则会显示剪贴画搜索结果。单击合适的剪贴画，或单击剪贴画右侧的下拉按钮，并在打开的菜单中单击"插入"按钮即可将该剪贴画插入到 Word2010 文档中。

改变图片的大小和移动图片位置：单击选定图片；将鼠标指针移到图片中的任意位置，当指针成为十字形箭头时，拖动它可移动图片到新的位置；将鼠标指针移到小方块处，此时鼠标指针会变成水平、垂直或斜对角的双向箭头，按箭头方向拖动指针可以分别改变图片水平、垂直或斜对角方向的尺寸。

图片的裁剪：要裁剪图片中某一部分的内容，可以使用"图片工具"中的"裁剪"按钮。

文字的环绕：图片插入文档后，嵌入到文本中。调整图片的大小和位置后，可以利用"图片工具"→"自动换行"→"四周型环绕"等使文字环绕在图片周围。

图片的复制步骤：单击选定要复制的图片；单击"开始"→"剪贴板"组→"复

制"按钮；移动插入点到图片副本所需的位置，再单击"开始"→"剪贴板"组→"粘贴"按钮。

删除图片的步骤比较简单，只要先选定要删除的图片，然后按 Delete 键即可。

图形的叠放次序："图片工具"→"排列"分组→"上移一层"/"下移一层"按钮可以调整各图形之间的叠放关系。

多个图形的组合：选中多个图形，利用"图片工具"→"排列"分组→"组合"按钮可以将许多简单图形组合成一整体的图形对象，以便图形的移动和旋转。组合后的图形也可以用"取消组合"按钮取消图形的组合。

文本框是一独立的对象，框中的文字和图片可随文本框移动。

绘制文本框：如果要绘制文本框，则执行"插入"→"文本"组→"文本框"→"绘制文本框"/"绘制竖排文本框"，将指针移到文档中时，鼠标指针变为十字形，按住左键拖动鼠标可绘制文本框。

文本框格式设置：单击文本框，出现"绘图工具"就可以对选定的文本框进行格式设置。

4.3 例 题 分 析

例 1 对于编辑 Word 文档时刚出现的误操作，用户可以（　　　）。
　　A. 无法挽回　　　　　　　B. 单击"撤销"按钮以恢复原内容
　　C. 重新人工编辑　　　　　D. 单击"审阅/修订"命令以恢复原内容

答案：B

分析：在 Word 中，用户单击快速访问工具栏上的"撤销"按钮或按"Ctrl+Z"可撤销前面执行的操作，与之相对的是"恢复"按钮或按"Ctrl+Y"，如果随后又认为不该撤销该操作，可单击"恢复"按钮。

例 2 在 Word 2010 编辑状态，执行"开始/剪贴板组"中的"复制"命令后（　　　）。
　　A. 被选择的内容被复制到插入点处
　　B. 被选择的内容被复制到剪贴板
　　C. 插入点所在的段落内容被复制到剪贴板
　　D. 光标所在的段落内容被复制到剪贴板

答案：B

分析：剪贴板是系统在内存中开设的一个区域。该区域用以暂时存储在"剪切"和"复制"操作中所选择的信息，以便对文档进行复制、移动、删除操作。在 Word 中，执行"复制"操作，被选择的信息便存放到剪贴板中。当需要将剪贴板的内容插入应用程序时，可使用"粘贴"命令。剪贴板的内容可以多次粘贴。剪贴板上的内容还具有通用性，可以将"画图"图形或 Excel 表格内容插入到 Word 文档中。多次执行"复制"操作时，本次存入的复制内容将替换上次存放的内容。剪贴板中的内容总是最后一次复制的内容，退出 Windows 系统后，剪贴板中的内容立刻消失。

例 3　在 Word 2010 中，选择"文件"下的"另存为"命令，可将当前打开的文档另存为（　　）。

　　A．．DOTX 文件类型　　　　　B．．PPTX 文件类型

　　C．．XLSX 文件类型　　　　　D．．bat 文件类型

答案：A

分析：在 Word 2010 中，文档除了可以保存成"docx"格式的文件外，还可以保存为其他格式，例如："docx"Word 模板，"txt"纯文本格式，XML 文档等。

例 4　在"资源管理器"中双击一个 Word 文件，将（　　）。

　　A．在打印机上打印该文件的内容

　　B．删除该文件的内容

　　C．打开"记事本"程序窗口，编辑该文件

　　D．打开"Word"程序窗口，编辑该文档

答案：D

分析：在"资源管理器"中，双击一个 Word 文件，就是执行该文件，Word 文档文件已经和 Word 主程序关联起来，所以双击一个 Word 文件将会打开 Word 程序窗口，用户可以对该文档进行编辑。

例 5　在 Word 编辑状态下，先后打开了 dl．docx 文档和 d2．docx 文档，则（　　）。

　　A．打开 d2．doc 后两个窗口自动并列显示

　　B．只能显现 d2．doc 文档的窗口

　　C．只能显现 dl．doc 文档的窗口

　　D．可以使两个文档的窗口都显现出来

答案：D

分析：在 Word 编辑状态下，已打开了一个文档，又继续打开第二个文档，此时第二个文档窗口变为当前窗口，但原来打开的文档窗口并未关闭，可以使用"视图/窗口组/并排查看"操作使两个文档的窗口都显现出来，但两个窗口不会自动并排显示。

例 6　在 Word 2010 中，只想粘贴复制文字的内容而不需要文字的格式，则应（　　）。

　　A．直接使用粘贴按钮　　　B．用"选择性粘贴"命令进行操作

　　C．Ctrl+V　　　　　　　　D．在指定位置按鼠标左键

答案：B

分析：在 Word2010 编辑状态下，若只想粘贴复制文字的内容而不需要文字的格式，则应该执行"开始"→"剪贴板"组→单击"粘贴"下面的"下拉按钮"→"选择性粘贴"命令进行操作。具体方法如下：

（1）选中所需的文字；然后单击"开始"→"剪贴板"组→"复制"按钮。

（2）执行"开始"→"剪贴板"组→单击"粘贴"下面的"下拉按钮"→"选择性粘贴"命令，打开"选择性粘贴"对话框。

（3）在列表框中，选择"无格式文本"。

（4）单击"确定"按钮，完成操作。

例 7 Word 编辑窗口中，状态栏上的"改写"字样为灰色表示（　　）。
  A. 当前的编辑状态为改写状态　　　B. 当前的编辑状态为插入状态
  C. 不可以输入任何字符　　　　　　D. 只能输入英文字符

答案：B

分析：状态栏上的"改写"字样为灰色表示当前的编辑状态为插入状态，即用户可以在插入点插入文字，系统将该文字在当前位置显示，并将原文字逐个后移。

例 8 用 Word 编辑文本时，要删除插入点后的字符，应该按（　　）
  A. BackSpace 键　　　　　　　　　B. Delete 键
  C. Space 键　　　　　　　　　　　D. Enter 键

答案：B

分析：BackSpace 键是删除插入点之前的字符，Delete 键是删除插入点之后的字符。

例 9 在 Word 2010 编辑状态下，要将另一文档的文字全部添加在当前文档的当前光标处，可以执行的操作是（　　）。
  A. "插入"中"对象"　　　　　　　B. "文件"中"打开"
  C. "文件"中"新建"　　　　　　　D. "插入"中"超级链接"

答案：A

分析：在 Word 2010 编辑状态下，要将另一文档的内容全部添加在当前文档的当前光标处，具体的操作是：执行"插入"→"文本"组→单击"对象"的下拉按钮→"文件中的文字"→出现"插入文字"对话框→找到相应的文件并插入。

例 10 在 Word 2010 编辑状态下，若要进行选定文本行间距的设置，应在哪个对话框中进行设置（　　）。
  A. "查找与替换"对话框　　　　　B. "段落"对话框
  C. "字体"对话框　　　　　　　　D. "页面设置"对话框

答案：B

分析：在 Word 2010 编辑状态下，若要进行选定文本行间距的设置，应执行的操作是："开始"→单击"段落"组右下角的按钮→在弹出的"段落"对话框中进行设置。若要进行选定文本字间距的设置，应执行的操作是："开始"→单击"字体"组右下角的按钮→在弹出的"字体"对话框中的"高级"选项卡中进行设置。

例 11 将 Word 2010 文档中有一部分内容移动到别处，首先要进行的操作是（　　）。
  A. 粘贴　　　　　B. 选择　　　　　C. 剪切　　　　　D. 复制

答案：B

分析：要将文档的部分内容移动到别处，应进行的操作是先选择要被剪切的内容，再单击"开始"→"剪贴板"组下的"剪切"命令，将光标移到要加入该内容的文字位置，最后单击"开始"→"剪贴板"组下的"粘贴"命令。

例 12　在 Word 2010 的编辑状态下，选择了当前文档中的一个段落，进行"清除格式"操作则（　　）。

    A. 该段落格式被清除且不能恢复

    B. 该段落格式被清除，但能恢复

    C. 能利用"回收站"恢复被清除的该段落格式

    D. 该段落被移到"回收站"内

答案：B

分析：在 Word 的编辑状态下，可以清除被选择的当前文档中的一个段落格式。文本段落格式的清除操作是：首先选定要清除格式的段落，通过"开始"→"字体"组→"清除格式"命令。但最近清除的格式实际上仍在内存中，是可以恢复出来的。若要恢复被误清除的段落格式，单击快速访问工具栏的"撤销"按钮，或者按 Ctrl+Z 即可恢复。

例 13　如果文档中某一段与其前后两段之间要求留有较大间隔，最好的解决方法是（　　）。

    A. 在每两行之间用按回车键的办法添加空行

    B. 在每两段之间用按回车键的办法添加空行

    C. 用段落格式设定来增加段距

    D. 用字体格式设定来增加间距

答案：C

分析：虽然采用 A 和 B 所说的办法也能增加段落间距，但这样做间隔只能一行一行地变化，不能连续变化。同时使得每行都变成了一段或者段间增加了许多空行，增加了编辑和格式设定的困难。最好的方法是通过设定段落格式来增加段距。而按照 D 所说的方法来操作，变化的只是字符之间（左右）的距离。

例 14　下列几个操作中，不能用来插入分页符的是（　　）。

    A. 单击"插入/页组/分页"

    B. 单击"页面布局/页面设置/分隔符/分页符"命令

    C. 按组合键（Ctrl+Enter）

    D. 单击"插入/符号组/符号"命令

答案：D

分析：A、B、C 选项都可以插入分页符。而"插入/符号组/符号"命令是用来插入特殊符号的。

例 15　对于一段两端对齐的文字，只选定其中的几个字符，用鼠标单击"开始"功能区下的"居中"按钮，则（　　）。

    A. 整个段落均变成居中格式   B. 只有被选定的文字变成居中格式

    C. 整个文档变成居中格式   D. 格式不变，操作无效

答案：A

分析："开始"功能区中的"居中"按钮格式的编排是对段落的调整。如果所选定的内容多于一个段落，那么格式的调整对选定内容所在段落有效；如果只选中某段中的部分内容，格式的转换将对光标所在整个段落进行调整。

例 16 如果选定的文字中含有不同的字体，那么在开始功能区中的"字体"栏中将会（　　）。

      A. 显示所选文字中的第一种字体的名称

      B. 显示所选文字中最后一种字体的名称

      C. 空白

      D. 显示所选文字包含的全部字体的名称

答案：C

分析："开始"→"字体"组→"字体"栏是用来显示当前选定文字字体的，同时用户可以通过它们设定当前选定的文字的字体。当所选定的文字"字体"在两种以上时，"字体"栏将空白不显示任何字体。

例 17 在 Word 2010 的编辑状态，连续进行了两次"插入"操作，当单击一次"撤销"按钮后（　　）。

      A. 两次插入的内容全部取消   B. 将第一次插入的内容全部取消

      C. 将第二次插入的内容全部取消   D. 两次插入的内容都不被取消

答案：C

分析：在 Word 2010 总是撤销当前最新的内容（即当前最后一次操作），对于剪贴板的操作也同样适用，如果连续两次复制，当前剪贴板中为最后一次复制的内容。

例 18 当前活动窗口是文档 a1. docx 的窗口，单击该窗口的"最小化"按钮后（　　）。

      A. 不显示 al. docx 文档内容，但 al. docx 文档并未关闭

      B. 该窗口和 al. docx 文档都被关闭

      C. al. docx 文档未关闭，且继续显示其内容

      D. 关闭了 a1. docx 文档但该窗口并未关闭

答案：A

分析：最小化窗口是将该窗口缩至最小，并出现在屏幕底部的任务栏中，该窗口所对应的应用程序仍在后台运行，并未关闭。

例 19 在 Word 2010 的编辑状态下，建立了 4 行 4 列的表格，除第 4 行与第 4 列相交的单元格以外各单元格内均有数字，当插入点移到该单元格内后进行"公式"操作，则（　　）。

      A. 可以计算出列或行中的数字的和   B. 仅能计算出第 4 列中数字的和

      C. 仅能计算出第 4 行中数字的和   D. 不能计算数字的和

答案：A

　　分析：Word 可以对表内数据进行基本统计运算，如加、减、乘、除、求平均数等。数据求和的方法是：首先将插入点移到存放求和数据的单元格中，如一行或一列的最后一个单元格，再执行"表格工具"→"布局"选项卡→"数据"组→"公式"命令，填写相关的公式即可。求和结果存入插入点所在单元格。本题中利用第 4 行与第 4 列相交的单元格中的公式，可以计算出列或行中数字的和。

　　例 20　在 Word 默认状态下，将鼠标指针移到某一行左端的文档选定区，鼠标指针变成向右上方的箭头时，此时单击鼠标左键，则（　　　）

　　　　A. 该行被选中　　　　　　　　　B. 该行的下一行被选中

　　　　C. 该行的所在的段落被选定　　　D. 全文被选定

　　答案：A

　　分析：在 Word 2010 编辑状态下，将鼠标指针移到这一行左端的选定区，当鼠标指针变成向右上方指的箭头时，单击一下就可选定一行文本，双击选定该行所在的段落，连续快速三击鼠标左键可以选定整个文档。

　　例 21　在 Word 文档编辑时，移动段落的操作是（　　　）。

　　　　A. 选定段落、"剪切"、"粘贴"

　　　　B. 选定段落、"剪切"、"复制"

　　　　C. 选定段落、"复制"、"粘贴"

　　　　D. 选定段落、"剪切"、至插入点、"粘贴"

　　答案：D

　　分析：要将段落移动到别处，应进行的操作是先选择要被移动的段落内容，再执行"开始"→"剪贴板"组→"剪切"命令，将光标移到要加入该内容的文字位置，最后执行"开始"→"剪贴板"组→"粘贴"命令。

　　例 22　在 Word 编辑状态下，若光标位于表格外右侧的行尾处，按 Enter 键，结果（　　　）

　　　　A. 光标移到下一列　　　　　　　B. 光标移到下一行，表格行数不变

　　　　C. 插入一行，表格的行数改变　　D. 本单元格内换行，表格行数不变

　　答案：C

　　分析：在 Word 的编辑状态下，可以通过将光标定位于表格外右侧的行尾处，按 Enter 键，插入一行，若接着连续多次使用快捷键"Ctrl+Y"可以接着插入多行。

　　例 23　Word 2010 定时自动保存功能的作用是（　　　）。

　　　　A. 定时自动地为用户保存文档，使用户可免存盘之累

　　　　B. 为用户保存备份文档，以供用户恢复操作系统时用

　　　　C. 为防意外保存的文档，以供 Word 恢复系统时用

　　　　D. 为防意外生成自动保存文件，以供用户恢复文档时用

　　答案：D

分析：为避免因断电或死机等类似问题而丢失文档，可以选择"自动保存"来使损失降低到最小程度。如果在编辑文档过程中使用了 Word 的自动保存功能，那么当意外断电或突然死机后，原先正在编辑的文档将得到一定程度的保护。

例 24 在 Word 2010 编辑状态下，进行改变段落的缩进方式、调整左右边界等操作，最直观、快速的方法是利用（   ）。

    A. 菜单栏   B. 工具栏   C. 标尺   D. 格式栏

答案：C

分析：在 Word 2010 编辑状态下，进行改变段落的缩进方式、调整左右边界等操作，最直观、快速的方法是利用标尺。

例 25 在 Word 2010 中可看到分栏效果的视图是（   ）。

    A. 草稿视图   B. Web 版式视图   C. 大纲视图   D. 页面视图

答案：D

分析：在 Word 2010 中，有 5 种视图方式，分别是：草稿视图、阅读版式视图、Web 版式视图、页面视图、大纲视图。在页面视图方式下，用户可以进行各种编辑和格式化操作，可以直观地看到各种格式效果，如：分栏效果、页眉、页脚等。

例 26 Word 具有分栏功能，下列关于分栏的说法正确的是（   ）。

    A. 最多可以设为 4 栏   B. 各栏的宽度必须相同

    C. 各栏的宽度可以不同   D. 各栏不同的间距是固定的

答案：C

分析：执行"页面布局"→"页面设置"组→"分栏"→"更多分栏"→弹出"分栏"对话框，通过该对话框可以分别设置各栏的宽度和间距。

例 27 在 Word 中，可以将一段文字转换为表格，对这段文字的要求是（   ）。

    A. 必须是一个段落

    B. 必须是一行

    C. 每行的几个部分之间必须用空格分隔

    D. 每行的几个部分之间必须用统一符号分隔

答案：D

分析：Word 允许将文档的一段文字转换为表格，这段文字中，每一行要由几个部分组成，几个部分之间由统一的符号分隔，该符号的形式并不要求，另外每行必须用回车符号结束。

例 28 Word 2010 的查找、替换功能非常强大，下面的叙述中正确的是（   ）。

    A. 不可以指定查找文字的格式，只可以指定替换文字的格式

    B. 可以指定查找文字的格式，但不可以指定替换文字的格式

    C. 可以按指定文字的格式进行查找及替换

D. 不可以按指定文字的格式进行查找及替换

答案：C

分析：在 Word 2010 中，利用查找、替换功能可以按指定文字的格式进行查找及替换。

例 29　在 Word 2010 的编辑状态下，将选定的中英文同时设置为不同的字体，应使用（　　）。

A. "字体"对话框　　　　　　　　B. "段落"对话框

C. "拼写和语法"对话框　　　　　D. 开始/字体组中的"字体"列表框

答案：A

分析：执行 A、D 操作都可以进行字体设置，但 D 操作不能同时对选定的中英文进行字体设置，执行 B、C 操作不可以进行字体设置。

例 30　图文混排是 Word 的特色功能之一，下列叙述中错误的是（　　）。

A. Word 2010 提供了在封闭的图形中添加文字的功能

B. Word 2010 提供了在封闭的图形中填充颜色的功能

C. Word 2010 可以给图片另外添加动画效果

D. Word 2010 可以在文档中设置背景

答案：C

分析：在 Word 2010 中，用户可以在封闭的图形中添加文字和填充颜色。在 Word 2010 中，用户可以在文档中设置背景。

例 31　在 Word 中，若想一次性打印第 3，第 4，第 5，第 6 页以及第 8 页的内容，在打印窗格的"页数"栏中应输入（　　）。

A. 3，6，8　　　B. 3-6，8　　　C. 3，6-8　　　D. 3-6-8

答案：B

分析：A 操作只能打印第 3、6 以及 8 页的内容，C 操作能打印第 3、6、7、8 页的内容，D 操作打印范围无效。

例 32　在 Word 2010 中，可用于计算表格中某一数值列平均值的函数是（　　）。

A. Count（）　　　B. Abs（）　　　C. Total（）　　　D. Average（）

答案：D

分析：在 Word 2010 中，可用于计算表格中某一数值列平均值的函数是：Average（　　）。

例 33　在 Word 2010 编辑状态下，格式刷可以复制（　　）。

A. 段落的格式和内容　　　　　　B. 段落和文字的格式和内容

C. 文字的格式和内容　　　　　　D. 段落和文字的格式

答案：D

分析：在 Word 2010 编辑状态下，"格式刷"可以复制段落和文字的格式，而不是复制其内容。

例 34 在 Word 编辑状态打开了一个文档，对文档作了修改，进行"关闭"文档操作后（　　）。

    A. 文档被关闭，并自动保存修改后的内容

    B. 文档不能关闭，并提示出错

    C. 文档被关闭，修改后的内容不能保存

    D. 弹出对话框，并询问是否保存对文档的修改

答案： D

分析： 在 Word 编辑状态打开了一个文档，对文档作了修改，进行"关闭"文档操作后，将弹出对话框，询问是否保存对文档的修改。单击"是"按钮，将存盘并关闭文档窗口；单击"否"按钮，则放弃存盘并关闭文档窗口。

例 35 在 Word 2010 编辑状态下，若要输入 $A_1X+B_1Y=C_1$ 中的"1"，可以利用（　　）进行设置。

    A. "符号"对话框　　　　　　B. "对象"对话框

    C. "编号"对话框　　　　　　D. "字体"对话框

答案： D

分析： Word 2010 编辑状态下，设置上、下标的方法如下：①选中所需设置上（下）标的文字；②执行"开始"→单击"字体"组右下角的"字体"按钮，打开"字体"对话框；③单击"字体"选项卡，然后从"效果"栏中选中"上标"（或下标）复选框；④单击"确定"按钮，完成操作。还可以利用快捷键"Ctrl+="设置下标，或者"Ctrl+Shift+="设置上标。

例 36 在 Word 的编辑状态，单独选择了整个表格，然后按 Delete 键，则（　　）

    A. 整个表格内容被删除，表格本身也被删除

    B. 表格中的一列被删除

    C. 表格中的一行被删除

    D. 整个表格内容被删除，表格本身没有被删除

答案： D

分析： 在 Word 2010 编辑状态下，单独选择整个表格，按 Delete 键是删除整个表格的内容，表格本身没有被删除；选择整个表格后，单击右键，在快捷菜单中选择"删除表格"是将整个表格连同内容一起删除。

例 37 在 Word 2010 编辑状态下，不可以进行的操作是（　　）。

    A. 对选定的段落进行页眉、页脚设置

    B. 在选定的段落内进行查找、替换

    C. 对选定的段落进行拼写和语法检查

　　　　D. 对选定的段落进行字数统计

答案：A

分析：页眉、页脚的设置是针对整个文档而言的。在 Word 2010 编辑状态下，用户可以对选定的段落进行查找、替换、拼写和语法检查、字数统计等操作。

例 38　在 Word 2010 编辑状态下，文档窗口显示出水平标尺，拖动水平标尺上沿的"首行缩进"滑块，则（　　）。

　　　　A. 文档中各段落的首行起始位置被重新确定

　　　　B. 文档中各行的起始位置被重新确定

　　　　C. 插入点所在行的起始位置被重新确定

　　　　D. 文档中被选择的各段落首行起始位置被重新确定

答案：D

分析："首行缩进"表示段落第一行以左边为准向右缩进，默认值为 0.75cm。用户可以拖动标尺左端上沿的"首行缩进"标记，来设定段落首行的格式。也可以用"段落"对话框，设置段落首行的缩进。段落首行设置对文档中被选择的各段落均有效，即被选择的各段落的首行起始位置都将重新确定。

例 39　在 Word 2010 编辑状态下，若想将表格中连续 3 列的列宽调整为 1cm，应该先选中这三列，然后在"表格工具/布局"下利用（　　）进行设置。

　　　　A. "单元格大小"组中"分布列"

　　　　B. "单元格大小"组中"宽度"

　　　　C. "单元格大小"组中"自动调整"下"根据内容自动调整表格"

　　　　D. "单元格大小"组中"分布行"

答案：B

分析：在 Word 2010 编辑状态下，若想将表格中连续 3 列的列宽调整为 1cm，应该先选中这 3 列，然后执行"表格工具"→"布局"→在"单元格大小"组中设置宽度为 1cm。

例 40　在 Word 2010 编辑状态下，绘制一个文本框，应使用的功能区是（　　）。

　　　　A. 插入　　　　　B. 引用　　　　　C. 审阅　　　　　D. 视图

答案：A

分析：在 Word 2010 编辑状态下，绘制一个文本框，应使用的功能区是"插入"。

例 41　Word 2010 的替换功能的快捷键是（　　）。

　　　　A. Ctrl+A　　　　　B. Ctrl+H　　　　　C. Ctrl+Z　　　　　D. Ctrl+P

答案：B

分析：A 是全选，C 是撤销，D 是出现打印窗格，B 才是调出"查找与替换对话框"。

例 42　在 Word 2010 编辑状态下，对于选定的文字不能进行的设置是（　　）。

A. 加下划线　　　B. 加着重号　　　C. 加粗　　　　D. 加声音

答案：D

分析：在 Word 2010 编辑状态下，用户可以对选定的文字进行字体设置。设置的内容可以是：字体、字号、加下划线、加着重号、加粗等。

例 43　下列选项中不能用于启动 Word 2010 的操作是（　　　）。

A. 双击 Windows 桌面上的 Word 快捷方式图标

B. 单击"开始/所有程序/Microsoft Office/Microsoft Word2010"

C. 单击任务栏中的 Word 快捷方式图标

D. 单击 Windows 桌面上的 Word 快捷方式图标

答案：D

分析：在这 4 个选项中，执行 A、B、C 操作都可以启动 Word 2010。执行 D 操作只是选中桌面上的 Word 快捷方式图标。

例 44　在 Word 2010 编辑状态下，若要调整光标所在段落间行距为"1.5 倍行距"，可以在哪个对话框中进行设置（　　　）。

A. 字体对话框　　　　　　　B. 符号对话框

C. 段落对话框　　　　　　　D. 页面设置对话框

答案：C

分析：在 Word 2010 编辑状态下，若要调整光标所在段落的行距为"1.5 倍行距"，应在"段落对话框"→"缩进和间距"选项卡→"行距"中进行设置。

例 45　在 Word 2010 中，页眉和页脚的作用范围是（　　　）。

A. 全文　　　　B. 节　　　　　　C. 页　　　　　D. 段

答案：A

分析：在 Word 2010 中，页眉和页脚的作用范围是全文。

例 46　在 Word 2010 编辑状态下，给当前打开文档的某一词加上尾注，应使用的功能区是（　　　）。

A. 邮件　　　　B. 引用　　　　　C. 插入　　　　C. 页面布局

答案：B

分析：在 Word 2010 编辑状态下，给当前打开文档的某一词加上尾注的方法如下：①选定所需加上尾注的词。②执行"引用"→单击"脚注"组右下角的按钮，打开"脚注和尾注"对话框③单击"尾注"前的单选框，然后再根据需要，进行有关设置④单击"确定"按钮，完成操作。

例 47　在 Word 2010 中，新建一个 Word 文件，默认的文件名是"文档1"，文档内容的第一行标题是"学习计算机"，对该文件保存时没有重新命名，则该 Word 文档的文件名是（　　　）。

A. 文档 1. docx   B. docl. docx

C. 学习计算机 . docx   D. 没有文件名

答案：C

分析：在 Word 2010 中，对新建文档进行保存时，默认情况下，文档的文件名将会是第一行的第一段文字。

例 48　在 Word 2010 的多文档编辑状态下，对各文档窗口间的内容（　　）。

A. 可以进行移动，不可以进行复制

B. 不可以进行移动，可以进行复制

C. 可以进行移动，也可以进行复制

D. 既不可以移动也不可以复制

答案：C

分析：在 Word 2010 多文档编辑状态下，用户可以方便地对各文档窗口间的内容进行移动、复制、剪切等编辑操作。

例 49　在 Word 的默认状态下，有时会在某些英文文字下方出现红色的波浪线，这表示（　　）。

A. 语法错   B. Word 字典中没有该单词

C. 该文字本身自带下划线   D. 该处有附注

答案：B

分析：在 Word 的默认状态下，若某些英文文字下方出现红色的波浪线，则表示可能存在拼写错误，Word 字典中没有该单词。

例 50　Word 2010 具有的功能是（　　）。

A. 表格处理　　　B. 绘制图形　　　C. 自动更正　　　D. 以上三项都是

答案：D

分析：Word 2010 具有表格处理、绘制图形、自动更正等功能。

例 51　在 Word 2010 中无法实现的操作是（　　）。

A. 在页眉中插入剪贴画   B. 建立奇偶页内容不同的页眉

C. 在页眉中插入分隔符   D. 在页眉中插入日期

答案：C

分析：在 Word 2010 中，A、B、D 操作都可以实现。

例 52　在 Word 2010 中，若要计算表格中某行数值的总和，可使用的统计函数是（　　）。

A. Sum（）　　　B. Total（）　　　C. Count（）　　　D. Average（）

答案：A

分析：在 Word 2010 中，若要计算表格中某行数值的总和，可使用的统计函数是：

SUM（　　）。

例53　在 Word 2010 中，下列关于分栏操作的说法，正确的是（　　）。

　　A. 可以将指定的段落分成指定宽度的两栏

　　B. 任何视图下均可看到分栏效果

　　C. 设置的各栏宽度和间距与页面宽度无关

　　D. 栏与栏之间不可以设置分隔线

答案： A

分析： 在进行分栏操作时，用户可将段落分成指定宽度的两栏。用户只能在页面视图下才可看到分栏效果。在进行分栏操作时，设置的各栏宽度和间距与页面宽度有关，不能超出页面。在进行分栏操作时，如果需要，用户可以在栏与栏之间设置分隔线。

例54　在 Word 2010 编辑状态下，给当前打开的文档加上页码，应使用的功能区选项是（　　）。

　　A. 页面布局　　　B. 插入　　　　C. 审阅　　　　D. 视图

答案： B

分析： 在 Word 2010 编辑状态下，给当前打开的文档加上页码，应使用的功能区是"插入"。

例55　当一个 Word 2010 窗口被关闭后，被编辑的文件将（　　）。

　　A. 被从磁盘中清除　　　　　　　B. 被从内存中清除

　　C. 被从内存或磁盘中清除　　　　D. 不会从内存和磁盘中被清除

答案： B

分析： 当一个 Word 窗口被关闭后，被编辑的文件将被从内存中清除。

例56　设 Windows 处于系统默认状态，在 Word 2010 编辑状态下，移动鼠标至文档左侧空白处（文本选定区）连击左键3下，结果会选择文档的（　　）。

　　A. 一句话　　　B. 一行　　　　C. 一段　　　　D. 全文

答案： D

分析： 选定一个句子：按住 Ctrl 键，将鼠标光标移到所要选定句子的任意处单击一下；

选定整个文档：按住 Ctrl 键，将鼠标指针移到文档左侧的选定区单击一下。或者将鼠标指针移到文档左侧的选定区并连续快速三击鼠标左键。也可以直接按快捷键 Ctrl+A 选定全文。

例57　在 Word 2010 编辑状态下，按住（　　）键不放，然后单击"绘图"工具栏中"椭圆"按钮，可以绘制圆形。

　　A. Shift　　　B. Enter　　　C. Alt　　　D. Tab

答案： A

分析：在 Word 2010 编辑状态下，按住 Shift 键不放，然后单击"绘图"工具栏中"椭圆"（矩形）按钮，可以绘制出它的特殊情况：圆形（正方形）。

例 58　利用公式对表格中的数据进行计算，公式中的"B4"表示（　　）。
　　　　A. 第 2 列第 4 行　　　　　　　　B. 第 4 列第 2 行
　　　　C. 第 B 列第 D 行　　　　　　　　D. 第 D 列第 B 行

答案：A

分析：为了便于对表格用公式进行计算，Word 规定，用 A、B、C……表示从左到右的各列，用 1、2、3……表示从上至下的各行。

例 59　在 Word 2010 中，可以为奇数页和偶数页分别设置不同的页眉和页脚，这种功能是通过在（　　）对话框中设定而实现的。
　　　　A. 插入　　　　　B. 页面设置　　　　C. 页面视图　　　　D. 格式

答案：B

分析：为奇数页和偶数页分别设置不同的页眉和页脚，可以通过如下步骤进行：执行"页面布局"→单击"页面设置"组右下角的按钮，出现"页面设置"对话框，在"页面设置"对话框中选中"版式"选项卡，在该选项卡中，选中"奇偶页不同"复选框，即可设置不同的奇数页和偶数页。

例 60　Word 2010 对于段落提供"两端对齐"、"居中"、"文本右对齐"、"文本左对齐"、（　　）5 种对齐方式。

答案：分散对齐

分析：Word 2010 提供了段落的 5 种对齐方式，分别是：两端对齐、居中、文本左对齐、文本右对齐、分散对齐。其中"两端对齐"是 Word 默认的段落对齐方式。

例 61　在 Word 2010 编辑状态下，使用"页面布局/页面设置组"中的（　　）命令，可以在文档插入点处插入分节符。

答案：分隔符

分析：分隔符包括分节符、分页符、分栏符等。

例 62　在 Word 2010 主窗口中有（　　）和（　　）两个滚动条。

答案：垂直滚动条、水平滚动条

分析：在 Word 2010 主窗口的右边有一个垂直滚动条，下边有一个水平滚动条，用户可以通过调整它们移动窗口中的文档。

例 63　要实现在一个 Word 文档中，纸张方向既有"纵向"又有"横向"，应该先将该文档进行（　　），然后通过"页面设置"对话框分别设置不同部分的纸张方向。

答案：分节

分析：应先通过插入"分节符"将文档分成几节，然后在不同节的页面中，通过

"页面设置"对话框设置相应的纸张方向为"横向/纵向"。

例64 在 Word2010 中，给图片或图像插入题注是选择（　　）功能区中的命令。

答案：引用

分析：使用题注功能可以保证长文档中图片、表格或图表等项目能够顺序地自动编号，可以通过"引用"功能区→"题注"组→"插入题注"来添加题注。

例65 在 Word2010 的"开始"功能区的"样式"组中，可以将设置好的文本格式进行"将所选内容保存为（　　）的操作。

答案：新快速样式

分析：选定设置好相应格式的文本内容，执行"开始"→"样式"组→单击"样式栏"右边的下拉按钮，在列表中单击"将所选内容保存为新快速样式"可以将相应的格式以样式的形式进行保存。

例66 在 Word 表格中可以通过（　　）命令，将表格中的多个单元格合并成1个单元格。

答案：合并单元格

分析：在表格中首先选择需要合并的连续范围的多个单元格，然后单击鼠标右键，在快捷菜单中执行"合并单元格"命令，即可将这几个单元格合并成1个。

例67 在 Word2010 中插入了表格后，会出现（　　）选项卡，对表格进行"设计"和"布局"的操作设置。

答案：表格工具

分析：插入表格以后，Word2010 中就会出现"表格工具"以便于对表格进行相应的操作设置。

例68 在 Word 2010 编辑状态下，使用"表格工具"中的（　　）命令可以将表格拆分为两个表格。

答案：拆分表格

分析：在 Word 2010 编辑状态下，使用"表格工具"→"布局"→"合并"组→"拆分表格"命令可以将表格拆分为两个表格。

例69 打开一个 Word 文档是指把该文档从磁盘调入（　　），并在窗口的文本区显示其内容。

答案：内存

分析：打开一个 Word 文档是指把该文档从磁盘调入内存，并在窗口的文本区显示其内容。

例70 在 Word 中，利用（　　）可以复制文本或段落的格式，若想将选中的文本或段落格式重复应用多次，应执行（　　　　）。

答案：格式刷和双击格式刷

分析：利用格式刷可以复制选定文本的格式，单击格式刷可以应用选定文本格式 1 次，双击格式刷可以将选定文本的格式应用多次。

例 71　在 Word 2010 编辑状态下，可以利用（　　　）对话框来设置每页的行数和每行的字符数。

答案：页面设置

分析：设置每页的行数和每行的字符数的方法如下：

（1）选择"页面布局"→单击"页面设置"组右下角的按钮，打开"页面设置"对话框。

（2）单击"文档网格"选项卡。

（3）在"行数"中设置每页的行数，在"字符数"中设置每行的字符数。

（4）单击"确定"按钮，完成操作。

4.4　练　习　题

（一）判断题

（　　）1. 在 Word 2010 中，可以在页面周围增加页面边框。

（　　）2. Word 2010 样式是指一组已经命名的字符和段落格式。

（　　）3. 在一个 Word 文档中不能既有"纵向"页面，又有"横向"页面。

（　　）4. 在插入页码时，页码的范围只能从 1 开始。

（　　）5. 用"Ctrl+A"快捷键可以对 Word 文档正文内容进行全选。

（　　）6. 在编辑 Word 文档时，第一页上的页眉、页脚可以和其他页不一样。

（　　）7. 在 Word 编辑文本时，可以在标尺上直接进行段落首行缩进操作。

（　　）8. 在 Word 设计好的表格内不能再插入表单元、行和列。

（　　）9. 在 Word 中对设计好的表格中的数据，可以通过某种功能进行排序。

（　　）10. 在 Word 中可以自动统计文档的行数、字符数等内容。

（　　）11. 在 Word 文档中，可以插入多媒体对象。

（　　）12. 在 Word 文档的通常情况下，鼠标指针在空闲状态时在文本区内呈"I"状。

（　　）13. Word 中执行查找和替换时，可删除文档中的字符。

（　　）14. Word 的表格不可以和 Excel 中的数据进行交流。

（　　）15. Word 文本可以转换成表格，但不可以将 Word 表格内容转换成文本。

（　　）16. Word 能自动识别电子邮件地址，并将其转换成超级链接。

（　　）17. 在 Word 中编辑文本时，可以按键盘上的"Insert"进行插入和改写方式的转换。

（　　）18. 在 Word 的编辑状态下，执行"复制"命令后，被选择的内容复制到插入点处。

（　　）19. Word 2010 和 Windows 的记事本都具备图形和文字编排功能。

（　　）20. 用"插入/符号组/符号"命令，可以插入特殊字符。

（　　）21. 用"插入/文本组/日期和时间"命令，可以插入日期和时间，该日期和时间与计算机设定的日期和时间无关。

（　　）22. Word 2010 中产生的表格，其表格线都是虚线，无法将其转变成实线。

（　）23. 在 Word 2010 中打印文档应执行"文件"→"打印"调用打印项。

（　）24. Word 提供了强人的数据保护功能，即使用户在操作中连续出现多次误删除操作也能恢复。

（　）25. 在 Word 的编辑状态，打开文档"ABC"，修改后另存为"ABD"，则文档"ABC"被修改并关闭。

（　）26. "Ctrl+S"快捷键能实现对文档的保存。

（　）27. Word 的主要用途是进行各种数据的处理、统计分析。

（　）28. "剪切"和"复制"命令只有在选定文字或图形等对象后才可以使用。

（　）29. 中文 Word 2010 中的草稿视图可以看到文档的实际情况，如页眉、页脚等。

（　）30. 删除表格中的行，可先选定要删除的行，然后按 BackSpace（←）或 Del 键。

（　）31. 新建表格时，表格以虚线画出，该虚表格可以打印出来。

（　）32. 当使用垂直滚动条移动文本时，原光标插入点位置不变。

（　）33. 按 PgUp 和 PgDn 键可以上下翻页，但光标插入点不动。

（　）34. 一行中文字的字体、大小、颜色可以是多种形式。

（　）35. 首字下沉时，它的高度最多不能超过 3 行。

（　）36. 文档中不允许全部段落使用一种样式。

（　）37. 在 Word 中设置文字的动态效果，它只能在屏幕上显示，而无法打印出来。

（　）38. 对组合的图形对象进行修改，需要先将它们取消组合。

（　）39. Word 2010 中，在文件选项卡中只能显示最近打开的 4 个文件名。

（　）40. 在"文件/打印"中不可以改变页边距。

（　）41. 在"文件/打印"中可以进行输入。

（　）42. 可以在"打开"文件对话框中修改文件的名字。

（　）43. 在 Word 文档中嵌入的表格不能进行数学运算。

（　）44. Word 文档只有在"草稿"视图下才显示页眉和页脚。

（　）45. 在 Word 设计好的表格内不能再插入表单元、行和列。

（　）46. 在 Word 中对设计好的表格中的数据，可以通过某种功能进行排序。

（　）47. 为防止突然停电的发生，Word 2010 具有定时生成自动保存文件的功能。

（　）48. Word 2010 在输入文本的同时可以进行拼写检查，检查键入时的拼写错误，并直接在文档中标出可能的错误。

（　）49. 中文 Word 2010 可以在 Windows 的资源管理器中双击文件扩展名为 .Docx 的文件直接进入该文件的编辑窗口。

（　）50. 中文 Word 2010 中的"左对齐"操作，就是让插入点（光标）移到屏幕的左边去。

（　）51. 粘贴就是将剪贴板上的内容复制到插入点的当前位置。

（　）52. 建立新的文档可以用快速访问工具栏中的"新建"按钮，也可以从"文件"选项卡中选择新建命令。

（　）53. 中文 Word 2010 剪切下的正文不能再恢复。

（　）54. 在中文 Word 2010 的文字输入之前就必须设置好字型、字号、颜色等格式，因为录入完毕后，将不能再更改。

（　）55. Windows 的记事本和中文 Word 2010 对文字材料的编辑处理都应该是先选定后再执行。

（　）56. 中文 Word 2010 提供了强大的数据保护功能，即使用户在操作中连续出现多次误删除操作也能恢复。

（　）57. Windows 的记事本、中文 Word 2010 都能方便地进行制表处理。

（　）58. 在中文 Word 2010 中，左对齐、中间对齐、右对齐以及缩进等功能应属于对字符的操作。

（　）59. 中文 Word 2010 中，对新编辑的文件进行字体、字号的设置应该选"开始"功能区。

（　　）60. 编辑菜单中的"撤销"命令，只能撤销刚刚执行后的操作。

（　　）61. 删除表格中的行，可先选定要删除的行，然后按 BackSpace（←）或 Del 键。

（　　）62. 编辑某一文档时不允许创建另外的新文档。

（　　）63. Word 屏幕不能同时出现 2 个文档窗口。

（　　）64. 文档存盘后自动退出 Word 。

（　　）65. 如果把某汉字改为粗斜体后就不能再加下划线。

（　　）66. Word 2010 中，段落的对齐方式只有两端对齐、居中、右对齐。

（　　）67. 文档中不允许全部段落使用一种样式。

（　　）68. 在 Word 2010 中，不但能插入脚注、尾注，而且可以制作文档目录。

（　　）69. 在 Word 2010 中，"文档视图"方式和"显示比例"除在"视图"等功能区中设置外，还可以在状态栏右下角进行快速设置。

（　　）70. 在 Word 2010 中，插入的艺术字只能选择文本的外观样式，不能进行艺术字颜色、效果等其他的设置。

（　　）71. 在 Word 2010 中，表格底纹设置只能设置整个表格底纹，不能对单个单元格进行底纹设置。

（　　）72. 在 Word 2010 中，选定文本后，会显示出浮动工具栏，可以对字体进行快速设置。

（二）填空题

1. 在 Word 中，编辑页眉、页脚时，应选择（　　）视图方式。

2. 在 Word 中，如果要使文档内容横向打印，应在（　　）对话框中进行设置。

3. 在 Word2010 中，若要把原有的 Word 文档文件 a. docx 以文本文件的格式存盘，应使用"文件"选项卡下的（　　）命令。

4. 图文混排指的是（　　）和（　　）的排列融为一体，恰到好处

5. 剪切、复制、粘贴的快捷键分别是（　　）、（　　）、（　　）。

6. 在 Word 2010 的编辑状态下，在（　　）中通过拖动鼠标，也可以调整页边距。

7. 在 Word 2010 的编辑状态下，Ctrl+H 组合键的作用是（　　）。

8. 在 Word 2010 的编辑状态下，若要对当前文档中的表格设置表格边框的样式和宽度，可以利用（　　）对话框进行设置。

9. 在 Word 2010 的编辑状态下，使用"表格工具"中的（　　）命令，可以将表格中选定的某列数据按递增顺序排列。

10. 在 Word 编辑状态下，将选定的文本块用鼠标拖动到指定的位置进行文本块的复制时，应按住的键是（　　）。

11. 在 Word 2010 的编辑状态下，插入的图形称为图片，用户可以对它进行缩放、移动、复制和裁剪操作。但是利用"插入"→"插图"组→"形状"命令绘制的图形，不能进行（　　）操作。

12. 若想输入特殊的符号，应当使用（　　）功能区中的"符号"命令。

13. 在"插入"功能区的"符号"组中，可以插入（　　）和"符号"、编号等。

14. 在 Word 表格中，选中需要编号的某一列中的单元格，利用"开始/段落组"中的（　　）命令，可以实现自动添加"序号"。

15. 在 Word 2010 中插入一个 3×4 的表格的操作方法是：首先定位插入点，接着单击"插入"功能区上的（　　）按钮，然后拖动鼠标选择表格的行列，松开鼠标键即可插入一个表格。

16. 在 Word 2010 中，新建文档时，默认的模板名是（　　）。

17. 在 Word 2010 的编辑状态下，用鼠标拖动选定的文本到所需的位置，再释放左键，其功能相当于（　　）。

18. 在 Word 2010 的编辑状态下，若要将光标插入点快速移到文档尾部，应按下（　　）组合键。

19. 在 Word 2010 中，当设置了（　　）保护文档后，重新打开文档时，要输入密码才能打开。

20. 在 Word 2010 的编辑状态下，使用"页面布局"功能区中的"文字方向"命令，可以变更（　　）的文字方向。

21. 在 Word 2010 的编辑状态下，使用（　　）对话框，可以设置页边距。

22. 在 Word 2010 的编辑状态下，Ctrl+P 组合键的作用是（　　）。

23. 在 Word 2010 中，打开一个文档，是将文档调入到（　　）中，并显示之。

24. 如果想在文档中加入页眉和页脚，应当使用（　　）功能区中的命令。

25. 在 Word 2010 中，执行"文件"菜单中的（　　）命令，会显示文档在纸上的打印效果。

26. 文字的字号越大，打印字符越（　　）。

27. 在编辑 Word 文档时，要保存正在编辑的文件但不关闭或退出，则可按（　　）快捷键来实现。

28. 快速改变文档"显示比例"的快捷方法是（　　）。

29. 在 Word 2010 的编辑状态下，若要在当前文档字符下设置着重号，应使用（　　）对话框。

30. 利用"表格工具/布局选项卡/数据组"中的（　　）命令可以让表格在每一页上重复标题行。

（三）选择题

1. Word 2010 文档文件的扩展名是（　　）。
   A. Word　　　　　　B. txt　　　　　　C. docx　　　　　　D. wps

2. "导航窗格"是 Word 提供的一项在处理长文件时非常有用的工具，它可以自动地为你的文档划分（　　）。
   A. 标题　　　　　　B. 结构　　　　　　C. 注释　　　　　　D. 页面

3. 在 Word 2010 中，如果要使字体产生倾斜效果，则需要在（　　）功能区下选择"倾斜"后设置。
   A. 插入　　　　　　B. 引用　　　　　　C. 开始　　　　　　D. 视图

4. Word 文字处理软件属于（　　）。
   A. 图形软件　　　　B. 网络软件　　　　C. 系统软件　　　　D. 应用软件

5. Word 2010 是（　　）公司最具代表性的字处理程序。
   A. MicroSoft　　　　B. IBM　　　　　　C. SUN　　　　　　D. APPLE

6. Word 2010 具有强大的功能，但是它不可以（　　）。
   A. 设计表格　　　　B. 编辑图形　　　　C. 设置鼠标　　　　D. 编辑公式

7. Word 提供强大的（　　）功能，可以在几分钟内生成定制表单和不同寻常的表格式样。
   A. 表格　　　　　　B. 绘图　　　　　　C. 自动更正　　　　D. 自动文本

8. Word 2010 同样取消了传统的菜单操作方式，取而代之以各种（　　），通常有"开始"、"插入"、"页面布局"、"引用"、"邮件"等。
   A. 自动图案　　　　B. 功能区　　　　　C. 对话框　　　　　D. 表格

9. 在 Word 2010 中，提供了更主动有效的帮助，按（　　）键可以激活它。
   A. F1　　　　　　　B. F2　　　　　　　C. F4　　　　　　　D. F8

10. 在 Word 2010 文档中，利用（　　）功能，可以跟踪对文档的所有更改，包括插入、删除和格式更改。
    A. 批注　　　　　　B. 修订　　　　　　C. 查找　　　　　　D. 替换

11. Word 2010 各功能区带有与其相关的（　　）。
    A. 快捷方式　　　　B. 命令按钮　　　　C. 文件　　　　　　D. 注释

12. 最近编辑的 Word 文档的文件名将会记录"文件"选项卡下的（　　）中。
    A. 信息　　　　　　B. 保存并发送　　　C. 最近所用文件　　D. 选项

13. 在 Word 程序窗口中打开若干个文档，这些文档的文件名可以在"视图/窗口组"中的（　　）下拉列表中看到。
    A. 拆分　　　　　　B. 全部重排　　　　C. 切换窗口　　　　D. 新建窗口

14. 在 Word 2010 中，可以通过（   ），将自己常用的命令放在快速访问工具栏中。

    A. 自定义快速访问工具栏   B. 快捷方式

    C. 自定义功能区   D. 格式

15. 在 Word 2010 中，可以通过（   ）功能，创建自定义选项卡和自定义组来包含您的常用命令。

    A. 自定义功能区   B. 快捷方式   C. 图标   D. 格式

16. 在编辑 Word 文档时，如果无意中进行了你不需要的操作，可以按（   ）键消除该操作。

    A. Ctrl+Z   B. Ctrl+B   C. Ctrl+V   D. Ctrl+X

17. 在 Word 文档中，如果需要将有些词下面的红色波纹线取消，可以用鼠标（   ）。

    A. 左击该词后，选择全部忽略   B. 右击该词后，选择全部忽略

    C. 右击该词后，选择拼写   D. 左击该词后，选择拼写

18. Word 中的"格式刷"可用于复制文本或段落的格式，若要将选中的文本或段落格式重复应用多次，
    应执行的操作是（   ）

    A. 单击格式刷   B. 双击格式刷   C. 右击格式刷   D. 拖动格式刷

19. 在 Word 文档中使用方位键移动图形图像等对象时，同时按下 Ctrl 键，该对象便以（   ）移动。

    A. 像素间隔   B. 行距间隔   C. 移动到页头   D. 移动到页尾

20. 在 Word 编辑状态下，如需将选中的图形在水平或垂直方向移动，则需在拖动图形的同时，按住
    （   ）键。

    A. Ctrl   B. Shift   C. Alt   D. Tab

21. 如果我们将选定的句子中的所有字符变为粗体，则应按下（   ）键。

    A. Ctrl+I   B. Ctrl+U   C. Ctrl+B   D. Ctrl+C

22. 在文件编辑中，若要"选定"整篇文档，可按（   ）键。

    A. Ctrl+A   B. Ctrl+T   C. Ctrl+B   D. Ctrl+C

23. 下标是常用的一种效果，要将文本格式化为下标，可先选择文本，然后在英文输入状态下
    按（   ）。

    A. Ctrl + =   B. Ctrl + _   C. Ctrl + *   D. Ctrl + #

24. 上标是我们常用的一种效果，要将文本格式化为上标，可先选择文本，然后在英文输入状态下按
    （   ）。

    A. Ctrl+Shift+ =   B. Ctrl+ =   C. Ctrl+ *   D. Ctrl+#

25. 在编辑文本的标题时，一般使用（   ）。

    A. 居中对齐   B. 左对齐   C. 右对齐   D. 两端对齐

26. 如果使文本在页面上下居中，可以使用"页面设置"对话框打开的（   ）标签来设定。

    A. 页边距   B. 纸张   C. 版式   D. 文档网格

27. 插入一个分页符的快捷键是（   ）。

    A. Ctrl+Enter   B. Ctrl+Alt   C. Ctrl+Esc   D. Shift

28. 使用"自动保存时间间隔"设置是保护文档的好方法，你可以选择用"文件/选项"命令打开的
    （   ）标签页面中进行设置。

    A. 编辑   B. 保存   C. 视图   D. 常规

29. 新建文档时，Word 默认的字体和字号分别是（   ）。

    A. 黑体、3 号   B. 楷体、4 号   C. 宋体、5 号   D. 仿宋、6 号

30. 第一次保存 Word 文档时，系统将打开（   ）对话框。

    A. 保存   B. 另存为   C. 新建   D. 关闭

31. 在 Word 编辑过程中，按动（   ）按钮，可将插入点直接移到文章末尾。

    A. Shift+End   B. Ctrl+End   C. Alt+End   D. End

32. 在编辑 Word 文档时，要另外新建一个 Word 文档，则可按（   ）键来实现。

    A. CTRL+N   B. CTRL+V   C. CTRL+S   D. CTRL+O

33. 要保存编辑好的文档，可选用（   ）方式进行保存。

    A. "文件/保存"命令   B. "文件/另存为"命令

    C. 快速访问工具栏的"保存"按钮   D. 常用工具栏的"打开"按钮

34. 如果一个很大的表格跨越了几页，需要标题在每页都显示出来，那么我们可以执行以下的操作：首先选择包含标题的表行（确认其中包含了第一行），然后在出现的"表格工具"中选择"布局/数据组"下的（   ）命令。

    A. 重复标题行   B. 排序   C. 公式   D. 转换为文本

35. 误操作的纠正方法是（   ）。

    A. 单击"恢复"按钮   B. 单击"撤销"按钮

    C. 单击 Esc 键   D. 不存盘退出再重新打开文档

36. 在 Word 中，保存、另存为命令都可以将正在编辑的某个文件存盘保存，但处理方法有所不同，"另存为"是指（   ）

    A. 退出编辑，但不退出 Word，并只能以老文件名保存在原来位置

    B. 退出编辑，退出 Word，并只能以老文件名保存在原来位置

    C. 不退出编辑，只能以老文件名保存在原来位置

    D. 不退出编辑，可以以老文件名保存在原来位置，也可以改变文件名或保存在其他位置

37. Word 文档中，每个段落都有自己的段落标记，段落标记的位置在（   ）。

    A. 段落的首部   B. 段落的结尾处   C. 段落的中间位置   D. 段落中的任意位置

38. 在 Word 的选择框中经常显示一些单位，下列（   ）代表的单位最大。

    A. 厘米   B. 英寸   C. 毫米   D. 磅

39. 段落的标记是在输入（   ）后产生的。

    A. 句号   B. Enter   C. Shift+Enter   D. 分页符

40. 按（   ）键可以快速切换到文档的起始位置。

    A. End   B. Home   C. Ctrl+End   D. Ctrl+Home

41. 如果需要确保两个单词（如某人的姓和名）总是同时被回绕到下一行，可在这两个词之间插入"不可断开的空格"，即在键盘上按下组合键（   ）。

    A. Ctrl+Shift+空格   B. Alt+Shift   C. Ctrl+Alt+空格   D. Alt+空格

42. 具有水印、页面颜色、页边距等命令按钮的功能区是（   ）。

    A. 审阅   B. 视图   C. 页面布局   D. 邮件

43. 在 Word 的编辑状态下，当前文档有 80 页，若要直接将光标定位于第 59 页，应使用"查找与替换"对话框中的（   ）选项。

    A. 定位   B. 查找   C. 替换   D. 选择

44. 在水平标尺的两端各有一段被设置为深色，在没有另外设置装订线宽度时，这两段所显示的范围指的是（   ）。

    A. 左右页边距   B. 上下页边距   C. 已装订线距离   D. 页眉页脚距离

45. 当新建一个 Word 文档时，具有闪烁的"I"的空白区域就是（   ）。

    A. 文本编辑区域   B. 菜单区域   C. 设置区域   D. 工具栏区域

46. 在 Word 编辑中，模式匹配查找中能使用的通配符是（   ）。

    A. +和−   B. *和，   C. *和?   D. /和*；

47. 双击标尺上的深色区域，可以弹出（   ）对话框。

    A. 字体   B. 段落   C. 页面设置   D. 查找与替换

48. 选定一个段落的含义是（　　）。

   A. 选定段落中的全部文本　　　　　　　B. 选取定段落标记

   C. 将插入点移到段落中　　　　　　　　D. 选定包括段落标记在内的整个段落

49. 在 Word 的草稿视图下，有时会看到一些横穿窗口编辑区域的点划线，我们称之为（　　）。

   A. 自动分页符　　　B. 分栏符　　　　C. 标尺　　　　D. 分段符

50. 创建模板的简易方法是：打开一篇包含重用项的文档，并将该文档（　　）为模板。

   A. 设置　　　　　B. 保存　　　　　C. 默认　　　　D. 改写

51. 在对文本框进行编排时，应在（　　）显示模式下工作，才能看到效果。

   A. 草稿视图　　　B. 大纲视图　　　C. 页面视图　　　D. 阅读版式视图

52. 给每位家长制作一份《学生期末成绩通知单》，用 Word 中的（　　）功能最简便。

   A. 复制　　　　　B. 信封　　　　　C. 标签　　　　D. 邮件合并

53. 在 word 2010 中，可以通过（　　）功能区对不同版本的文档进行比较和合并。

   A. 页面布局　　　B. 引用　　　　　C. 审阅　　　　D. 视图

54. 在 word 2010 中，可以通过（　　）功能区对所选内容添加批注。

   A. 插入　　　　　B. 页面布局　　　C. 引用　　　　D. 审阅

55. 在 word2010 的"页面设置"中，可以设置的内容有（　　）。

   A. 打印份数　　　B. 打印的页数　　C. 纸张方向　　　D. 页边距

56. 在编辑文档的过程中，如果需要将段落首行自动缩进两个汉字，则需要拉动标尺栏中的（　　）按钮。

   A. 左缩进　　　　B. 悬挂缩进　　　C. 首行缩进　　　D. 右缩进

57. 若同时打开几个文档窗口，可以通过按（　　）键来轮流切换文档窗口。

   A. Ctrl+F4　　　B. Alt+F4　　　　C. Ctrl+F6　　　D. Esc

58. 在编辑文档的过程中，如果需要跳转到非页面对象，如文档中的图形、脚注等，可以利用（　　）工具来选择希望跳转的对象。其具体的位置在垂直滚动条中向上的双箭头和向下的双箭头之间。

   A. 选择预览对象　B. 预览　　　　　C. 跳转　　　　D. 导航

59. 如果我们将选定的字符加下划线，则应按下（　　）键。

   A. Ctrl+I　　　　B. Ctrl+U　　　　C. Ctrl+B　　　D. Ctrl+C

60. 字体的字号采用磅作为度量单位，一英寸为（　　）磅。

   A. 12　　　　　　B. 22　　　　　　C. 36　　　　　D. 72

61. 在某一段落的任何位置，如果按 Ctrl+2 键，产生的效果为（　　）。

   A. 字符间距变为两倍　　　　　　　　　B. 复制出一个新的段落

   C. 整个段落变为两倍的行距　　　　　　D. 无效

62. 在 Word 中，使用（　　）命令能够使系统按照指定的时间间隔自动保存文档。

   A. 自动修复　　　B. 自动更正　　　C. 自动恢复　　　D. 自动生成

63. 在网络中，当你具有一定的权限可以调用其他计算机上正在编辑的文档，Word 将会给你一个该文档（　　）。

   A. 原文件　　　　B. 备份文件　　　C. 错误信息　　　D. 副本

64. 把需要反复使用的文档或文件夹的快捷路径放置至"我的文档"中，可在"文件/选项"，选项对话框的（　　）中设置。

   A. 版式　　　　　B. 校对　　　　　C. 显示　　　　D. 保存

65. 在 Word 文档中插入一个表格的具体步骤是（　　）。

   A. 选择"表格"下的"插入表格"，输入列数和行数。

   B. 选择"表格"下的"合并单元格"，输入列数和行数。

C. 选择 "表格" 下的 "绘制表格"，输入列数和行数。

D. 选择 "表格" 下的 "拆分单元格"，输入列数和行数。

66. 在插入了表格之后，插入点将被移动到表格（　　）的单元中。

　　A. 左下角　　　　　B. 左上角　　　　　C. 右上角　　　　　D. 右下角

67. 在 Word 设计好网页后，可以使用编辑器对网页的（　　）进行二次创作。

　　A. 源代码　　　　　B. 布局　　　　　　C. 页面　　　　　　D. 结构

68. 在 Word 中可用（　　）功能自动检测并更正键入错误、误拼的单词、语法错误和错误的大小写。

　　A. 自动完成　　　　B. 自动更正　　　　C. 自动格式　　　　D. 自动文本

69. 在 Word 中，有时会看到某些命令呈灰色，这表示该命令（　　）。

　　A. 可以执行　　　　B. 当前无法执行　　C. 没有数据　　　　D. 没有程序

70. Word 只有在（　　）视图模式下才会显示页眉和页脚。

　　A. 草稿　　　　　　B. 图形　　　　　　C. 页面　　　　　　D. 大纲

71. 中文 Word 2010 编辑软件的运行环境是（　　）。

　　A. DOS　　　　　　B. WPS　　　　　　C. UCDOS　　　　　D. Windows

72. 在 Word 编辑状态下，当前输入的文字显示在（　　）。

　　A. 鼠标指针处　　　B. 插入点之前　　　C. 文件尾部　　　　D. 当前行尾部

73. 设定表栏大小的一种方法是，把鼠标指针移动到要重新设定大小的表栏分界线之上停顿，指针将会变为（　　）状，按住左键并拖动鼠标调整大小。

　　A. 漏斗　　　　　　B. 单向箭头　　　　C. 双向箭头　　　　D. 笔

74. （　　）是特殊的工具栏，一般位于屏幕的顶部，其中包括保存、撤销、打开等工具。

　　A. 状态栏　　　　　B. 标题栏　　　　　C. 编辑栏　　　　　D. 快速访问工具栏

75. 默认状态下，在文档窗口的右下角有五个小图标，分别是页面视图、阅读版式视图、Web 版式视图、大纲视图和（　　）。

　　A. 打印预览视图　　B. 主控视图　　　　C. 草稿视图　　　　D. 模板视图

76. 在垂直标尺的两端各有一段被设置为深色，这两段所显示的范围指的是（　　）。

　　A. 左右页边距　　　B. 上下页边距　　　C. 装订线距离　　　D. 页眉页脚距离

77. 在标尺上拖动的 "右缩进" 工具，可以手动调整当前段落的（　　）。

　　A. 左边缩进距离　　B. 右边缩进距离　　C. 上边缩进距离　　D. 下边缩进距离

78. 在创建多个同样类型的文档时，可以先做一个文档，并将它存为（　　），然后使用它来建立其他文档以节省时间。

　　A. 模板　　　　　　B. 页面　　　　　　C. 数据库　　　　　D. 程序

79. 在 Word 中，使用复制命令可以将某些文字复制到（　　）以备其他的程序使用。

　　A. 剪贴板　　　　　B. 绘图板　　　　　C. 对话框　　　　　D. 确认框

80. 在中文 Word 2010 中，可以在（　　）对话框中改变纸张的大小。

　　A. 页面设置　　　　B. 查找与替换

　　C. 字体　　　　　　D. 段落

81. 中文 Word 2010 改变字符的间距，可将欲改变的字符拉黑后，再执行（　　）操作。

　　A. "开始/单击剪贴板组右下角按钮"，再在 "高级/间距框" 中选择 "加宽" 或 "紧缩"。

　　B. "开始/单击段落组右下角按钮"，再在 "高级/间距框" 中选择 "加宽" 或 "紧缩"。

　　C. "开始/单击样式组右下角按钮"，再在 "高级/间距框" 中选择 "加宽" 或 "紧缩"。

　　D. "开始/单击字体组右下角按钮"，再在 "高级/间距框" 中选择 "加宽" 或 "紧缩"。

82. 在中文 Word 2010 的表格处理中，（　　）。

　　A. 表格的行高可以调整，但表格的列宽不能调整

B. 表格的行高不能调整，但表格的列宽可以调整

C. 表格的行高和列宽都不能调整

D. 表格的行高和列宽都可以调整

83. 使选定的段落右对齐，使用的快捷键是（　　　）。

A. Ctrl+L　　　　　　B. Ctrl+R　　　　　　C. Shift+L　　　　　　D. Shift+R

84. 使选定的段落居中对齐，使用的快捷键是（　　　）。

A. Ctrl+E　　　　　　B. Ctrl+R　　　　　　C. Shift+L　　　　　　D. Shift+R

85. 在中文 Word 2010 中，可以进行（　　　）等操作。

A. 剪切　　　　　　　B. 复制　　　　　　　C. 粘贴　　　　　　　D. 磁盘服务

86. 当一篇文章编辑完后，要观察打印效果可选用（　　　）进行观察。

A. "文件"选项卡中的"打印"项　　　　B. "视图"功能区的"打印"项

C. 快速访问工具栏的"保存"按钮　　　　D. "引用"功能区的"目录"项

87. 在用中文 Word 排版时字体大小单位是（　　　）。

A. 磅　　　　　　　　B. 字号　　　　　　　C. 厘米　　　　　　　D. 毫米

88. 拖动边框线改变列宽时，若只想拖动整列边框线的部分线段，使这列的其他的框线不移动，应执行（　　　）。

A. 拖动该列右边框线

B. 按 Shift 键再拖动该列右边框线

C. 按 Ctrl 键再拖动该列右边框线

D. 先选择以需要移动的线段为框线的连续单元格，再拖动相应边框线

89. 在中文 Word 2010"视图"功能区"显示"组中，可对是否显示（　　　）进行选择。

A. 标尺　　　　　　　B. 网格线　　　　　　C. 绘图工具栏　　　　D. 导航窗格

90. 选定文本块时下面的哪些叙述是正确的（　　　）。

A. 单击文本的某一点，按住鼠标左键并拖动鼠标至另一点，可以选定一个文本块。

B. 文档中可同时选定 2 个文本块。

C. 单击文本某一点之后，按住 Alt 键不放，拖动鼠标至另一点，可以选定一个文本块。

D. 单击文本左侧的选取区可以选定一个段落。

91. 选定文本块之后，对它的移动和复制正确的操作是（　　　）。

A. 把鼠标指针移至文本块内，当指针变成空心箭头状时，拖动鼠标至另一点，可以移动文本块。

B. 把鼠标指针移至文本块内，当指针变成空心箭头状时，先按住 Ctrl 键不放，拖动鼠标至另一点后，再释放鼠标左键，可以移动文本块。

C. 单击工具栏"复制"按钮，再把鼠标指针移到文本中的某一点，单击"粘贴"按钮，可以移动文本块。

D. 如果文本块中包含有图片，则图片不能复制到剪贴板。

92. "页面设置"可以用于设置（　　　）。

A. 页面的上、下、左、右的边距　　　　B. 纸张大小

C. 每页的行数　　　　　　　　　　　　D. 纸张方向

93. 选定文本可以用于下列哪几种操作中（　　　）。

A. 删除或更改文本　　　　　　　　　　B. 移动或复制文本

C. 插入文本　　　　　　　　　　　　　D. 设置文字格式

94. Word 具有的功能是（　　　）。

A. 表格处理　　　　　B. 绘制图形　　　　　C. 自动更正　　　　　D. 文字处理

95. 中文 Word 2010 可以对编辑的文字进行（　　　）排版。

A. 上标　　　　　B. 下标　　　　　C. 斜体　　　　　D. 粗体

96. 中文 Word 2010 编辑一个文档时，（　　）。

A. 必须首先给文档取名　　　　　B. 文档可以不必取名

C. 可以完成编辑后取名　　　　　D. 其扩展缺省名为 .DOCX

97. （　　）情况下使用"另存为"命令。

A. 第一次保存文档

B. 打开某个文档，做了修改之后要保存时

C. 建立文档的副本，以其他名字保存

D. 将中文 Word 2010 文档保存成其他文件格式

98. 在 Word 文档的打印中，需要打印的页有 6，10，11，12，19 页，在打印中的"页数："栏可输入（　　）

A. 6，10，11，12，19　　　　　B. 6，10-12，19

C. 6，10-11，19　　　　　D. 6-12，19

99. 要删除表中某列可在选定该列后（　　）。

A. 用"剪切"命令　　　　　B. 用"Ctrl+V"命令

C. 按 BackSpace 或 Del 键　　　　　D. 用"删除列"命令

100. 下列就一个 Word 2010 文档中各个页面的"纸张方向"的说法，正确的是（　　）

A. 一个 Word 2010 文档中，各个页面的纸张方向可以都是纵向的。

B. 一个 Word 2010 文档中，各个页面的纸张方向可以都是横向的。

C. 一个 Word 2010 文档中，各个页面的纸张方向必须都是纵向的。

D. 一个 Word 2010 文档中，各个页面的纸张方向可以既有纵向的，也有横向的。

101. 关于 Word 的操作，下列（　　）是正确的。

A. Del 键删除光标后面的字符

B. BackSpace 键删除光标前面的字符

C. Home 键使光标移动到本行开始位置

D. End 键使光标移动到本行结束位置

4.5　练习题参考答案

（一）判断题

1. T　2. T　3. F　4. F　5. T　6. T　7. T　8. F　9. T　10. T　11. T　12. T　13. T　14. F　15. F
16. T　17. T　18. F　19. F　20. T　21. F　22. F　23. T　24. T　25. F　26. T　27. F　28. T　29. F
30. F　31. F　32. T　33. F　34. T　35. F　36. F　37. F　38. T　39. F　40. F　41. F　42. F　43. F
44. F　45. F　46. T　47. T　48. T　49. F　50. F　51. F　52. T　53. F　54. F　55. T　56. T　57. F
58. F　59. T　60. T　61. F　62. F　63. F　64. F　65. F　66. F　67. F　68. T　69. T　70. F　71. F
72. T

（二）填空题

1. 页面　2. 页面设置　3. 另存为　4. 图片、文字　5. Ctrl+X，Ctrl+C，Ctrl+V　6. 标尺　7. 弹出"查找和替换"对话框　8. 边框和底纹　9. 排序　10. Ctrl　11. 裁剪　12. 插入　13. 公式　14. 编号　15. 表格　16. Normal. dotm　17. 移动　18. Ctrl+End　19. 用密码进行加密　20. 整篇当前文档　21. 页面设置　22. 打印　23. 内存　24. 插入　25. 打印　26. 大　27. Ctrl+S　28. Ctrl+滚轮　29. 字体　30. 重复标题行

（三）选择题

1. C	2. A	3. C	4. D	5. A	6. C	7. A	8. B	9. A	10. B	11. B
12. C	13. C	14. A	15. A	16. A	17. B	18. B	19. A	20. B	21. C	22. A
23. A	24. A	25. A	26. C	27. A	28. B	29. C	30. B	31. B	32. A	33. ABC
34. A	35. B	36. D	37. B	38. B	39. B	40. D	41. A	42. C	43. A	44. A
45. A	46. C	47. C	48. D	49. A	50. B	51. C	52. D	53. C	54. D	55. CD
56. C	57. C	58. A	59. B	60. D	61. C	62. C	63. B	64. D	65. A	66. B
67. A	68. B	69. B	70. C	71. D	72. B	73. C	74. D	75. C	76. B	77. B
78. A	79. A	80. A	81. D	82. D	83. B	84. A	85. ABC	86. A	87. AB	88. D
89. ABD	90. ABC	91. A	92. ABCD	93. ABD	94. ABCD	95. ABCD	96. BCD	97. ACD		
98. AB	99. AD	100. ABD	101. ABCD							

第5章　电子表格处理软件（Excel 2010）

5.1　考纲要求

1. 电子表格的基本概念。

2. Excel 的基本功能、运行环境、启动和退出。

3. 工作簿和工作表的概念，工作簿的保存与打开。

4. 工作表的创建、编辑和排版：格式化单元格；数据输入、公式和函数的使用；工作表数据的编辑、查找、替换、复制、插入和删除；工作表数据管理与应用；数据的排序、统计、求和、求平均值。

5.2　内容要求

5.2.1　电子表格 Excel 2010 的基本概念

1. Excel 2010 窗口组成

Excel 2010 窗口由快速访问工具栏、文件选项卡、窗口操作按钮、功能区、编辑栏、编辑区、行号、列号、单元格、工作表标签、滚动条、状态栏、视图按钮、显示比例等部分组成。

Excel 2010 同样取消了传统的菜单操作方式，代之以各种功能区。有"开始"、"插入"、"页面布局"、"公式"、"数据"、"审阅"、"视图"等功能区，当单击这些功能区名称对应的选项卡时并不会打开菜单，而是切换到与之相对应的功能区面板。每个功能区根据功能的不同又分为若干个组。

2. 工作簿、工作表以及单元格

启动 Excel 2010 以后，就会打开一个名为"工作簿1"的工作簿窗口。工作簿是运算和存储数据的文件，其扩展名为 .xlsx，每一个工作簿均由几张工作表组成，工作簿中可建立多个工作表。工作簿就像一本书或者一本账册，工作表就像其中的一张或一页。默认情况下，每个工作簿由三张工作表组成，工作表标签分别为 Sheet1、Sheet2、Sheet3，当前的工作表被称为活动工作表。用鼠标单击任意一个工作表标签都会使之成为活动工作表。用户也可以根据需要在工作簿中另外添加或者删除工作表。

工作表是 Excel 存储和处理数据的最重要的部分。Excel 2010 的每张工作表由 16384 列和 1048576 行组成。行号显示在工作簿窗口的左边，用阿拉伯数字表示，列号显示在工作簿窗口的上边，用大写字母表示。每个单元格的位置像坐标一样由交叉的列号和行号来表示。例如第一列的单元格可以表示为 A1、A2、A3、A4 等。被粗边框围着的单元格称为活动单元格，每张工作表中只有一个活动单元格，启动的工作表的活动单元格是 A1，表明可以在此单元格中输入或编辑数据。活动单元格的名称显示在编辑栏左边的名称框中。活动单元格的右下方有一个小黑方形，称之为填充柄，将光标指向它变成黑十字形时按住左键拖动鼠标可填充相邻单元格区域的内容。

3. 快捷菜单与对话框

快捷菜单中包含了当前光标位置处常用的命令。如在工作表活动单元格中单击鼠标右键，就会出现快捷菜单，其中包含着一组有关编辑和排版的命令。在屏幕的不同位置单击鼠标右键（或按 Shift+F10 键）打开快捷菜单，快捷菜单与下拉菜单的工作方式相同，可以用鼠标或者键盘选择命令，单击快捷菜单以外的任何处或按下 Esc 键，都可关闭快捷菜单。对话框是 Excel 与用户交互的界面，当单击菜单中右面带有省略号命令时，便会出现一个对话框。对话框中通常包含了选项卡、数值框、文本框、列表框、复选框、下拉列表框、单选按钮、命令按钮等部件。

5.2.2　电子表格 Excel 2010 工作簿的操作

1. 工作簿的创建

每次启动 Excel 时，系统会自动打开一个名为"工作簿 1"的新工作簿。默认情况下，系统会为每个新工作簿创建三张工作表，名称分别为"Sheet1"、 "Sheet2"、"Sheet3"，可以对这些工作表执行改名、移动、复制、添加、删除等操作。若需要保存操作过的工作表，可以执行"文件"→"保存"命令将其保存起来。创建空白工作簿，只要在快速访问工具栏中添加"新建"按钮，并单击"新建"按钮，便可直接创建一个新的空白工作簿；还可以执行"文件"→"新建"→"空白工作簿"命令，便可创建一个新的空白工作簿。

用户还可以将自己所制作的表格，特别是今后需要经常用到的表格，以模板的方式保存起来，方法是执行"文件"→"另存为"命令，在弹出的"另存为"对话框中设置"保存类型"为"Excel 模板"便可将自己设计的表格以模板的方式保存起来。下次需要用此模板时，可直接双击此模板即可根据这个模板重新生成一个工作簿，若想对此模板进行修改，可以用鼠标右键单击此模板，在弹出的快捷菜单中选择"打开"，就可以重新打开这个模板进行修改。

2. 工作簿的打开

可执行"文件"→"打开"命令，或者单击"快速访问工具栏"中的"打开"按钮，均能弹出"打开"对话框，在此对话框中选定需要打开的文件名，再单击"打开"按钮，即可将工作簿打开。

如果同时打开连续的多个工作簿，可在"打开"对话框中，先选中第一个需要打开的工作簿，按住 Shift 键后再选中最后一个要打开的工作簿，这样两个工作簿之间的所有文件都被选中了，最后单击"打开"按钮便可。如果同时打开的多个工作簿不连续，则在"打开"对话框中，先按住 Ctrl 键，再依次点击要打开的各个工作簿名，最后单击"打开"按钮。

3. 工作簿的保存

（1）单击快速访问工具栏中的"保存"图标按钮。

（2）单击"文件"选项卡→"保存"图标按钮。

（3）单击"文件"选项卡→"另存为"图标按钮。

（4）选中需要保存的工作簿按快捷键"Ctrl+S"。

创建的新 Excel 工作簿第一次保存时（或点"另存为"图标保存工作簿时）将弹出
"另存为"对话框。用户需通过"保存位置"来指定要保存工作簿文件的磁盘位置，否则
工作簿将保存在缺省位置。在"查找范围"中找到要保存文档的文件夹。在"文件名"
文本框中输入为工作簿起的文件名。

如果在保存时要修改"文件名"、"保存位置"、"保存类型"中的任一项时，都需要
选择"文件"菜单中的"另存为"命令，在"另存为"对话框中做相应修改。

4. 工作簿的关闭

用户可以打开多个工作簿，对多个工作簿同时操作。每打开一个工作簿，占据一个窗
口，但只有一个工作簿是活动工作簿。同一时刻打开的工作簿太多，会占用很多的内存空
间，降低系统运行速度。为此，需要关闭当前不用的工作簿。关闭工作簿的方法通常有：

（1）用鼠标单击工作簿窗口中"标题栏"右边的"✕"按钮。

（2）选中所要关闭的工作簿→"文件"→"关闭"命令。此时工作簿关闭，但是
Excel 软件并没有退出。

（3）选中所要关闭的工作簿→按快捷键 Alt+F4。

（4）利用"文件"→"退出"命令退出 Excel 时也可关闭工作簿，但此时是关闭所
有打开的工作簿。系统会一一询问是否保存对文件的修改。

5. 工作簿的保护

如果要设置打开密码，可执行"文件"→"信息"→单击"保护工作簿"下拉按
钮，在弹出的"列表"中选择"用密码进行加密"，出现"加密文档"对话框，输入你
设置的密码，再确认一次密码，单击"确定"按钮即可，这样以后每次打开此工作簿时，
都会出现"密码"对话框，在此对话框中的"密码"文本框中键入事先设置的密码，单
击"确定"按钮后才能将此工作簿打开。

"文件"→"信息"→单击"保护工作簿"下拉按钮，在弹出的"列表"中选择
"保护当前工作表"，在弹出的"保护工作表"对话框中进行相关的设置，并设定密码。
以后在此工作表中键入文字时，便会出现一个提示框，输入密码即可。再次执行"文
件"→"信息"→单击"保护工作簿"下拉按钮，在弹出的"列表"中选择"保护当前
工作表"，将弹出"撤销工作表保护"对话框，键入保护密码，再单击"确定"按钮，才
可以解除对工作表的保护。

5.2.3 电子表格 Excel 2010 工作表的操作

工作表的使用主要包括怎样在标签上为工作表重命名、怎样切换工作表、怎样插入和
删除工作表、怎样复制和移动工作表等方面的内容。

1. 在标签上为工作表重命名：右键单击工作表标签，在快捷菜单中选择"重命名"，
此时，当前工作表的标签也以反白形式显示，然后键入工作表名称，最后按 Enter 键予以
确定。

2. 切换工作表：除了用鼠标和键盘对工作表进行切换外，还可在工作表标签左端水平滚动箭头上单击鼠标右键，利用弹出的快捷菜单对工作表进行选取切换。

3. 插入工作表：如果要在已有的工作簿中插入新工作表，可首先右键单击需在其前面插入新工作表的那张工作表标签，然后在快捷菜单中选择"插入"命令，出现"插入"对话框，在对话框中选择"工作表"，单击"确定"按钮，这样便可在指定的工作表前面插入一张新工作表。

4. 删除工作表：如果要删除工作表，右键单击需要删除的工作表标签，在快捷菜单中执行"删除"命令，便可将指定的工作表删除，删除后的工作表将无法恢复。

5. 移动和复制工作表：工作表的移动和复制既可以在工作簿内部进行，也可以在工作簿之间进行。如果要在工作簿内部移动和复制工作表，可用鼠标左键按住需要移动的工作表标签不放，然后向左或向右拖动，此时标签行的上面出现一个黑色小三角形，是用来指示当前拖动位置的，当此黑色小三角形移到合适的位置上时，松开鼠标，则工作表被移至新的位置上。在上述拖动鼠标的同时按住 Ctrl 键，那么松开鼠标后，新位置便出现一张复制的工作表。如果要在工作簿之间移动或复制工作表，可先打开目标工作簿，再切换至需要移动或复制工作表所在的工作簿中，右键单击需要移动或复制的工作表标签，执行"移动或复制"命令，在弹出的"移动或复制工作表"对话框中进行相关的操作便可。

6. 电子表格 Excel 2010 工作表的数据的输入：数据输入指的就是将数据输入到单元格中的操作。输入数据之前，必须使接受数据的单元格成为活动单元格，即周围出现一个粗黑边框的单元格。用鼠标单击某个单元格，便可使其成为活动单元格。如果需要输入数据的单元格不在屏幕上，可以使用垂直滚动条或水平滚动条来定位。

在向单元格输入文本或数字时，编辑栏和单元格会同时显示这些字符。若需要删除输入的内容，可以选择需要删除内容的单元格（按住 Ctrl 键然后用鼠标选择可以选择多个不连续的区域），按 Delete 键。在单元格中输入内容之后，若需要将活动单元格移至下行应按 Enter 键。

数据的输入过程还有一些技巧：

（1）换行。

若要在单元格中另换一行输入数据，请按"Alt+Enter"输入一个换行符。

（2）将数字作为文本输入。

在英文输入法状态中，先输入一个单撇号'，然后再输入数字，可以将数字作为文本输入（如电话号码、邮政编码等）。

（3）输入分数。

先输入一个 0，再输入一个空格，然后输入分数，就可以正常显示分数。

（4）输入当前日期和时间。

通过"Ctrl+;"可以输入当前日期，通过"Ctrl+Shift+;"可以输入当前时间。

（5）使用填充柄填充数据。

若要输入一系列连续数据，例如日期、月份或递增（减）的数字，请在一个单元格中键入起始值，然后在下一个单元格中再键入下一个值，建立一个模式。例如，如果要使用序列 1、2、3、4、5……，在前两个单元格中分别键入 1 和 2。选中包含起始值的两个单元格，然后拖动填充柄，涵盖要填充的整个范围。要按升序填充，请从上到下或从左到右拖动。要按降序填充，请从下到上或从右到左拖动。

7. 电子表格 Excel 2010 工作表的操作对象的选定。Excel 2010 的一系列操作均建立在对操作对象的选定上，操作对象的选定，包括如何选定单元格中的部分内容以及怎样选定单元格与区域的操作方法。要选定单元格中部分内容，可先用鼠标单击此单元格，再按下 F2 键，或者双击此单元格，插入点便会出现在此单元格中。在需要选定内容的开始处按住鼠标左键拖动至需要选定内容的结尾处，被选定的内容以反白显示，说明单元格中的部分内容已被选中。选定一个单元格的方法颇为简单，只要用鼠标单击此单元格便可。选定整行单元格，只要单击某行的行号，便可选定对应的整行。选定整列单元格，只要单击某列的列标，便可选定对应的整列。选定连续单元格区域可先单击此区域左上角的单元格，再按住鼠标左键从需要选定单元格的左上角一直拖动至需要选定区域的右下角，松开鼠标左键便可。在拖动过程中，所选单元格区域的行数和列数均在名称框中显示出来，松开鼠标左键后，除第一个单元格以白色显示，表明它是活动单元格，其余均呈浅蓝色。选定不连续单元格，可先用鼠标选定第一个单元格区域，按住 Ctrl 键不放，再选定其他单元格区域。选定当前工作表中所有单元格的方法较为简单，即只要单击工作表左上角行号与列标交叉的全选按钮便可，也可以用按下 Ctrl+A 键的方法来选定工作表中所有的单元格。

8. 电子表格 Excel 2010 单元格的操作。单元格的删除：鼠标右键单击需要删除的单元格，在快捷菜单中选择"删除"命令，在弹出的"删除"对话框中，指定删除单元格后其他单元格的移动方向，再单击"确定"按钮便可。要删除整行或整列时，请先右键单击需要删除的行或列，在快捷菜单中选择"删除"命令，便可将选定的行或列删除。

单元格内容的移动与复制：如果要将单元格中的内容移动/复制到目标单元格中，可先选择需要移动/复制的单元格，再单击"开始"→"剪贴板"组→"剪切"/"复制"按钮，或者执行 Ctrl+X/Ctrl+C，然后选择目标单元格，单击"开始"→"剪贴板"组→"粘贴"按钮，或者执行 Ctrl+V 命令，便完成移动/复制操作。

9. 电子表格 Excel 2010 工作表的单元格地址。在编制公式时，时常需要引用单元格的地址。单元格地址引用的方法主要有相对引用、绝对引用、混合引用、三维引用。

相对引用就是在编制公式时，对单元格地址的引用（如 A1）是基于参与计算的单元格与公式所在单元格的相对地址的引用。倘若公式中单元格地址是参照公式所在单元格的相对关系确定的，在复制此公式时，被引用单元格地址也将作相应调整，使其指向与复制后公式地址位置相对应的单元格。例如，如果将单元格 B2 中公式的相对地址引用 A1 复制或填充到单元格 B3，B3 中公式将自动从 = A1 调整到 =A2。

绝对引用就是对某单元格的引用与公式所在的位置无关，其标记是在列标和行号前面加上"$"符号。例如，用 \$B \$3 来表示单元格 B3 的绝对引用。当复制含有绝对引用的公式时，这些绝对引用地址是不会改变的。例如，如果将单元格 B2 中公式的绝对地址引用 \$A \$1 复制或填充到单元格 B3，则在两个单元格公式中的绝对地址引用一样，都是 = \$A \$1。

混合引用是指公式中既使用了相对引用，又使用了绝对引用。因此在混合引用中，要注意区别哪些是相对引用，哪些是绝对引用。如"\$B3"表示列位置采用的是绝对引用，而行位置采用的是相对引用，如果是"B \$3"，则表示列位置是相对引用，而行位置是绝对引用。如果多行或多列的复制或填充公式，相对引用将自动调整，而绝对引用将不作调整。例如，如果将一个混合地址引用=A $1 从单元格 A2 复制到单元格 B3，地址引用将从 =A $1 调整到 =B $1。

用三维引用可以分析同一工作簿中多个工作表上相同单元格或单元格区域中的数据。三维引用包含单元格或区域引用，前面加上工作表名称的范围。例如，=SUM（Sheet2：Sheet13！B5）将计算 B5 单元格内包含的所有值的和，单元格取值范围是从工作表 2 到工作表 13。

5.2.4 电子表格 Excel 2010 工作表的运算功能

1. 运算符：Excel 2010 的计算是通过使用运算符来完成的。运算符分为算术运算符、比较运算符、字符运算符和引用运算符。

算术运算符包含+（加）、－（减）、*（乘）、/（除）、%（百分号）、^（乘幂）等，它们的使用规则与日常习惯一致。利用这些运算符，可以完成一些简单的算术运算。

比较运算符包含=（等于）、<（小于）、>（大于）、<=（小于等于）、>=（大于等于）、<>（不等于）等。比较运算的结果是真值 TRUE 或假 FALSE。如在单元格中键入 A2<3。倘若 A2 中的值小于 3，则返回 TRUE；倘若 A2 中的值大于 3，则返回 FALSE。

字符运算符只有一个，即"&"，它用于把两个字符串连接成为一个字符串。公式中可以直接使用字符串，但是必须用一对双撇号将字符串括起来。例如：在 A9 中输入"="Word"&"2010"&"中文版""，那么 A9 的内容为"Word2010 中文版"。

引用运算符有三个，它们是：（区域运算符）、（联合运算符）和空格（交集运算符）。冒号（区域运算符）用来引用由左上角和右下角围起来的单元格区域。例如"A1：C3"表示指定了 A1、B1、C1、A2、B2、C2、A3、B3、C3 六个单元格，在公式中可以通过区域运算符来完成对指定单元格区域内每个单元格的引用。逗号（联合运算符）用于引用多个不连续的单元格。例如"A3，B7，D4"表示指定了 A3、B7、D4 三个单元格，而在单元格中如果键入公式"=SUM（C2：C4，E2：E4）"，表示求取 C2 到 C4、E2 到 E4 单元格中所有数据的总和。空格（交集运算符）是用来引用两个或两个以上单元格区域的重叠部分。在使用交集运算符时，应在输入第一个单元格区域后输入一个空格，然后再键入第二个单元格区域。例如"（C2：E4 D1：F5）"，其结果是在 C2 到 E4、D1 到 F5 两个区域中指定重叠部分的单元格 D2、D3、D4、E2、E3、E4。

2. 公式的输入：其操作方法是先选中需要输入公式的单元格，再键入等号"="，接着再键入公式，在编辑栏中可看到该公式，按 Enter 键，便会在单元格中出现计算的结果。通过拖动填充柄，还可以实现对公式的填充。

3. 函数的输入：对于一些常用的计算，如求和、求平均值等，Excel 2010 以函数的形式将其公式预先设置好了，这样在运用的时候可以省去输入公式的烦琐操作而直接选用函数进行计算。

Excel 2010 提供了丰富的内部函数，而对于其他一些比较复杂的公式，Excel 2010 不可能将它们都设置成函数，因此使用时仍然要设计这些计算公式。函数的组织形式是由函数名、函数参数、函数返回值组成的。函数的参数可以是数字、数组、文本、错误值、常量、公式、单元格引用等，但给定的参数必须能产生有效值。

函数的输入有两种方法, 既可以在 Excel 2010 的"公式"功能区中选择输入, 也可以直接输入。从"公式"功能区上选择输入函数, 可先选中需要输入函数的单元格, 执行"公式"→"函数库"组→单击"∑"按钮旁的下拉按钮, 在列表出现常用函数, 可以从中选择, 倘若没有自己所需要的函数类型, 还可以执行"公式"→"函数库"组→"插入函数"命令, 在弹出的"插入函数"对话框的"选择类别"列表框中, 选择需要插入的函数的类型, 再在"选择函数"列表框中选择此类型中的某个函数名, 然后单击"确定"按钮, 在弹出的"函数参数"对话框的参数框中输入相应的参数, 它们可以是数值、单元格引用、区域等, 最后单击"确定"按钮, 便在单元格中显示公式的计算结果。直接输入函数, 其操作方法是先选中需要输入函数的单元格, 再输入等号, 然后直接输入函数名, 接着选中需要引用的单元格或区域, 并用括号将其括起来, 最后按 Enter 键便可。

常用函数有:

(1) SUM 函数, 用来求一些单元格中数据元素的和。

(2) AVERAGE 函数, 计算一些单元格中数据元素的平均值。

(3) COUNT 函数计算包含数字的单元格以及参数列表中数字的个数。使用函数 COUNT 可以获取区域或数字数组中数字字段的输入项的个数。

(4) MIN 函数返回一组值中的最小值。

(5) MAX 函数返回一组值中的最大值。

(6) IF 函数: 如果指定条件的计算结果为 TRUE, IF 函数将返回某个值; 如果该条件的计算结果为 FALSE, 则返回另一个值。

(7) COUNTIF 函数对区域中满足单个指定条件的单元格进行计数。

5.2.5 电子表格 Excel 2010 工作表的图表

1. 图表的创建

在 Excel 2010 中, 有默认的图表类型, 可以直接使用它们来创建图表工作表, 其操作方法是首先选中需要创建图表的数据→"插入"选项卡→"图表"组→单击要使用的图表类型 (例如"柱形图")→弹出图表类型详细说明菜单→选择图表子类型。要查看所有可用的图表类型, 单击"图表"组中右下角 按钮→"插入图表"对话框, 然后选择需要的图表类型。

2. 更改图表的布局或样式

使用"图表工具"可以添加图表元素 (标题、数据标签), 以及更改图表的设计、布局或格式。单击要设置格式的图表中的任意位置→"图表工具"。"图表工具"包含"设计"、"布局"和"格式"选项卡。

(1) 应用预定义图表布局。

单击要使用预定义图表布局的图表中的任意位置→"图表工具"→选择"设计"选项卡→"图表布局"组中→单击要使用的图表布局。

(2) 应用预定义图表样式。

单击要使用预定义图表布局的图表中的任意位置→"图表工具"→选择"设计"选项卡→"图表样式"组→单击要使用的图表样式。

（3）手动更改图表元素的布局。

方法一：单击要更改图表元素的图表中的任意位置→"图表工具"→"布局"选项卡→"当前所选内容"组→单击"图表元素"框右边向下的箭头→单击所需的图表元素。

方法二：单击要更改图表元素的图表中的任意位置→"图表工具"→"布局"选项卡→"标签"、"坐标轴"或"背景"组中→单击与所选图表元素相对应的图表元素按钮→单击所需的布局选项。

（4）手动更改图表元素的格式。

方法一：单击要更改图表元素的图表中的任意位置→"图表工具"→选择"格式"选项卡→在"当前选择"组中→单击"图表元素"框中的箭头→单击所需的图表元素。

方法二：单击要更改图表元素的图表中的任意位置→"图表工具"→选择"格式"选项卡→"形状样式"组→单击需要的样式→选择需要的格式设置选项。

使用"艺术字"为所选图表元素中的文本设置格式："图表工具"→选择"格式"选项卡→"艺术字样式"组→单击相应样式。也可以单击"文本填充"、"文本轮廓"或"文本效果"→选择所需的格式设置选项。

（5）添加图表标题。

单击要更改图表元素的图表中的任意位置→"图表工具"→选择"布局"选项卡→"标签"组→单击"图表标题"→单击"居中覆盖标题"或"图表上方"→在图表中显示的"图表标题"文本框中键入所需的文本。

（6）添加坐标轴标题。

单击要更改图表元素的图表中的任意位置→"图表工具"→选择"布局"选项卡→"标签"组→单击"坐标轴标题"→单击"主要横坐标轴标题"（或者"主要纵坐标轴标题"）→单击所需的坐标选项→在图表中显示的"坐标轴标题"文本框中键入所需的文本。

设置坐标中文本的格式：鼠标右键单击图表中的标题→单击"设置坐标轴标题格式"→选择所需的格式设置选项。

（7）显示或隐藏图例。

图例是一个方框，用于标识为图表中的数据系列或分类指定的图案或颜色。可以在图表创建完毕后隐藏图例或更改图例的位置。

单击要更改图表元素的图表中的任意位置→"图表工具"→选择"布局"选项卡→"标签"组中→单击"图例"按钮→在弹出的菜单中按需要进行选择。

如要隐藏图例，则在菜单上单击"无"；若要显示图例，请单击所需的显示选项；若要查看其他选项，请单击"其他图例选项"，然后选择所需的显示选项。

3. 迷你图的制作

迷你图是 Excel 2010 中加入的一种全新的图表制作工具，它以单元格为绘图区域，简单便捷地为我们绘制出简明的数据小图表。

（1）迷你图的创建。

"插入"→选择"迷你图"组中的任一类型的迷你图示例→弹出"创建迷你图"对话框→"数据范围"选择源数据区域→"位置范围"是指生成迷你图的单元格区域→单击确定。

（2）迷你图的修改。

选择迷你图所在单元格→"迷你图工具"→"设计"选项卡→设置各功能区组。

"迷你图设计"功能区中各组的功能为：

1）"迷你图"组中"编辑数据"按钮：修改迷你图图组的源数据区域或单个迷你图的源数据区域。

2）"类型"组更改迷你图的类型为折线图、柱形图、盈亏图。

3）"显示"组在迷你图中标识什么样的特殊数据

4）"样式"组使迷你图直接应用预定义格式的图表样式，使用"迷你图颜色"按钮修改迷你图折线或柱形的颜色，使用"编辑颜色"按钮指定迷你图中特殊数据着重显示的颜色。

5）"分组"组能进行组的拆分或将多个不同组的迷你图组合为一组，"坐标轴"按钮控制迷你图坐标范围。

5.2.6 电子表格 Excel 2010 工作表的格式化和打印输出

1. 数字和字符的格式化：在"开始"→"数字"组中有数字格式化的按钮，单击这些按钮可以快速将数字格式化。对一些较为复杂的数字格式化，需要运用"设置单元格格式"对话框中的有关命令来完成。其操作方法是先要选中需要格式化数字的单元格或区域，再执行"开始"→单击"数字"组右下角的按钮，在弹出的"设置单元格格式"对话框中选择"数字"选项卡，在此选项卡中完成设置。字符的格式化主要掌握字体、字号、字形以及文本颜色的格式化。在"开始"→"字体"组中有相关工具，利用其可以进行字体的格式化。对于特殊字体效果的格式，诸如设置多种类型的下划线、删除线、上标、下标等，就需要在"设置单元格格式"对话框中的"字体"选项卡中进行操作。

2. 格式的复制：格式的复制主要用"开始"→"剪贴板"组中的"格式刷"完成。

3. 行高和列宽的调整：如果对调整后的行高或列宽的幅度要求不严，可以用鼠标直接进行调整。当需要改变一行的高度时，将鼠标指针移到行号与行号之间的分隔线处，此时鼠标指针会变成双向箭头，再按下左键，拖动鼠标，在屏幕出现的提示框中显示行的高度，当行高适当时松开鼠标左键便可。

如果对调整后的行高或列宽的幅度要求精确，可以先选中需要调整的区域，然后执行"开始"→"单元格"组→"格式"→"行高"/"列宽"命令。在弹出的"行高"/"列宽"对话框中输入具体的数值即可。

4. 自动格式化和条件格式化：运用自动套用格式，可以迅速地编辑和排版一份表格，其操作方法是先选中需要格式化的单元格或区域，再执行"开始"→"样式"组→"套用表格格式"命令，在出现的列表中选取一种现成的格式再进行一系列的设置便可。

如果要根据指定条件设置单元格或者区域的格式，可先选中需要条件格式化的单元格区域，再执行"开始"→"样式"组→"条件格式"→"突出显示单元格规则"→"其他规则"命令，弹出"新建格式规则"对话框，在"选择规则类型"组里选择"只为包含以下内容的单元格设置格式"，若在"编辑规则说明"组中，分别选中"单元格值"，"大于或等于"，"90"→单击"格式"按钮→在弹出的"设置单元格格式"对话框中的"填充"选项卡内，设置"背景色"为红色→"确定"，即可完成自动判断所选区域成绩达到大于或等于 90 分的，用红色自动填充。

5. 底纹和边框的设置：在实际工作中，有时为了使工作表中的某些数据能突出地显示出来，可以为这些数据设置底纹。设置的底纹可以是某种颜色，其操作方法是先选中需要设置底纹的单元格或区域，再单击"开始"→"字体"组→"填充颜色"按钮右面的下拉箭头，可在弹出的调色面板中进行颜色设置。

边框设置：选中需添加表格边框的单元格区域，执行"开始"→"字体"组→"下框线"按钮▦▾→选择需要的边框种类。边框颜色设置：选中需添加表格边框的单元格区域，执行"开始"→"字体"组→"下框线"按钮→"绘制边框"中选择"线条颜色"→选择一种合适的颜色。边框线型设置：选中需添加表格边框的单元格区域，执行"开始"→"字体"组→"下框线"按钮→"绘制边框"中选择"线型"→选择一种合适的线型。

6. 打印输出：打印前的准备工作主要有页面的设置和打印预览。

页面设置是指对将要打印的页面进行格式设置。执行"页面布局"→单击"页面设置"右下角的按钮，便可以弹出"页面设置"对话框，在此对话框中有"页面"、"页边距"、"页眉/页脚"、"工作表"选项卡，在此四张选项卡中可进行一系列的页面设置。

Excel 2010 可以使用户在打印之前先预览到页面设置的各种效果，如果发现问题可以及时得到修正。操作方法是执行"文件"→"打印"命令，在窗口右边可以预览到打印的效果。

更改打印机：单击"打印机"右下的下拉框→选择所需的打印机。

缩放整个工作表以适合单个打印页的大小：在"设置"下→单击"无缩放"下拉框中→选择需要缩放的种类。

5.2.7 电子表格 Excel 2010 工作表的数据处理与统计分析

数据清单是指在 Excel 中按记录和字段的结构特点组成的数据区域。Excel 可以对数据清单执行各种数据管理和分析功能。实际上，如果一个工作表只有一个连续数据区域，并且这个数据区域的每个列都有列标题（这里的"列标题"对应着数据库中的"字段名"，应避免在数据清单中随便放置空行和空列），那么系统会自动将这个连续的数据区域识别为一个数据清单。

1. 排序

选择需要排序的整个数据区域（包含每列的标题），执行"数据"→"排序和筛选"组→单击"排序"按钮，弹出"排序"对话框，设置排序的"主要关键字"、"排序依据"和"次序"，单击"确定"按钮，将依据主要关键字进行排序，根据需要还可以在对话框中单击"添加条件"按钮以便添加"次要关键字"。

2. 筛选

筛选的方法有自动筛选和高级筛选两种。

自动筛选法可以针对简单的指定条件进行迅速地筛选，其操作方法是先选中数据清单中任意一单元格，再执行"数据"→"排序和筛选"组→"筛选"命令，此时在工作表中每个字段旁边均显示一个箭头，单击此箭头，便会弹出一个下拉列表，在下拉列表中有此列的不同数据条目，选择其中任意一项，便完成了自动筛选。另外，在自动筛选下拉列表框中，通过"按颜色筛选"、"文本筛选"／"数字筛选"还可以设置相应条件作筛选。倘若需要将筛选的数据取消，则再次单击"筛选"命令便可。

高级筛选法需要先设置条件区域，以指定筛选数据满足的条件，条件区域最好设置在数据清单的前面，与数据清单通过空行隔开，条件区域最少也应有两行以上，第一行为字段名，从第二行起为筛选的条件，如果字段名与数据清单中的不匹配，便不能进行高级筛选工作。因此，应将数据清单中的字段名复制至其他单元格内，以作为查找时的条件字段名。

Excel 2010 允许在条件区域中的同一行内键入多重条件，此时条件间的关系是逻辑"与"的关系，目的是为了能让一个记录匹配多重条件。当两个条件不在同一行时，条件间的关系便是逻辑"或"的关系了。如果条件区域设置好了后，便可以在数据清单中筛选记录了，其操作方法是先选中数据清单中的单元格，再执行"数据"→"排序和筛选"→"高级"命令，在弹出的"高级筛选"对话框中设置好"数据区域"和"条件区域"便可以进行筛选操作。

3. 分类汇总

分类汇总的内容主要有建立分类汇总、分级显示分类汇总、分类汇总的删除等。建立分类汇总前应先对数据清单进行排序，以使数据清单按照某一字段分类。然后执行"数据"→"分级显示"组→"分类汇总"命令，在弹出的"分类汇总"对话框中进行相关的设置。

若需要删除分类汇总则可先在数据清单中任选一个单元格，再执行"数据"→"分级显示"组→"分类汇总"命令，在弹出的对话框中单击"全部删除"按钮便可。

4. 使用数据透视表

使用数据透视表，可以汇总、分析、浏览和提供工作表数据或外部数据源的汇总数据。在需要对一长列数字求和时，数据透视表非常有用，同时聚合数据或分类汇总可从不同的角度查看数据，并且对相似数据的数字进行比较。

要将 Microsoft Excel 表中的数据作为透视表的数据源，单击该 Excel 表中的某个单元格。保证该区域具有列标题或表中显示了标题，并且该区域或表中没有空行。执行"插入"选项卡→"表格"组中→单击"数据透视表"按钮→"创建数据透视表"对话框→确保已选中"选择一个表或区域"→"表/区域"框中验证单元格区域是否输入正确→单击"确定"→弹出"数据透视表字段列表"窗格，在"选择要添加到报表的字段"列表下，单击鼠标选择相应的字段，根据需要拖动该字段到相应的"行标签"、"列标签"、"数值"或"报表筛"区域中。

5.2.8 电子表格 Excel 2010 工作表的网络功能

1. 共享工作簿

设置共享工作簿，可以先执行"审阅"→"更改组"→"共享工作簿"命令，在弹出的"共享工作簿"对话框中选中"允许多用户同时编辑，同时允许工作簿合并"复选框，再进行相关设置即可。需要查看此工作簿时，可以先执行"审阅"→"更改组"→"修订"→"突出显示修订"，在弹出的"突出显示修订"对话框中进行相关的设置。

因工作簿是共享的，所以不可避免地会产生几个人修改同一工作簿的情况，这便会产生冲突，有三种方法可以解决此类问题：一是在保存共享工作簿时，审阅冲突的更改，以便做出保留其中之一的决定，或者只保存自己的更改。共享工作簿的每位用户均有设定此项功能的权力；二是在审阅冲突的更改时，可查看各种更改信息，并根据需要从中决定保留的一项；三是设置共享工作簿的冲突日志，从中可以查看有关保留、更改、替换的一系列信息，以备再次审阅。设置冲突日志可先执行"审阅"→"更改组"→"共享工作簿"命令，在弹出的"共享工作簿"对话框中，选择"高级"选项卡，在此选项卡中进行相关设置即可。

如果想将自己作为能打开和操作共享工作簿的唯一用户，而不允许他人对共享工作簿进行修改，可以应用 Excel 2010 为用户设置的功能来达到目的，其操作方法是在"共享工作簿"对话框中选择"编辑"选项卡，在此选项卡中清除"允许多用户同时编辑，同时允许工作簿合并"复选框便可。

2. 超级链接

超级链接功能让用户颇为方便地在计算机上或网络上从一个工作簿快速地切换至其他的工作簿。超级链接既可以通过公式来建立，也可以是单元格中的文本或图形。Excel 2010 提供了多种创建超级链接的形式，其中常用的有四种：一是创建跳转至其他工作簿或 Web 页的超级链接；二是创建跳转到本工作簿的超级链接；三是创建跳转至新建工作簿的超级链接；四是创建跳转至电子邮件地址的超级链接。

右键单击需要建立超链接的对象，可以是文本、单元格、图像等，接着在快捷菜单中单击"超链接"命令，在弹出的"插入超链接"对话框左侧有链接到："现有文件或网页"、"本文档中的位置"、"新建文档"和"电子邮件地址"这几种类型，根据需要进行相关的设置。

5.3　例 题 分 析

例 1　Excel 2010 中有关工作簿的叙述中错误的是（　　）。

  A. 一个 Excel 2010 文件就是一个工作簿

  B. 一个 Excel 2010 工作簿可包含一张工作表

  C. 一个 Excel 2010 工作簿可包含多张工作表

  D. 一个 Excel 2010 文件可以包含多个工作簿

答案：D

分析：一个 Excel 文件就是一个工作簿。一个工作簿可以包含多张工作表，也可以只包含一张工作表。新建一个 Excel 文件时默认包含三张工作表，工作表名默认为 Sheet1、Sheet2 和 Sheet3。在 Excel 中工作簿与工作表的关系就像是日常的账簿和账页的关系。

例 2　在 Excel 2010 工作表中，单击某个有数据的单元格，当鼠标为向左上方空心箭头时，仅拖动鼠标可完成的操作是（　　）。

  A. 复制单元格内数据　 B. 删除单元格内数据

  C. 移动单元格内数据　 D. 不能完成任何操作

答案：C

分析：在 Excel 2010 工作表中，单击某个有数据的单元格，当鼠标变为向左上方空心箭头时，拖动鼠标可完成的操作是移动单元格内数据，按住 Ctrl 键进行拖动是复制单元格内数据。

例3 Excel 2010 中当单元格出现多个字符"#"时，说明该单元格（　　）。

    A. 数据输入错误　　　　　　　B. 数值格式设置错误

    C. 文字数据长度超过单元格宽度　D. 数值数据长度超过单元格宽度

答案：D

分析：Excel 2010 中，对于数值数据，如果输入的数字太长，则以一串"#"提示用户该单元格此时无法显示这个数值数据。如果输入的文字内容太长，并且相邻单元格中没有内容，则文字的显示将被延伸到相邻的单元格中。如果相邻单元格中已有内容，那么该文字内容就被截断显示，用户可以通过调整列宽来修正这类显示错误。

例4 以下不属于 Excel 2010 中数字分类的是（　　）。

    A. 常规　　　　B. 货币　　　　C. 文本　　　　D. 条形码

答案：D

分析：在"设置单元格格式"对话框的"数字"选项卡中，"分类"下可以看到有"常规"、"货币"和"文本"，但没有"条形码"这种分类。

例5 在 Excel 2010 中选择单元格时，可以进行的操作是（　　）。

    A. 选择单个单元格

    B. 选择相邻的单元格区域（连续的区域）

    C. 选择不相邻的单元格区域（离散的区域）

    D. A、B 和 C

答案：D

分析：在 Excel 2010 中，许多操作和计算都需要先进行选择单元格的操作。选择操作可以选择单个单元格，也可以选择相邻的和不相邻的一组单元格区域，即区域可以是连续的，也可以是离散的。要正确地对工作表中的数据进行操作，就必须先选择好相应的区域。

例6 在 Excel 工作表中，如果没有预先设定整个工作表的对齐方式，系统默认的对齐方式是：数值（　　）。

    A. 左对齐　　　　　　　　　B. 中间对齐

    C. 右对齐　　　　　　　　　D. 视具体情况而定

答案：C

分析：在 Excel 2010 中，数值的默认对齐方式是右对齐，文本的默认对齐方式是左对齐。

例 7　在 Excel 2010 工作表中，第 12 行第 14 列单元格地址可表示为（　　）。

　　A. N12　　　　　B. N10　　　　　C. M12　　　　　D. M12

答案： A

分析： 在 Excel 2010 工作表中，单元格地址的表示形式是：列在前，按英文字母顺序表示，行在后，按数字自然顺序表示。对于第 12 行第 14 列单元格而言，其列号是第 14 个英文字母 "N"，行号是第 12 个数字 "12"。因此，第 12 行第 14 列单元格地址可表示为 N12。

例 8　在 Excel 2010 工作表中，在某单元格的编辑区输入 "（8）"，单元格内将显示（　　）。

　　A. –8　　　　　B. （8）　　　　　C. 8　　　　　D. +8

答案： A

分析： 在 Excel 2010 工作表中，若要在单元格中显示负数，则必须在输入的数前面加一个减号或用圆括号括起。因此，若在某单元格的编辑区输入 "（8）"，单元格内将显示–8。

例 9　在 Excel 单元格中输入后能直接显示 "1/2" 的数据是（　　）。

　　A. 1/2　　　　　B. 0 1/2　　　　　C. 0. 5　　　　　D. 2/4

答案： B

分析： 在 Excel 中输入分数的方法是先输入一个 0，然后输入一个空格，再输入分数。

例 10　Excel 2010 中如果需要在单元格中将 200 显示为 200.00，应将该单元格的数据格式设置为（　　）。

　　A. 常规　　　　　B. 数值　　　　　C. 日期　　　　　D. 文本

答案： B

分析： Excel 2010 中提供了常规、数值、货币、特殊、自定义等多种数据格式，如果不进行设置，输入时将使用默认的 "常规" 单元格格式。在 "常规" 格式下，整数显示将不带小数部分，为了将 200 显示为 200.00，应将该单元格的 "数据格式" 设置为 "数值"，方法为：选择要进行设置的单元格，然后单击 "开始/数字组" 右下角的按钮，在弹出的 "设置单元格格式" 对话框中，选择 "数字" 选项卡，在 "分类" 中选择 "数值"，"小数位数" 设置为 2。

例 11　在 Excel 2010 工作簿中，对工作表不可以进行的打印设置是（　　）。

　　A. 打印区域　　B. 打印标题　　C. 打印讲义　　D. 打印顺序

答案： C

分析： 在 Excel 2010 中，在 "页面设置" 对话框的 "工作表" 选项卡中，可对工作表进行一些打印设置。在此，可以设置的项有打印区域、打印顺序（先列后行或先行后列）、打印标题（顶端标题行、左端标题行）、网络线等，但没有打印讲义项。

例 12 在 Excel 2010 工作表中，使用"高级筛选"命令对数据清单进行筛选时，在条件区不同行中输入两个条件，表示（　　　）。

A. "非"的关系 B. "与"的关系
C. "异或"的关系 D. "或"的关系

答案：D

分析：在 Excel 2010 工作表中，使用"高级筛选"命令对数据清单进行筛选时，在条件区不同行中输入两个条件，表示"或"的关系，在同一行的条件之间是"与"的关系。

例 13 在 Excel 2010 中工作表不能进行的操作是（　　　）。

A. 插入和删除工作表 B. 移动和复制工作表
C. 恢复被删除的工作表 D. 修改工作表名称

答案：C

分析：在 Excel 2010 中对工作表可以进行插入空白工作表、删除工作表、复制工作表、移动工作表和修改工作表名称的操作，工作表一旦被删除，就不能再被恢复。

例 14 在 Excel 2010 中，如果一个单元格中的信息是以等号"="开头，则说明该单元格中的信息是（　　　）。

A. 常数 B. 公式 C. 提示信息 D. 无效数据

答案：B

分析：在 Excel 2010 的工作表中，经常需要对其中某一区域的数据进行计算，如求和、求平均值、求最大值等，此时就需要在工作表中引入公式。Excel 中公式是利用单元格的引用地址对存放在其中的数值数据进行计算的等式，所有的计算工作都是通过公式来完成的。一个单元格中，公式与常数之间的区别在于公式以等号"="开头。

例 15 在 Excel 2010 工作表中，下图中所选单元格区域可表示为（　　　）。

A. B1：C6 B. C6：B2 C. C1：C6 D. B2：B6

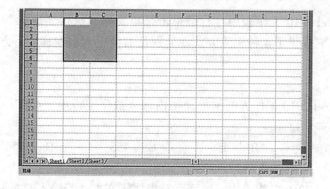

答案：A

分析：在 Excel 2010 工作表中，所选的连续单元格区域是由第一个被选取的单元格和最后一个被选取的单元格，再加上符号"："表示。在本题图中，可以看出，所选的第一个单元格是单元格 B1，所选的最后一个单元格是单元格 C6。因此，本题中所选的单元格区域可表示为 B1：C6。

例 16　在 Excel 2010 中公式可以使用的运算符有（　　）。

　　A. +（加），−（减）　　　　　　　B. *（乘），/（除）

　　C. ^（乘方），&（连接）　　　　　D. A、B 和 C

答案：D

分析：Excel 2010 工作表中公式与算术四则运算规则写法一样。在 Excel 2010 中公式可使用的运算符有 +（加）、−（减）、*（乘）、/（除）、^（乘方）、&（连接）等。运算的优先级与算术四则运算规则类似，依次为（　　）、乘方、乘除、加减、&。

例 17　Excel 2010 中对指定区域（D1：D5）求和的函数是（　　）。

　　A. SUM（D1：D5）　　　　　　　B. AVERAGE（D1：D5）

　　C. MAX（D1：D5）　　　　　　　D. MIN（D1：D5）

答案：A

分析：Excel 中提供的函数有：财务函数、时间与日期函数、数学与三角函数、统计函数、查找与引用函数、数据库函数、文本函数、逻辑函数、信息函数、工程函数等。函数由函数名、括号、参数表组成，参数表中的各参数用"，"隔开。函数名代表了该函数的功能。本题中列出的常用函数为：Sum（）对指定区域内的数据求和；Average（）对指定区域内的数据求平均值；Max（）找出指定区域中最大的数；Min（）找出指定区域中最小的数。

例 18　在 Excel 2010 工作表中，右键选定某单元格，在快捷菜单中，执行"删除"命令，不可能完成的操作是（　　）。

　　A. 删除该行　　　　　　　　　　B. 右侧单元格左移

　　C. 删除该列　　　　　　　　　　D. 左侧单元格右移

答案：D

分析：在 Excel 2010 工作表中，右键单击某单元格，执行"删除"命令时，会弹出"删除"对话框，它提供了 4 种删除方式，分别是右侧单元格左移、下方单元格上移、整行、整列。

例 19　在 Excel 2010 工作表的某单元格内输入数字字符串"456"，正确的输入方式是（　　）。

　　A. 456　　　　　B. ' 456　　　　　C. =456　　　　　D. "456"

答案：B

分析：在 Excel 2010 工作表中，数字字符串属于文本。若输入的文本全部是数据，应先输入单撇号作为文字标志，接着再输入数据。

例20 已知单元格 C7 中是公式 "＝SUM（C2：C6）"，将该公式复制到单元格 D7 中，D7 中的公式为（   ）。

    A.＝SUM（C2：C6）   B.＝SUM（D2：D6）

    C.SUM（C2：C7）   D.SUM（D2：D7）

答案：B

分析：在某个单元格中的计算公式中如果包含相对地址，那么对此单元格的公式进行移动或复制到另外的单元格中将会发生变化。将单元格 C7 的公式 "＝SUM（C2：C6）" 复制到单元格 D7 中，C7 相对于 D7 其中单元格地址行号不变，列号相对增加了 1 列，所以复制结果中相对地址的列号都将增加 1 列变为 D2：D6。

例21 在 Excel 2010 中数据清单管理功能包括（   ）。

    A. 筛选数据   B. 排序数据

    C. 分类汇总数据   D. A、B、C 都是

答案：D

解析：Excel 中，数据库是具有相同结构方式存储的数据集合。它被看成是一个数据清单。数据清单中至少包含两部分：表结构和纯数据。这是一种特殊的表格，其第一行是表结构，数据由记录组成，每一个记录包括若干个字段。对数据清单的数据可以进行排序、筛选、自动分类汇总等操作。

例22 在 Excel 2010 工作表中，单元格 D5 中有公式 "＝$B $2+C4"，删除第 A 列后，C5 单元格中的公式为（   ）。

    A.＝$A $2+B4   B.＝$B $2+B4

    C.＝$A $2+C4   D.＝$B $2+C4

答案：A

分析：在 Excel 2010 工作表中，当删除第 A 列后，A 列之后的列减 1，行不变。即：原 B、C 列变成 A、B 列，原单元格 D5 变成现单元格 C5，原单元格 D5 中的公式 "＝$B $2+B4" 变为现单元格 C5 中的公式 "＝$A $2+B4"。

例23 在 Excel 2010 中数据排序可以按（   ）排序。

    A. 字母顺序   B. 数值大小   C. 单元格颜色   D. A、B 和 C

答案：D

分析：Excel 2010 中的数据通过排序操作可以改变记录的排列。对选择区域的数据，可按关键字的字母顺序、数值大小、单元格颜色等排序。排列顺序可以是升序，也可以是降序。当遇到某些数据完全相同的情况时，可根据 "主要关键字" 和 "次要关键字" 数据进行排序。

例24 在 Excel 2010 中做筛选数据操作后，表格中未显示的数据（   ）。

    A. 已被删除，不能再恢复   B. 已被删除，但可以恢复

    C. 被隐藏起来，但未被删除   D. 已被放置到另一个表格中

答案：C

解析：Excel 中可利用筛选功能在数据清单中选取出满足筛选条件的数据，而将不满足条件的数据暂时隐藏起来。注意，那些未显示的数据并没有真正被删除掉。一旦撤销筛选条件，这些数据又将重新显示。

例 25　Excel 2010 工作表中，在拖动填充柄进行智能填充时，鼠标的形状为（　　）。

    A. 空心粗十字　　　　　　　　　B. 向左上方箭头

    C. 实心细十字　　　　　　　　　D. 向右上方箭头

答案：C

分析：在 Excel 2010 工作表中拖动填充柄进行智能填充时，鼠标的形状为实心细十字。

例 26　在 Excel 2010 工作表中，正确的 Excel 公式形式为（　　）。

    A. =B3 * Sheet3！A2　　　　　　　B. d3 * Sheet3 $A2

    C. =B3 * Sheet3：A2　　　　　　　D. B3 * Sheet3% A2

答案：A

分析：在 Excel 2010 工作表中，除了可以引用同一工作表中的单元格外，还可以引用同一工作簿中其他工作表的单元格。引用同一工作簿中其他工作表单元格的表示方法是：工作表！单元格地址。

例 27　在 Excel 2010 工作簿中，有关移动和复制工作表的说法正确的是（　　）。

    A. 工作表只能在所在工作簿内移动，不能复制

    B. 工作表只能在所在工作簿内复制，不能移动

    C. 工作表可以移动到其他工作簿内，不能复制到其他工作簿内

    D. 工作表可以移动到其他工作簿内，也可复制到其他工作簿内

答案：D

分析：在 Excel 2010 工作簿中，工作表既可以移动、复制到其他工作簿内，也可以移动、复制到同一工作簿内。

例 28　Excel 2010 中可以选择一定的数据区域建立图表，当该数据区域的数据发生变化时（　　）。

    A. 图表保持不变

    B. 图表将自动相应改变

    C. 需要通过某种操作，才能使图表发生改变

    D. 系统将给出错误提示

答案：B

分析：Excel 中选择一定的数据区域建立的图表将被链接到与其相关的数据区域上。当该数据区域的数据发生变化时，图表将自动相应更新。这种更新不需要通过某种操作。

例 29 在 Excel 2010 工作表中，单元格的内容如下图，将 C3 单元格中的公式复制到 D4 单元格中，D4 单元格中的数值为 （   ）。

A. 14   B. 16   C. 21   D. 37

答案：D

分析：C3 单元格中的公式是 "B2+\$B\$3"。其中，B2 是相对地址；\$B\$3 是绝对地址，复制公式后地址不发生改变。因此，若将 C3 单元格中的公式复制到 D4 单元格中（行号、列号都加 1），D4 单元格中的公式是 "C3+\$B\$3"，其值为：21+16=37。

例 30 在 Excel 中，下列地址为绝对地址引用的是 （   ）。
A. \$D5   B. E\$6   C. F8   D. \$G\$9

答案：D

分析：相对地址直接用列号和行号表示，绝对地址是在列号和行号前都加 \$，混合地址是在列号或者行号前加 \$。

例 31 在单元格中输入数值时，当输入的长度超过单元格宽度时自动转换成 （   ）方法表示。
A. 四舍五入   B. 科学计数   C. 自动舍去   D. 以上都对

答案：B

分析：在单元格中输入数值时，当输入的长度超过单元格宽度时自动转换成科学计数的方法表示，要进行四舍五入或者舍去可以通过相关函数来实现。

例 32 在 Excel 2010 工作表中，单元格区域 E3：F5 所包含的单元格个数是 （   ）。
A. 5   B. 6   C. 7   D. 8

答案：B

分析：在 Excel 2010 工作表中，单元格区域 E3：F5 组成一个 3 行 2 列的表格，共包含 6 个单元格。

例 33 在 Excel 2010 工作表中，有下图所示数值数据，在 C3 单元格的编辑区输入公式 "=C2+\$C\$2"，单击 "确认" 按钮，C3 单元格的内容为 （   ）。

A. 11   B. 6   C. 26   D. 12

答案：D

分析：C3 单元格的公式是 "=C2+$C$2"，其内容是 =6+6=12。

例34 在 Excel 2010 工作表中，单元格 C4 中有公式 "=A3+$C$5"，在第 3 行之前插入一行之后，单元格 C5 中的公式为（   ）。

     A. =A4+$C$6   B. =A4+$C$5

     C. =A3+$C$6   D. =A3+$C$5

答案：A

分析：在 Excel 2010 工作表中，当在第 3 行之前插入一行之后，列不变；第 3 行之后的行加1。原3、4、5 行变成4、5、6 行，原单元格 C4 变成现单元格 C5，原单元格 C4 中的公式 "=A3+$C$5" 变为现单元格 C5 中的公式 "=A4+$C$6"。

例35 在 Excel 2010 工作簿中，至少应含有的工作表个数是（   ）。

     A. 1   B. 2   C. 3   D. 4

答案：A

分析：在 Excel 2010 工作簿中，至少应含有的工作表个数是 1 个，还可以包含多个工作表。

例36 在 Excel 2010 工作表中，不正确的单元格地址是（   ）。

     A. C$77   B. $C77   C. C7$7   D. $C$77

答案：C

分析：在这 4 个选项中：A、B 是混合地址，D 是绝对地址，C 是不正确的单元格地址。

例37 在 Excel 2010 工作表中，在某单元格内输入数值 123，不正确的输入形式是（   ）。

     A. 123   B. =123   C. +123   D. *123

答案：D

分析：在 Excel 2010 中，输入正数时，若输入了加号，系统会对其忽略。A、B、C 三个选项都是数值 123 的正确输入形式。

例38　在 Excel 2010 中，一个工作表最多可含有的行数是（　　）。

　　A. 255　　　　　　B. 1048576　　　　C. 65536　　　　D. 任意多

答案：B

分析：在 Excel 2010 中，一个工作表最多可含有的行数和列数分别是 1048576、16384。

例39　在 Excel 2010 中，关于工作表及为其建立的嵌入式图表的说法，正确的是（　　）。

　　A. 删除工作表中的数据，图表中的数据系列不会删除

　　B. 增加工作表中的数据，图表中的数据系列不会增加

　　C. 修改工作表中的数据，图表中的数据系列不会修改

　　D. 以上 3 项均不正确

答案：D

分析：在 Excel 2010 中，当工作表中的数据发生改变时，图表也会随之发生相应的改变。

例40　在 Excel 2010 工作表的单元格 E5 中有公式"=E3+$E $2"，删除第 D 列后，则 D5 单元格中的公式为（　　）。

答案：=D3+$D $2

分析：在 Excel 工作表中，当删除第 D 列后；D 列之后的列减 1，行不变。即：原 E 列变成 D 列，原单元格 E5 变成现单元格 D5，原单元格 E5 中的公式"=E3+$E $2"变为现单元格 D5 中的公式"=D3+$D $2"。

例41　在 Excel 2010 工作簿中，Sheet1 工作表第 8 行第 F 列单元格应表示为（　　）。

答案：Sheet1！F8

分析：在 Excel 2010 工作簿中，Sheet1 工作表第 8 行第 F 列单元格应表示为 Sheet1！F8。

例42　一个 Excel 2010 文件就是一个（　　）。

答案：工作簿

分析：一个 Excel 2010 文件就是一个工作簿。一个工作簿中可以有多张工作表。

例43　Excel 2010 中工作簿的最小组成单位是（　　）。

答案：单元格

分析：Excel 2010 中工作表格区的每个矩形小格是一个单元格。单元格是 Excel 工作簿的最小组成单位。在单元格内可以存放字符或数字，其长度、宽度都是可以调整的。

例44　工作表 Sheet1 中，设已对单元格 A1、B1 分别输入数据 20、40，若对单元格

C1 输入公式"＝A1>B1"，则 C1 的值为（　　　）。

答案：FALSE

分析：A1>B1 是判断 A1 中的值是不是大于 B1，若成立则显示 TRUE，不成立则显示 FALSE。

例 45　在 Excel 2010 工作表的单元格 C5 中有公式"＝$B3+C2"，将 C5 单元格的公式复制到 D7 单元格内，则 D7 单元格内的公式是（　　　）。

答案：＝$B5+D4

分析：单元格 C5 中的公式是"＝$B3+C2"。其中，$B3 是混合地址，复制公式后列不变，行发生相应的改变；C2 是相对地址，复制公式后地址会发生相应的改变。因此，若将 C5 单元格的公式复制到 D7 单元格内，则 D7 单元格内的公式是"＝$B5+D4"。

例 46　在 Excel 2010 工作表中，按 Ctrl+；组合键，可以在选定的单元格输入（　　　）。

答案：系统当前日期

分析：在 Excel 2010 工作表中，按 Ctrl+；组合键，在选定的单元格内输入"系统当前日期"。另外，按 Ctrl+Shift+；组合键在选定的单元格内输入"系统当前时间"。

例 47　在 Excel 2010 工作表中，若要在单元格中的某处另换一行输入数据可以用快捷键（　　　）。

答案：Alt+Enter

分析：若要在单元格中另换一行输入数据，请按"Alt+Enter"输入一个换行符，然后在下一行中输入内容。在 Excel 中，还可以在"设置单元格格式"对话框的"对齐"选项卡→"文本控制"下，勾选"自动换行"复选框，实现自动换行。

例 48　Excel 2010 中图表可以分为两种类型，即独立图表和（　　　）。

答案：嵌入式图表

分析：Excel 2010 能够将电子表格中的数据转换成各种类型的统计图表，如柱形图、饼图等，以便用图表来描述电子表格中的数据。在 Excel 中，图表可分为两种类型：一种图表位于单独的工作表中，也就是与源数据不在同一工作表上，这种图表称为独立图表；另一种图表与源数据在同一工作表上，作为该工作表中的一个对象，称为嵌入式图表。

例 49　在 Excel 2010 中，快速查找数据清单中符合条件的记录，可使用 Excel 2010 提供的（　　　）功能。

答案：筛选

分析：在 Excel 2010 中，快速查找数据清单中符合条件的记录，可使用 Excel 提供的筛选功能，若筛选条件比较复杂，还可以利用高级筛选功能来实现。

例 50　在 Excel 2010 工作表中，若要使单元格中不显示数值 0，应使用"文件/选项"，在出现的"Excel 选项"对话框下的（　　　）中进行设置。

答案："高级"选项

分析：在 Excel 2010 工作表中，若要使单元格中不显示数值 0，应执行"文件"→"选项"→在出现的"Excel 选项"对话框中选择"高级"→"此工作表的显示选项"→取消勾选"在具有零值的单元格中显示零"。

例 51 在 Excel 中，如果要将工作表冻结便于查看，可以用视图功能区的（　　　）来实现。

答案：冻结窗格

分析："冻结窗格"可以保持工作表的某一部分在其他部分滚动时可见，选定某个单元格执行"视图"→"窗口"组→"冻结窗格"→"冻结拆分窗格"，那么该单元格上面部分的"行"以及左侧的"列"都将冻结，可以保持这些相应单元格中的内容在拖动滚动条时依然可见。

5.4 练 习 题

（一）判断题

（　　） 1. 在 Excel 2010 中，可以更改工作表的名称和位置。

（　　） 2. 一个 Excel 文档就是一个工作表。

（　　） 3. 在 Excel 中只能清除单元格中的内容，不能清除单元格中的格式。

（　　） 4. Excel 工作表的数量可根据工作需要作适当增加或减少，并可以进行重命名、设置标签颜色等相应的操作。

（　　） 5. 在 Excel 中，不能按文字的拼音字母或笔画多少排序。

（　　） 6. 用户不可以更改工作簿中所包含的工作表的数量。

（　　） 7. 可以定义代表某个单元格区域的工作簿全局名称使得该名称对于工作簿中的所有工作表域有效。

（　　） 8. 在 Excel 中，更改工作表中数据的值，其图表会自动更新

（　　） 9. 在 Excel 的工作表中，每次只能向一个单元格输入数据。

（　　） 10. 数字不能作为 Excel 2010 的文本数据。

（　　） 11. EXCEL 工作表不能出现在 Word 文档中。

（　　） 12. B15 单元格位于工作表第 15 行第 2 列

（　　） 13. 在 Excel 中，如果要复制单元格区域内的计算结果而不是复制它的公式的逻辑关系，则必须使用相对引用公式。

（　　） 14. Excel 2010 不具有自动保存功能。

（　　） 15. Excel 的自动筛选功能不允许自定义筛选条件。

（　　） 16. 在完成对一个图表的创建之后，我们可以改变图表的类型，但不能增加图表的图例。

（　　） 17. 在 Excel 中可用组合键"Ctrl+;"输入当前的时间。

（　　） 18. Excel 2010 中只能用"套用表格格式"设置表格样式，不能设置单个单元格样式。

（　　） 19. 在 Excel 2010 中，除可创建空白工作簿外，还可以下载多种 office.com 中的模板。

（　　） 20. 运用"条件格式"中的"项目选取规则"，可设置自动显示学生成绩中某列前 10 名内单元格的格式。

（　　） 21. 在 Excel 2010 中设置"页眉和页脚"，只能通过"插入"功能区来插入页眉和页脚，没有其

他的操作方法。

（　　）22. 在 Excel 2010 中，使用筛选功能只显示符合设定条件的数据而隐藏其他数据。

（　　）23. 在 Excel 中输入分数 2/5，直接输入 2/5 即可。

（　　）24. 当一列的列宽被设置为 0，就再也无法恢复，其中的内容将丢失。

（　　）25. 公式"＝SUM（D4：D7）"和公式"＝SUM（D4，D7）"其返回值是一样的。

（　　）26. 在一个 Excel 工作簿中，可同时在不同工作表的相同位置的单元格中输入相同的内容。

（　　）27. 在 Excel 中，可以从多种预制好的图形分类中选择所需的图形。

（　　）28. 用户不可以在公式中引用合并后的单元格。

（　　）29. 在默认状态下，图表中的文字不会随着图表区的大小而改变字号的大小。

（　　）30. 在 Excel 中，如果移动的单元格区域内包含公式，则将移动公式的计算结果。

（　　）31. 在 Excel 中，如果要粘贴单元格区域内的计算结果而不是复制它的公式的逻辑关系，则必须使用相对引用公式。

（　　）32. 工作簿窗口总是显示活动工作表。

（　　）33. 如果执行"清除内容"命令，则会删除所选的行和列的内容，同时删除该行和列。

（　　）34. 一般来说，如果要打印的列数大于行数，那么最好选用横向打印。

（二）填空题

1. Excel 2010 工作簿文件的扩展名为（　　　）。

2. 连接运算符是（　　　），其功能是把两个字符连接起来。

3. 在 Excel 中，输入公式必须以（　　　）开始。

4. 若单元格 A2 的内容是"李红"，B2 的内容是 200，在 C2 中输入公式：＝A2&"津贴:"&B2，则在 C2 单元格中显示（　　　）。

5. 公式：＝SUM（B1，C1：C3）是对（　　　）单元格求和。

6. 在 Excel 中，单元格地址有：相对地址、绝对地址、（　　　）和三维地址。

7. 在 Excel 中，填充柄位于单元格的（　　　）。

8. 在 Excel 中，按钮 $\frac{.00}{.00}$ 是（　　　）。

9. 在 Excel 中，按钮 % 是（　　　）。

10. 在 Excel 中的单元格都采用网格线进行分隔，这些网格线是（　　　）打印出来的。

11. 在 Excel 中，公式＝SUM（Sheet1！C4，Sheet3！E5）表示（　　　）。

12. 在 Excel 2010 工作表中，在单元格中输入公式"＝5^2+4^2"，结果为（　　　）。

13. 在 Excel 2010 工作表中，单元格 A3 中有公式"＝$B4+F5"，删除第 C 列后，单元格 A3 中的公式为（　　　）。

14. 在 Excel 2010 工作表中，单元格 C2 中有公式"＝A$3+D7"，将 C2 单元格中的公式复制到 D4 单元格中，D4 单元格中的公式为（　　　）。

15. 在 Excel 2010 中，数据清单中的列标题被认为是数据库的（　　　）。

16. 在对数据进行分类汇总前，应对相应的数据进行（　　　）操作。

17. 在 Excel 中，一个工作簿可以包含多个工作表，缺省状态下有（　　　）个工作表，默认名称为（　　　）、（　　　）、（　　　）。

18. Excel 提供了两种筛选命令分别为自动筛选和（　　　）。

19. 在 Excel 中被选中的单元格称为（　　　）。

20. 在 Excel 工作表中，如没有特别设定格式，则文字数据会自动（　　　）对齐，而数值数据自动（　　　）对齐。

21. Excel 自带的数字格式无法描述实际的数据格式，用户可通过（　　　）格式来设计如何显示数字、文本、日期等代码。

22. 在 A1 单元格内输入 "30001"，然后按下 "Ctrl" 键，拖动该单元格填充柄至 A8，则 A8 单元格中内容是（　　）。

23. Excel 2010 中，对输入的文字进行字体设置是选择（　　）功能区。

24. 在 Excel 2010 中新增（　　）功能，可以在单个单元格里生成图形，简要地表现数据的变化。

25. 在 Excel 工作表中，只有（　　）个活动单元格。

26. 在 Excel 中，输入公式必须以（　　）开始。

27. 公式：=SUM（E2：F4）是对（　　）单元格求和。

28. 进行求和计算最简便的方法是（　　）。

29. 在 Excel 中，对某报表数据进行求和，既可以利用 "插入函数"，也可以在单元格中直接（　　）。

30. Excel 的数据筛选功能是把符合条件的数据显示在工作表内，而把不符合条件的数据（　　）起来。

31. 在 Excel 2010 中，图表有独立式图表和（　　）图表。

32. 在 Excel 中，每一个单元格都处于某一行和某一列的交叉位置，这就是它的（　　）。

33. 如果输入的数据在某行或某列中是有规律的数据时，可以使用（　　）功能来操作。

34. 在 Excel 2010 中，后台 "保存自动恢复信息的时间间隔" 默认为（　　）分钟。

35. 在 Excel 2010 中要录入身份证号，数字分类应选择（　　）格式。

（三）选择题

1. Excel 2010 将文件保存为包含多张（　　）的工作簿。
   A. 工作表　　　　　　 B. 页面　　　　　　　 C. 文件　　　　　　　 D. 表格

2. 在 Excel 中，当移动活动单元格选定框时，行号上的数字和列标上的字母将（　　），这样就可以很方便地确定当前所在的位置。
   A. 突出显示　　　　　 B. 不显示　　　　　　 C. 没变化　　　　　　 D. 隐藏

3. Excel 2010 可以很方便地将数据直接从（　　）传送到网页上。
   A. 工作簿　　　　　　 B. 单元格　　　　　　 C. 页面　　　　　　　 D. 表格

4. Excel 中，用鼠标拖动选定单元格区域的边框即可将该区域移至工作表的其他部位，或者按住（　　）键用鼠标拖动选定单元格区域的边框将该区域内容复制至工作表的其他部位。
   A. ALT　　　　　　　 B. ESC　　　　　　　 C. CTRL　　　　　　　 D. ENTER

5. 当鼠标指针停留在带有批注指示符的单元格上时，"单元格提示" 可以自动显示附属于该单元格的（　　）。
   A. 数据　　　　　　　 B. 公式　　　　　　　 C. 函数　　　　　　　 D. 注释或说明

6. 拖动滚动块查看工作表的其他部分内容时，"滚动提示" 将显示将要移动到的（　　）。
   A. 单元格内容　　　　 B. 行号或列标　　　　 C. 单元格注释　　　　 D. 单元格的自然语言名称

7. 通过 "视图" 功能区中的（　　）命令可以隐藏诸如快速访问工具栏和功能区等屏幕元素，使得用户能够在屏幕中看到更多的工作表内容。
   A. 常规　　　　　　　 B. 分页预览　　　　　 C. 批注　　　　　　　 D. 全屏显示

8. 从打开了多个文件的 Excel 中退出时，可以选择在退出前（　　）文件，而不是按照提示逐个关闭文件，这是应用户广泛的需求而设置的功能。
   A. 全部保存　　　　　 B. 保存选择的　　　　 C. 保存标记的　　　　 D. 保存最近打开的

9. （　　）能够通过自动更正常见的错误和提供即时帮助来协助用户工作，使得创建公式更为简便。
   A. 公式选项板　　　　 B. 函数向导　　　　　 C. 粘贴函数　　　　　 D. 工作助手

10. 在编辑公式时，被该公式所引用的所有单元格及单元格区域都将以彩色显示在公式单元格中，并在相应单元格及单元格区域的周围显示具有（　　）颜色的边框。
    A. 相同　　　　　　　 B. 红　　　　　　　　 C. 黑　　　　　　　　 D. 蓝

11. 选定相应的多个含有文本类型的单元格区域，在状态栏上可以查看到该单元格区域中的（　　　）。

　　A. 注释　　　　　　　B. 引用　　　　　　　C. 计数　　　　　　　D. 行列标志

12. "记忆式输入"功能可以将正在输入单元格的文本与（　　　）中已经输入的文本进行比较，然后以匹配的词条自动完成输入。

　　A. 同行　　　　　　　B. 同列　　　　　　　C. 相邻单元格　　　　D. 字库

13. 可以在"公式"功能区的（　　　）中创建单元格区域的名称。

　　A. 定义名称　　　　　B. 条目　　　　　　　C. 数据　　　　　　　D. 函数

14. "公式/公式审核组"中的（　　　）命令，可以显示箭头，用于指示影响当前所选单元格值的单元格。

　　A. 错误检查　　　　　B. 追踪引用单元格　　C. 自动更正　　　　　D. 显示公式

15. Excel 2010 中可以在（　　　）对话框中更改数字格式。

　　A. 设置单元格格式　　B. 页面设置

　　C. 设置　　　　　　　D. 加载宏

16. 如果单元格 D2 的值为 6，则函数 = IF（D2>8，D2/2，D2 * 2）的结果为（　　　）。

　　A. 2　　　　　　　　B. 6　　　　　　　　C. 22　　　　　　　　D. 12

17. 如果在工作簿中既有一般工作表又有图表，当执行"文件"选项卡的"保存"命令时，Excel 将（　　　）。

　　A. 把一般工作表另外保存到一个文件中

　　B. 把图表另外保存到一个文件中

　　C. 把一般工作表和图表保存到一个文件中

　　D. 把工作表和图表分别保存到不同的文件中

18. 在对数字格式进行修改时，如果出现"######"，其原因是（　　　）。

　　A. 单元格长度不够　　B. 系统出现错误　　　C. 格式语法错误　　　D. 以上答案都不正确

19. 公式"= COUNT（C4：E7）"的含义是（　　　）。

　　A. 计算 C4：E7 区域内数值的和　　　　　　B. 计算 C4：E7 区域内数值的个数

　　C. 计算 C4：E7 区域内字符的个数　　　　　D. 计算字符等于"C4：E7"的个数

20. 在单元格中输入什么内容（　　　），使该单元格显示 0.3。

　　A. 6/20　　　　　　　B. =6/20　　　　　　C. "6/20"　　　　　　D. = "6/20"

21. 在 Excel 中，某公式中引用了一组单元格，它们是（B1：F2），该公式引用的单元格总数为（　　　）。

　　A. 2　　　　　　　　B. 15　　　　　　　　C. 5　　　　　　　　D. 10

22. 如果 B2、B3、B4、B5 单元格的内容分别为 4、2、5、= B2 * B3−B4，则 B2、B3、B4、B5 单元格实际显示的内容分别是（　　　）。

　　A. 4、2、5、2　　　　B. 2、3、4、5　　　　C. 5、4、3、2　　　　D. 4、2、5、3

23. 利用（　　　）功能，可以自定义输入提示信息和出错提示信息。当用户选定了限定区域的单元格或在单元格中输入了无效数据时，这些信息将会显示出来。

　　A. 数据有效性　　　　B. 自动更正　　　　　C. 自动检索　　　　　D. 自动文本

24. 在 Excel 编辑时，若删除数据选择的区域是"整列"，则删除后，该列（　　　）。

　　A. 仍留在原位置　　　B. 被右侧列填充　　　C. 被左侧列填充　　　D. 被动

25. （　　　）函数用于计算选定单元格区域中包含的空单元格数量。

　　A. COUNTBLANK　　　B. COUNTIF　　　　　C. BLANK　　　　　　D. SUMBLNK

26. （　　　）函数用于计算选定单元格区域数据的平均值。

　　A. SUM　　　　　　　B. AVERAGE　　　　　C. COUNTIF　　　　　D. RATE

27. 在"设置单元格格式"对话框→"对齐"→"方向"下，可以旋转单元格中的文本方向，可以将单元格中的文本旋转（　　）。

    A. 45°   D. 90°

    C. 180°   D. 90°到-90°之间的任意整数角度

28. 在 Excel 中，下列公式不正确的是（　　）。

    A. =1/4-B3   B. =7*8   C. 1/4+8   D. =5/（D1+E3）

29. （　　）单元格可以选定、编辑单元格并设置其中个别字符的格式，这是经常需要用到的功能。

    A. 双击   B. 单击   C. Shift+单击   D. Alt+单击

30. Excel 在首次打开可能包含病毒的工作簿时将显示警告，这样就可以在打开这些工作簿时不启用其中的宏，防止（　　）的感染。

    A. 宏病毒   B. CIH 病毒   C. dir 病毒   D. stone 病毒

31. 设 A1 单元格的内容为 10，B2 单元格的内容为 20，在 C2 单元格中输入"B2-A1"，按回车键后，C2 单元格的内容是（　　）。

    A. 10   B. -10   C. "B2-A1"   D. #######

32. 如果在 A1. B1 和 C1 三个单元格分别输入数据 1、2 和 3，再选择单元格 D1，然后直接单击开始功能区中的按钮"Σ"，则在单元格 D1 显示（　　）。

    A. =SUM（A1：C1）   B. =TOTAL（A1：C1）

    C. =AVERAGE（A1：C1）   D. =COUNT（A1：C1）

33. 如果要在按 Enter 键以前取消录入项，需要按（　　）键。

    A. Esc   B. Alt   C. Shift   D. Ctrl+A

34. 可以按（　　）选定整个工作表。

    A. Ctrl+A   B. Ctrl+V   C. Ctrl+B   D. Ctrl+X

35. 在 Excel 中，忽略数字前面的正号，并将单一的句点视作小数点。其他数字与非数字的组合将被视为（　　）。

    A. 无效的   B. 文本   C. 时间   D. 注释

36. 如果要在单元格中输入"硬回车"，请按（　　）键。

    A. Alt+Enter   B. Esc   C. Esc+Alt   D. Ctrl+A

37. 如果要在同一单元格中显示多行文本，首先右击单元格，选择"置单元格格式"命令，选择"对齐"选项卡中的（　　）复选框。

    A. 自动对齐   B. 自动换行   C. 合并单元格   D. 缩小字体填充

38. 如果需要清除单元格内容、格式或批注，则先选定需要清除的单元格、行或列，再在（　　）功能区上，指向"编辑"组，再单击"清除"按钮，并选择相应的命令。

    A. 开始   B. 插入   C. 视图   D. 审阅

39. 工作表的某行或某列被隐藏后，则在打印预览时（　　）。

    A. 不可见   B. 可见   C. 不确定   D. 不能预览

40. 每个工作簿文件（　　）工作表。

    A. 只能包含 1 个   B. 只能包含 3 个

    C. 只能包含 2 个   D. 可以包含多个

41. 如果你在 B7 单元格中输入函数"=SUM（B1，B3：B5）"，它的含义是（　　）。

    A. 计算 B1、B3、B4、B5 各单元格值的和，将结果放入 B7 单元格中

    B. 计算 B1、B2、B3、B4, B5 各单元格值的和，将结果放入 B7 单元格中

    C. 计算 B1、B2、B3、B4、B6 各单元格值的和，将结果放入 B7 单元格中

    D. 计算 B1、B3、B4、B5, B6 各单元格值的和，将结果放入 B7 单元格中

42. Excel 具有自动保存功能，设置该功能的方法是选择"文件/（　　）"命令，在其对话框中，选择

"保存"选项，然后进行设置。

  A. 选项   B. 加载自动保存   C. 加载宏   D. 自定义

43. Excel 中"文件/最近所用文件"下（   ）最近打开的文件。

  A. 只能显示 1 个   B. 最多能显示 3 个

  C. 能显示多个   D. 最多能显示 2 个

44. 工作表底部的（   ）显示活动工作簿所有当前工作表的名字。

  A. 状态栏   B. 编辑栏   C. 工作表标签   D. 工具栏

45. 在打印 Excel 文件时默认的打印范围是（   ）。

  A. 打印活动工作表   B. 整个工作簿

  C. 工作表中的选定区域   D. 键入数据的区域和设置格式的区域

46. 利用 Excel 的转换位置功能可以快速地将行中的数据转换为列中的数据：首先选择并复制要转换的区域，接着选择目标区域的首单元，单击鼠标右键弹出快捷菜单，选择"选择性粘贴"命令，在弹出的对话框中，选择（   ）选择框，最后单击"确定"按钮，行数值将会转换为列数值。

  A. 有效数据   B. 转置   C. 格式   D. 公式

47. 在 Excel 中计算式 4>5 的结果为（   ）。

  A. 0   B. 1   C. FALSE   D. TRUE

48. 当 A2 的单元格中的数值为 800 时，在 B2 单元格中输入"= IF（A2>1000，"OVER"，"OK"）"，则 B2 的值将为（   ）。

  A. OVER   B. OK   C. FALSE   D. TRUE

49. （   ）函数可以对区域中满足单个指定条件的单元格进行计数。

  A. COUNTIF   B. COUNT   C. RATE   D. DB

50. 如果想要创建超级链接，可以单击（   ）功能区下的"超级链"按钮。

  A. 视图   B. 插入   C. 引用   D. 邮件

51. 在一个单元格对公式和公式运算结果进行对比观察时，按（   ）键可以在两者之间切换。

  A. Ctrl+ ~   B. Ctrl+V   C. Ctrl+B   D. Ctrl+X

52. 在 Excel 电子表格中完成一个数据序列的输入可以使用填充柄，它是将鼠标指针移到活动单元格的（   ），当鼠标指针由粗变为细十字时，按鼠标左键拖动完成输入。

  A. 左下角   B. 左上角   C. 右下角   D. 右上角

53. Excel 2010 数据分类汇总的应用中，（   ）字段进行汇总。

  A. 只能对一个   B. 只能对两个   C. 只能对多个   D. 可对一个或多个

54. Excel 工作表是由行和列组成的。一行和一列的矩形交叉点称为一个单元格，在左上角行号和列号的交叉位置是（   ）按钮。

  A. 全选   B. 编辑   C. 格式化   D. 字体

55. 在 Excel 中，若要对某工作表重新命名，可以采用（   ）。

  A. 单击工作表标签   B. 双击工作表标签

  C. 单击单元格   D. 双击单元格

56. 在单元格中输入 4/5，则 Excel 认为是（   ）。

  A. 分数   B. 日期   C. 小数   D. 表达式

57. Excel 中，一个完整的函数包括（   ）。

  A. "="和函数名   B. 函数名和参数

  C. "="和变量   D. "="、函数名和参数

58. 单元格中（   ）。

  A. 只能包含数字   B. 可以是数字、字符、公式

C. 只能包含文字　　　　　　　　D. 以上都不是

59. 工作表的标签在屏幕的（　　），活动工作表（　　）。

　　A. 上方　　　　B. 下方　　　　C. 只能有一个　　　　D. 可以多于一个

60. 要在一个单元格中输入数据，这个单元格必须是（　　）。

　　A. 空的　　　　　　　　　　　B. 必须定义为数据类型

　　C. 当前单元格　　　　　　　　D. 行首单元格

61. 首次进入 Excel 2010，打开的第一个工作簿的名字默认为（　　）。

　　A. 文档 1　　　　B. 工作簿 1　　　　C. Sheet1　　　　D. 未命名

62. 在 Excel 中，下面说法正确的是（　　）。

　　A. 一个工作簿可以包含多个工作表　　　B. 一个工作簿只能包含一个工作表

　　C. 工作簿就是工作表　　　　　　　　　D. 一个工作表可以包含多个工作簿

63. 一个 Excel 2010 工作表最多可有（　　）列。

　　A. 65535　　　　B. 256　　　　C. 16384　　　　D. 128

64. 对单元中的公式进行复制时，（　　）地址会发生变化。

　　A. 相对地址中的偏移量　　　　B. 相对地址所引用的单元格

　　C. 绝对地址中的地址表达式　　D. 绝对地址所引用的单元格

65. 在 Excel 2010 工作表中，在单元格中输入数字字符串 404000（邮政编码）时，应输入（　　）。

　　A. 404000　　　　B. "404000　　　　C. '404000　　　　D. 404000

66. 在 Excel 2010 工作表中，A1 单元格设定其数字格式为整数，当输入"53.51"时，显示为（　　）。

　　A. 53.51　　　　B. 54　　　　C. 53　　　　D. ERROR

67. 在 Excel 2010 的工作表中，公式的运算符有优先顺序，下列（　　）说法是错的。

　　A. 百分比优先于乘幂　　　　　B. 乘和除优先于加和减

　　C. 字符串连接优先于关系运算　D. 乘幂优先于负号

68. 在 Excel 2010 工作表中，不正确的单元格地址是（　　）。

　　A. C$88　　　　B. $C88　　　　C. C8$8　　　　D. $C$88

69. 在 Excel 2010 工作表中，若在单元格中输入公式"=AVERAGE（10，-3）"，则单元格显示的值（　　）。

　　A. 大于零　　　　B. 小于零　　　　C. 等于零　　　　D. 不确定

70. 在 Excel 2010 工作表中，单元格 B4 中有公式"=C3+$D$2"，在第 2 行之前插入一行之后，单元格 B5 中的公式为（　　）。

　　A. =C4+$D$3　　　　B. =C3+$D$2　　　　C. =C4+$D$2　　　　D. =C3+$D$3

71. 在 Excel 2010 作表中，单元格 D5 中有公式"=E5+$C$6"，将 D5 单元格中的公式复制到 C3 单元格中，C3 单元格中的数值为（　　）。

　　A. =C3+$C$6　　　　B. =D3+$C$4　　　　C. =D3+$C$6　　　　D. =D3+$D$4

72. 如果用预置小数位数的方法输入数据时，当设定小数是"2"时，输入 56789 表示（　　）。

　　A. 567.89　　　　B. 0056789　　　　C. 5678900　　　　D. 56789.00

73. 在 Excel 2010 中，进行分类汇总时，汇总的数据项可以是（　　）。

　　A. 数值　　　　B. 文字　　　　C. 日期　　　　D. 以上都可以

74. Excel 中表格的宽度和高度（　　）。

　　A. 都是固定不可改变的　　　　　　B. 只能改变列宽，行的高度不可改变

　　C. 只能改变行的高度，列宽不可改变　D. 既能改变行的高度，又能改变列的宽度

75. 在 Excel 中，活动工作表（　　）。

　　A. 没有　　　　B. 3 个　　　　C. 只能一个　　　　D. 可以多于一个

76. 已知"平均" = （"第一季" + "第二季" + "第三季" + "第四季"）/4，单元格 H2 中公式应为
（　　）。

A. = AVERAGE（C2：F2）　　　　　　　B. = AVERAGE（C2F2）

C. = AVERAGE（C2+F2）　　　　　　　D. = AVERAGE（C2+D2+E2+F2）

77. Excel 中的"自动套用格式"功能是（　　）。

A. 输入固定格式的数据　　　　　　　B. 选择固定区域的数据

C. 对工作表按固定格式进行修饰　　　D. 对工作表按固定格式进行计算

78. 如果要使 A1 单元格为活动单元格，可以按（　　）键。

A. Home　　　　　B. Ctrl+Home　　　　C. Alt+Home　　　　D. Shift+Home

79. 向单元格输入内容后，在没有任何设置情况下（　　）。

A. 全部都是左对齐　　　　　　　　　B. 数字、日期右对齐

C. 随机　　　　　　　　　　　　　　D. 居中

80. 在一个工作表的多个单元格中，同时输入相同的内容，可以先同时选择多个单元格，然后输入相应
内容后，最后按（　　）+Enter。

A. Tab　　　　　　　　　　　　　　B. 选择所要输入数据的区域

C. Shift 键　　　　　　　　　　　　D. Ctrl 键

81. 自定义序列的自动填写，可以先通过（　　）/选项/高级来自定义序列。

A. 文件　　　　　B. 公式　　　　　　C. 数据　　　　　　D. 插入

82. 在 Excel 的某列中输入"身份证号码"时，为了使其能够正常显示，可以首先设置单元格的数字类
型为（　　），然后再输入。

A. 文本　　　　　B. 数值　　　　　　C. 科学计数　　　　D. 货币

83. 单元格中的数 0.85 被格式化为 85% 形式后（　　）。

A. 单元格和编辑栏都显示 85%　　　　B. 单元格显示 85%，编辑栏显示 0.85

C. 单元格显示 0.85，编辑栏显示 85%　D. 以上都有可能

84. 如果将选定单元格（或区域）的内容消除，单元格依然保留，称为（　　）。

A. 重写　　　　　B. 清除　　　　　　C. 改变　　　　　　D. 删除

85. 已知单元格 G2 中是公式"= SUM（C2：F2）"，将该公式复制到单元格 G3 中，G3 中的公式
为（　　）。

A. = SUM（C2：F2）　　　　　　　　B. = SUM（C3：F3）

C. SUM（C2：F2）　　　　　　　　　D. SUM（C3：F3）

86. 在 Excel 2010 工作表中，用筛选条件"数学>65 与总分>250"对成绩表进行筛选后，在筛选结果中
都是（　　）。

A. 数学分>65 的记录　　　　　　　　B. 数学分>65 且总分>250 的记录

B. 总分>250 的记录　　　　　　　　C. 数学分>65 或总分>250 的记录

87. 在同一行或列中复制数据（不是自定义序列中的内容）时，首先选定需要复制数据的单元格。然后
用鼠标拖动单元格右下角的（　　）经过需要填充数据的单元格，然后释放鼠标按键。

A. 标记　　　　　B. 行列标号　　　　C. 名称　　　　　　D. 填充柄

88. 通过选定相应的单元格并拖动（　　），或者利用"开始/编辑组/填充"命令，可以自动填充多种
类型的序列。

A. 标记　　　　　B. 行列标号　　　　C. 名称　　　　　　D. 填充柄

89. Excel 只保留（　　）位的数字精度如果数字长度超过此范围，Excel 将多余的数字位舍入为零。

A. 7　　　　　　　B. 9　　　　　　　C. 15　　　　　　　D. 16

90. 若要选择不相邻的单元格或单元格区域，可以先选定第一个单元格或单元格区域，然后再按住

（　　）键再选定其他的单元格或单元格区域。

    A. ESC   B. ALT   C. SHIFT   D. CTRL

91. 如果需要插入一行单元格，右键单击需要插入的新行之下相邻行中的任意单元格。然后在快捷菜单中选择（　　），再单击"整行"命令。

    A. 插入   B. 视图   C. 格式   D. 工具

92. 复制一个单元格或单元格区域的格式至其他区域时，首先选中该单元格或单元格域。然后单击（　　）命令。最后选择要设置新格式的单元格或单元格区域。

    A. 格式刷   B. 格式   C. 复制   D. 粘贴

93. 将一个合并的单元格分割成几个部分单元格：首先单击需要分解的合并单元格。然后在"开始"功能区中的"对齐方式"组下，单击"合并后居中"右侧的下拉按钮，选择（　　）。

    A. 对齐   B. 跨越合并   C. 方向   D. 取消单元格合并

94. 在选择一个大区域时，用拖动的方法较难掌握结束的位置，用单击两端的方法比较方便、这时需要（　　）键配合。

    A. ESC   B. ALT   C. SHIFT   D. CTRL

95. 对某一单元格的数据进行编辑时，可以（　　）进入到单元内部进行编辑。

    A. 双击目标单元   B. 单击目标单元   C. 光标移到目标单元   D. 选择目标单元

96. 工作表窗口被拆分后，在当前被拆分的各窗格中的内容（　　）。

    A. 原表完全被切成四段   B. 是同一工作表中的内容

    C. 是不同工作表中的内容   D. 部分内容一样

97. 使用对齐功能中的（　　）功能，在不合并旁边单元格的情况下达到合并居中的视觉效果。

    A. 左对齐   B. 对齐   C. 居中对齐   D. 跨列居中

98. 在 Excel 单元格输入的过程中，出现错误"#value!"，该错误的含义为：（　　）。

    A. 除零错误   B. 引用了非法单元

    B. 使用了不正确的数字   D. 使用了不正确的参数或运算对象类型

99. 在 Excel 单元格输入的过程中，出现错误"#NUM!"，该错误的含义为：（　　）。

    A. 除零错误   B. 引用了非法单元

    C. 使用了不正确的数字   D. 使用了不正确的参数或运算符

100. 在 Excel 单元格输入的过程中，出现错误"#NAME?"，该错误的含义为：（　　）。

    A. 在公式中使用了 Microsoft Excel 不能识别的文本

    B. 除零错误

    C. 使用了不正确的数字

    D. 使用了不正确的参数或运算符

101. Excel 提供的（　　）功能，能够允许特定人员编辑受保护工作簿或工作表中的某些单元格区域。

    A. 自动填充   B. 允许用户编辑区域   C. 审核   D. 自动更正

102. （　　）函数使用固定余额递减法，计算一笔资产在给定期间内的折旧值。

    A. COUNT   B. SUM   C. RATE   D. DB

103. （　　）函数返回一个数字在数字列表中的排位。

    A. COUNT   B. SUM   C. RANK   D. DB

104. 需要引用别的工作表的单元格内容时，必须在工作表名称和单元格名称之间插入符号（　　）。

    A. $ B. !   C. #   D. *

105. Excel 中文版能够完成表格制作、（　　）、建立图表、数据管理等工作。

    A. 杀病毒   B. 多媒体制作   C. 复杂的运算   D. 文件管理

106. 在 Excel 电子表格中完成一个数据序列的输入可以使用填充柄，它是将鼠标指针移到活动单元格的

（　　），当鼠标指针由粗变为细十字时，按鼠标左键拖动完成输入。

    A. 左下角　　　　　　B. 左上角　　　　　　C. 右下角　　　　　　D. 右上角

107. Excel 的（　　）功能可以用于实现锁定表格的行和列。

    A. 拆分窗口　　　　　B. 冻结窗格　　　　　C. 隐藏窗口　　　　　D. 新建窗口

108. 将鼠标移到行号和列标上（　　），可以得到行和列的快捷菜单。

    A. 单击鼠标左键　　　B. 单击鼠标右键　　　C. 双击鼠标左键　　　D. 双击鼠标右键

109. 选择"开始/数字组"里的千位分隔符后，2000 将显示为（　　）。

    A. 2，000　　　　　　B. 2000　　　　　　　C. ￥2，000　　　　　D. 2，000.00

110. 单元格 B32 的意义是（　　）。

    A. B 行与 32 列相交的那一格　　　　　　　　B. 32 行与 B 列相交的那一格

    C. 第 32 个单元格　　　　　　　　　　　　　D. 以上都不是

111. 在 Excel 2010 中，打开一个工作簿的常规操作是（　　）。

    A. 单击"文件"选项中的"打开"，在"打开"对话框的"文件名"框中选需要打开的文档，最后按"取消"按钮

    B. 单击"文件"菜单中的"打开"，在"打开"对话框的"文件名"框中选需要打开的文档，最后按"打开"按钮

    C. 单击"插入"中的"对象"，在其对话框的"新建/对象类型"中选择需要的文件类型，最后按"确定"按钮

    D. 单击"插入"中的"对象"，在其对话框的"新建/对象类型"中选择需要的文件类型，最后按"取消"按钮

112. 在 Excel 2010 中，要在同一工作簿中把工作表 Sheet3 移动到 Sheet1 前面，应（　　）。

    A. 单击工作表 Sheet3 标签，并沿着标签行拖动到 Sheet1 前

    B. 单击工作表 Sheet3 标签，并按住 Ctrl 键沿着标签行拖动到 Sheet1 前

    C. 单击工作表 Sheet3 标签，执行"复制"命令，然后单击工作表 Sheet1 标签，再执行"粘贴"命令

    D. 单击工作表 Sheet3 标签，执行"剪切"命令，然后单击工作表 Sheet1 标签，再执行"粘贴"命令

113. 在 Excel 2010 工作表中，若要选定区域 A1：C5 和 D3：E5，应（　　）

    A. 按鼠标左键从 A1 拖动到 C5，然后按鼠标左键从 D3 拖动到 E5

    B. 按鼠标左键从 A1 拖动到 C5，然后按住 Shift 键，并按鼠标左键从 D3 拖动到 E5

    C. 按鼠标左键从 A1 拖动到 C5，然后按住 Tab 键，并按鼠标左键从 D3 拖动到 E5

    D. 按鼠标左键从 A1 拖动到 C5，然后按住 Ctrl 键，并按鼠标左键从 D3 拖动到 E5

114. 在 Excel 2010 中，以下不能够改变单元格格式的操作有（　　）。

    A. 在"开始/数字组"中进行相关设置

    B. 在工作表中插入一个单元格

    C. 按鼠标右键选择快捷菜单中的"设置单元格格式"选项

    D. 利用格式刷命令

115. 在 Excel 2010 工作表中，用户在工作表中输入日期，（　　）形式不符合日期格式。

    A. "20-02-2000"　　B. 02-OCT-2000　　　C. 2001 年 3 月 14 日　D. 2000-10-01

116. 下列操作中，不能在 Excel 作表的选定单元格中输入公式的是（　　）。

    A. 直接在单元格中输入正确格式的公式

    B. 执行"公式/函数库组/插入函数"命令

    C. 执行"插入/文本组/对象"命令

D. 单击"开始/编辑组/'自动求和'旁的下拉按钮",从列表中选择所需的函数

117. 在 Excel 2010 的工作表中,向工作表单元格输入公式时,使用单元格地址 D $2 引用 D 列 2 行单元格,该单元格的引用称为 (   )。

   A. 交叉地址引用   B. 混合地址引用   C. 相对地址引用   D. 绝对地址引用

118. 在 Excel 2010 的工作表中,某区域由 A1,A2,A3,B1,B2,B3 6 个单元格组成,下列不能表示该区域的是 (   )。

   A. A1:B3   B. A3:B1   C. B3:A1   D. A1:B1

119. 在 Excel 2010 工作表中,正确的 Excel 公式形式是 (   )。

   A. = A4 * Sheet2% C3   B. = A4 * Sheet2 $C3

   C. = A4 * Sheet2!C3   D. = A4 * Sheest2:c3

120. 在 Excel 2010 工作表中,错误的 Excel 公式形式是 (   )

   A. = (15−A1) /3   B. =A2/C1   C. =A2+B3+D4   D. SUM (A2:A4) /2

121. 在 Excel 2010 中,执行一次排序命令,(   ) 字段来排序。

   A. 最多只能按 1 个   B. 最多只能按 2 个   C. 最多只能按 3 个   D. 可以按多个

122. 在 Excel 2010 工作表中,对工作表建立的柱形图表,若删除图表中某数据系列柱形图,(   )。

   A. 则数据表中相应的数据消失

   B. 则数据表中相应的数据不变

   C. 若事先选定与被删柱形图相应的数据区域,则该区域数据消失,否则保持不变

   D. 若事先选定与被删柱形图相应的数据区域,则该区域数据不变,否则将消失

123. 工作表的列标表示为 (   )。

   A. 1,2,3   B. A,B,C   C. 甲,乙,丙   D. I,II,III

124. Excel 中需要将某一些单元格的数据复制到另一些单元格中,首先要选择被复制的单元格,然后 (   )。

   A. 直接用鼠标拖动目标区域   B. 仅使用"复制"命令

   C. 仅使用"粘贴"命令   D. 先使用"复制"命令,再使用"粘贴"命令

125. 在连续的区域内输入数据的快捷方法首先应 (   )。

   A. 将光标置于第一个要输入数据的位置   B. 选择所要输入数据的区域

   C. 按住 (Shift) 键   D. 按住 (Ctrl) 键

126. 用鼠标拖曳的方法复制单元格时一般都应按下 (   ) 键。

   A. Ctrl   B. Shift   C. Alt   D. Tab

127. 当输入年份 1995~1999 到单元格中,如果想将它们作为字符来处理而不是数字 (   )。

   A. 不可以这样做   B. 利用设置单元格格式对话框

   C. 将它们左对齐   D. 将它们居中

128. 可以将 Microsoft Excel 数据以图形方式显示在图表中,图表与生成它们工作表数据相连接,当修改工作表数据时,图表会 (   )。

   A. 全部更新   B. 部分更新   C. 不更新   D. 视情况而定

129. 取消数字格式化的效果可以 (   ) 完成。

   A. 是不可以的   B. 通过"设置单元格格式"对话框

   C. 通过"清除格式"命令   D. 通过"剪切"命令

130. 需要将一表格中所有小于 0 的数全部用斜体加粗的格式表示 (   )。

   A. 是不可以的   B. 可以利用"条件格式"自动完成

   C. 选择"清除格式"命令   D. 选择"加粗"命令

131. 在 Excel 2010 中,当公式中出现被零除的现象时,产生的错误值是 (   )。

  A. #VALUE!　　　　B. #DIV/0!　　　　C. #N/A　　　　D. #REF!

132. 向单元格输入内容后如果想将光标定位在下一列，按（　　）键，在单元格内分段按（　　）键。

  A. Enter　　　　B. TAB　　　　C. Ctrl+Tab　　　　D. Alt+Enter

133. 向单元格输入内容后如果想将光标定位到下一行按（　　）键。

  A. Enter　　　　B. TAB　　　　C. Ctrl+Tab　　　　D. Alt+Enter

134. 单元格的格式（　　）。

  A. 一旦确定，将不可改变　　　　B. 随时可以改变

  C. 依输入的数据格式而定，并不能改变　　　　D. 更改后，将不可改变

135. 在 Excel 中各运算符的优先级由高到低顺序为（　　）。

  A. 数学运算符、比较运算符、字符串运算符

  B. 数学运算符、字符串运算符、比较运算符

  C. 比较运算符、字符串运算符、数学运算符

  D. 字符串运算符、数学运算符、比较运算符

136. 更改工作表标签只要（　　）工作表标签，然后输入新的工作表名，当所要寻找的工作表标签不在显示中时，（　　）就可以找到所需的工作表标签。

  A. 单击　　　　B. 双击

  C. 移动屏幕右下方的水平滚动条　　　　D. 单击工作表标签左侧的控制按钮

137. 在 Excel 2010 中，选取当前工作表的整个单元格的方法是（　　）。

  A. Ctrl+A

  B. 单击工作表的"全选"按钮

  C. 单击 A1 单元格，然后按住 Alt 键单击当前屏幕的右下角单元格

  D. 单击单元格，然后按住 Ctrl 键单击工作表的右下角单元格

138. 在 Excel 2010 中，下列单元格引用中，正确的是（　　）。

  A. B2　　　　B. B $2　　　　C. $B2　　　　D. $B $2

139. 下列选项中，属于 Excel 2010 分类汇总功能的汇总方式的是（　　）。

  A. 求和　　　　B. 计数　　　　C. 求平均值　　　　D. 求最大值

140. 在 Excel 中 A1 单元格中的数值为 12，B1 单元格中的数值为 2，在 C1 单元格中可输入何种公式自动求出 A1 与 B1 单元格内数值之和？（　　）

  A. 14　　　　B. =sum（A1：B1）　　　　C. =A1+B1　　　　D. =count（A1：B1）

141. 下列 Excel 单元格引用中，属于混合引用的是（　　）。

  A. $B $5　　　　B. F $6　　　　C. $F8　　　　D. B $5

142. 下列关于 Excel 的说法错误的是（　　）。

  A. Excel 中的工作簿只能包含三张工作表

  B. Excel 图表中的文本字体、字型等可以改变

  C. 在 Excel 的工作表中，每次只能向一个单元格输入数据

  D. Excel 中的工作簿是工作表的集合

143. Excel 的自动填充功能，可自动填充（　　）。

  A. 公式　　　　B. 数字　　　　C. 日期　　　　D. 文本

144. 为了区别"数字"与"数字字符串"数据，Excel 可以在输入项前添加（　　）符号来输入"数字字符串"。

  A. "　　　　B. '　　　　C. #　　　　D. @

145. 假设 B1 为文字"100"，B2 为数字"3"，则 COUNT（B1：B2）等于（　　）。

  A. 103　　　　B. 100　　　　C. 3　　　　D. 1

146. 在 A1 单元格输入 2，在 A2 单元格输入 5，然后选中 A1：A2 区域，拖动填充柄到单元格 A3：A8，则得到的数字序列是（　　　）。

　　A. 等比序列　　　　B. 等差序列　　　　C. 数字序列　　　　D. 小数序列

147. 在单元格输入负数时，可使用的表示负数的两种方法是（　　　）。

　　A. 反斜杠（\）或连接符（－）　　　　B. 斜杠（/）或反斜杠（\）

　　C. 斜杠（/）或连接符（－）　　　　D. 在数前加一个减号或用圆括号

148. 利用鼠标拖放移动数据时，若出现"是否替换目标单元格内容?"的提示框，则说明（　　　）。

　　A. 目标区域尚为空白　　　　B. 不能用鼠标拖放进行数据移动

　　C. 目标区域已经有数据存在　　　　D. 数据不能移动

149. 某单位要统计各科室人员工资情况，按工资从高到低排序，若工资相同，以工龄降序排列，则以下做法正确的是（　　　）。

　　A. 主要关键字为"科室"，次关键字为"工资"，下一个次要关键字为"工龄"

　　B. 主要关键字为"工资"，次关键字为"工龄"，下一个次要关键字为"科室"

　　C. 主要关键字为"工龄"，次关键字为"工资"，下一个次要关键字为"科室"

　　D. 主要关键字为"科室"，次关键字为"工龄"，下一个次要关键字为"工资"

150. 在 excel 中，错误单元格一般以（　　　）开头。

　　A. $　　　　　　B. #　　　　　　C. @　　　　　　D. &

151. 若 A1 单元格中的字符串是"XX 大学"，A2 单元格的字符串是"计算机学院"，希望在 A3 单元格中显示"XX 大学计算机学院招生情况表"，则应在 A3 单元格中键入公式为（　　　）。

　　A. =A1&A2&"招生情况表"　　　　B. =A2&A1&"招生情况表"

　　C. =A1+A2+"招生情况表"　　　　D. =A1－A2－"招生情况表"

152. 在 Excel 中，如果单元格 A5 的值是单元格 A1、A2、A3、A4 的平均值，则不正确的输入公式为（　　　）。

　　A. =AVERAGE（A1：A4）　　　　B. =AVERAGE（A1，A2，A3，A4）

　　C. =（A1+A2+A3+A4）/4　　　　D. =AVERAGE（A1+A2+A3+A4）

153. 在 Excel 操作中，假设 A1，B1，C1，D1 单元分别为 2，3，7，3，则 SUM（A1：C1）/Dl 的值为（　　　）。

　　A. 15　　　　　　B. 18　　　　　　C. 3　　　　　　D. 4

154. 在 Excel 工作表中，正确表示 if 函数的表达式是（　　　）。

　　A. IF（"平均成绩">60、"及格"，"不及格"）　　B. IF（e2>60，"及格"，"不及格"）

　　C. IF（f2>60. 及格、不及格）　　　　D. IF（e2>60，及格，不及格）

155. 关于筛选，下列叙述正确的是（　　　）。

　　A. 自动筛选可以同时显示数据清单和筛选结果

　　B. 高级筛选可以进行更复杂条件的筛选

　　C. 高级筛选不需要建立条件区，只有数据清单就可以了

　　D. 高级筛选可以将筛选结果放在指定的区域。

156. 关于分类汇总，叙述正确的是（　　　）。

　　A. 分类汇总前首先应按分类字段值对记录排序　　B. 分类汇总只能按一个字段分类

　　C. 只能对数值型字段分类　　　　D. 汇总方式只能求和

（四）应用题

1. 如下图的工作表中有一些公式，请将正确数值添加到空格中。

	A	B	C	D
1	4	2	5	=SUM(A1:C1)
2	6	8	2	=SUM(A2:C2)
3	5	2	2	=SUM(A3:C3)
4	=A3+B1	=(B3+C3)/A3	=AVERAGE(C1:C3)	=AVERAGE(D1:D3)
5				

K ◀ ▶ ▶I \ Sheet1 / Sheet2 / Sheet3 / I ◀　　　　▶

A4 = （　　） B4 = （　　） C4 = （　　）

D1 = （　　） D4 = （　　）

2. 根据下表，写出根据"工龄"递减排序的操作步骤。

	A	B	C	D	E
1	职工购房款计算表				
2	姓名	工龄	住房面积（平方米）	房屋年限	房价款（元）
3	张三	10	43.60	10	￥44,886.20
4	李四	22	61.00	8	￥56,784.90
5	王五	31	62.60	8	￥50,921.97
6	蒋六	27	52.20	10	￥42,159.33

3. 根据下面的表格，计算每个人的浮动工资和总工资，总工资＝基本工资+浮动工资，其中浮动工资＝基本工资×3÷7。要求写出计算结果的操作步骤。

	A	B	C	D	E
1	个人工资月报表				
2	职工号	姓名	基本工资	浮动工资	总工资
3	001	王平	350.0		
4	002	李丽	280.5		
5	003	张洪奇	420.0		
6	004	沈易	250.0		

5.5　练习题参考答案

（一）判断题

1. T　2. F　3. F　4. T　5. F　6. F　7. T　8. T　9. F　10. F　11. F　12. T　13. F　14. F　15. F

16. F　17. F　18. F　19. T　20. T　21. F　22. T　23. F　24. F　25. F　26. T　27. T　28. F　29. T

30. F　31. F　32. T　33. F　34. T

（二）填空题

1. XLSX 2. & 3. = 4. 李红津贴：200 5. B1、C1、C2、C3 6. 混合地址 7. 右下角 8. 增加小数位数 9. 百分比样式，即将数据乘以 100 后再添百分号 10. 不可以 11. 求 Sheet1 表中 C4 单元格中的数据与 Sheet3 表中 E5 单元格中的数据之和 12. 41 13. = $B4+E5 14. = B $3+E9 15. 字段名 16. 排序 17. 3. Sheet1、Sheet2、Sheet3 18. 高级筛选 19. 活动单元格 20. 左、右 21. 自定义 22. 30008 23. 开始 24. 迷你图 25. 一 26. = 27. E2、E3、E4、F2、F3、F4 28. 求和按钮 29. 输入公式 30. 隐藏 31. 嵌入式 32. 单元格地址 33. 自动填充 34. 10 35. 文本

（三）选择题

1. A	2. A	3. A	4. C	5. D	6. B	7. D	8. A	9. A
10. A	11. C	12. B	13. A	14. B	15. A	16. D	17. C	18. A
19. B	20. B	21. D	22. D	23. A	24. B	25. A	26. B	27. D
28. C	29. A	30. A	31. C	32. A	33. A	34. A	35. B	36. A
37. B	38. A	39. A	40. D	41. A	42. A	43. C	44. C	45. A
46. B	47. C	48. A	49. A	50. A	51. A	52. C	53. D	54. A
55. B	56. D	57. D	58. B	59. BC	60. C	61. B	62. A	63. C
64. B	65. C	66. B	67. D	68. C	69. A	70. A	71. C	72. D
73. D	74. D	75. C	76. A	77. C	78. B	79. D	80. B	81. A
82. A	83. A	84. B	85. B	86. B	87. D	88. D	89. D	90. D
91. A	92. A	93. D	94. C	95. A	96. B	97. D	98. D	99. C
100. A	101. B	102. D	103. C	104. B	105. C	106. C	107. B	108. B
109. D	110. B	111. B	112. A	113. D	114. B	115. A	116. C	117. B
118. D	119. C	120. D	121. D	122. B	123. B	124. D	125. B	126. A
127. B	128. A	129. D	130. B	131. B	132. BD	133. A	134. B	135. B
136. BD	137. AB	138. ABCD	139. ABCD	140. BC	141. BCD	142. AC	143. ABCD	144. B
145. D	146. B	147. D	148. C	149. A	150. B	151. A	152. D	153. D
154. B	155. BD	156. AB						

（四）应用题

1. 答：

A4 =（7） B4 =（0.8） C4 =（3） D1 =（11） D4 =（12）

2. 答：

（1）单击数据清单中任一单元格；

（2）单击"数据"→"排序和筛选"组→"排序"命令；

（3）在"排序"对话框中，主关键字选择"工龄"，并选择排序方式为"递减"；

（4）单击"确定"按钮。

3. 答：

（1）在 D3 单元格中输入公式：= C3 * 3/7；

（2）在 E3 单元格中输入公式：= C3+D3；

（3）选择 D3 和 E3 单元格；

（4）拖动区域 D3：E3 的填充柄到 E6。

第6章 演示文稿制作软件（PowerPoint 2010）

6.1 大 纲 要 求

1. PowerPoint 的基本概论。
2. PowerPoint 的基本功能、运行环境、启动和退出。
3. PowerPoint 的使用：创建、编辑、插入、格式、幻灯片放映。
4. PowerPoint 的超级链接功能。

6.2 内 容 要 求

6.2.1 PowerPoint 的基本概论及基本功能、运行环境、启动和退出

PowerPoint2010 是微软公司推出的 Office 2010 办公系列软件的一个重要组成部分，主要用于演示文稿制作。演示文稿是一个扩展名为 .PPTX（低版本的扩展名为 .PPT）的文件，演示文稿中的每一页都叫幻灯片，一个演示文稿中可以添加多页幻灯片。当启动 PowerPoint 时，系统会自动创建一个新的演示文稿文件，默认名称为"演示文稿1"。PPT 是 PowerPoint 的简称，人们一般将 PPT 当成是 PowerPoint 文档的代名词。

1. PowerPoint 启动

启动 PowerPoint 的方法通常有如下三种：

方法1：常规方法。单击"开始"按钮，打开"开始"菜单，选择"所有程序"菜单项；在菜单中的"Microsoft Office"文件夹下，单击"Microsoft PowerPoint 2010"命令。

方法2：快捷方式。如果在 Windows 桌面上已创建了 PowerPoint 2010 的快捷方式图标，那么双击此图标即可启动 PowerPoint 2010。

方法3：双击已经存在的某一 PowerPoint 文件，也可启动 PowerPoint 并打开该文稿。

2. PowerPoint 退出

退出 PowerPoint 2010 的操作通常有以下四种：

方法1：执行"文件"→"退出"命令。

方法2：单击 PowerPoint 2010 窗口标题栏右端的"关闭"按钮。

方法3：双击 PowerPoint 2010 窗口标题栏左端的控制菜单的图标。

方法4：按 Alt+F4 快捷键。

3. PowerPoint 窗口

PowerPoint 2010 的工作界面由文件选项卡、快速访问工具栏、标题栏、功能区、工作

区、状态栏等组成。

PowerPoint 2010 的工作区包括位于左侧的"幻灯片/大纲"窗格、位于右侧的"幻灯片"窗格和"备注"窗格。

在默认的普通视图模式下,"幻灯片/大纲"窗格位于"幻灯片"窗格的左侧,用于显示当前演示文稿的幻灯片数量及位置,"幻灯片/大纲"窗格包括"幻灯片"和"大纲"两个选项卡,单击选项卡的名称可以在不同的选项卡之间进行切换。

"幻灯片"窗格位于 PowerPoint 2010 工作界面的中间,用于显示和编辑当前的幻灯片。可以直接在虚线边框标识占位符中键入文本或插入图片、图表和其他对象。

"备注"窗格是在普通视图中显示的用于键入关于当前幻灯片的备注,可以将这些备注打印为备注页。

"幻灯片"选项卡显示的是"幻灯片"窗格中显示的每个完整幻灯片的缩略图版本,使用缩略图能方便地遍历演示文稿,还可以轻松地重新排列、添加或删除幻灯片。

"大纲"选项卡以大纲形式显示幻灯片文本,有助于编辑演示文稿的内容和移动项目符号点或幻灯片。

4. PowerPoint 的视图

PowerPoint 2010 中的视图包括普通视图、幻灯片浏览视图、备注页视图、阅读视图和母版视图。

(1) 设置和选择演示文稿视图。

可以在"视图"→"演示文稿视图"组或"母版视图"组中进行选择或切换,还可以在状态栏上的"视图"区域进行选择或切换。

(2) 普通视图。

普通视图是常用的编辑视图,可用于撰写和设计演示文稿。普通视图包含"幻灯片"选项卡、"大纲"选项卡、"幻灯片"窗格和"备注"窗格等 4 个区域。

(3) 幻灯片浏览视图。

在幻灯片浏览视图中,按幻灯片序号顺序显示演示文稿中全部幻灯片的缩图。在幻灯片浏览视图下,可以复制、删除幻灯片,调整幻灯片的顺序,但不能对个别幻灯片的内容进行编辑、修改。双击某一幻灯片缩图可以切换到显示此幻灯片的普通视图模式。

(4) 备注页视图。

备注页视图用来建立、编辑和显示演示者对每一张幻灯片的备注。

(5) 阅读视图。

阅读视图用于想用自己的计算机通过大屏幕放映演示文稿,便于查看。如果希望在一个设有简单控件以方便审阅的窗口中查看演示文稿,而不想使用全屏的幻灯片放映视图,则也可以在自己的计算机上使用阅读视图。

(6) 母版视图。

母版视图包括幻灯片母版、讲义母版和备注母版。使用母版视图的一个主要优点在于可以对与演示文稿关联的每个幻灯片、备注页或讲义的样式进行全局更改。

每个演示文稿至少包含一个幻灯片母版。设计幻灯片母版最好在开始构建各张幻灯片之前。这样可以使添加到演示文稿中的所有幻灯片都基于创建的幻灯片母版和相关联的版式,从而避免幻灯片上的某些项目不符合幻灯片母版设计风格现象的出现。

执行 "视图" → "母版视图" 组 → "幻灯片母版" 命令。在弹出的 "幻灯片母版" 选项卡中可以设置占位符、背景和幻灯片方向等。设置完毕，单击 "关闭母版视图" 按钮即可退出母版视图，如果要修改所有幻灯片的样式，只需要在幻灯片的母版中修改即可。

6.2.2　新建演示文稿

单击 "文件" 选项卡，然后选择 "新建"，再选择模板或 "空白演示文稿"，单击 "创建" 按钮即可。如果选择 "office.com" 模板，则要求当前计算机处于联网状态。

6.2.3　PowerPoint 幻灯片的基本操作

1. 幻灯片的制作

在普通视图下，选择 "幻灯片/大纲" 窗格中的 "幻灯片" 选项卡，右键单击需要在其后插入新幻灯片的幻灯片缩略图，在快捷菜单中单击 "新建幻灯片" 命令，就可在选择的相应幻灯片后插入一张新幻灯片。

同样在 "幻灯片" 选项卡中，右键单击要删除的幻灯片相应的缩略图，在快捷菜单中选择 "删除幻灯片" 命令，或者选择要删除的幻灯片相应的缩略图，按 "Delete" 命令即可。在 "幻灯片" 选项卡中，先单击某张幻灯片，再按住 "shift" 键的同时单击另一张，可选中包括这两张在内的连续的多张幻灯片，按住 Ctrl 键，再用鼠标分别单击选择幻灯片缩略图可以同时选择多张不连续的幻灯片缩略图，最后按 "Deletl" 键可以实现同时删除多张幻灯片。

（1）文字的编辑和排版：幻灯片中文本编辑和格式编排的基本操作与 Word 文本的基本编辑、排版操作一样，在普通视图中，幻灯片会出现 "单击此处添加标题" 等提示文本框，这种文本框统称为 "文本占位符"。

在 "文本占位符" 中输入文本是最基本、方便的一种输入方式。幻灯片中自动出现的 "文本占位符" 的位置是固定的，如果想在幻灯片的其他位置输入文本，可以单击 "插入" → "文本" 组 → "文本框" 命令，插入一个新的文本框来实现。

（2）设置文本框的样式：单击文本框的边框使其处于选中状态。在选中的文本框上右击，在弹出的快捷菜单中选择 "设置形状格式" 选项，可弹出 "设置形状格式" 对话框。通过 "设置形状格式" 对话框可以对文本框进行填充、线条颜色、线型、大小和位置等设置。

（3）输入符号：在文本中如果需要输入一些比较个性或是专业用的符号，可通过 "插入" → "符号" 组 → "符号" Ω 项来完成符号的输入操作。

（4）输入公式：通过 "插入" → "符号" 组 → "公式" 按钮 π，可以在文本框中利用功能区出现的 "公式工具" 选项卡下各组中选项直接输入公式，如 "圆的面积"，系统即可插入圆面积公式。或者选择 "公式工具" 选项卡下的 "插入新公式"，幻灯片上出现 "在此处键入公式"，同时功能区显示 "公式工具"，含 "设计" 选项卡，利用该选项下的各组命令可以对插入的公式进行编辑。

（5）添加项目符号或编号：使用项目符号或编号可以让演示文稿上的各个文本 "要点" 看起来更加清晰。在幻灯片上选择要添加项目符号或编号的文本占位符或选中文本行。执行"开始"→"段落"组→项目符号"按钮 ⊟,即可为文本添加项目符号。单击"编号"按钮 ⊟,即可为文本添加编号。

(6) 插入艺术字：选中某张幻灯片,选择"插入"→"文本"组中的"艺术字"按钮。在弹出的"艺术字"下拉列表中选择相应的样式。

(7) 插入图片：选中某张幻灯片,在"插入"→"图像"组中有相应的各种命令。插入的图片可以是剪贴画,或者是来自其他文件,还可以是屏幕截图,另外还可以制作电子相册。选择插入的图片,使用"图片工具"下的各按钮,可以进行大小调整、裁剪、旋转等,以及为图片设置更多的颜色效果和艺术效果。

(8) 插入图表：执行"插入"→"插图"组→单击"图表"按钮,出现"插入图表对话框"选择需要的图样,然后单击"确定"按钮即可；单击确定"按钮"后会自动弹出 Excel 2010 软件的界面,在单元格中输入所需要显示的数据；输入完毕后,关闭 Excel 表格即可。选择插入的图表,将显示"图表工具",包括"设计"、"布局"和"格式"选项卡,通过各选项卡下的工具可以对插入的图表类型、布局、样式等进行修改,也可以重新编辑图表中的文字内容。

(9) 插入表格：执行"插入"→"表格"组→"表格"命令。在弹出的"插入表格"下拉列表中直接拖动鼠标指针以选择行数和列数,或者单击"插入表格"下拉列表中的"插入表格",在弹出的"插入表格"对话框中分别输入行数和列数,都可以在幻灯片中创建相应的表格。PowerPoint 中插入表格,要对其中的数据进行计算十分不便,而插入 Excel 电子表格,则可以使用 Excel 的编辑功能对数据进行处理,可以利用单击"插入表格"下拉列表中的"Excel 电子表格"来完成。

(10) 插入 SmartArt 图形：SmartArt 图形是信息和观点的视觉表示形式。根据需要,可以创建各种不同布局的 SmartArt 图形,从而快速、轻松和有效地传达信息。执行"插入"→"插图"组→SmartArt 命令,弹出"选择 SmartArt 图形"对话框,包括：列表、流程、循环、层次结构等各种布局的 SmartArt 图形,根据需要进行选择即可。创建 SmartArt 图形后,可以在现有的图形中添加或删除形状,还可以通过"SmartArt 工具"→"设计"/"格式"选项卡中提供的布局样式来更改 SmartArt 图形的布局等。此外,还可以在文本与 SmartArt 图形间相互转换。

(11) 插入声音和视频：可以利用"插入"→"媒体"组→"声音"/"视频",完成在幻灯片中添加声音或者视频,PowerPoint 2010 中,既可以添加来自文件、剪贴画中的音频,还可以自己录制音频并将其添加到演示文稿中。在 PowerPoint 2010 演示文稿中可以添加文件中的视频、剪贴画视频还可以添加来自网站的视频。单击"插入"→"媒体"组→"视频"按钮下拉箭头,在弹出的下拉列表中选择"来自网站的视频"选项,弹出"从网站插入视频"对话框,根据提示复制粘贴视频链接代码即可,添加网站中的视频文件需要连接网络,且添加的视频文件需要是网页上的在线视频文件,不可以是下载下来的视频文件。

(12) 动画的添加：选中要创建动画效果的文字或其他对象,执行"动画"→"动画"组→"其他"按钮,出现下拉列表。在下拉列表的"进入"、"强调"、"退出"和"动作路径"中选择一个或多个动画效果。在设置动画时,最好通过执行"动画"→"高级动画"组→"动画窗格"命令,调出"动画窗格",可以在"动画窗格"中查看幻灯片上所有动画的列表，还可以调整动画的顺序、指定动画开始、持续时间、延迟等。选中幻灯片中创建过动画的对象，单击或双击"动画"→"高级动画"组→"动画刷"按钮，此时鼠标指针变成动画刷的形状，用动画刷单击其他对象，则动画效果将应用到此对象上。

（13）幻灯片切换效果设置：在"切换"功能区中，可以设置幻灯片切换时的换片方式（可以设置为"单击鼠标时"进行切换，或者"设置自动换片时间"进行自动换片，设置完后单击"全部应用"按钮可以改变所有幻灯片的换片方式）、添加换片"动态"、换片时的"声音"、持续时间等。

（14）插入超链接和动作按钮：超链接可以是从一张幻灯片到同一演示文稿中另一张幻灯片的链接，也可以是从一张幻灯片到不同演示文稿中另一张幻灯片、到电子邮件地址、网页或文件的链接等。

具体操作时：选择要为其添加超链接的文本、文本框、图片等，执行"插入"→"链接"组→超链接"命令。在弹出的"插入超链接"对话框左侧的"链接到："中选择"本文档中的位置"，选中一张幻灯片，单击"确定"按钮即可将选中的对象链接到同一演示文稿中的其他幻灯片。还可以在"插入超链接"对话框左侧的"链接到："下选择"现有文件或网页"、"新建文档"、"电子邮件地址"创建相应超链接。

当幻灯片处于放映状态时，将鼠标指针移至超链接处，就会变成手形，单击鼠标左键，即刻就会跳转至相应链接位置。

打开要绘制动作按钮的幻灯片。执行"插入"→"插图"组→"形状"命令，在弹出的下拉列表中选择"动作按钮"区域的某个动作按钮图标。然后在幻灯片的某处单击并按住鼠标不放拖曳到适当位置处释放，出现"动作设置"对话框，在此对话框中也可以实现对"超链接"的设置。

2. 幻灯片色彩和背景的调整

主题颜色的设计操作如下：打开演示文稿，执行"设计"→"主题"组→"颜色"命令，打开相应"下拉列表"；列表中有各种主题颜色可供选择，选择其中的一种，则当前演示文稿的主题颜色就改变为所选定的方案；右键单击某一主题颜色，在快捷菜单中也可以选择将该主题颜色"应用于所选幻灯片"或"应用于所有幻灯片"，或者单击列表下面的"新建主题颜色"，出现"新建主题颜色"对话框，分别对"文字/背景"、"强调文字颜色"、"超链接"、"已访问的超链接"等对象的颜色自行设计、配色；单击"保存"按钮，在下拉列表的"自定义"组中将出现新建的主题颜色，可以对该主题颜色进行应用或者再修改。

幻灯片背景的调整操作步骤如下：打开演示文稿，执行"设计"→"背景"组→"背景样式"命令，在下拉列表中可以选择一种"背景样式"；或者单击列表下面的"设置背景格式"，弹出"设置背景格式"对话框；单击"填充"项，可以用"图片"、"纯色"、"渐变"或者"纹理"进行背景填充，单击"关闭"按钮只改变当前幻灯片的背景，单击"全部应用"按钮，则改变全部幻灯片。

主题的设计操作如下：打开演示文稿，在"设计"→"主题"组中的列表框中单击某个"主题"可以整体应用相应的主题风格，也可以右键单击某一个"主题"，在快捷菜单中设置"应用于选定幻灯片"或"应用于所有幻灯片"。对已选定"主题"的演示文稿也可用新选的设计模板来替换。具体操作步骤如下：打开演示文稿；执行"设计"→"主题"组中的列表框中的下拉按钮，在列表中选择"浏览主题"命令，打开"选择主题或主题文档"对话框；选择一个"Office主题和主题文档"（此处可以选择后缀名为.potx的文件，一个演示文稿在"另存为"时，也可以保存为一个.potx的模板文件），单击"打开"按钮。

3. 演示文稿的放映和打印

（1）演示文稿的放映类型：放映类型包括"演讲者放映"、"观众自行浏览"和"在展台浏览"。可以通过执行"幻灯片放映"→"设置"组→"设置幻灯片放映"命令，弹出"设置放映方式"对话框，在"放映类型"中设置。

演讲者放映：是指演讲者一边讲解一边放映幻灯片，此演示方式一般用于比较正式的场合，如专题讲座、学术报告等，是默认的放映方式。

观众自行浏览：由观众自己动手使用计算机观看幻灯片。

在展台浏览：可以让多媒体报告自动放映，而不需要演讲者操作。一般需要将切片方式设置为"自动换片"（指定自动换片时间），放映后需要按"Esc"键才能退出，比如用于展览会的产品展示等。

执行"幻灯片放映"→"开始放映幻灯片"组→"从头开始"命令可以从第一张幻灯片开始放映，也可以按"F5"键；执行"幻灯片放映"→"开始放映幻灯片"组→"从当前幻灯片开始"命令，可以从当前选中的幻灯片开始放映，也可以用快捷键"Shift+F5"。

（2）广播幻灯片：可以向在Web浏览器中观看的远程观众广播幻灯片放映。

（3）排练计时：在公共场合演示时，如果需要幻灯片按照自己的演讲内容及时间自动配合播放，就需要测定每张幻灯片放映时的停留时间。执行"幻灯片放映"→"设置"组→"排练计时"命令，会自动切换到放映模式，并弹出"录制"对话框，在"录制"对话框上会根据演讲者排练的情况，自动计算出每张幻灯片的排练时间，单位为秒。排练完成后，系统会显示一个警告的消息框，显示当前幻灯片放映的总共时间。单击"是"按钮，可以保留幻灯片排练时间，以便以后将其用于自动运行放映。在"切换"→"计时"组→取消"设置自动换片时间"复选框的勾选→单击"全部应用"按钮，可以取消排练计时。

（4）录制幻灯片演示：该功能可以记录PPT幻灯片和动画计时、旁白和激光笔。执行"幻灯片放映"→"设置"组→"录制幻灯片演示"的下三角按钮→选择"从头开始录制"或"从当前幻灯片开始录制"。弹出"录制幻灯片演示"对话框，该对话框中默认选中"幻灯片和动画计时"和"旁白和激光笔"。单击"开始录制"按钮，幻灯片开始放映，并自动开始计时，也可以通过麦克风录制旁白等。幻灯片放映结束时，录制幻灯片演示也随之结束。排练计时和录制幻灯片演示都能实现让PPT自动演示。

（5）演示文稿的打印操作步骤：打开拟打印的演示文稿，执行"文件"→"打印"命令，在打印窗格中，选定各项参数后，单击"确定"按钮，开始打印。在打印窗格中，单击"整页幻灯片"，在列表中选择"讲义"组中相应的选项，还可以将演示文稿以讲义的形式进行打印。

4. 演示文稿的打包操作步骤

如果所使用的计算机上没有安装 PowerPoint 软件，或者安装的是低版本的 PowerPoint 软件，就不能正常播放高版本 PowerPoint 中制作的演示文稿。通过使用 PowerPoint 2010 提供的"打包成 CD"功能，可以实现在任意电脑上播放幻灯片的目的。

先打开演示文稿，执行"文件"→"保存并发送"→"将演示文稿打包成 CD"→"打包成 CD"命令，弹出"打包成 CD"对话框，在"要复制的文件"下有当前打开的演示文稿，根据需要还可以单击"添加"按钮添加其他需要打包的文件。单击"选项"按钮，在弹出的"选项"对话框中可以设置"包含链接文件"和要打包文件的打开、修改密码等选项。单击"复制到文件夹"按钮，在弹出的"复制到文件夹"对话框的"文件夹名称"和"位置"文本框中分别设置文件夹名称和保存位置。单击"确定"按钮，弹出"Microsoft PowerPoint"提示对话框，这里单击"是"，系统开始自动复制文件到文件夹。复制完成后，系统自动打开生成的 CD 文件夹。我们可以看到一个 AUTORUN. INF 自动运行文件，如果我们是打包到 CD 光盘上的话，他是具备自动播放功能的。若最终所使用的计算机没有上网，也可以自己下载新版本的"PowerPoint Viewer"播放器，在演示的计算机上先安装该播放器，然后用该播放器放映演示文稿。

6.3　例 题 分 析

例 1　PowerPoint 2010 的默认视图方式是（　　　）。
　　A. 普通视图方式　　　　　　　　B. 幻灯片浏览视图方式
　　C. 阅读视图方式　　　　　　　　D. 幻灯片放映视图方式
答案：A
分析：PowerPoint 2010 的默认视图方式是普通视图，该视图方式左侧有"幻灯片"和"大纲"选项卡。

例 2　在 PowerPoint 2010 中，以文档方式存储在磁盘上的文件称为（　　　）。
　　A. 幻灯片　　　　B. 工作簿　　　　C. 演示文稿　　　　D. 播放文件
答案：C
分析：PowerPoint 2010 是功能强大的演示文稿应用软件，利用它制作处理的文档通常称为演示文稿。一个演示文稿由若干张幻灯片组成。工作簿是 Excel 2010 中的文档。

例 3　可以单独编辑每一张幻灯片中文本、图像、声音等对象的视图是（　　　）。
　　A. 普通视图方式　　　　　　　　B. 幻灯片浏览视图方式
　　C. 阅读视图方式　　　　　　　　D. 母版视图方式
答案：A
分析：在普通视图方式下能单独编辑每一张幻灯片中文本、图像、声音等对象，还可改变显示比例。在幻灯片浏览视图方式可以显示整个演示文稿，可添加、删除、移动、复制幻灯片，母版视图下的编辑是对与演示文稿关联的每个幻灯片、备注页或讲义的样式进行全局更改，阅读视图用于想用自己的计算机通过大屏幕放映演示文稿，便于查看，不能编辑文本、图像、声音等。

例4 在幻灯片浏览视图中，可进行的操作是（　　）。

    A. 添加、删除、移动、复制幻灯片　　　　B. 添加公式

    C. 添加文本、声音、图像　　　　　　　　D. 插入超链接

答案：A

分析：在幻灯片浏览视图方式下，可展示整个演示文稿（即所有幻灯片），能添加、删除、移动、复制幻灯片。但不能插入超链接和文字、公式、声音、图像等对象。

例5 在下列操作中，不能在幻灯片浏览视图方式下制作所选幻灯片的副本到当前演示文稿中的操作是（　　）。

    A. 选中某张幻灯片，鼠标直接拖动配合按（Ctrl）键

    B. 选中某张幻灯片，在"文件"选项卡中选择"另存为"命令

    C. 右键单击某张幻灯片，在快捷菜单中选择"复制"，然后到新的位置按 Ctrl+V

    D. 选中某张幻灯片，按"Ctrl+C"，然后到新的位置按"Ctrl+V"

答案：B

分析：利用"文件"选项卡中的"另存为"命令，只能复制整个演示文稿，不是在当前演示文稿中复制所选幻灯片的副本。

例6 在 PowerPoint 2010 演示文稿中，将一张布局为"节标题"的幻灯片改为"两栏内容"幻灯片，应使用的命令是（　　）。

    A. 版式　　　　　B. 新建主题颜色　C. 背景样式　　　　D. 页面设置

答案：A

分析：在这4个选项中，A 用于选用幻灯片版式布局；B 用于设置幻灯片主题配色方案；C 用于设置幻灯片背景；D 用于设置幻灯片的大小、宽度、高度、方向等。

例7 对于 PowerPoint 2010 的下列说法，正确的是（　　）。

    A. 在 PowerPoint 中，每一张幻灯片就是一个演示文稿

    B. PowerPoint 为用户提供了若干种幻灯片参考布局

    C. 用 PowerPoint 只能创建、编辑演示文稿，不能播放演示文稿

    D. 利用"设计/主题"，不可以为所有幻灯片设计外观

答案：B

分析：一个演示文稿一般由若干张幻灯片组成。PowerPoint 既是演示文稿的编辑器，又是演示文稿的播放器。应用"主题"是控制整个演示文稿统一外观的快捷方法。PowerPoint 为用户提供了若干种幻灯片参考布局，利用"开始"→"幻灯片"组→"版式"命令可以更改所选幻灯片的布局。

例8 在 PowerPoint 2010 中，新建演示文稿已选定主题为"Nature. potx"应用设计模板，在文稿中插入一个新幻灯片时，新幻灯片的主题将（　　）。

    A. 采用默认型设计模板　　　　　　B. 采用已选定设计模板

C. 随机选择任意设计模板　　　　　　D. 用户指定另外设计模板

答案：B

分析：在 PowerPoint 2010 中，当选定了设计模板后，该演示文稿中所有的幻灯片都采用该模板中的信息，新插入的幻灯片也不例外。

例 9　在 PowerPoint 中，如要"从头开始放映幻灯片"，可直接按（　　）。

　　A. F5　　　　　　　B. Shift+F5　　　　C. Ctrl+S　　　　　D. Ctrl+Shift

答案：A

分析：F5 是从头开始放映幻灯片，Shift+F5 是从当前幻灯片开始放映，Ctrl+S 是保存，Ctrl+Shift 是输入法之间的轮换。

例 10　在 PowerPoint 2010 中，若为幻灯片中的对象设置放映时的动画效果为"百叶窗"，应选择（　　）功能区。

　　A. 动画　　　　　B. 幻灯片放映　　C. 切换　　　　　D. 设计

答案：A

分析：在 PowerPoint 2010 的"动画"功能区中，用户可以灵活、方便地设置幻灯片动画效果。

例 11　在 PowerPoint 2010 的幻灯片浏览视图下，不能完成的操作是（　　）。

　　A. 调整个别幻灯片位置　　　　　　B. 删除个别幻灯片
　　C. 编辑个别幻灯片内容　　　　　　D. 复制个别幻灯片

答案：C

分析：在 PowerPoint 2010 的幻灯片浏览视图下，用户可以查看整个演示文稿，可对幻灯片进行添加、移动、复制、删除等操作，但不能编辑幻灯片中的内容。

例 12　PowerPoint 中，有关幻灯片中的页眉页脚下列说法错误的是（　　）。

　　A. 页眉或页脚是加在演示文稿中的注释性内容
　　B. 典型的页眉/页脚内容是日期、时间以及幻灯片编号
　　C. 在打印演示文稿的幻灯片时，页眉/页脚的内容也可打印出来
　　D. 不能设置页眉和页脚的文本格式

答案：D

分析：执行"插入"→"文本"组→"页眉页脚"命令，弹出"页面和页脚"对话框，在对话框中可以设置页眉和页脚的内容，设置完成后选择页眉和页脚中的文本，同样可以设置它们的格式。

例 13　在 PowerPoint 中，具有交互功能的演示文稿（　　）。

　　A. 可以播放声音、乐曲　　　　　　B. 可以播放动态视频图像
　　C. 具有"超链接"功能　　　　　　D. 具有自动循环放映功能

答案：C

分析：用 PowerPoint 制作的多媒体演示文稿可以播放出文本、图片、声音、动态图像。只要在"切换"和"幻灯片放映"两个功能区中进行适当的设置，所有演示文稿就可以自动循环放映。不过，这些特点并不表示演示文稿具有交互功能。只有利用"超级链接"功能为幻灯片对象创建超链接，并将链接目的指向演示文稿内特定的幻灯片（不按顺序方式跳转）、其他演示文稿、某个 Word 文档、Excel 工作簿、某个网址，这样制作的演示文稿才具有交互使用功能。

例 14 要终止幻灯片的放映，可以直接按键（　　）。
    A. Esc   B. End   C. Home   D. Insert
答案：A
分析：在幻灯片放映时，按 Esc 键可以终止，End 是切换到最后一张幻灯片，Home 是回到第一张幻灯片。

例 15 幻灯片放映时的"超级链接"功能，指的是转去（　　）。
    A. 用浏览器观察某个网站的内容
    B. 用相应软件显示其他文档内容
    C. 放映其他文稿或本文稿的另一张幻灯片
    D. 以上三个都可能
答案：D
分析：在"插入超链接"对话框中，"链接到："下面的"现有文件或网页"可以链接到另外的文件或者网站，"本文档中的位置"可以连接到本演示文稿中另一张幻灯片。

例 16 在 PowerPoint 2010 中，设置幻灯片放映时换页效果为"垂直百叶窗"，应在（　　）功能区下进行设置。
    A. 动画   B. 切换   C. 幻灯片放映   D. 视图
答案：B
分析：在 PowerPoint 2010 中，若要设置幻灯片切换效果，应在"切换"功能区下的"切换到此幻灯片"组中进行设置。

例 17 采用讲义形式打印演示文稿时，打印的是（　　）
    A. 幻灯片的文字内容   B. 幻灯片及其备注
    C. 幻灯片大纲   D. 若干张缩小的幻灯片
答案：D
分析：在"文件"→"打印"→"设置"下可以设置打印讲义，可以打印 1、2、3、4、6 或者 9 张形式的缩小的幻灯片。

例 18 在幻灯片中，将涉及其组成对象的种类以及对象间相互位置的问题称为（　　）。
    A. 幻灯片母版设计   B. 动画效果
    C. 版式设计   D. 主题颜色

答案：C

分析：幻灯片母版设计是规定整个演示文稿的统一外观；动画效果是指幻灯片中文本、声音、图像及其他对象播放的方式和顺序；主题颜色是指应用到个别或全部幻灯片、备注页、讲义中的多种均衡颜色预设方案；而安排设计文字、声音、视频图像等各类信息对象在幻灯片中的位置通常称为布局或版式设计。

例 19　下列叙述中，不正确的是（　　）。

  A. 每张幻灯片是由若干对象组成的

  B. 在 PowerPoint 中，可以插入艺术字

  C. 在幻灯片浏览视图下，可添加、删除、移动、复制幻灯片

  D. 在幻灯片中不能插入视频图像

答案：D

分析：PowerPoint 2010 可以制作多媒体幻灯片，每张幻灯片不但可包含文字、表格，而且还可以包含声音、视频图像等不同类型的信息对象。

例 20　在 PowerPoint 2010 中，不能对个别幻灯片的"文字"内容进行编辑修改的方式是（　　）。

  A. "大纲"选项窗格中   B. "幻灯片"浏览视图

  C. "幻灯片"窗格中   D. 以上 3 项均不能

答案：B

分析：在 PowerPoint 2010 的幻灯片浏览视图下，用户可以查看整个演示文稿，可对幻灯片进行添加、移动、复制、删除等操作，但不能编辑幻灯片中的内容。

例 21　设置放映方式、控制演示文稿的播放过程是指（　　）。

  A. 设置幻灯片的切换效果

  B. 设置演示文稿播放过程中幻灯片进入和离开屏幕时产生的视觉效果

  C. 设置幻灯片中文本、声音、图像及其他对象的进入方式和顺序

  D. 设置放映类型、换片方式、指定要演示的幻灯片

答案：D

分析：选项 A 和选项 B 均是指设置幻灯片的切换方式或切换效果。选项 C 是指设置动画效果。选项 D 是指设置放映方式，它包括设置放映类型、换片方式、指定要演示的幻灯片等。

例 22　有关幻灯片的注释，在下列说法中，正确的是（　　）。

  A. 注释信息可以在备注页窗格中编辑

  B. 注释信息可在幻灯片窗格中进行编辑

  C. 注释信息随同幻灯片一起播放

  D. 注释信息可出现在幻灯片浏览视图中

答案：A

分析：在普通视图中，备注页窗格在幻灯片窗格下面，里面可写入有关幻灯片的说明或注释，便于以后维护修改文件时查询。文稿演示播放不会显示出来。

例 23 下面关于打上隐藏标记的幻灯片的叙述，正确的是（　　）。
A. 播放时肯定不显示　　　　　　　B. 可以在任何视图方式下编辑
C. 播放时可能会显示　　　　　　　D. 不能在任何视图方式下编辑
答案：C
分析：打上隐藏标记的幻灯片，仍可在普通视图方式下编辑文本、图片等对象。能否播放，要看具体情况。播放时，若"从头开始"放映（F5），就不会显示隐藏的幻灯片，若当前选中隐藏的幻灯片，又执行"从当前幻灯片开始"放映，那么当前隐藏的幻灯片及随后连续隐藏的幻灯片将显示。

例 24 在幻灯片浏览视图中，可使用（　　）键+多次单击来选定多张不连续幻灯片。
答案：Ctrl
分析：在幻灯片浏览视图中，按住 Ctrl 键再单击多张幻灯片可以选定多张不连续幻灯片；单击某张幻灯片，再按住 Shift 键单击另外某张幻灯片，可以选定包含这两张幻灯片在内的多张连续的幻灯片。

例 25 在 PowerPoint 2010 中，若需要在幻灯片中快速建立一个目录树形状的内容，应选择（　　）图形。
答案：SmartArt
分析：在 PowerPoint 2010 中，创建 SmartArt 图形时，系统将提示您选择一种 SmartArt 图形类型，例如"流程"、"层次结构"、"循环"或"关系"等，而且每种类型包含几个不同的布局。

例 26 幻灯片切换方式可以有两种，（　　）和（　　）。
答案：单击鼠标切换，自动切换
分析：在 PowerPoint 2010 中，在"切换"→"计时"组→"换片方式"下可以设置幻灯片的切换方式。

例 27 在 PowerPoint 2010 中，若想改变演示文稿的播放次序，或者通过幻灯片的某一个对象链接到指定文件，可以使用（　　）对话框实现。
答案：插入超链接
分析：在 PowerPoint 2010 中，若想改变演示文稿的播放次序，或者通过幻灯片的某一对象链接到指定文件，可以执行"插入"→"链接"组→"超链接"命令，在出现的"插入超链接"对话框中进行设置。

例 28 单击"文件"选项卡中的（　　）命令可以把当前演示文稿以其他的文件名

存盘。

答案：另存为

分析：利用"另存为"命令可以将当前演示文稿以其他的文件名存盘，还可以在"另存为"对话框中，设置"保存类型"，将当前演示文稿保存为"模板"、"放映""PDF"等类型的文件。

例 29　在 PowerPoint 2010 中，打印演示文稿时，在"设置"中单击"整页幻灯片"，在（　　）栏中，可以设置每页打印纸输出 9 张幻灯片。

答案：讲义（9 张水平/垂直放置的幻灯片）

分析：在 PowerPoint 2010 中，若要每页打印纸最多能输出 9 张幻灯片，应执行"文件"→"打印"→在"设置"中单击"整页幻灯片"，选择"讲义"栏中的"9 张水平/垂直放置的幻灯片"。

例 30　在 PowerPoint 2010 中，使用"插入/文本组"中的（　　）命令，可以将一个 Word 2010 文件插入到幻灯片中。

答案：对象

分析：在 PowerPoint 2010 中，使用"插入"→"文本"组→"对象"命令→在弹出的"插入对象"对话框中选择"由文件创建"→"浏览"→找到已有的 Word 文档→"确定"，可以将 Word 2010 的文件作为一个对象导入幻灯片中。

例 31　在 PowerPoint 2010 中，若想改变演示文稿的播放次序，或者通过幻灯片的某一个对象链接到指定文件，可以使用插入（　　）和"插入超级链接"命令实现。

答案：动作按钮

分析：在 PowerPoint 2010 中，若想改变演示文稿的播放次序，或者通过幻灯片的某一对象到指定文件，可以使用插入"动作按钮"和"插入超级链接"命令实现。

例 32　在 PowerPoint 2010 中，若想选择演示文稿中指定的幻灯片进行播放，应使用"幻灯片放映"功能区中的（　　）命令。

答案：自定义幻灯片放映。

分析：在 PowerPoint 2010 中，若想选择演示文稿中指定的幻灯片进行播放，应执行"幻灯片放映"→"自定义幻灯片放映"→"自定义放映"，打开"自定义放映"对话框→单击"新建"按钮打开"定义自定义放映"对话框；根据需要，在"演示文稿中的幻灯片"列表框中，选择所需自定义放映的幻灯片，然后单击"添加"按钮；单击"确定"按钮，完成操作。

例 33　在处理幻灯片中的图形图像时，"透明色"效果只能应用于（　　）。

答案：图片对象

分析：对图形图像处理时，一些效果可以同时用于图形和图片，一些只能用于图形，另一些只能用于图片。比如三维效果只能用于图形，透明色效果只能用于图片。

例 34 设置幻灯片切换效果可针对所选的幻灯片，也可针对（　　）幻灯片。

答案： 全部或所有

分析： 进行设置时，可将所选的切换效果应用到当前幻灯片上，也可执行"全部应用"命令应用到所有幻灯片上。

6.4 练 习 题

（一）判断题

（　　）1. 在 PowerPoint 的幻灯片中，可插入 Excel 数据图表。

（　　）2. 制作演示文稿的封面应是第一张幻灯片，且版式必须为"标题幻灯片"。

（　　）3. 放映幻灯片时可以配上旁白。

（　　）4. 放映幻灯片时可以将鼠标指针变成"笔"在幻灯片上写写画画。

（　　）5. 幻灯片间的"切换效果"指的是幻灯片在放映时出现的方式。

（　　）6. PowerPoint 2010 中，可以给网络上的人演示放映。

（　　）7. 在演示文稿中添加来自网站的视频，需要将网站上的视频文件先下载下来。

（　　）8. PowerPoint 2010 中，可以将演示文稿转换为 PDF/XPS 文件。

（　　）9. 备注页的内容与幻灯片内容分别存储在两个不同的文件中。

（　　）10. 关于插入在幻灯片里的图片、图形等对象，放置的位置可以重叠，叠放的次序可以改变。

（　　）11. 在 PowerPoint 中，各张幻灯片之间均可使用不同的版式

（　　）12. PowerPoint 在放映幻灯片时，必须从第一张幻灯片开始放映

（　　）13. PowerPoint 2010 可以直接打开 PowerPoint 2003 制作的演示文稿。

（　　）14. PowerPoint 2010 的功能区中的命令不能进行增加和删除。

（　　）15. 在 PowerPoint 2010 中，"动画刷"工具可以快速设置相同动画。

（　　）16. 在 PowerPoint 2010 中可以对插入的文件中的视频进行编辑。

（　　）17. 在 PowerPoint 2010 中，可以将演示文稿创建为 Windows Media 视频格式。

（二）填空题

1. 演示文稿 PowerPoint 2010 文件的扩展名为（　　）。

2. PowerPoint 2010 幻灯片母版分为三种，分别是：（　　）、（　　）、（　　）。

3. 在 PowerPoint 的幻灯片中，录入文本内容的方法与 Word（　　）。

4. 在 Powerpoint 2010 中，幻灯片的放映类型有三种：演讲者放映、（　　）和（　　）。

5. 从当前幻灯片开始放映的快捷键是（　　）。

6. 在 PowerPoint 的幻灯片中，按钮 是（　　）。

7. 在幻灯片浏览视图下，被选定的幻灯片周围有一个（　　）。

8. 除了可以将选定的文字或图片设置成超级链接外，还可以直接使用（　　）按钮设置超级链接。

9. PowerPoint 2010 软件是一个（　　）软件。

10. 当需要演示文稿的某张幻灯片跳转到一个 Internet 地址时，应使用 PowerPoint 的（　　）功能。

11. 隐藏幻灯片功能在（　　）功能区中。

12. 在 PowerPoint 2010 中，幻灯片切换分为（　　）和自动切换两种方式。

13. 在 PowerPoint 2010 中，设置幻灯片切换效果可针对所选的幻灯片，也可针对（　　）幻灯片。

14. 在 PowerPoint 2010 中，若要设置幻灯片中具体对象的动画效果，应选择的功能区是（　　）。

15. PowerPoint 2010 中，可以使用（　　）复制一个对象的动画，并将其应用到另一个对象。

16. 在 PowerPoint 2010 中，若要对指定的幻灯片进行播放，应选择"幻灯片放映"中的（　　）命令。

17. 幻灯片上使用的标题、文字、图片、图表和表格等，在 PowerPoint 中统称为（　　）。

18. 在 PowerPoint 的幻灯片中，按钮 🖵 是（　　）。

19. 在 PowerPoint 的幻灯片中，按钮 ⊞ 是（　　）。

20. 要在 PowerPoint 2010 中显示标尺、网络线、参考线，以及对幻灯片母版进行修改，应在（　　）功能区中进行操作。

21. 在 PowerPoint 2010 中对幻灯片进行页面设置时，应在（　　）功能区中操作。

22. （　　）是一种技术，除了可以将选定的文字或图片设置成超级链接外，还可以直接使用动作按钮设置超级链接。

23. 在设计动态时，有两种不同的动态设计：一是幻灯片（　　）；二是幻灯片（　　）。

24. 在 PowerPoint 2010 中，若要设置幻灯片的主题颜色，应选择（　　）功能区。

25. 在 PowerPoint 2010 中，若要在排练时自动设置幻灯片放映时间的间距，应选择"幻灯片放映"功能区下的（　　）命令。

26. 在展览会场上，若要将产品的演示文稿反复向观众播放，应首先设置幻灯片的自动换片时间，并选用 PowerPoint 提供的幻灯片放映类型是（　　）

27. 当需要为幻灯片输入文字，插入剪贴画、表格、图表、图片、艺术字时，PowerPoint 应工作在（　　）视图下。

28. 若需要查看整个演示文稿范围内所有幻灯片的外观和排列情况，应该使用（　　）视图。

29. 如果希望幻灯片上的背景图案具有专业设计水平，而自己又感到力不从心时，可以使用系统提供的内置（　　）。

30. 在 PowerPoint 中，幻灯片（　　）是指具有特殊用途的幻灯片，其中包括已设定格式的占位符，这些占位符是为标题、主要文本以及将出现在所有幻灯片中对象而设置的。

31. 在 PowerPoint 2010 的（　　）功能区中可以进行拼写检查、语言翻译、中文简繁体转换等操作。

32. 在 PowerPoint 2010 的视图功能区中，演示文稿视图有（　　）、（　　）、备注页和阅读视图四种模式。

33. 要让 PowerPoint 2010 制作的演示文稿在 PowerPoint 2003 中放映，可将演示文稿的保存类型设置为（　　）。

34. 在 PowerPoint 2010 中，幻灯片切换分为（　　）和自动切换两种方式。

35. 在 PowerPoint 2010 的"设置背景格式"对话框中，直接设置该背景效果作用于正编辑的幻灯片，而单击"全部应用"是作用于（　　）。

36. 扩展名为 .potx 的文件是（　　）。

37. 扩展名为 .potm 的文件是（　　）。

（三）选择题

1. 当保存演示文稿时，出现"另存为"对话框，则说明（　　）。

　　A. 该文件保存时不能用该文件原来的文件名

　　B. 该文件不能保存

　　C. 该文件未保存过

　　D. 该文件已经保存过

2. 不能作为 PowerPoint 演示文稿的插入对象的是（　　）。

　　A. 图表　　　　　　B. Excel 工作簿　　　　　C. 图像文档　　　　　D. Windows 操作系统

3. 下列说法错误的是（　　）。

　　A. 不可以为剪贴画重新上色

B. 可以向已存在的幻灯片中插入剪贴画

C. 可以修改剪贴画

D. 可以利用自动版式建立带剪贴画的幻灯片，用来插入剪贴画

4. 中文 PowerPoint 2010 的母版有（　　）几种。

A. 幻灯片母版　　　　B. 讲义母版　　　　C. 大纲母版　　　　D. 备注母版

5. 中文 PowerPoint 2010 中创建的超级链接能转到（　　）等不同的位置。

A. 当前幻灯片　　　B. 另一张幻灯片　　　C. 某一应用程序　　　D. Internet 地址

6. 在 Powerpoint2010 中，幻灯片的放映类型有（　　）

A. 演讲者放映　　　B. 观众自行浏览　　　C. 在展台浏览　　　D. 混合浏览

7. 下列关于 PowerPoint 的说法正确的是（　　）

A. PowerPoint 2010 中，可以将演示文稿转换为 PDF/XPS 文件

B. PowerPoint 2010 中，可以使用动画刷复制一个对象的动画，并将其应用到另一个对象

C. 在 PowerPoint 中，各张幻灯片之间不可使用不同的版式

D. PowerPoint 在放映幻灯片时，可以从当前幻灯片开始放映

8. 被建立了超级链接的文本将变成（　　）。

A. 灰暗的　　　　　B. 黑体的　　　　　C. 彩色带下划线　　D. 凸出的

9. 如果想使幻灯片内的标题、图片、文字按顺序出现，应该使用（　　）动画设置功能。

A. 放映　　　　　B. 幻灯片间　　　　　C. 幻灯片连接　　　　D. 幻灯片内

10. 幻灯片中可以插入的内容是（　　）。

A. 文本　　　　　B. 图形　　　　　　C. 声音　　　　　D. 表格

E. 超级链接

11. 正在编辑的演示文稿可以通过（　　）放映。

A. 按 Esc 键　　　B. 按 Shift+F5 键　　C. 按 Shift 键　　　D. 按 F5 键

E. 单击"幻灯片放映/从头开始"命令

12. 在 PowerPoint 中对幻灯片内各对象添加"动画"可以完成的设置有（　　）。

A. 各个对象出现的顺序　　　　　　　B. 对象出现时的声音

C. 对象出现时的动画效果　　　　　　D. 对象的格式

13. 若当前编辑的演示文稿是 C 盘中名为"ABC. pptx"的文件，要将该文件复制到 U 盘，应使用（　　）。

A. "文件/另存为"命令　　　　　　　B. "文件/保存"命令

C. "文件/新建"命令　　　　　　　　D. "开始/剪贴板组/复制"命令

14. PowerPoint 是一个集成软件的一部分，这个集成软件是（　　）。

A. MICROSOFT WINDOWS　　　　　　B. MICROSOFT WORD

C. MICROSOFT OFFICE　　　　　　　D. MICROSOFT IE

15. 在编辑已保存过的演示文稿时，后面再执行"文件/保存"命令后（　　）。

A. 会将所有打开的演示文稿存盘

B. 只能将当前演示文稿存储在原文件夹内

C. 可以将当前演示文稿存储在已有的任意文件夹内

D. 可以先建立一个新文件夹，再将演示文稿存储在该文件夹内

16. 修改超链接的颜色是通过下列哪个命令打开的对话框来实现的（　　）。

A. 新建主题颜色　　　　　　　　　　B. 项目符号和编号

C. SmartArt　　　　　　　　　　　　D. 符号

17. 与 Word 相比，PowerPoint 软件在工作内容上的最大不同在于（　　）。

A. 窗口的风格　　　B. 有多种视图方式　C. 文档打印　　　　D. 文稿的放映

18. 如果想将幻灯片的方向更改为纵向，可通过（　　）命令。

    A. 设计/页面设置　　B. 文件/打印　　　C. 开始/幻灯片版式　D. 设计/主题

19. 在普通视图中如果当前是一张还没有任何内容的空白幻灯片，要想输入文字（　　）。

    A. 应当直接输入新的文字

    B. 应当首先插入一个新的文本框

    C. 必须更改该幻灯片的版式，使其能含有文字

    D. 必须切换到大纲视图中去输入

20. 要停止正在放映的幻灯片，只要（　　）或（　　）就可以了。

    A. Esc 键　　　　　　　　　　　　　B. Ctrl+X 组合键

    C. Ctrl+Q 组合键　　　　　　　　　D. 单击鼠标右键，选择"结束放映"命令

21. "幻灯片放映"菜单中的"自定义放映"命令项，可以用于设定放映时（　　）。

    A. 幻灯片内各个对象显现出来的先后顺序

    B. 前后两张幻灯片转换的速度

    C. 有哪些幻灯片参加放映及其放映顺序

    D. 是全屏幕显示还是在窗口内显示

22. PowerPoint 的超链接功能使得播放可以自由跳转到（　　）。

    A. 演示文稿中特定的幻灯片　　　　B. 某个因特网资源地址

    C. 某个 Word 文档　　　　　　　　D. 以上均可以

23. 激活 PowerPoint 的超链接功能的方法是（　　）。

    A. 单击或双击对象　　　　　　　　B. 单击或鼠标移过对象

    C. 只能使用单击对象　　　　　　　D. 只能使用双击对象

24. 在幻灯片放映时，用户可以利用绘图笔在幻灯片上写字或画画，这些内容（　　）。

    A. 自动保存在演示文稿中　　　　　B. 可以保存在演示文稿中

    C. 在本次演示中不可擦除　　　　　D. 在本次演示中可以擦除

25. 关于母版的下列描述中，不正确的是（　　）。

    A. 母版可以预先定义前景颜色、文本颜色、字体大小等

    B. 标题母版为使用标题版式的幻灯片设置默认格式

    C. 对幻灯片母版的修改，不影响任何一张幻灯片

    D. PowerPoint 通过母版来控制幻灯片中不同部分的表现形式

26. PowerPoint 可以提供的幻灯片放映方式是（　　）。

    A. 手动　　　　　　　　　　　　　B. 手动、定时

    C. 手动、定时、循环播放　　　　　D. 定时

27. PowerPoint 2010 是专门用来（　　）。

    A. 制作演示文稿　　　　　　　　　B. 播放演示文稿

    C. 制作并播放演示文稿　　　　　　D. 制作电子表格演示文稿

28. 在 PowerPoint 普通视图下，单击大纲选项卡，大纲由每张幻灯片的（　　）组成。

    A. 标题　　　　B. 正文　　　　C. 标题和正文　　D. 标题和图片

29. 一个演示文稿中的全套幻灯片（　　）个主题风格。

    A. 只能使用 1 个　　　　　　　　　B. 最多只能使用 2 个

    C. 只能使用 2 个　　　　　　　　　D. 可以使用多个

30. 在 PowerPoint 2010 中，不影响演示文稿格式的是（　　）。

    A. 幻灯片版式　　　B. 母版　　　C. 主题颜色　　　　D. 备注页

31. 在放映幻灯片时可以按快捷键（　　）将鼠标指针变成"笔"在幻灯片上写写画画。

A. Ctrl+P　　　　　　B. Ctrl+E　　　　　　C. Ctrl+Enter　　　D. 以上 3 种都可以

32. 在 PowerPoint 2010 中，若要设置幻灯片中对象的动画效果，应选择（　　）视图。

A. 普通　　　　　B. 阅读　　　　　C. 幻灯片浏览　　　D. 幻灯片放映

33. 在 PowerPoint 2010 中，单击"动画/动画组右下角的按钮"，在出现的对话框中选择（　　）选项卡，可以为幻灯片对象的动画设置声音。

A. 计时　　　　　B. 效果　　　　　C. 正文文本动画　　　D. 触发

34. 在 PowerPoint 的幻灯片中，按钮 ⊞ 为（　　）。

A. 新建幻灯片　　B. 备注页视图　　C. 幻灯片浏览视图　D. 普通视图

35. 在 PowerPoint 的幻灯片中，按钮 ▦ 为（　　）。

A. 幻灯片版面设计　B. 应用设计模板　　C. 新建幻灯片　　　D. 阅读视图

36. 在 PowerPoint 的幻灯片中，按钮 Ⓢ 为（　　）。

A. 阴影　　　　　B. 浮凸　　　　　C. 底纹　　　　　D. 加粗

37. 在公共场合演示时，如果需要幻灯片按照自己的演讲内容及时间自动配合播放，可以为其设置（　　）。

A. 预设动画　　　B. 排练计时　　　C. 动作按钮　　　D. 录制旁白

38. PowerPoint 中，在（　　）中，用户可以看到画面变成上下两半，上面是幻灯片，下面是文本框，可以记录演讲者讲演时所需的一些提示重点。

A. 普通视图　　　B. 幻灯片浏览视图　C. 备注页视图　　D. 阅读视图

39. 从当前幻灯片开始放映幻灯片的快捷键是（　　）。

A. Shift + F5　　　B. Shift + F4　　　C. Shift + F3　　　D. Shift + F2

40. 从第一张幻灯片开始放映幻灯片的快捷键是（　　）。

A. F2　　　　　　B. F3　　　　　　C. F4　　　　　　D. F5

41. 在 PowerPoint 中，执行"文件/打印"，下面不是合法的"打印内容"选项是（　　）。

A. 备注页　　　　B. 幻灯片　　　　C. 幻灯片浏览　　D. 讲义

42. 在 PowerPoint 软件中，可以为文本、图形等对象设置动画效果，以突出重点或增加演示文稿的趣味性。设置上述动画效果可采用（　　）功能区。

A. 插入　　　　　B. 幻灯片放映　　C. 动画　　　　　D. 视图

43. 在 PowerPoint 中，能给每张幻灯片中的图片、文字等对象添加的动画效果类型有（　　）。

A. 进入效果　　　B. 强调效果　　　C. 退出效果　　　D. 其他动作路径效果

44. 幻灯片放映效果是指（　　）。

A. 幻灯片的切换　　　　　　　　　B. 幻灯片的声音

C. 幻灯片内部符号和对象动画　　　D. 幻灯片背景

45. 在幻灯片浏览视图中，可使用（　　）键 + 拖动来复制选定的幻灯片。

A. Ctrl　　　　　B. Alt　　　　　C. Shift　　　　　D. Tab

46. 使用 PowerPoint 制作的演示文稿文件类型是（　　）。

A. EXE　　　　　B. PPTX　　　　　C. PPSX　　　　　D. DOCX

47. 编辑幻灯片内容时，需要先（　　）对象。

A. 调整　　　　　B. 选择　　　　　C. 删除　　　　　D. 粘贴

48. 插入新幻灯片的方法有（　　）。

A. 按复制按钮

B. 利用"开始/幻灯片组/新建幻灯片"命令

C. 在幻灯片选项卡下，右键单击某张幻灯片，在快捷菜单中选择"新建幻灯片"

D. 在快速访问工具栏上单击"新建"

49. 下列选项中，PowerPoint 2010 能提供的视图方式有（　　）。

    A. 普通视图　　　　　B. 阅读视图　　　　　C. 幻灯片浏览视图　D. 页面视图

50. 在 PowerPoint 中对幻灯片"动画"功能区可以完成的设置有（　　）。

    A. 各个对象出现的顺序　　　　　　　　B. 对象出现时的声音

    C. 对象出现时的动画效果　　　　　　　D. 对象的格式

51. 要对幻灯片母版进行设计和修改时，应在（　　）功能区中操作。

    A. 设计　　　　　　　B. 审阅　　　　　　　C. 插入　　　　　　　D. 视图

52. 在普通视图方式下编辑幻灯片时，执行"复制"命令后（　　）。

    A. 被选择的内容将复制到插入点处　　　B. 被选择的内容将复制到剪贴板

    C. 被选择的内容将复制成为一个演示文稿　D. 被选择的内容将复制成为一张幻灯片

53. 在普通视图方式下编辑幻灯片时，执行"粘贴"命令后（　　）。

    A. 幻灯片中被选择的内容将移到剪贴板

    B. 幻灯片中被选择的内容将复制到当前插入点处

    C. 剪贴板中的内容将复制到当前插入点处

    D. 剪贴板中的内容将移到当前插入点处

54. 在放映幻灯片过程中，可以利用下列哪个快捷键（　　）将鼠标指针变成"橡皮擦"在幻灯片上擦除"墨迹"。

    A. Ctrl+E　　　　　　B. Ctrl+P　　　　　　C. Ctrl+C　　　　　　D. Ctrl+V

55. 在编辑幻灯片时，执行了两次"剪切"操作，则剪贴板中（　　）。

    A. 仅有第一次被剪切的内容　　　　　　B. 仅有第二次被剪切的内容

    C. 有两次被剪切的内容　　　　　　　　D. 内容被清除

56. 在编辑演示文稿时，要进行"替换"操作，应使用快捷键（　　）。

    A. Ctrl+Z　　　　　　B. Ctrl+A　　　　　　C. Ctrl+Y　　　　　　D. Ctrl+H

57. 要在选定的版式中输入文字，只要（　　）。

    A. 单击占位符，直接输入文字　　　　　B. 首先删除占位符中的文字，然后输入文字

    C. 从"文件"选项中选择　　　　　　　D. 从"视图"功能区中选择

58. 要修改文本框内的内容，应该（　　）。

    A. 首先删除文本框，然后再重新加入一个文本框

    B. 选择该文本框，选择所要修改的内容，然后重新输入文字

    C. 重新选择带有文本框的版式，然后在文本框内输入文字

    D. 选择"编辑"菜单中的"替换"命令

59. 修改项目符号的颜色、大小是通过下列哪个对话框来实现的（　　）。

    A. 字体　　　　　　　B. 项目符号和编号　　C. 新建主题颜色　　　D. 符号

60. 如果要打印某一幻灯片的备注页，可以（　　）。

    A. 执行"文件/打印/单击'整页幻灯片'右边的下拉按钮/备注页/打印"

    B. 在打印对话框中，按"确定"钮进行打印

    C. 以上二种方法都可以

    D. 以上二种方法都不可以

61. 要对幻灯片进行保存、打开、新建、打印等操作时，应在（　　）选项卡中操作。

    A. 文件　　　　　　　B. 开始　　　　　　　C. 设计　　　　　　　D. 审阅

62. 在 PowerPoint 2010 中的（　　）下可以通过单击鼠标拖动相应对象的动画来改变动画播放的顺序。

    A. 动画窗格　　　　　B. 幻灯片窗格　　　　C. 备注窗格　　　　　D. 幻灯片/大纲窗格

63. 为幻灯片播放设计动态效果时（　　）。
    A. 只能在一张幻灯片内部设置
    B. 只能在相邻幻灯片之间设置
    C. 既能在一张幻灯片内部设置，又能在相邻幻灯片之间设置
    D. 可以在一张幻灯片内部设置，或者在相邻幻灯片之间设置，但两者不能使用在同一演示文稿中

64. 在演示文稿播放过程中，当幻灯片进入和离开屏幕时，出现水平百叶窗、溶解、盒状展开、向下插入等切换效果，是因为（　　）。
    A. 在一张幻灯片内部设置了播放效果　　B. 在相邻幻灯片之间设置了播放效果
    C. 为幻灯片使用了适当的模板　　　　　D. 为幻灯片使用了适当的版式

65. 在 PowerPoint 中，按功能键 F7 的功能是（　　）。
    A. 打开文件　　　B. 打印预览　　　C. 拼写检查　　　D. 样式检查

66. 下面有关 PowerPoint 的说法，错误的是（　　）。
    A. 标题、文字、图片、图表和表格等都被视为对象
    B. 对选定的对象可以进行移动、复制、删除、撤销等操作
    C. 建立空演示文稿时，该演示文稿不包含任何背景图案。但版式可以在系统提供多种自动版式中选择
    D. 幻灯片中可插入所需的图片、表格，但不能插入动画和声音

67. PowerPoint 2010 中自定义幻灯片的主题颜色，可以实现（　　）设置。
    A. 幻灯片中的文本颜色
    B. 幻灯片中的背景颜色
    C. 幻灯片中超级链接和已访问超级链接的颜色
    D. 幻灯片中强调文字的颜色

68. 在 PowerPoint 2010 中，（　　）不是"打印内容"列表中的合法选项。
    A. 幻灯片（无动画）　　　　　　B. 备注页
    C. 讲义（每页 10 张幻灯片）　　D. 讲义（每页 4 张幻灯片）

69. 下列不是 PowerPoint 2010 视图的是（　　）。
    A. 草稿视图　　　B. 阅读视图　　　C. 幻灯片浏览视图　D. 普通视图

70. 在幻灯片浏览视图下，可以进行的操作是（　　）。
    A. 演示指定幻灯片　　　　　　　B. 添加说明或注释
    C. 添加、删除、移动、复制幻灯片　D. 添加文本、声音、图像及其他对象

71. 在 PowerPoint 2010 中，若要设置幻灯片背景的填充效果，应选择（　　）功能区。
    A. 视图　　　B. 设计　　　C. 切换　　　D. 审阅

72. 在 PowerPoint 2010 中，若要设置幻灯片的换片方式，应在（　　）功能区中进行设置。
    A. 视图　　　B. 切换　　　C. 设计　　　D. 审阅

73. 在 PowerPoint 2010 中，对于演示文稿中不准备放映的幻灯片，应使用（　　）功能区中的"隐藏幻灯片"命令隐藏。
    A. 插入　　　B. 设计　　　C. 幻灯片放映　　　D. 视图

6.5　练习题参考答案

（一）判断题

1. T　2. F　3. T　4. T　5. T　6. T　7. F　8. T　9. F　10. T　11. T　12. F　13. T　14. F　15. T　16. T　17. T

163

（二）填空题

1. PPTX　2. 幻灯片母版、讲义母版、备注母版　3. 相同　4. 观众自行浏览、在展台浏览　5. Shift+F5
6. 超链接　7. 黄色的框　8. 动作　9. 演示文稿制作　10. 插入超链接　11. 幻灯片放映　12. 单击鼠标
切换　13. 所有　14. 动画　15. 动画刷　16. 自定义幻灯片放映　17. 对象　18. 幻灯片放映　19. 幻灯
片浏览　20. 视图　21. 设计　22. 超级链接　23. 间的切换动态效果、内的动画效果　24. 设计　25. 排
练计时　26. 在展台浏览（全屏幕）　27. 普通　28. 幻灯片浏览　29. 主题　30. 母版　31. 审阅　32.
普通视图、幻灯片浏览　33. PowerPoint 97–2003 演示文稿（＊.ppt）　34. 单击鼠标时　35. 整个演示文
稿的所有幻灯片　36. PowerPoint 模板文件　37. PowerPoint 启用宏的模板文件

（三）选择题

1. C	2. D	3. A	4. ABD	5. ABCD	6. ABC	7. ABD	8. C	9. D
10. ABCDE	11. BDE	12. ABC	13. A	14. C	15. B	16. A	17. D	18. A
19. B	20. AD	21. C	22. D	23. B	24. BD	25. C	26. C	27. C
28. C	29. D	30. D	31. A	32. A	33. B	34. D	35. C	36. A
37. B	38. C	39. A	40. D	41. C	42. C	43. ABCD	44. ABC	45. A
46. B	47. B	48. BC	49. ABC	50. ABC	51. D	52. B	53. C	54. A
55. B	56. D	57. A	58. B	59. B	60. A	61. A	62. A	63. C
64. B	65. D	66. D	67. ABCD	68. C	69. A	70. C	71. B	72. B
73. C								

第7章　计算机网络与多媒体技术基础

7.1　考纲要求

1. 计算机网络

(1) 计算机网络概论、基本功能、分类、组成。

(2) 网络传输媒介及连线设备。

(3) Internet：

①Internet 的基本知识（TCP/IP、IP 地址、DNS）

②Internet 的应用（E-mail、FTP、WWW）

③Internet 的接入方式。

2. 多媒体基本常识

多媒体计算机概念及应用基本常识。

(1) 多媒体计算机硬件基本组成。

(2) 多媒体计算机能处理的多媒体信息。

3. 计算机安全的基本常识

(1) 计算机软件的版权保护；

(2) 计算机信息系统的安全；

(3) 计算机病毒（概念、特征、防范措施、常见的杀毒软件）；

(4) 互联网的法律常识。

7.2　内容要求

7.2.1　计算机网络概论、基本功能、分类、组成

(1) 计算机网络的概念：利用通信线路把分散的计算机连接起来的一种组织形式称为计算机网络，它的确切定义是：一个互联的、自主的计算机集合。互联是指用一定的通信线路将地理位置不同的、分散的多台计算机连接起来；自主是指网络中的每一台计算机都是平等的、独立的，它们之间没有明显的主次之分。

(2) 计算机网络的分类：根据不同的类型特征，计算机网络有几种不同的分类方法，以下是常见的几种网络分类方法。

①按地域范围分类。

依据网络的地理位置以及分布范围，可分为以下三类：

局域网 LAN：将地理覆盖范围在 1000 千米以内计算机网络称为局域网。在这种网络中，不仅是各种数据通信设备的互联（通常采用有线方式连接）并且还要配上高层协议和网络软件，能够实现以高速的数据传输速率进行互相通信。

广域网 WAN：广域网就是远距离的计算机互联组成的计算机网络，它的分布范围很大，甚至可以是全球范围。广域网的连接方式通常为：有线（光纤等）、无线微波、卫星等。

城域网 MAN：城域网的规模主要局限在一个城市范围内，是一种介于广域网和局域网之间的网络。

②按传输介质分类。

有线网：有线网是指网络之间采用同轴电缆、双绞线或光导纤维作传输介质的计算机网络。

- 采用同轴电缆和双绞线的网络，其优点是经济，安装方便；缺点是传输距离相对较短，传输率和抗干扰能力一般。

- 采用光导纤维作传输介质，优点是传输距离长、传输率高、抗干扰能力强、安全性能较高；缺点是价格较高、需高水平的安装技术。

无线网：采用空气作传输介质，用电磁波作为传输载体，联网方式灵活方便。

③按拓扑结构分类。

网络的拓扑结构是指网络中通信线路和站点（计算机或设备）的硬件连接形式，可分为以下几种类型：

星形网络：网上的站点通过点到点的连接与中心相连。

环形网络：网上的站点通过通信介质连成一个封闭的环形。

总线型网络：网上所有的站点共享一条数据通道。

④按交换方式分类。

根据网络中信息交换方式，可将计算机网络分为电路交换网和分组交换网两类。

⑤按网络协议分类。

根据计算机网络通信过程中使用的通信协议，可将计算机网络分为采用 TCP/IP、SPX/APPLEK 或 NETBIOS 等协议的网络。

（3）计算机网络的组成。

计算机网络是由硬件系统和软件系统两大部分组成。硬件组成包括网络服务器、工作站、网卡（或调制解调器）、中继器、集线器、网桥、路由器；交换器和通信介质等组成；软件组成包括网络操作系统、网络应用服务系统等。网络硬件和网络软件的协同工作是保证网络畅通无阻和正常运转的必要条件。

（4）通信子网和资源子网。

按照计算机网络的逻辑功能，可将计算机网络划分为通信子网和资源子网两大部分。通信子网的功能，是实现计算机网络中通信设备之间的通信功能；资源子网的功能，是实现网络中硬件资源和软件资源的共享。

（5）计算机网络的功能。

计算机网络的主要功能，就是实现网络中计算机之间的互相通信，以及实现网络中硬件资源和软件资源的共享。

（6）计算机网络的体系结构。

计算机网络的体系结构是一个广义的概念，包括物理结构、逻辑结构和软件结构三类。物理结构是实现网络逻辑功能最优分配的各种子网系统和设备；逻辑结构是执行各种网络操作任务所需的功能；软件结构是指网络软件的结构。

（7）ISO/OSI 参考模型。

国际标准化组织（ISO），由美国国家标准组织等组成，其提出的开放系统互连（OSI Open System Interconnection）参考模型，将网络分为七层，分别为物理层、数据链路层、网络层、传输层、会话层、表示层和应用层。

（8）TCP/IP 协议。

计算机网络协议是为保证联网计算机之间的正常通信和交流而制订的需共同遵守的互通信息规则。计算机网络协议的格式一般包括发送方信息、发送的数据、接收方信息以及发送成功与否等状态信息。

因特网上使用的网络协议称之为 TCP/IP 协议，它所代表的是因特网上使用的一组协议，而 TCP 协议和 IP 协议是其中最基本最重要的两个协议。TCP/IP 协议的中文含义是传输控制/传输协议，它是 Internet 的基础，TCP/IP 协议参考模型分为四层，分别是：互连网络层、传输层、应用层和主机到网络层。

7.2.2 Internet 的知识

（1）IP 地址（网址）和域名。

IP 地址又称网址，接入因特网的计算机和服务器都必须具有 IP 地址。

因特网根据网址来识别接入因特网的计算机，因而接入因特网的计算机应该具有唯一属于自己的网址；IP 地址规定用四组取值范围为 0～255 的十进制数表示，共占用四个字节（32 位），每组数字之间用圆点"."分隔，这四组数字用来标识网络地址、子网地址和主机地址。

IP 地址实现了接入因特网的计算机的唯一地址编码，但 IP 地址记忆不便，为此，因特网提供了域名服务，用来将 IP 地址的数字形式翻译成以字符表示的名称，这就是域名系统 DNS，以此命名的网络地址即为域名地址。

域名的一般格式：计算机名 . 组织机构名 . 网络名 . 最高层域名

计算机名是接入因特网的计算机名，组织机构名一般是接入因特网的单位名，计算机名和组织机构名一般由网络用户在申请域名时自定。

网络名是一个比较模糊的概念，通常表示属于哪个网络类型。

最高层域名又称顶级域名，它所代表的是建立网络的组织机构或网络所隶属的地区或国家。

顶级域名大致分为组织性顶级域名和地理性顶级域名两种。

组织性顶级域名：表明该组织机构的类型，一般采用三至五个字母的缩写表示，如：com。

地理性顶级域名：表示其所隶属的地区或国家，一般采用两个字母的缩写表示 CN 等。

（2）Internet 提供的服务。

Internet 所提供的服务在不断地丰富，目前所提供的服务主要有以下几种：

新闻讨论组、电子邮件、万维网、电子商务、网络电话、文件传输。

因特网服务商 ISP 就是提供因特网接入服务的机构，现在提供这种服务的 ISP 很多，如中国电信等。要想成为因特网用户，可以向 ISP 申请。

（3）WWW 浏览器。

WWW 是英文"World wide Web"的缩写，它的中文译名是"万维网"。万维网的客户服务程序就叫 WWW 浏览器。WWW 服务是因特网服务中最重要的一个。

①WWW 服务的特点。

WWW 服务具有如下特点：

A. 操作简单方便：使用浏览器就能随心所欲地在 WWW 中漫游。

B. 信息图文并茂：WWW 页面图文并茂，可以加载多种多媒体信息。

C. 没有位置感：通过信息之间的超链接，可以方便而又不知不觉地在各处漫游。

D. 使用 WWW 发布的信息，任何人都可以分享。

E. 信息量大，更新快。

②WWW 信息的组织方式。

WWW 信息的基本单位是网页，网页采用 HTML 超文本语言编写，各网页之间采用超链接链接。

超链接：从一个网页链接到另一个网页可以通过超链接，超链接的标识可以是文字或者是图形。当鼠标移到这些超链接标识上时，鼠标指针会自动变成手形。单击鼠标则会打开超链接目标网页。

超文本：是指网页中含有超级链接的信息文本被称为超文本。

HTML 语言：是指用来编写超文本的标识语言。

超媒体：网页中除了有文本信息以外，还可以有声音、图像、视频图像等多媒体信息，这种含有多媒体信息的超文本被称之为超媒体。

③WWW 网站及其主页的有关概念。

WWW 网站及其主页的有关概念如下：

网页：就是用 HTML 编写的供用户浏览的页面，它是 Internet 的基本文档。网页可以是站点的一部分，也可以独立存在。

网站：就是同一 WWW 站点内许多相关网页的集合。

主页：一般指一个站点的第一个页面。

④统一资源定位器（URL）。

统一资源定位器 URL 的一般格式为：

<资源类型>：人<服务器地址>：<端口>/<路径>

资源类型：是指通过何种协议形式访问指定的资源。

服务器地址：即存放资源的服务器 IP 地址或域名地址。

端口：有时同一服务器同时提供多种服务，一种服务对应一个端口（不加表示缺省端口值）。

路径：指服务器上资源的具体存放位置，采用"文件夹名/子文件夹名/…/文件名"形式。

（4）Internet Explorer。

Internet Explorer 的用户界面由标题栏、菜单栏、工具栏、文档栏、浏览器栏、状态栏几个部分组成，浏览器的设置主要包括：首访页的设置、默认页的设置和代理服务器的设置。

①使用浏览器的基本步骤。

将计算机连上因特网（可以是专线或拨号人）；打开浏览器；在浏览器的地址栏中输入要访问的网站地址；在打开的网站首页中通过超链接打开其他网页。

②使用浏览器的技巧。

为了加快浏览器的访问速度，可以在"Internet 选项"对话框中，将"多媒体"选项组中的所有复选框全部设置为不选中；为了扩大浏览器的显示窗口，可以执行菜单命令"查看/全屏"，或单击工具栏中的"全屏"按钮，从而以全屏方式显示 Web 页；为了快速回到当前访问页前的网页，可单击工具栏中的"后退"按钮；为了快速回到当前访问页后的网页，可单击工具栏中的"前进"按钮；为了快速地访问以前所访问过的网页，可以使用"历史记录"，将免去输入网址的麻烦；对于自己喜欢的网页，可以将其放入"收藏夹"中，便于今后使用，同样也会免去输入网址的麻烦；对于自己喜欢的网页，还可以将其保存起来或打印出来；为了快速地找到自己需要的网站，可以使用搜索引擎。

（5）电子邮件。

①电子邮件（E-mail）的特点。

快速可靠：具有电话的速度和邮政的可靠性；简便经济：电子邮件可以在任一时刻，任一点的任一台联网的计算机上发送，且费用远远低于普通邮件；差误少：几乎是准确无误。

②收发邮件所应具备的条件。

收发邮件所应具备的条件是：用户客户机上安装有电子邮件应用程序、具有一个有效的电子邮件地址，并对电子邮件服务器及账号进行正确的设置。

③电子邮件地址。

电子邮件地址又称电子邮箱或 E-mail。

它的一般格式如下：用户名@组织机构名·网络名·最高层域名

• 用户名：申请电子邮件地址时所取的名字。

@表示中文"在"的意思。

@后为电子邮箱所在服务器的域名。

• 同一电子邮件服务器中不允许有相同的电子邮件地址。

④设置电子邮件服务器及账号。

设置电子邮件服务器及账号应包括以下内容：

用户的电子邮件地址；SMTP 和 POP3 服务器的 IP 地址或域名；登录方式；电子邮件账号和密码设置；网络连接类型等。

具体设置方法是：在 Outlook Express 工作窗口中，执行菜单命令"工具/账号"，打开"Internet 账号"对话框，单击"邮件"选项卡，在该选项卡中按"添加"按钮，出现其下级菜单，选中"邮件"菜单，打开"Internet 连接向导"对话框，在向导的提示下，分别输入上述的相关内容，即可完成电子邮件服务器及账号的设置。

⑤电子邮件的格式。

电子邮件具有一定的格式，只有正确地完成以下两部分内容的填写，才算得上是一封完整又正确的电子邮件。

邮件头：主要内容有：发信人地址、收信人地址、抄送地址、密送地址和邮件主题等。这部分不可缺少的是收信人地址。

邮件体：邮件体是邮件信息部分，所有的邮件信息都应放在此处。

⑥收发电子邮件的方法。

收发电子邮件通常有以下两种途径：

通过专门的电子邮件软件来收发电子邮件。电子邮件软件是一种客户端程序，常见的有 IE 中的 Outlook Express、Netscape 中的 Netscape Mail 等。

以 Outlook Express 为例，接收和阅读电子邮件的方法是：启动 Outlook Express 后，单击工具栏上的"发送与接收"按钮以下载电子邮件，再从收信箱中选择欲阅读的电子邮件；发送电子邮件的方法是：在 Outlook Express 窗口中，单击工具栏上的"新邮件"按钮，在新邮件编辑窗口中编辑新邮件（包括邮件头和邮件体），完成后再单击工具栏上的"发送"按钮。

通过 Web 页面来收发电子邮件。用户使用浏览器进入提供免费电子邮箱的网站，然后通过用户账号和密码打开电子邮箱，在里面收发电子邮件。

⑦申请免费电子邮箱的方法。

申请免费电子邮箱的一般步骤如下：

从 Web 浏览器进入提供免费电子邮箱的网站；由申请免费电子邮箱链接打开免费电子邮箱申请表单页面，按要求完成申请表的填写和操作；记下申请的电子邮件地址和密码，即可完成电子邮件地址的申请；用申请到的用户名和密码登录，即可打开电子邮箱。

（6）网上文件传输。

文件传输是因特网的又一重要的资源服务。该服务主要用于在因特网的主机之间或主机与用户的终端机之间互传文件。

实现网上文件传输的协议是 FTP 协议。提供 FTP 服务功能的服务器称为 FTP 服务器。

网上传输的文件可以是任何类型的文件，常见的有普通文本文件。二进制可执行文件、图形文件、声音文件、图形压缩文件等。

享受 FTP 服务的用户有两类：一类是合法用户，此类用户拥有 FTP 服务器登录的合法用户名和密码；另一类是匿名用户，用户账号是"anonymous"，密码是用户的电子邮件地址，提供匿名访问的 FTP 服务器往往只允许用户下载文件，而不允许上传文件。

FTP 服务采用"客户程序/服务器"模式，Web 览器通常就具有 FTP 客户程序功能，另外还有专门的 FTP 客户程序，如常用的有"ftp：//FTP"等。

使用 Web 浏览器充当 FTP 客户程序时，可以在地址栏中输入"ftp：//FTP 服务器地址"，此种方式只能下载文件，不能上传文件。

（7）远程登录。

Telnet 是用来完成远程登录的工具软件，使用 Telnet 远程登录主机以后，仿真为一个网络终端。使用 Telnet 进行远程登录的步骤如下：执行命令"telnet 远程主机地址或域名"；给出用户账号和密码；进入远程主机完成远程登录。

7.2.3　多媒体基本常识

媒体（Media），又称介质，是存储、传播、表现信息的载体，是承载信息的有形物体。

多媒体是指多种媒体的集合，它是以数字技术为核心的，将文字、图像、声音、视频与计算机通信融为一体的信息环境的总称。

多媒体技术是指能够同时采集、处理、编辑、存储和展示两个以上不同类型信息媒体的技术。多媒体技术是将声、文、图、像与计算机集成为一体的技术，其主要特点如下：集成性、实时性、交互性、数字化、计算机化。

多媒体计算机（MPC）：是在多媒体技术的支持下，能够实现多媒体信息处理的计算机系统。

多媒体计算机的硬件系统构成可由公式 MPC＝PC＋视频卡＋音频卡+CD-ROM 体现。

多媒体计算机软件主要有以下三种：支持多媒体计算机工作的操作系统，多媒体编辑工具及多媒体应用软件。通过多媒体计算机的硬件以及软件可构成以下三种多媒体系统：对多媒体对象具有编辑和播放的开发系统，对多媒体对象进行播放的演示系统及以家用电视机为输出设备的家用系统。

多媒体技术的应用：

（1）科技数据和文献的多媒体表示、存储及检索。它改变了过去只能利用数字、文字的单一方法，还描述对象的本来面目。

（2）多媒体电子出版物，为读者提供了"图文声像"并茂的表现形式。

（3）支持各种计算机应用的多媒体化，如电子地图。

（4）娱乐和虚拟现实是多媒体应用的重要领域，它帮助人们利用计算机多媒体和相关设备把人们带入虚拟世界。

（5）多媒体技术加强了计算机网络的表现力，无疑将更大程度地丰富计算机网络的表现能力。

7.2.4　计算机安全的基本常识

（1）网络安全知识。

网络的广泛应用，在带给人们丰富的网络资源和便利的同时，也给人们带来了一个新的课题，那就是网络安全。为了保证网上信息资源和自己的个人利益免受不法分子的侵犯，在使用网络的同时，了解一些基本的网络方面的安全知识和防范措施很有必要。

①威胁网络安全的因素。

其一，来自网上的计算机病毒。由于网络相互通信，共享网络资源为计算机病毒在网络上各计算机之间传播提供了可能，而且这种计算机病毒往往是防不胜防的。

网络计算机病毒不但具有计算机病毒的复制性、传播性和破坏性等特征，而且有以下一些新特点：扩散面广：可以扩散到网络上可以侵犯的任何计算机；破坏性大：常常可以导致整个计算机网络的瘫痪；传播性强：它会随着某个网络应用程序使整个网络上的计算机都被感染；针对性强：有些病毒专门针对某一类软件或硬件进行感染破坏。

其二，来自电脑黑客的袭击。电脑黑客寻找网络系统的安全缺陷（如系统缺陷或管理上的漏洞），乘虚而入进行一些非法行为。

其三，网络协议分析软件带来的威胁。网络协议分析软件是指用来寻找并排除各种网络故障、监视网络系统的运行，防止外来攻击的软件工具。而不法分子却用它来截获并分析网络中的数据，从而达到攻击网络系统的目的。

②网络安全防范措施。

增强网络安全不但要提高网络系统本身的安全性能，同时网络系统用户也应该认识到网络安全的重要性，提高使用网络时的安全防范意识。一般的网络安全防范措施有以下几种：

其一，增强安全防范意识。

其二，控制访问权限。根据不同的用户，设置不同的访问权限，达到系统的安全性。

其三，选用防火墙系统。防火墙将企业内部网络与其他网络分开，能够禁止外部非法数据的进入，达到保护网络安全的目的。

其四，设置网络口令。进入系统的用户必须向系统提供有效的网络口令。

其五，数据加密方法。将重要的数据加密传递，非法获取者即使截取，也无法破解数据。

（2）计算机病毒知识。

计算机病毒（Computer Viruses）：是一种人为编制的具有破坏性的计算机程序，它具有自我复制能力，通过非授权入侵隐藏在可执行文件或数据文件中。当计算机病毒程序运行（病毒发作）时，会影响其他正常程序及整个计算机系统的正常工作甚至还会造成计算机软、硬件的损坏。

计算机病毒的破坏作用：破坏计算机运行安全；破坏计算机软件安全；破坏计算机实体安全。

计算机病毒的特征：传染性；破坏性；隐蔽性；潜伏性；激发性。

计算机病毒的来源及传染途径：

①来源于计算机专业人员或业余爱好者的恶作剧，如 CIH 病毒。

②软件公司为保护自己研制的软件不被复制（盗版）而采取的不正当的惩罚措施。

③恶意攻击或有意摧毁计算机系统而制造的病毒。如"犹太人病毒"。

④在程序设计或软件开发过程中，由于未估计到的原因而对它失去控制所产生的病毒。

计算机病毒的分类：

①病毒入侵的途径：1）源码型病毒；2）入侵型病毒；3）操作系统病毒；4）外壳型病毒。

②病毒的破坏程度：1）良性病毒；2）恶性病毒。

计算机病毒的判断方法：

①人工判断方法：如磁盘的非正常读写、文件容量变大等现象都可能说明有病毒潜伏或发作。

②使用防病毒硬件：利用发现的每一种病毒的特征代码及防治方法并将其存入防病毒卡的 ROM 中，用以及时发现病毒并清除它。

③使用防病毒软件：常用的防病毒软件有 KV3000、瑞星和金山毒霸等。

7.3 例题分析

例1 计算机网络是计算机与（　　）结合的产物。

　　A. 通信技术　　　　B. 电话　　　　　C. 线路　　　　　D. 各种协议

答案：A

分析：计算机网络是计算机与通信技术相结合的产物。电话只是现代通信技术中的一种，目前计算机联网有不少是通过电话公用网来实现的，但同时还有许多其他通信技术用于联网，如直接用电缆、光缆，利用公用的数字数据网（DDN），综合数据业务网（ISDN）等。而通信技术包括各种通信线路、设备和各种通信协议。

例2 计算机网络最主要的功能在于（　　）。

　　A. 扩充存储容量　　B. 提高运算速度　　C. 传输文件　　　D. 共享资源

答案：D

分析：计算机网络的功能很多，例如数据通信、电子邮件、文件传输等，但是其中最主要、最根本的应该是共享资源。当然，随着计算机和网络技术的发展，共享资源的重点也在发展变化。当初大型主机相当发达而个人微机尚未出现或技术性能尚不高时，通过网络可以共享大型主机的高速运算能力和很大的存储能力，在网络上实现分布式处理也可以看做提高了整个系统的运算能力、存储能力和可靠性等。从当前的网络发展水平上看，其他几个答案都不够完整准确。

例3 在网络的各个节点上，为了顺利实现 OSI 模型中同一层次的功能，必须共同遵守的规则，叫做（　　）。

　　A. TCP/IP　　　　　B. 协议　　　　　C. Internet　　　　D. 以太网

答案：B

分析：在网络的各个节点上，为了顺利实现 OSI 模型中同一层次的功能，制定了关于传输顺序、格式、内容和方式等一系列约定，以供各个节点共同遵守，称之为"协议"。物理层有物理层的协议，数据链路层有数据链路层的协议。当然，在同一层（如物理层）内，由于具体功能及其实现方法的不同，可以有若干种协议。网络中任意两个节点，只要它们采用同样的功能层次结构，并对等层采用相同的协议，它们就能顺利地实现正确、有效的通信。至于 TCP/IP 只是一组具体的、对应于第四层和第三层的协议，也就是说，是"协议"这个总概念的一个具体局部。Internet 和"以太网"则分别是一种网络的名称，以太网是一种局域网，其建立的基础对应于物理层和数据链路层的 IEEE 802.3 协议，Internet 是一种建立在 TCP/IP 协议基础上的互联网。

例4 数据传输的可靠性指标是（　　）。

　　A. 速率　　　　　　　　　　　　B. 误码率

　　C. 带宽　　　　　　　　　　　　D. 传输失败的二进制信号个数

答案：B

分析：衡量数据传输的可靠性，用"误码率"，即在进行观测的单位时间内接收到的错误的二进制位数与全部发出来的二进制位数之比。

例 5　把同种或异种类型的网络相互连起来，叫做（　　）。

    A. 广域网　　　　　B. 万维网　　　　　C. 城域网　　　　　D. 互联网

答案：D

分析：互联网是由同类型或不同类型的网络连起来形成的，相对于单机组成的网络而言，它是由网络组成的网络。英文单词 Internet 说的就是该意思，即一般概念上的互联网。

例 6　Internet 是全球性的、最具有影响的计算机互联网络，它的前身就是（　　）。

    A. ARPANET　　　B. Novell　　　　C. ISDN　　　　　D. Ethernet

答案：A

分析：Internet 的前身是 ARPANET 网。ARPANET 网起源于 20 世纪 60 年代后期，它的出现标志着目前所称的计算机网络的兴起。20 世纪 70 年代以后又出现以 Ethernet 和 Novell 为代表的局域网络。20 世纪 80 年代后出现包括语音、文字、数据、图像等综合业务数字网 ISDN。

例 7　计算机网络按其覆盖的范围，可划分为（　　）。

    A. 以太网和移动通信网　　　　　　B. 电路交换网和分组交换网

    C. 局域网、城域网和广域网　　　　D. 星形、环形和总线结构。

答案：C

分析：计算机网络的分类方法很多，可以按网络的拓扑结构、交换方式、协议等要素进行分类。最普遍的方法是按网络覆盖的地理范围（距离）来分类。

例 8　下列不属于网络拓扑结构的是（　　）。

    A. 星形　　　　　B. 分支　　　　　C. 总线　　　　　D. 环形

答案：B

分析：网络拓扑结构是指网络中计算机设备和通信线路的物理分布结构，包括星形、环形、总线型 3 种基本类型，分支不是网络拓扑结构的形式，故此题选择"分支"。

例 9　计算机网络按地址范围可划分为局域网和广域网，下列选项中（　）属于局域网。

    A. PSDN　　　　　B. Ethernet　　　　C. China DDN　　　D. China PAC

答案：B

分析：Ethernet 称为以太网，是局域网。PSDN 是公用电话交换网、China DDN 是公用数字数据网、China PAC 是公用分组交换数据网，这 3 种均属于广域网。

例 10　个人计算机申请了账号并采用 PPP 拨号方式接入 Internet 网后，该机（　　）。

A. 拥有固定的 IP 地址　　　　　　　B. 没有自己的 IP 地址

C. 拥有独立的 IP 地址　　　　　　　D. 拥有 Internet 服务商主机的 IP 地址

答案： C

分析： 个人计算机申请了账号并采用 PPP 拨号方式接入 Internet 网后，就有了独立的 IP 地址，即该计算机将是一台 Internet 网上真正的主机，它和 Internet 网上其他任何计算机处在同等的地位上。但是，由于网络服务商拥有的 IP 地址有限，因此不可能为每个用户分配一个固定的 IP 地址，而是采用动态分配的办法。当用户登录上网时，根据当时 IP 地址的空闲情况，随机地将空闲的 IP 地址暂时分配给你使用。如果所有的 IP 地址都已经分配出去，你就得等待，直到有人下网后腾出 IP 地址才可能分配给你。一旦你下网了，你所使用的 IP 地址也就自动空出来供其他用户上网使用。这种动态分配 IP 地址的方式，一是可以充分使用宝贵的 IP 地址资源，二是降低每个用户的入网费用。

例 11　下列选项中，合法的 IP 地址是（　　　）。

A. 230. 4. 233　　　　　　　　B. 202. 38. 64. 4

C. 101. 3. 315. 77　　　　　　D. 115，123，20，245

答案： B

分析： IP 地址（Internet Protocol Address）是因特网上标识每个主机的唯一地址，IP 地址通常写成 4 个十进制数，每个数的取值范围是 0 ~ 255，彼此之间用圆点 . 分隔。

例 12　用户要想在网上查询 WWW 信息，必须安装并运行的软件是（　　　）。

A. HTTP　　　　　B. SOHU　　　　　C. 浏览器　　　　　D. 万维网

答案： C

分析： WWW（取其谐音译为"万维网"）是一种建立在超文本传输协议基础上的信息查询系统。其工作原理是：在因特网上有许多被称为 WWW 服务器的计算机，它们都存储大量的、按照 HTTP 协议规定的格式组织起来的信息，可以向用户提供服务。而用户计算机只要运行一个被称为"浏览器"的软件，就能也按照 HTTP 协议通过网络去访问一台 WWW 服务器，向它提出查询请求并获得服务器的响应。

例 13　网卡是构成网络的基本部件，网卡一方面连接局域网中的计算机，另一方面连接局域网中的（　　　）。

A. 服务器　　　　B. 工作站　　　　C. 传输介质　　　　D. 主板

答案： C

分析： 服务器、工作站和主机板均指的是局域网中的计算机，网卡的另一端连接的应该是传输介质。

例 14　在 OSI 的 7 层参考模型中，主要功能是在通信子网中进行路由选择的层次是（　　　）。

A. 网络层　　　　B. 数据链路层　　　　C. 传输层　　　　　D. 表示层

答案： A

　　分析：在 OSI 的 7 层参考模型中，物理层的主要功能是利用传输媒体为数据链路层提供物理链接；数据链路层的主要功能是传输以"帧"为单位的数据包，并进行差错检测和流量控制；网络层的主要功能是通过路由算法为分组通过通信子网选择最适当的路径；传输层的主要功能是组织和同步不同主机上各种进程间的通信；表示层的主要功能是解决交换信息中数据格式和数据表示的差异；应用层的主要功能是为端点用户提供服务。

　　例 15　下面选项中，合法的电子邮件地址是（　　　）。

　　　　A. wanzhou-em. hxing. corn. cn　　　　B. em. user. corn. on-wanzhou

　　　　C. wanzhou. user. corn. on@ good　　　D. wanzhou@ em. user. com. cn

　　答案：D

　　分析：使用电子邮件的用户必须在自己联系的电子邮件服务器（或者说是为自己提供 E-mail 服务的服务器）上建立一个自己的"信箱"。每个"信箱"有个名字，把它与 E-mail 服务器的名字结合在一起就是用户的电子邮件地址，其格式为（用户邮箱名）@（电子邮件服务器名）。

　　例 16　Internet 实现了分布在世界各地的各类网络的互联，其最基础和核心的协议是（　　　）。

　　　　A. TCP/IP　　　　B. FTP　　　　　C. HTML　　　　　D. HTTP

　　答案：A

　　分析：TCP/IP 是 Internet 上最基础和核心的协议，包括网络接入层、网间网层、传输层和应用层 4 个层次。FTP 是一种基于 Internet 的文件传输协议，为用户提供在网上传输各种类型的文件的功能；HTML 则是一种超文本标记语言，不是传输协议；HTTP 是一种基于 Internet 的超文本传输协议，用于用户访问 Web 页。

　　例 17　在网络数据通信中，实现数字信号与模拟信号转换的网络设备被称为（　　　）。

　　　　A. 网桥　　　　B. 路由器　　　　C. 调制解调器　　　D. 编码解码器

　　答案：C

　　分析：数字数据以模拟信号传输，采用的转换设备是调制解调器。模拟数据以数字信号传输，采用的转换设备是编码解码器。网间互联在数据链路层上实现网络互联的上设备是网桥。网间互联在网络层上实现网络互联的设备是路由器。

　　例 18　下列 4 项中不属于 Internet 基本功能的是（　　　）。

　　　　A. 电子邮件　　　B. 文件传输　　　C. 远程登录　　　　D. 实时监测控制

　　答案：D

　　分析：Internet 的基本功能包括电子邮件（E-mail）、文件传输（FTP）、远程登录（Telnet）、万维网（WWW）。

　　例 19　Internet 是一个全球范围内的互联网，它通过（　　　）将各个网络互联起来。

　　　　A. 网桥　　　　B. 路由器　　　　C. 网关　　　　　D. 中继器

答案：B

分析：对应 OSI/RM 参考模型协议，中继器是作为物理层实现网络互联的设备；网桥是作为数据链路层实现网络互联的设备；路由器是作为网络层实现网络互联的设备，网关是作为传输层及其以上高层实现网络的设备。路由器对网络数据传输采用分组方式，并具有路由选择功能。

例 20 Internet 采用的数据传输方式是（　　）。

    A. 报文交换　　　B. 存储—转发交换　C. 分组交换　　D. 线路交换

答案：C

分析：数据交换技术分为两类：线路交换和存储交换。线路交换在数据通信之前必须事先连接好通信线路。存储交换相当于一个转发中心，它具有存储—转发功能。存储交换又分为报文交换和分组交换。报文交换是将整个报文作为被传送的数据，由源端送往目的端，因而延时时间较长且不定时。分组交换是将整个报文分成若干个小段，称为分组，然后以分组的形式由源端送往目的端。Internet 采用的数据传输方式就是以分组交换方式进行的。

例 21 统一资源定位器 URL 的格式是（　　）。

    A. 协议：//IP 地址或域名/路径/文件名　　　B. 协议：//路径/文件名

    C. TCP/IP 协议　　　　　　　　　　　　　　D. HTTP 协议

答案：A

分析：其中协议是服务方式，IP 地址是存放资源的主机 IP 地址，路径和文件名是表示 Web 页的具体位置。

例 22 有关 IP 地址与域名的关系，下列描述正确的是（　　）。

    A. IP 地址对应多个域名

    B. 域名对应多个 IP 地址

    C. IP 地址与主机的域名一一对应

    D. 地址表示的是物理地址，域名表示的是逻辑地址

答案：C

分析：Internet 上的主机域名通常是按分层结构来组织的；每个子域名都有其特定的含义。

一般形式为：计算机名称、分组织名称、组织名称、组织类型、国家或地区的名称。

例如，有一主机城名为 sanxiau. edu. cb，从右到左分别是：顶级域名 cn 表示中国，子域名 edu 表示教育机构，sanxiau 表示重庆三峡学院的名称。

每一个主机域名都对应一个唯一的 IP 地址，反之也一样。IP 地址用四组十进制数表示，每组数字取值范围为 0～255，彼此之间用圆点"."作为分隔符。Internet 上的每台计算机都必须有一个指定的地址，即 IP 地址。将 IP 地址映射为一个名字，即称为域名。每一台计算机的 IP 地址和它的域名都是一一对应的，不存在一个 IP 地址对应多个域名，也不存在一个域名对应多个 IP 地址。

例 23　因特网上的服务都是基于某一种协议，Web 服务是基于（　　　）。

　　　A. SNMP 协议　　　B. SMTP 协议　　　C. HTTP 协议　　　D. TELNET 协议

答案：C

分析：Web 页使用超文本标记语言 HTML 编写，使用 HTTP 协议提供的超文本信息服务的 WWW 信息资源空间。

例 24　下列域名中，表示教育机构的是（　　　）。

　　　A. ftp. bta. net. cn　　　　　　　　　B. ftp. nne. ac. cn

　　　C. www. ica. ac. cn　　　　　　　　　D. www. buaa. edu. cn

答案：D

分析：在域名中，通常情况下：edu 代表教育机构、ac 代表科研院所及科技管理部门。

例 25　浏览 Web 网站必须使用浏览器，目前常用的浏览器是（　　　）。

　　　A. Hotmail　　　B. Outlook Express　C. Inter Exchange　D. Internet Explorer

答案：D

分析：浏览 Web 网站必须使用浏览器；目前常用的浏览器是 Internet Explorer，简称 IE。

例 26　防止软盘感染病毒的有效方法是（　　　）。

　　　A. 对软盘进行写保护　　　　　　　　B. 不要把软盘与有病毒的软盘放在一起

　　　C. 保持软盘的清洁　　　　　　　　　D. 定期对软盘进行格式化

答案：A

分析：病毒是一段人为编制的特别的程序，它只有在计算机运行时才有危害，因此 B、C 不对；定期格式化软盘会销毁软盘中的文件，故 D 也不对；对软盘进行写保护时，在使用时程序文件写不进软盘，病毒也无法感染软盘。

例 27　计算机病毒是一种（　　　）。

　　　A. 微生物感染　　　B. 电磁波污染　　　C. 程序　　　　　D. 放射线

答案：C

分析：计算机病毒是一种人为编制的、可以制造故障的计算机程序。

例 28　下列有关多媒体计算机概念描述正确的是（　　　）。

　　　A. 多媒体技术可以处理文字、图像和声音，但不能处理动画和影像

　　　B. 多媒体计算机系统主要包括 4 个部分：多媒体硬件系统、多媒体操作系统、图形用户界面及多媒体数据开发的应用工具软件

　　　C. 传输媒体主要包括键盘、显示器、鼠标、声卡及视频卡等

　　　D. 多媒体技术具有同步性、集成性、交互性和综合性的特征

答案：D

分析：多媒体技术对文字、图像、声音、动画和影像均可处理。多媒体计算机系统主要包括多媒体硬件系统、多媒体操作系统和支持多媒体数据开发的应用工具软件。传输媒体主要包括电话、网络等，而不是键盘、显示器、鼠标、声卡及视频卡等。多媒体技术的特征体现在同步性、集成性、交互性和综合性上。

例29 目前使用的防杀病毒软件的作用是（　　　）。

    A. 检查计算机是否感染病毒，清除部分已感染的病毒

    B. 杜绝病毒对计算机的侵害

    C. 检查已经感染的任何病毒，清除部分已感染的病毒

    D. 检查计算机是否感染病毒，清除部分已感染的病毒

答案：D

分析：目前使用的防杀病毒软件的作用是检查计算机是否感染病毒，而不能查出所有病毒。因为新病毒层出不穷，无法全部检出。至于清除病毒，也只能清除部分已查出的病毒而无法全部清除计算机病毒。所以说，预防病毒感染是非常重要的。

例30 OSI 参考模型中的第二层是（　　　）。

答案：数据链路层

分析：OSI 参考模型中共有七层，分别为：物理层、数据链路层、网络层、传输层、会话层、表示层和应用层。

例31 以太网 10 BASE-T 代表的含义是（　　　）。

答案：10Mb/S 基带传输的双绞线以太网

分析：以太网有多种类型，其表示方式是比较规范的。10 BASE-T 中的 10 代表传输速率为 10Mb/s，BASE 代表基带传输，T 代表传输介质是双绞线。另外如 10 BASE 5 则代表 10Mb/s 基带传输的粗缆以太网，其最大网段长度为 500m。

例32 假设某人的计算机已接入 Internet 网，用户名为 abcd，连接的服务商为 public. cta. cq. cn，则其 E-mail 地址为（　　　）。

答案：abcd@ plblic. cta. cq. cn

分析：由于个人计算机并不总是处于开机状态，电子邮件何时到来是不可预测的，而连接的主机则总是打开的，主机的硬盘上为用户开辟一块存储区，就像信箱一样专门存放用户的邮件，当用户开机后就可以从信箱中查看或取出邮件。因此，电子邮件地址与主机有关，同时，该地址是固定的，不像 IP 地址那样动态分配。

例33 局域网协议标准是（　　　）。

答案：IEEE 802

分析：1980 年 2 月，美国电气工程师协会（IEEE）成立了 802 委员会，专门从事局域网的标准化工作，并陆续公布了一系列标准文件。例如：IEEE 802.1、IEEE 802.2、

IEEE 802.3、IEEE 802.4、IEEE 802.5 等，它们是局域网协议标准，已陆续被国际标准化组织接受为国际标准。IEEE 802 标准基本上与 OSI 参考模型的物理层相对应。因为局域网拓扑结构比较简单，所以不需要设立 7 层。

例 34 以太网采用的通信协议是（　　　）。

答案： CSMA/CD

分析： 通信协议是指通信双方所作的某些约定。以太网是总线型局网，它采用的通信协议是 CSMA/CD，即具有冲突检测的载波侦听多路访问方法。其基本思想是：网络中各站点以竞争方式利用总线发送数据，当发生冲突时，则退让等待，然后再重新发送数据。可将其简单地概括为"竞争冲突重发"。比较具体地说，就是某站点在发送数据之前，先侦听（即检测）总线状态，若总线处于"忙"的状态，则等待，直到总线空闲时再发送。可见，每一时刻只能有一个站点发送数据。若两个或多个站点同时发送数据，则会发生冲突或者说碰撞。发送数据的站点具有冲突检测的功能，即一边发送数据，一边检测是否有冲突发生，一旦检测到有冲突发生，发送站点则发出一个干扰信号，通知各站点停止发送，并按某种延时算法退让、等待一段时间之后，再试着重新发送数据，直到发送成功为止。

例 35 Internet 是指（　　），而 internet 是指（　　）。

答案： 因特网、互联网

分析： 第一个字母为大写的 Internet 是专指全球最大的、开放的、由众多网络相互连接而成的计算机网络。它是由美国阿帕网发展而成的。主要采用 TCP/IP 协议，目前已覆盖五大洲 50 多个国家。我国已于 1994 年加入 Internet。internet 实际上是 internetwork 的简写，泛指由多个计算机网络相互连接而成的一个网络，它是在功能和逻辑上组成的一个大型网络。目前 Internet 和 internet 的中文名称很多，比较混乱。例如，将 Internet 称作互联网、国际互联网、英特网等，将 internet 称作互联网、网间同、国际网等。全国科学技术名词审定委员会推荐将 Internet 命名为"因特网"，专指一个特定网络；将 internet 命名为"互联网"，泛指由多个计算机网络相互连接而成的大型网络。

例 36 Internet 的国家或地区域名中的中国缩写是（　　），日本缩写是（　　），英国缩写是（　　），法国缩写是（　　），德国缩写是（　　）；组织域名中的商业组织域名的缩写是（　　），网络服务机构信息中心的缩写是（　　），政府机构的缩写是（　　），军方机构的缩写是（　　），教育部门的缩写是（　　）。

答案： cn、jp、uk、fr、de、com、net、gov、mil、edu

分析： 因为顶级域名分为组织性顶级城名和地理性顶级域名两类。

主要的组织性顶级域名有：com（商业系统）；net（网络服务机构）；org（非营利性组织）；edu（教育机构）；gov（政府部门）；mil（军事部门）；firm（商业或公司）；store（销售公司或企业）；web（以 WWW 活动为主的单位）；arts（以文化、娱乐活动为主的单位）；rec（以消遣、娱乐活动为主的单位）；info（提供信息服务的单位）；nom（个人）。

国家顶级域名由"Internet 国际特别委员会"制定，每个国家都被赋予一个唯一的域名，如：

cn 代表中国；　jp 代表日本；　in 代表印度；　　　uk 代表英国；

fr 代表法国；　de 代表德国；　au 代表澳大利亚；　ca 代表加拿大

等，由于 Internet 起源于美国，所以，美国不用国家顶级域名。

例 37　下列英文缩写的中文意思是：LAN（　　）；WAN（　　）；IE（　　）；DNS（　　）；ISP（　　）；　WWW（　　）；OIS（　　）；NOS（　　）；TCP/IP（　　）；BBS（　　）；Telnet（　　）；HTML（　　）。

答案：这些英文缩写在网络中经常看到，其中：

(1) 局域网（LAN：Local Area Network）；

(2) 广域网（WAN：Wide Area Network）；

(3) Internet 浏览器（IE：Internet Explorer）；

(4) 域名系统（DNS：Domain Name System）；

(5) Internet 服务商（ISP：Internet Service Provider）；

(6) 世界环球网络，也称万维网（WWW：World Wide Web）；

(7) 开放系统互连（OSI：Open Systems Interconnection），它是指导信息处理系统互联、互通和协作的国际标准；

(8) 网络操作系统（NOS：Network Operating System）；

(9) TCP/IP 实际上是 Internet 网所使用的 100 多个协议的统称，其中最重要的两个协议就是 TCP/IP 协议。其中 TCP（Transmission Control Protocol）称为传输控制协议，IP（Internet Protocol）称为互联网协议；

(10) 电子公告牌（BBS：Bulletin Board System），它提供一块公共电子白板，每个用户都可以在上面书写、发布信息或提出看法；

(11) 远程登录（Telnet），它可连接并使用远程主机；

(12) 超文本格式（HTML）。

例 38　在计算机网络常用的有线传输介质中，传输速率快、抗干扰性能好的介质是（　　）。

答案：光纤

分析：双绞线具有连接方便、价格低廉等优点，但它的安全性能和抗干扰性能差。光纤具有传输速率快、安全性能和抗干扰性能好等优点，但价格较高。同轴电缆的性能介于双绞线和光纤之间。

7.4　练 习 题

(一) 判断题

(　　) 1. 打印机是一种网络共享设备。

(　　) 2. 光导纤维不是一种网络传输介质。

(　　) 3. Windows NT 是一种网络操作系统。

（　　） 4. Unix 不是网络操作系统。

（　　） 5. Internet 使用的标准协议是 TCP/IP。

（　　） 6. 电子邮件实际上是通过计算机网络系统来传递的一种电子信息。

（　　） 7. E-mail 地址既可由数字组成，也可由字母组成，但首字符必须是字母。

（　　） 8. 万维网（Web）与 Email（电子邮件）是一个含义。

（　　） 9. 通过 Web 上一个超级链接可以链接到同一台计算机上的另一个 web 页，也可以同样链接到地球另一端的计算机 Web 站点上。

（　　） 10. 你想加入 Internet 网络你必须找一个 Internet 服务提供者（ISP）。

（　　） 11. 在 Internet 中中国的地理域名是 CN。

（　　） 12. 网络服务器一般不含网卡。

（　　） 13. zhang@ lhw. com. cn 是一个 E-mail 地址。

（　　） 14. Internet 网址既可用 IP 地址描述，也可用域名地址描述。

（　　） 15. IE 的浏览器是 Windows 7 中打包免费赠送的。

（　　） 16. 内置 Modem（调制解调器）与外置 Modem 的作用是相同的。

（　　） 17. IE 浏览器只能显示文本文件。

（　　） 18. IE 浏览器只可以浏览 Internet 上的 Web 网页。

（　　） 19. IE 浏览器也可以浏览本地计算机及局域网内各服务器。

（　　） 20. http：//的含义是超文本传输协议。

（　　） 21. 域名的长度是固定的。

（　　） 22. Java 语言是基于 C++的一种程序语言。

（　　） 23. Java 语言是一种独立的平台语言。

（　　） 24. 用 Real Audio 可以在 Internet 上实时收听广播。

（　　） 25. 每一电子邮件的地址在全世界都是唯一的。

（　　） 26. 电子邮件可以在 Outlook Express 中收发。

（　　） 27. 要想收发电子邮件要先去 Internet 服务提供者那里确认一个电子邮件的地址。

（　　） 28. 一封电子邮件可以同时向多人发送。

（　　） 29. 较大的文件或图像文件可以在附件中发送。

（　　） 30. 政府机关远程通信系统所接收的邮件上有红色感叹号的含义是此邮件有重要信息。

（　　） 31. 因为错误操作造成的死机，可以按下主机上的 "RESET" 键重新启动，不需要必须关闭主机电源。

（　　） 32. 信息高速公路的概念最早由欧洲联盟主席宣布。

（　　） 33. 网络协议层次化（TCP/IP 标准）是 ARPA 网的主要贡献之一。

（　　） 34. 信息高速公路的前身是 NSF 网。

（　　） 35. 当把两个运行相同操作系统的局域网相连接时可以选用网桥来实现。

（　　） 36. Novell 的 NetWare 是一种网络通讯软件。

（　　） 37. WAV 是音频文件的扩展名。

（　　） 38. 交互式电视的功能特点是可以根据自己的需要来点播电视节目。

（　　） 39. 计算机病毒也是一种程序。

（　　） 40. 计算机犯罪指通过专门的计算机知识来完成的犯罪行为。

（　　） 41. 只要购买了最新的杀毒软件，以后就不会被病毒侵害。

（　　） 42. 计算机病毒带给用户最常见的危害是降低系统的性能，影响系统运行的速度。

（　　） 43. 一旦发现计算机有病毒，应该立即使用热启动重新启动计算机，以避免病毒发作。

（　　） 44. 在网络环境下，计算机病毒的危害远大于单机环境下。

(　　) 45. KILL 系列和 KV300 系列软件都是杀病毒软件。

(　　) 46. 保护重要的系统参数区是预防计算机病毒的工作之一。

(　　) 47. 目前防治计算机病毒的技术有特征码扫描和实时监控两种技术。

(　　) 48. 计算机病毒是一种具有自我复制功能的指令序列。

(　　) 49. 传染性是计算机病毒的一个重要特征。

(　　) 50. 对付计算机病毒最重要的是要树立"预防为主"的思想，采用"防治结合"的方式，从加强管理入手，制定出切实可行的管理措施。

(　　) 51. 计算机病毒在计算机网络中传播得更快、更方便，也更难预防。

(　　) 52. 在自动控制系统中，计算机病毒可能造成不可估量的后果。

(　　) 53. 计算机病毒的危害性主要体现在对计算机系统数据的破坏和对计算机系统本身的攻击。

(　　) 54. CIH 病毒能破坏计算机的硬件。

(　　) 55. 电子邮件也是计算机病毒传播的一种途径。

(　　) 56. Word 2010 文件中也可能隐藏病毒。

(　　) 57. 在 Word 2010 软件中可设口令来保护文件。

(　　) 58. 在 Excel 2010 软件中可设口令来保护文件。

(　　) 59. 备份是保护计算机数据安全的措施之一。

(　　) 60. 计算机数据安全的保密性是指通过使用某些方法将信息保护起来，使未经许可的人无法得到。

(　　) 61. 计算机数据安全的完整性是指当不让任何人改动信息时，就没有人能改动它。

(　　) 62. 计算机数据安全的可用性是指在想使用数据和计算机时它们是可以使用的。

(　　) 63. 静电的积累对人和计算机都没有什么危害，因此不必专门防范。

(　　) 64. 在电网电压不稳定的地方使用计算机，应尽量使用 UPS。

(　　) 65. 计算机删除磁盘中的文件时，并不真正将文件内容擦除。

(　　) 66. 许多专家认为，信息的暴露是对计算机系统安全最直接的威胁。

(　　) 67. 造成计算机系统信息暴露的主要原因是没有对计算机系统中的信息提供必要的或适当的保护措施。

(　　) 68. 屏幕保护程序的主要作用是保护我们计算机显示器的屏幕。

(　　) 69. 一旦设置了文件的隐藏属性就在任何情况下都不会显示出来。

(　　) 70. 设置了文件的只读属性，仍可正常读出该文件。

(　　) 71. 设置口令应避免使用生日等容易猜测的密码。

(　　) 72. 显示器也容易受到强磁场的干扰，因此放置显示器时，应该避免放在强磁场附近。

(　　) 73. 设置开机口令可以有效地阻止蓄意的盗窃或访问。

(　　) 74. 电压的急剧变化可能毁坏计算机设备。

(　　) 75. 计算机机房应保持合适的温度与湿度，这样有利于计算机的维护与保养。

(　　) 76. 为了更加有效地进行访问控制，建立的口令应有足够的长度。

(　　) 77. 显示器最好定期用专用清洁剂清洗屏幕。

(　　) 78. 在软盘驱动器工作过程中（即指示灯亮时）插入或取出磁盘。

(　　) 79. 非 USB 接口设备最好不要带电插、拔计算机设备。

(　　) 80. 硬盘作为精密的存储设备，应该绝对防止灰尘进入，因此需要定期打开清洗。

(　　) 81. 如果需要打开主机箱插拔设备，必须先用手接触较大的金属物体，以释放人体的静电，否则会损坏电子元件。

(　　) 82. 计算机在使用过程中会产生热量，为了散热，显示器和主机的后通风口都应该始终保持畅通。

（　　）83. 频繁地删除和修改文件容易形成磁盘碎片。

（　　）84. 磁盘碎片是指文件分散地存储在磁盘上。

（　　）85. 针式打印机色带变浅后，应及时更换。

（　　）86. 光盘保存数据比软盘时间长，可靠性高。

（　　）87. 光盘应沿着直径方向擦拭，而不应沿圆周擦拭。

（　　）88. 机械式鼠标的垫板应保持干净无尘。

（　　）89. 磁盘作为磁性存储介质，应该远离强磁场，以防信息丢失。

（二）填空题

1. OSI 模型中最低的两层主要通过硬件来实现，它们是（　　）和（　　）。

2. 在计算机网络术语中，WAN 的中文含义是（　　）。

3. 目前在计算机广域网中主要采用（　　）技术。

4. URL 地址中 http 是指（　　）。

5. 将两个同类的局域网（即使用相同的网络操作系统）互联应使用的设备是（　　）。

6. 网络中各节点的相互连接的形式称为网络的（　　）。

7. Internet（因特网）上最基本的通信协议是（　　）。

8. Internet 服务提供商的英文缩写是（　　）。

9. 用于 Internet 上的 WWW 被称为（　　）。

10. 在 Internet 中，IP 地址是由（　　）位二进制数组成。

11. 在 Internet 中，FTP 的含义是（　　）。

12. 在传输数字信号时，为了便于传输、减少干扰和易于放大，在发送端需要将发送的数字信号变换成为模拟信号，这种变换过程称为（　　）。

13. 将服务器、工作站连接到通信介质上并进行电信号的匹配、实现数据传输的部件为（　　）。

14. 在多媒体系统中，键盘与显示器属于（　　）媒体。

15. 在多媒体系统中，CD-ROM 属于（　　）媒体。

16. 微型计算机病毒寄生的主要载体是（　　）。

（三）选择题

1. 下列可以在网络中共享的设备是（　　）。

　　A. CD-ROM　　　　B. 网络适配器　　　C. 键盘　　　　　D. 鼠标

2. 下面（　　）是 Internet 标准协议。

　　A. TCP/IP 协议　　B. 路由器　　　　　C. E-mail　　　　D. NETBIOS

3. 我们通常所指的 E-mail 是指（　　）。

　　A. 操作系统　　　　B. 电子邮件　　　　C. 计算机品牌　　D. 打字软件

4. Modem 的主要作用是（　　）。

　　A. 帮助打字　　　　　　　　　　　　　B. 显示图形

　　C. 加快计算机的速度　　　　　　　　　D. 实现数字信号与模拟信号之间的转换

5. 下面哪一个设备不是政府机关远程通信站所常用的（　　）。

　　A. 打印机　　　　　B. 扫描仪　　　　　C. Modem（调制解调器）　D. 加密机

6. 政府机关远程通信系统属于（　　）。

　　A. 局域网　　　　　B. 广域网　　　　　C. 城域网　　　　D. 不是计算机网络

7. 下面对广域网描述正确的是（　　）。

　　A. 涉辖范围在一百公里内　　　　　　　B. 不能实现文件拷贝

　　C. 不能实现共享设备　　　　　　　　　D. 路由器是广域网里经常使用的设备

8. 多媒体计算机是指（　　）

A. 具有多种外部设备的计算机　　　　　B. 能与多种电器连接的计算机
C. 能处理多种媒体的计算机　　　　　　D. 借助多种媒体操作的计算机

9. 政府机关远程通信系统不使用密码机的后果是（　　）。
   A. 可能泄密　　　　B. 不能收发邮件　　　C. 文件内容乱码　　　D. 文件内容错误

10. 下面（　　）不是 Internet 的组成部分
    A. E-mail（电子邮件）　　　　　　　B. Telnet（远程登录）
    C. Usenet（新闻讨论组）　　　　　　D. AutoCAD（计算机辅助设计）

11. 政府机关远程通信系统的功能类似 Internet 的（　　）。
    A. Web　　　　　　B. E-mail　　　　　C. FTP　　　　　　D. telnet

12. ISP 的含义是（　　）。
    A. Internet 入口提供商　　B. 一种网络协议　　C. 一种应用软件　　D. 一个计算机设备

13. 在 Internet 上，中国的地理域名是（　　）。
    A. cn　　　　　　　B. China　　　　　　C. Ch　　　　　　D. 中国

14. 在 Internet 中政府部门的组织域名是（　　）。
    A. com　　　　　　B. Bak　　　　　　　C. Gov　　　　　　D. Exc

15. Modem（调制解调器）的一个主要技术指标是传递速率，下面哪一个不是常用的传递速率（　　）。
    A. 28800bps　　　　B. 33600bps　　　　C. 1024bps　　　　D. 5bkbps

16. 下列哪项不是多媒体技术的特征（　　）
    A. 集成性　　　　　B. 交互性　　　　　C. 高速性　　　　　D. 实时性

17. 下面对广域网中使用的硬件"网桥"描述正确的是（　　）。
    A. 工作在网络的物理层
    B. 只能有着相同的传输介质的局域网
    C. 只能连接相同的局域网网段
    D. 既可连接相同的局域网网段也可连接不同的局域网网段

18. 下面对 Internet 网址描述正确的是（　　）。
    A. 只有一种即 IP 地址　　　　　　　B. 只有一种即域名地址
    C. 网址只能由数字组成　　　　　　　D. 网址可由数字及字母组成

19. 互联网的主要硬件设备有中继器、网桥和（　　）。
    A. 集线器　　　　　B. 网卡　　　　　　C. 网络适配器　　　D. 路由器

20. 防病毒卡是（　　）病毒的一种较好措施。
    A. 预防　　　　　　B. 消除　　　　　　C. 检测　　　　　　D. 预防、检测、清除

21. 域名服务器（DNS Server）的意思是（　　）。
    A. 一个 E-mail 地址　　　　　　　　B. 向您提供 Internet 服务的地址
    C. 可以填写任何地址　　　　　　　　D. 是一个通信地址

22. 如果你不知道你要查询网站的网址，你最好选择的办法是（　　）。
    A. 漫无边际的搜寻网址　　　　　　　B. 进入搜索网站站点
    C. 更换另一浏览软件　　　　　　　　D. 关机重新开机

23. URL（Uniform Resource Locator）统一资源定位标记含义是（　　）。
    A. 浏览软件　　　　B. 文件名称　　　　C. 网站名称　　　　D. 操作系统

24. 下面哪一软件不是 Web 浏览器软件（　　）。
    A. Netscape　　　　B. Internet Explorer　　C. Word　　　　　D. CompuServe

25. 下述哪一描述对搜索软件是正确的（　　）。
    A. 输入你要查询的关键字就可找到你要找的网址

B. 可以完成编辑表格工作

C. 输入任一字符就可找到你要找的网址

D. 可以浏览任一网站

26. 下述对 JAVA 的描述错误的是（　　）

    A. Java 是一种面对对象的程序语言　　　　　B. Java 是一种独立平台语言

    C. Java 是一个游戏软件　　　　　　　　　　D. Java 可以用来在 web 上创作动画

27. 下面哪一描述对 Real Audio 是错误的（　　）。

    A. 用 Real Audio 可以在 Internet 上实时收听广播　B. 可以播放音响文件

    C. 可以作为 Web 浏览器的播件　　　　　　D. 可以用来播放电影

28. 下面对电子邮件的描述错误的是（　　）

    A. 电子邮件地址是唯一　　　　　　　　　　B. 电子邮件地址是由 ISP 确认的

    C. 电子邮件地址不是唯一　　　　　　　　　D. 电子邮件地址可用数字及字母表示

29. 零客户端的含义（　　）。

    A. 客户端需使用专用软件　　　　　　　　　B. 客户端仅需要通用软件（IE，Netscape）

    C. 客户端不需要软件　　　　　　　　　　　D. 客户端仅需要 DOS 操作系统

30. 一封邮件向多个人发送的方法是（　　）。

    A. 在 "TO:" 项中填多个地址并以 ";" 或 "," 分隔

    B. 在 "转发" 栏中填多个地址

    C. 用 COPY 同时拷贝多份邮件

    D. 退出电子邮件程序进入浏览器状态发送

31. 政府机关远程通信系统中在接收邮件上标有 "U" 形标记的含义是（　　）。

    A. 不可读　　　　　B. 有附件　　　　　C. 重要信息　　　　　D. 无附件

32. 政府机关远程通信系统中在接收邮件上带有红色感叹号的含义是（　　）。

    A. 不可读　　　　　B. 有附件　　　　　C. 重要信息　　　　　D. 无附件

33. 信息高速公路的雏形是（　　）。

    A. NII 和 GII　　　B. INTERNET 网　　　C. ARPA 网　　　　D. NSF 网

34. 信息高速公路最早由（　　）提出。

    A. 美国　　　　　　B. 欧洲　　　　　　C. 新加坡　　　　　D. 日本

35. Internet 网的标准中文译名为（　　）。

    A. 因特网　　　　　B. 互联网　　　　　C. 国际网　　　　　D. 国际互联网

36. 日本关于信息高速公路建设的计划称为（　　）。

    A. Mandara　　　　B. IT200　　　　　　C. HPCCI　　　　　D. GEN

37. 欧共体关于信息高速公路建设的项目称为（　　）。

    A. Mandara　　　　B. IT200　　　　　　C. HPCCI　　　　　D. GEN

38. 当把两个以上的、运行相同的操作系统的局域网络相连接时可以选用（　　）来实现。

    A. 中继器　　　　　B. 网桥　　　　　　C. 路由器　　　　　D. MODEM

39. 在建立一个网络系统时，如果服务器和工作站的距离太远，最好选用（　　）来实现网段间的连接。

    A. 中继器　　　　　B. 网桥　　　　　　C. 路由器　　　　　D. 网关

40. 国家信息基础设施应包括（　　）。

    A. 信息设备　　　　B. 信息资源　　　　C. 通讯网络　　　　D. 人力资源

41. 广域网络的主要特点有（　　）。

    A. 覆盖地域广　　　B. 数据传输率高　　C. 投资大　　　　　D. 数据传输误码率低

42. 计算机联网最大的好处是（   ）。

    A. 节省人力   B. 存储量人   C. 存储速度快   D. 资源共享

43. 家庭电脑通过电话线拨号上网，必备的硬件为（   ）。

    A. 声卡   B. 光驱   C. 调制解调器   D. 以太网卡

44. （   ），可以将 Web 元素变成桌面元素并随时更新。

    A. 活动桌面   B. 网络浏览器   C. 主页技术   D. 文件管理器

45. 下面哪一种是音频文件的扩展名（   ）。

    A. WAV 或 AUX   B. EXE   C. BAK   D. COM

46. 通过（   ），可以使用调制解调器或其他 Windows 电话设备在计算机上打电话。

    A. 拨号网络   B. 电话拨号程序   C. 活动桌面   D. 频道

47. CERN 的科学家们开发了一系列的特殊的通信协议，用来在网络上加载一个文档，这一类协议称为超文本传输协议，简称（   ）。

    A. TCP   B. IP   C. NETBIOS   D. HTTP

48. Web 页是用（   ）（HTML）写成的。

    A. 数据库语言   B. 超文本标注语言   C. 高级语言   D. 汇编语言

49. Intranet 是（   ）。

    A. 局域网   B. 广域网   C. 企业内部网   D. Internet 的一部分

50. 新闻组是 Internet 有名的服务方式，又称为（   ）。

    A. NEWs   B. misc   C. BBS   D. Talk

51. 以下关于拨号上网正确的说法是（   ）。

    A. 只能用音频电话线   B. 音频和脉冲电话线都不能用

    C. 只能用脉冲电话线   D. 能用音频和脉冲电话线

52. IP 地址是（   ）。

    A. 接入 Internet 的计算机地址编号   B. Internet 中网络资源的地理位置

    C. Internet 中的子网地址   D. 接入 Internet 的局域网编号

53. 以下关于进入 Web 站点的说法正确的有（   ）。

    A. 只能输入 IP   B. 需同时输入 IP 地址和域名

    C. 只能输入域名   D. 可以通过输入 IP 地址或域名

54. 万维网引进了超文本的概念，超文本指的是（   ）。

    A. 包含多种文本的文本   B. 包含图像的文本

    C. 包含多种颜色的文本   D. 包含链接的文本

55. 在浏览某些中文网页时，出现乱码的原因是（   ）。

    A. 所使用的操作系统不同   B. 传输协议不一致

    C. 所使用的中文操作系统内码不同   D. 浏览器软件不同

56. 以下各项中，（   ）不是 ISP 提供给网络合法用户的信息。

    A. ISP 和 E-mail 地址和拨号上网电话号码   B. 用户的账号和口令

    C. ISP 服务器的 IP 地址   D. 用户的 E-mail 地址

57. DNS 指的是（   ）。

    A. 动态主机   B. 接收邮件的服务器   C. 发送邮件的服务器   D. 域名系统

58. 支持 Internet 扩充服务的协议是（   ）。

    A. OSI   B. IPX/SPX   C. TCP/IP   D. FTP/Usenet

59. 某用户的 E-mail 地址是 Yh-dcs@263.net，那么他的用户名是（   ）。

    A. 263.net   B. Yh-dcs   C. YH-DCS   D. yh-dcs

60. 中国公用信息网是（　　）。

    A. NCFC　　　　　　　B. CERNET　　　　　　C. ISDN　　　　　　D. ChinaNET

61. Internet 的诞生标志为（　　）。

    A. 1969 年美国国防部 ARPANET 网络的建立

    B. 1972 年首届计算机通信国际会议

    C. 1985 年 TCP/IP 协议的成功开发

    D. 1986 年美国将 6 个为科研服务的超级计算机中心为基础的 SFNET 网络连成 Internet

62. 下面关于 TCP/IP 的说法中，（　　）是不正确的。

    A. TCP/IP 协议定义了如何对传输的信息进行分组

    B. IP 协议是专门负责按地址在计算机之间传递信息

    C. TCP/IP 协议包括传输控制协议和网际协议

    D. TCP/IP 是一种计算机语言

63. 以下关于 TCP/IP 的说法，不正确的是（　　）。

    A. 这是网络之间进行数据通信时共同遵守的各种规则的集合

    B. 这是把大量网络和计算机有机地联系在一起的一条纽带

    C. 这是 Internet 实现计算机用户之间数据通信的技术保证

    D. 这是一种用于上网的硬件设备

64. 计算机网络是按照（　　）相互通信的。

    A. 信息交换方式　　　B. 传输装置　　　　　C. 网络协议　　　　　D. 分类标准

65. 在下面关于计算机外部设备的叙述中，不正确的是（　　）。

    A. DVD-ROM 标准向下兼容，能读目前的音频 CD 和 CD-ROM

    B. 调制解调器的功能是将数字信号转换成模拟信号后传送出去，将接收到的模拟信号转换成数字信
       号后再送入计算机

    C. 对用户来说，ISDN 就是一条用户线（电话线）上同时开展电话、传真、可视图文及数据通信等
       多种业务

    D. 网络体系结构是指协议的集合

66. 使用（　　），可以从计算机的 DVD 驱动器上播放 DVD 盘。

    A. DVD 播放器　　　　B. CD 播放器　　　　　C. 多媒体播放器　　　D. 音频播放器

67. 目前在 Internet 网上提供的主要应用功能有电子邮件、WWW 浏览器、远程登录和（　　）。

    A. 文件传输　　　　　B. 协议转换　　　　　C. 光盘检索　　　　　D. 电子图书馆

68. Windows 7 中的（　　）程序增强了计算机上多媒体功能，可更好地回放多种多媒体。

    A. DirectX　　　　　　B. Net　　　　　　　　C. Scandisk　　　　　D. WEB

69. 多媒体处理的特殊要求有（　　）。

    A. 更好的压缩算法　　B. 更快的处理速度　　C. 更大的存储空间　　D. 更高的传输速率

70. 下列软件中属于多媒体创作工具的有（　　）。

    A. 多媒体 CA1　　　　B. ToolBook　　　　　C. AuthorWare　　　　D. CoreDraw

71. 声频卡具有（　　）功能。

    A. 数字音频　　　　　B. 音乐合成　　　　　C. MIDI 与音效　　　　D. 以上全是

72. （　　）用于压缩静止图像。

    A. JPEG　　　　　　　B. MEPG　　　　　　　C. H. 261　　　　　　D. 以上全不是

73. 根据病毒隐藏位置的不同，病毒可以分为（　　）。

    A. 文件型　　　　　　B. 引导型　　　　　　C. 多区型　　　　　　D. 以上三类

74. 文件型病毒主要感染文件后缀是（　　）。

    A. COM 和 EXE   B. BAT 和 JPG   C. DOC   D. A 和 C

75. 引导型病毒隐藏在（　　　）。

    A. 系统引导区   B. 数据区   C. 一般程序文件中   D. 以上都不是

76. 清除引导型病毒必须（　　　）。

    A. 用无毒系统重新引导，再清除   B. 直接重新启动，再清除

    C. 用感染引导型病毒的软盘启动后清除   D. 直接用杀毒软件清除

77. 计算机病毒的特点是（　　　）。

    A. 欺骗性   B. 精巧性   C. 顽固性   D. 以上都是

78. 计算机病毒的特点是（　　　）。

    A. 传染性   B. 危害性   C. 潜伏性   D. 以上都是

79. 良性计算机病毒是指（　　　）。

    A. 破坏计算机上存储数据的计算机病毒

    B. 仅仅干扰计算机的运行，不毁坏计算机系统的病毒

    C. 能破坏计算机硬件的病毒

    D. 以上都不是

80. 计算机网络系统与单机系统相比，病毒的威胁（　　　）。

    A. 更严重   B. 更小   C. 一样   D. 以上都不是

81. 出现下列哪种现象，可怀疑感染病毒（　　　）。

    A. 系统运行速度明显变慢或经常出现死机   B. 打印机提示"缺纸"

    C. 硬盘指示灯变亮   D. 输入的字符间隔加大

82. 目前使用的防杀病毒软件的目的是（　　　）。

    A. 检查磁盘的磁道是否被损坏

    B. 杜绝病毒对计算机的侵害

    C. 恢复已被病毒所删除的文件

    D. 检查计算机是否感染病毒，清除已经感染的病毒

83. 以下描述哪个不属于计算机病毒的常见症状（　　　）。

    A. 可执行文件执行后丢失

    B. 不明确的内存占用或者已知的内存量的下降

    C. 在 Windows 环境中，一段时间不用后，屏幕上出现变幻图形

    D. 网络通信负载加大，等待时间变长

84. 以下描述哪个不属于计算机病毒的常见症状（　　　）。

    A. 出现莫名其妙的隐含文件

    B. Windows 7 中计算机突然对硬盘进行较长时间的操作

    C. 可执行文件长度增加

    D. 磁盘卷标发生变化

85. 计算机病毒在开机前都属于静态病毒，当第一次非授权加载并执行病毒的（　　　）后，病毒由静态转为动态。

    A. 传染模块   B. 引导模块   C. 破坏模块   D. 表现模块

86. 在 DOS 状态下，如果软盘上只有系统引导型病毒，那么拷贝该软盘上的一些文件到其他盘上去，执行（　　　）一般是安全的。

    A. FORMAT 命令对有病毒的软盘格式化，然后再做拷贝

    B. COPY 命令来拷贝指定的文件

    C. DISKCOPY 命令来拷贝所有的文件

D. BACKUP 命令来备份所有的文件

87. 如果软盘上仅有文件型病毒，（　　　）可把所需的文件拷贝到新盘上而又能防止新盘上感染病毒。

    A. 先对有病毒的软盘格式化，然后再做拷贝

    B. 把有毒软盘上所有文件拷贝到新盘

    C. 用全盘拷贝来把文件复制到新盘

    D. 仅拷贝没有感染病毒的文件到新盘

88. 当发现系统已感染上病毒时，应及时采取消除病毒的措施，此时（　　　）

    A. 直接执行硬盘上某一可消除病毒的软件，彻底消毒

    B. 用没有感染病毒的引导盘重新启动机器，再用正版杀毒软件，彻底消毒

    C. 直接执行没有感染病毒的软盘上某一可消除该病毒的软件，彻底消毒

    D. 应重新启动机器，然后用某一可消除该病毒的软件，彻底消毒

89. 计算机病毒一般不感染的文件是（　　　）。

    A. EXE   B. COM   C. DOC   D. TXT

90. 以下各种软件中，不可以用来杀除病毒的是（　　　）。

    A. CHKDSK   B. KILL   C. kv300   D. 病毒克星

91. 文件型病毒传染的对象主要是（　　　）类文件。

    A. . DBF   B. . WPS   C. . COM 和 . EXE   D. . EXE 和 . WPS

92. 防止软盘感染病毒的有效方法是（　　　）。

    A. 不要把软盘和有毒软盘放在一起   B. 在写保护口上贴上胶条

    C. 保持机房清洁   D. 定期对软盘格式化

93. 计算机病毒的主要特点是具有（　　　）。

    A. 传染性   B. 潜在性   C. 破坏性   D. 隐蔽性

94. 贴上写保护标签的软盘可以确保防止（　　　）。

    A. 病毒侵入   B. 磁盘不被格式化   C. 数据丢失   D. 数据写入

95. 关于计算机病毒的叙述，不正确的是（　　　）。

    A. 对任何一种计算机病毒，都能找到发现和消除的方法

    B. 没有一种查病毒软件能够确保可靠地查出一切病毒

    C. 不用外来的软盘启动机器是防范计算机病毒传染的有力措施

    D. 如果软盘上引导程序已经被病毒修改，那么就一定是机器也带上了病毒

96. 保护计算机系统数据安全的含义是保证数据的（　　　）。

    A. 保密性   B. 完整性   C. 可用性   D. 以上都是

97. 计算机物理上的安全管理是指（　　　）。

    A. 防盗   B. 防止意外事故   C. 电源安全   D. 以上都是

98. 计算机安全管理中的电源安全主要是指（　　　）。

    A. 正确使用 UPS，防止因为电压的变化造成的故障   B. 防止火灾

    C. 防电磁干扰   D. 以上都不是

99. 计算机系统面临的两大类威胁是（　　　）。

    A. 有意和无意   B. 自然和人为   C. 病毒和事故   D. 盗窃和静电

100. 下列关于计算机系统安全威胁中的"信息暴露"描述不正确的是（　　　）。

    A. 信息暴露是指该得到信息的人掌握了信息

    B. 信息暴露是对计算机系统安全最直接的威胁

    C. 平时所说的"黑客"行为就是信息暴露威胁之一

    D. 信息暴露是因为对计算机信息的保护不适当而造成的

101. 下列关于计算机系统安全威胁中的"拒绝提供服务"描述不正确的是（　　）。

    A. 拒绝提供服务是指有权获得计算机服务的人得不到应有的服务

    B. 拒绝提供服务是指有权获得计算机服务的人不能及时得到重要的服务

    C. 自然原因可导致拒绝提供服务事件的产生

    D. 人为原因不可能导致拒绝提供服务事件的产生

102. 无权得到信息的人掌握了信息，是对计算机系统安全的（　　）威胁。

    A. 信息暴露　　　　B. 拒绝提供服务　　　　C. 自然灾害　　　　D. 静电

103. 盗窃行为威胁计算机安全管理中的（　　）。

    A. 物理上的安全　　B. 访问的安全　　　　C. 文件的安全和保密　D. 以上都是

104. 有权使用的人被阻止使用计算机，是受到了（　　）的损害。

    A. 拒绝提供服务　　B. 信息暴露　　　　C. 计算机犯罪　　　D. 盗窃

105. 计算机系统环境应注意（　　）。

    A. 防尘　　　　　　B. 防火　　　　　　C. 防水　　　　　　D. 以上都是

106. 为了有效地防止静电的积累，可采用的较好方法是（　　）。

    A. 升高机房的温度　　　　　　　　B. 降低机房的温度

    C. 适当降低机房的相对湿度　　　　D. 适当升高机房的相对湿度

107. 以下关于彻底删除文件的描述错误的是（　　）。

    A. 彻底删除文件的目标是节约磁盘空间和销毁文件

    B. 在删除文件后立即向磁盘复制文件可达到彻底销毁文件的目的

    C. 对删除文件的磁盘作格式化也可达到销毁文件的目的

    D. 在用 B 和 C 操作后，可用 UNDELETE 软件恢复文件

108. 隐藏文件可在一定程度上实现（　　）的目的。

    A. 保密　　　　　　B. 突出文件　　　　C. 方便拷贝　　　　D. 便于查找

109. 设置某文件的属性可（　　）。

    A. 防止意外删除该文件　　　　　　B. 防止无经验用户随意删除该文件

    C. 防止在任何情况下拷贝该文件　　D. 使一般显示状态不显示该文件

110. 设置某文件的文件属性为"只读"，则可对该文件进行（　　）。

    A. 读操作　　　　　　　　　　　　B. 写操作

    C. 修改其内容并保存　　　　　　　D. 以上都不能

111. 下列关于口令的建议哪项不可取（　　）。

    A. 口令最好由字母、数字和其他符号混合组成　B. 口令中最好避免使用英语单词

    C. 应使用容易猜测和记忆的口令　　　　　　　D. 定期更新口令

112. 以下正确的开机顺序是（　　）。

    A. 先开打印机、再开显示器、最后开主机　B. 先开主机、再开显示器、最后开打印机

    C. 先开显示器、再开主机、最后开打印机　D. 先开主机、再开显示器、最后开打印机

113. 微型计算机与并行打印机连接时，信号线插头是插在（　　）。

    A. 并行 I/O 插座上　　　　　　　　B. 串行 I/O 插座上

    C. 扩展 I/O 插座上　　　　　　　　D. 以上都是

114. 在对磁盘进行读写时，出现"Sector not found"的提示信息，可能是因为（　　）。

    A. 磁盘写保护　　　B. 磁盘受到污损　　C. 计算机出现故障　D. 打印机未联机

115. 以下表示"无法正常启动，需要启动盘"的是（　　）。

    A. Non-System disk or disk error

       Replace and press any key when ready

B. Keyboard failure，Press<F1>…

C. Not ready reading driver A

　　Abort，Retry，Fail？…

D. General failure reading driver A

　　Abort，Retry，Fail？…

116. 当主机或打印机中一方电源开启时，不能插拔打印线，原因是（　　）。

　　A. 带电插拔会对人造成电击　　　　　　B. 带电插拔会因为瞬时电流损坏打印接口

　　C. 带电插拔会使显示器不能工作　　　　D. 带电插拔会使相邻的打印机输出错误的结果

117. 如果屏幕上出现"Current drive is no long valid"的信息，采用下列哪种方法可以解决（　　）。

　　A. 连接打印机并打开电源　　　　　　　B. 由键盘输入工作驱动器名，如 C

　　C. 打开主机箱检查硬盘　　　　　　　　D. 在 A 驱动器放入正确格式化的软盘，然后回车

118. 计算机的内存储器与外存储器相比较（　　）。

　　A. 内存储器比外存储器的存储容量小，但存取速度快，价格便宜

　　B. 内存储器比外存储器的存储容量小，价格昂贵，但存取速度快

　　C. 内存储器比外存储器的存储容量大，但存取速度快，价格昂贵

　　D. 内存储器比外存储器的存储容量小，存取速度慢，价格便宜

119. 预防计算机病毒的手段，错误的是（　　）。

　　A. 要经常对硬盘上的文件进行备份

　　B. 凡不需要再写入数据的磁盘都应有写保护

　　C. 将所有的 .COM 和 .EXE 文件赋以"只读"属性

　　D. 对磁盘进行清洗

120. 一般用户最重视的显示器的指标是（　　）。

　　A. 对比度　　　　　B. 分辨率　　　　　C. 亮度　　　　　D. 程序

121. 通常所说的 1.44MB 的软盘是指（　　）。

　　A. 厂商代号　　　　B. 商标号　　　　　C. 磁盘编号　　　　D. 磁盘容量

122. 计算机通电后，不能正常启动，是因为（　　）。

　　A. CMOS 参数被修改，尤其是硬盘参数被改动

　　B. 硬盘引导区被破坏，会出现无引导盘的信息

　　C. 硬盘已坏，无法读取信息

　　D. 以上都有可能

123. 以下哪项对针式打印机的维护是不正确的（　　）。

　　A. 及时清除打印机内的纸屑　　　　　　B. 保持托架支承导轴的清洁

　　C. 往导轴上滴油，以保持导轴的正常使用　　D. 及时更换色带，以免造成断针

124. 打印机不能打印，可能是（　　）。

　　A. 主机端或打印机端接口松动、脱离

　　B. 计算机病毒影响，不能正常打印，可用查杀病毒软件来处理

　　C. 打印机出现故障，可用打印机自检来确认

　　D. 以上都是

125. 一台长期使用的电脑在加电启动时，屏幕上出现"Non-System disk or disk error"，最好如下处理（　　）。

　　A. 用软盘启动，再试着转到硬盘，以尽量恢复数据

　　B. 直接格式化，重新安装

　　C. 直接低级格式化，再高级格式化以彻底解决问题

D. 换新的硬盘

126. 以下哪一条保养光盘方法是错误的 ( )。

    A. 擦拭光盘应沿着圆周一圈一圈地擦   B. 注意拿光盘的正确方法

    C. 应将光盘装在光盘盒中   D. 光盘工作时不要强行弹出

127. 机械式鼠标使用一段时间后，移动不灵活了，( ) 可能恢复如初。

    A. 清洗滚柱   B. 给滚球上油   C. 清洁按键   D. 清洁连线

128. 屏幕提示 "Keyboard error Press <F1> to RESUME"，可能是 ( )。

    A. 键盘损坏   B. 接口松动   C. 有重物压住键盘   D. 以上都有可能

129. Windows 7 环境中，删除 Windows 应用软件一般是通过 ( ) 来完成。

    A. 控制面板   B. 桌面   C. 资源管理器   D. 直接删除

130. 在 Windows 7 环境中，硬、软件的调整都是通过 ( ) 来完成。

    A. 控制面板   B. 桌面   C. 资源管理器   D. 浏览器

131. 下列说法对硬盘管理有益的是 ( )。

    A. 防止硬盘受震动   B. 硬盘内的文件目录或文件夹要清晰、整洁

    C. 定期运行磁盘碎片整理程序，清除磁盘碎片   D. 以上都对

132. 下列有关磁盘碎片的说法错误的是 ( )。

    A. 磁盘碎片有利于计算机的运行   B. 频繁地删除、修改文件容易形成磁盘碎片

    C. 突然关机也容易形成磁盘碎片   D. 磁盘碎片会降低计算机运行的效率

133. 下列关于硬盘文件目录或文件夹的建议不可取的是 ( )。

    A. 根目录一般只存放系统文件和子目录（文件夹），不存放其他文件

    B. 应用程序分别存放在相应的容易记忆的子目录（文件夹）中

    C. 养成定期清除"垃圾"文件的习惯

    D. 文件可随意存放，无需精心安排

134. 以下哪项不是针式打印机的优点 ( )。

    A. 价格便宜   B. 对纸张质量要求低   C. 可打印复写纸   D. 精度高

135. 以下哪项不是激光打印机的优点 ( )。

    A. 打印质量高   B. 打印速度快   C. 打印噪声小   D. 可打印复写纸

136. 以下哪项不是喷墨打印机的缺点 ( )。

    A. 打印耗材费用   B. 不能打印复写纸   C. 对纸的质量要求高   D. 可打印硫酸铜纸

137. 下列存储器中，存储速度最慢的是 ( )。

    A. 软盘   B. 硬盘   C. 外置硬盘   D. 内存

138. 下列存储器中，存储速度最快的是 ( )。

    A. 软盘   B. 硬盘   C. 光盘   D. 磁带

139. 3.5 寸软盘上的一个角上有一个滑块，如果移动该滑块挡住写保护，则该软盘 ( )。

    A. 不能读，但能写   B. 不能读，也不能写   C. 只能读不能写   D. 能读写

140. 微型计算机的主要性能指标主要取决于 ( )。

    A. RAM   B. CPU   C. 显示器   D. 硬盘

141. 下列各项中，能使计算机在突然断电时不丢失数据的是 ( )。

    A. RAM   B. UPS   C. CPU   D. 显示器

142. 计算机的存储系统一般指 ( ) 两部分。

    A. 软盘和硬盘   B. 内存和外存   C. ROM 和 RAM   D. 光盘和硬盘

143. 下列关于"绿色"计算机的描述，错误的是 ( )。

    A. "绿色"计算机是指绿颜色的计算机

B. 构成计算机的材料可回收利用，符合环保要求的计算机是"绿色"计算机

C. 符合人机工学要求，能减轻使用者长时间工作劳累的计算机是"绿色"计算机

D. 加强了电源管理，在使用中能大大节约能源的计算机是"绿色"计算机

144. 加强了电源管理，在使用中能大大节约能源的计算机是（　　）计算机。

    A. 黑色　　　　　　B. 绿色　　　　　　C. 蓝色　　　　　　D. 白色

145. 符合人机工学要求，能减轻使用者长时间工作劳累的计算机是（　　）计算机。

    A. 黑色　　　　　　B. 绿色　　　　　　C. 蓝色　　　　　　D. 白色

146. 构成计算机的材料可回收利用，符合环保要求的计算机是（　　）计算机。

    A. 黑色　　　　　　B. 绿色　　　　　　C. 蓝色　　　　　　D. 白色

147. 计算机在工作中突然电源中断，则计算机的（　　）全部丢失，再次通电后也不能恢复。

    A. 软盘中的信息　　B. RAM 中的信息　　C. 硬盘中的信息　　D. ROM 中的信息

148. 你认为最能准确反映计算机主要功能的是（　　）。

    A. 计算机可以代替人的脑力劳动　　　　　B. 计算机可以存储大量信息

    C. 计算机是一种信息处理机　　　　　　　D. 计算机可以实现高速度的运算

149. 在计算机网络中，表征数据传输可靠性的指标是（　　）。

    A. 传输率　　　　　B. 误码率　　　　　C. 信息容量　　　　D. 频带利用率

150. 计算机通信的质量有两个最重要的指标，一是误码率；二是（　　）。

    A. 编码率　　　　　B. 开销率　　　　　C. 波特率　　　　　D. 数据传输速率

151. 在计算机网络中，常用的有线通信介质中包括有（　　）。

    A. 卫星、微波和光缆　　　　　　　　　　B. 双绞线、同轴电缆和光纤

    C. 光缆和微波　　　　　　　　　　　　　D. 红外线、双绞线和同轴电缆

152. OSI（开放系统互连）参考模型的最高层是（　　）。

    A. 表示层　　　　　B. 网络层　　　　　C. 应用层　　　　　D. 会话层

153. OSI（开放系统互联）参考模型的最低层是（　　）。

    A. 传输层　　　　　B. 物理层　　　　　C. 网络层　　　　　D. 应用层

154. OSI 参考模型中的第二层是（　　）。

    A. 网络层　　　　　B. 物理层　　　　　C. 传输层　　　　　D. 数据链路层

155. 在下列四项中，不属于 OSI（开放系统互连）参考模型的是（　　）。

    A. 会话层　　　　　B. 数据链路层　　　C. 用户层　　　　　D. 应用层

156. 在网络互联中，为网络数据交换而制定的规则、约定与标准称为（　　）。

    A. 结构模型　　　　B. 数据标准　　　　C. 接口　　　　　　D. 通信协议

157. Internet 是一个覆盖全球的大型互联网络，它用于连接多个远程网和局域网的互联设备主要是（　　）。

    A. 路由器　　　　　B. 防火墙　　　　　C. 主机　　　　　　D. 网桥

158. 为了便于识别，接入 Internet 的每一台主机都有一个唯一的纯数字编号，这个编号称为（　　）。

    A. URL　　　　　　B. TCP 地址　　　　C. 域名　　　　　　D. IP 地址

159. 根据域名代码规定，域名为 cq. gov. cn 表示的网站类别应是（　　）。

    A. 教育机构　　　　B. 军事部门　　　　C. 政府部门　　　　D. 国际组织

160. 下面哪一个不是 Internet 的网站（网址）（　　）。

    A. http：//lnw. com. cn　　　　　　　　B. rose@ lnw. com. cn

    C. http：//xinhua. com. cn　　　　　　 D. http：//www. usatoday. com

161. 下列各项中，正确的主机域名是（　　）。

    A. abc. xyz. com. cn　　　　　　　　　　B. abc xyz com　cn

    C. abc，xyz，com，cn　　　　　　　　　D. abc、xyz、com、cn

162. 当个人计算机以拨号方式接入 Internet 网时，必须使用的设备是（　　）。

    A. 网卡   B. 电话机

    C. 调制解调器（Modem）   D. 浏览器软件

163. 在 Internet 中，HTML 指的是（　　）。

    A. VB 的扩展   B. 网络传输的一种协议   C. JAVA 语言的一部分   D. 超文本标记语言

164. 根据计算机网络覆盖地理范围的大小，网络可分为广域网和（　　）。

    A. WAN   B. 局域网   C. Internet 网   D. 互联网

165. 实现计算机网络连接需要硬件和软件，其中，负责管理整个网络各种资源，协调各种操作的软件叫做（　　）。

    A. 网络应用软件   B. 通信协议软件   C. OSI   D. 网络操作系统

166. 衡量网络上数据传输速率的单位是 bps，其含义是（　　）。

    A. 信号每秒传输多少公里   B. 信号每秒传输多少千公里

    C. 每秒传送多少个二进制位   D. 每秒传送多少个数据

167. 目前局域网上的数据传输速率一般在（　　）范围。

    A. 9600b/s～56Kb/s   B. 64Kb/s～128Kb/s

    C. 10Mb/s～1000Mb/s   D. 1000Mb/s～10000Mb/s

168. 目前，局域网的传输介质（媒体）主要是同轴电缆、双绞线和（　　）。

    A. 通信卫星   B. 公共数据网   C. 电话线   D. 光纤

169. 计算机病毒的特点是具有隐藏性、潜伏性、传播性、激发性和（　　）。

    A. 恶作剧性   B. 入侵性   C. 破坏性   D. 可扩散性

170. 网络中各个节点相互连接的形式，叫做网络的（　　）。

    A. 拓扑结构   B. 协议   C. 分层结构   D. 分组结构

171. 开放系统互联参考模型的基本结构分为（　　）。

    A. 4 层   B. 5 层   C. 6 层   D. 7 层

172. 路由选择是 OSI 模型中（　　）层的主要功能。

    A. 物理   B. 数据链路   C. 网络   D. 传输

7.5　练习题参考答案

（一）判断题

1. T	2. F	3. T	4. F	5. T	6. T	7. T	8. F	9. T	10. T	11. T	12. F
13. T	14. T	15. T	16. T	17. F	18. F	19. T	20. T	21. F	22. F	23. T	24. T
25. T	26. T	27. T	28. T	29. T	30. T	31. T	32. F	33. T	34. T	35. T	36. F
37. T	38. T	39. T	40. T	41. F	42. T	43. T	44. T	45. T	46. T	47. T	48. T
49. T	50. T	51. T	52. T	53. T	54. T	55. T	56. T	57. T	58. T	59. T	60. T
61. T	62. T	63. F	64. T	65. T	66. T	67. T	68. T	69. F	70. T	71. T	72. T
73. T	74. T	75. T	76. T	77. T	78. F	79. T	80. F	82. T	82. T	83. T	84. T
85. T	86. T	87. T	88. T	89. T							

（二）填空题

1. 物理层；数据链路层　2. 广域网　3. 分组交换　4. 超文本传输协议　5. 网桥　6. 拓扑结构
7. TCP/IP　8. ISP　9. 万维网　10. 32　11. 文件传输协议　12. 调制　13. 网卡　14. 表示　15. 存储
16. 磁盘

（三）选择题

1. A	2. A	3. B	4. D	5. B	6. B	7. D	8. C	9. A	10. D	11. B
12. A	13. A	14. C	15. C	16. C	17. D	18. D	19. D	20. D	21. B	22. B
23. C	24. C	25. A	26. C	27. D	28. C	29. B	30. A	31. B	32. C	33. B
34. A	35. A	36. A	37. D	38. C	39. A	40. A	41. ABC	42. B	43. C	44. A
45. A	46. B	47. D	48. B	49. B	50. A	51. D	52. A	53. D	54. D	55. C
56. B	57. D	58. B	59. B	60. D	61. A	62. D	63. D	64. C	65. D	66. A
67. A	68. A	69. ABCD	70. BC	71. D	72. A	73. D	74. D	75. A	76. A	77. D
78. D	79. B	80. A	81. A	82. D	83. C	84. B	85. C	86. B	87. D	88. B
89. D	90. A	91. C	92. B	93. ABCD	94. ABD	95. D	96. D	97. D	98. A	99. A
100. A	101. D	102. A	103. A	104. A	105. D	106. D	107. D	108. A	109. B	110. A
111. C	112. A	113. A	114. B	115. A	116. B	117. D	118. D	119. B	120. B	121. D
122. D	123. C	124. D	125. A	126. A	127. A	128. D	129. A	130. A	131. D	132. A
133. D	134. D	135. D	136. D	137. A	138. B	139. D	140. B	141. B	142. B	143. A
144. B	145. B	146. B	147. B	148. C	149. B	150. D	151. B	152. C	153. B	154. D
155. C	156. D	157. A	158. D	159. C	160. D	161. A	162. C	163. D	164. B	165. D
166. C	167. C	168. D	169. C	170. A	171. D	172. C				

第 8 章　Access 的应用

8.1　考 纲 要 求

1. 数据库及数据库系统的基本知识。
2. 关系数据模型。
3. 数据库基本操作。
（1）建立数据库及数据表。
（2）数据查询。

8.2　内 容 要 求

8.2.1　数据库基础知识

1. 基本概念：数据库，数据库管理系统，数据模型

数据：是数据库系统研究和处理的对象，本质上讲是描述事物的符号记录。

数据库：是数据的集合，具有一定的组织形式并被储存于计算机存储器上，具有多种表现形式并可被各种用户所共享。

数据库管理系统：是位于用户与操作系统之间的一种数据管理软件，属于系统软件。

数据库系统：通常是指带有数据库的计算机应用系统。一般由数据库、数据库管理系统（及其开发工具）、应用系统、数据库管理员和用户组成。

数据模型有三个基本组成要素：数据结构、数据操作和完整性约束。

- 层次模型：是用树形结构来表示数据间的从属关系结构。
- 网状模型：是层次模型的扩展。
- 关系模型：用二维表格结构来表示实体及实体间联系。

2. 关系数据库基本概念：关系模式、关系、元组、属性、字段、域、值、主关键字等，关系完整性（实体的完整性、参照的完整性、用户定义的完整性）

关系模式：是对关系的描述。一般表示为：关系名（属性1，属性2，…，属性n）

关系：二维表结构。

元组：二维表中的行（记录的值）称为元组，Access 中被称为记录（Record）。

属性：二维表中的列称为属性，Access 中被称为字段（Field）。

域：属性的取值范围称为域。

主码：表中的某个属性或属性组，能够唯一确定一个元组。Access 中主码被称为主关

键字或主键。

关系完整性约束：关系模型中的完整性是指数据库中数据的正确性和一致性，包括实体完整性、参照完整性和用户定义的完整性。

（1）实体完整性规则。

实体完整性是指基本关系的主属性，即主码的值都不能取空值。例如在教师关系中：

教师档案（教师编号，教师姓名，院系代码，专业名称）

"教师编号"属性为主码，则"教师编号"不能取空值。

（2）参照完整性规则。

参照完整性规则定义：设 F 是基本关系 R 的一个或一组属性，但不是关系 R 的主码，如果 F 与基本关系 S 的主码 Ks 相对应，则称 F 是基本关系 R 的外码。对于 R 中每个元组在 F 上的值必须为：

- 或者取空值（F 的每个属性值均为空值）；
- 或者等于 S 中某个元组的主码值。

（3）用户定义的完整性。

用户定义的完整性是针对某一具体关系数据库的约束条件，它反映某一具体应用所涉及的数据必须满足的语义要求。

3. 关系运算基本概念：选择运算，投影运算，连接运算

关系的基本运算有两类，一类是传统的集合运算：并、差、交等，另一类是专门的关系运算：选择、投影、连接等。设有两个关系 R 和 S，它们具有相同的结构。

（1）并：R 和 S 的并是由属于 R 或属于 S 的元组组成的集合，运算符为"∪"，记为 R∪S。

（2）差：R 和 S 的差是由属于 R 但不属于 S 的元组组成的集合，运算符为"–"，记为 R–S。

（3）交：R 和 S 的交是由既属于 R 又属于 S 的元组组成的集合，运算符为"∩"，记为 R∩S。

（4）广义笛卡儿积：关系 R（假设为 n 列）和关系 S（假设为 m 列）的广义笛卡儿积是一个（n+m）列元组的集合。每一个元组的前 n 列是来自关系 R 的一个元组，后 m 列是来自关系 S 的一个元组。若 R 有 K1 个元组，S 有 K2 个元组，则关系 R 和关系 S 的广义笛卡儿积有 K1×K2 个元组。运算符为"×"，记为 R×S。

（5）选择运算：选择运算是在关系中选择符合某些条件的元组。其中的条件是以逻辑表达式给出的，值为真的元组将被选取。

（6）投影运算：投影运算是在关系中选择某些属性列组成新的关系。

（7）连接运算：选择和投影运算的操作对象只是一个关系，连接运算需要两个关系作为操作对象，是从两个关系的笛卡儿积中选取属性间满足一定条件的元组。最常用的连接运算有两种：等值连接（Equi Join）和自然连接（Natural Join）。

4. SQL 基本命令：查询命令，操作命令

关系数据结构：关系模型中数据的逻辑结构是一张二维表。

关系操作：关系操作采用集合操作方式，即操作的对象和结果都是集合。关系模型中常用的关系操作包括两类。

- 查询命令：选择、投影、连接、除、并、交、差。
- 操作命令：增加、删除、修改。

（1）查询命令。

SELECT 语句的一般格式：

SELECT［ALL | DISTINCT］<目标列表达式>［，<目标列表达式>］…

FROM <表名或视图名>［.<表名或视图名>］…

［WHERE <条件表达式>］

［GROUP BY <列名 1>［HAVING <条件表达式>］］

［ORDER BY <列名 2>［ASC | DEsc］］；

（2）操作命令。

包括数据的插入、修改和删除。

①插入数据。

INSERTINTO <表名>［（<列名 1>［<列名 2 >…］）］VALUES（<常量 1>［<常量 2 >…］）；

②修改数据。

UPDATE <表名> SET <列名> = <表达式>［<列名> = <表达式>］…［WHERE <条件>］；

③删除数据。

DELETE FROM <表名>［WHERE <条件>］。

5. Access2010 系统简介

Access 即 Microsoft Office Access。是由微软发布的关联式数据库管理系统。它结合了 Microsoft Jet Database Engine 和图形用户界面两项特点。

Access 作为数据库管理系统的特点：

- Access 中的强大的开发工具（VBA）；
- Microsoft Access 与 Microsoft office 中的 Excel 共享数据；
- Access 中的强大的帮助信息；
- Access 中的向导功能；
- Access 中可使用 Internet 功能；
- Access 数据库具有较强的安全性。

Access 版本：Access 1.1→Access 2.0→Access for Windows 95→Access 97→Access 2000→Access 2002→Access 2003→Access 2007→Access 2010→Access 2013。

（1）Access2010 系统的特点。

①最好上手、最快上手。可使用由 Office Online 预先建置，针对常见工作而设计的全新数据库模板，或是选择社群提供的模板，并且加以自定义，以符合用户的独特需求。

②建立集中化存取平台。使用多种数据联机，以及从其他来源链接或汇入的信息，以整合 Access 报表。

③在任何地方都能存取应用程序、数据或窗体。将数据库延伸到网络上，让没有 Access 客户端的使用者，也能通过浏览器开启网络窗体与报表。

④让专业设计深入到 Access 数据库。把熟悉的 Office 主题，原汁原味地套用到 Access

客户端与网络数据库上。

⑤以拖放方式为数据库加入导航功能。

⑥更快、更轻松地完成工作。改良了功能区设计及使用全新的 Microsoft Office Backstage 检视取代了传统的档案菜单，能简化寻找及使用各项功能的方式。

⑦使用 IntelliSense 建立表达式。经过简化的「表达式建立器」可以更快、更轻松地建立数据库中的逻辑与表达式。

⑧超快速度设计宏。Access 2010 拥有面目一新的宏设计工具，可以更轻松地建立、编辑并自动化执行数据库逻辑。

⑨把数据库部分转化成可重复使用的模板。重复使用由数据库的其他用户所建置的数据库组件，节省时间与精力。

⑩整合 Access 数据与实时网络内容。可以经由网络服务通信协议，联机到数据源。

（2）Access2010 的基本对象：Access2010 不只是一个数据的存储工具，它能够完成很多的功能。在实现这些功能时要依据数据库中的一些结构，这些结构就是数据库对象。基本对象有：表、查询、报表、窗体、宏、模块。

表：是数据库中最基本的组成单位，只有建立了各种数据表，才能进一步建立和规划数据库。数据库中存储数据只能依靠数据表，它将各种信息分门别类地存放在各种数据表中。表由字段和记录组成。一个数据库中可以有多个数据表。

字段：就是表中的一列，字段存放不同的数据类型，具有一些相关的属性，字段的基本属性有字段名称、数据类型、字段大小等，可设定不同的取值。

记录：就是数据表中的一行，记录用来收集某指定对象的所有信息。

查询：是数据库的核心操作。利用查询可以按照不同的方式查看、更改和分析数据。也可以利用查询作为窗体、报表和数据访问页的记录源。查询能把多个不同表中的数据检索出来，并在一个数据表中显示这些数据。Access2010 "查询设计器"专门用来设置数据库中查询的条件，查询分为选择查询和操作查询两种基本类型。选择查询只是检索数据供用户查看、将结果打印出来或者将其复制到剪贴板中或是将查询结果用作窗体或报表的记录源。查询可用来创建新表、向现有表中添加、更新或删除数据。

报表：是以打印的形式表现用户数据。不论是数据表还是查询结果，如果要把这些数据库中的数据进行打印，那使用报表就是简单而且有效的方法。在 Access2010 中，报表中的数据源主要来自基础的表、查询或 SQL 语句。用户可以控制报表上每个对象（也称为报表控件）的大小和外观，并可以按照所需的方式选择所需显示的信息以便查看或打印输出。

窗体：就是用来处理数据的界面。可用于为数据库应用程序创建用户界面，可执行命令按钮。Access2010 窗体提供了一种简单易用的处理数据的格式，通过对窗体中的按钮进行编程的方法来确定在窗体中显示哪些数据、打开其他窗体或报表，或者执行其他各种任务，控制其他用户与数据库之间的交互方式；创建各种透视窗体，用图形的方式来记/显数据的统计结果。

宏：是指一个或多个操作的集合，其中每个操作实现特定的功能，可将宏看做一种简化的编程语言。单击"创建"选项卡下的"宏"按钮，就能够新建一个宏，同时进入"宏生成器"，根据自己的需要进行创建。通过操作 Access2010 宏，可以实现以下这几项主要的功能：

①打开或者关闭数据表、窗体，打印报表和执行查询；

②弹出提示信息框，显示警告；

③实现数据的输入和输出；

④在数据库启动时执行操作；

⑤筛选查找数据记录。

模块：ACCESS2010 模块就是声明、语句和过程的集合，它们作为一个单元存储在一起。模块可以分为类模块和标准模块两类。类模块中包含各种事件过程，标准模块包含与任何其他特定对象无关的常规过程。ACCESS2010 模块是由各种过程构成的，过程就是能够完成一定功能的 VBA 语句块。在"工程"管理器中，可以看到多个标准模块和一个窗体模块。在数据库的导航窗格中的"模块"对象下列出了标准模块，但没有列出类模块。

8.2.2 ACCESS2010 中数据库和表的基本操作

Access 2010 用户界面的三个主要组件：

①功能区：是一个包含多组命令且横跨程序窗口顶部的带状选项卡区域。主要由多个选项卡组成，这些选项卡上有多个按钮组。功能区中包含有：将相关常用命令分组在一起的主选项卡、只在使用时才出现的上下文选项卡，以及快速访问工具栏。

② Backstage 视图：是功能区的"文件"选项卡上显示的命令集合。Backstage 视图是 Access 2010 中的新功能。它包含应用于整个数据库的命令和信息（如"压缩和修复"），以及早期版本中"文件"菜单的命令（如"打印"）。

③导航窗格：是 Access 程序窗口左侧的窗格，可以在其中使用数据库对象。导航窗格取代了 Access 2007 中的数据库窗口，导航窗格按类别和组进行组织，可以从多种组织选项中进行选择，还可以在导航窗格中创建自定义组织方案。

1. 创建数据库

（1）创建空数据库。

在"文件"选项卡→单击"新建"→单击"空数据库"→在右窗格中的"空白数据库"下，在"文件名"框中键入文件名→单击"浏览到某个位置来存放数据库"→单击"确定"→单击"创建"。

（2）使用模板创建数据库。

如果数据库已经打开，请在"文件"选项卡上单击"关闭数据库"→Backstage 视图将显示"新建"选项卡→选择要使用的模板→在"文件名"框中键入文件名→单击"浏览到某个位置来存放数据库"→单击"确定"→单击"创建"。

2. 表的建立

（1）在数据表视图中开始创建表。

在"创建"选项卡→"表"组中，单击"表"→选择"单击以添加"列中的第一个空单元格→在"字段"选项卡上的"添加和删除"组中，单击要添加的字段的类型→若要添加数据，在第一个空单元格中进行键入→若要重命名列（字段），请双击对应的列标题，然后键入新名称→若要移动列，单击对应的列标题选择该列，然后将该列拖至所需的位置。

（2）在设计视图中开始创建表。

在"创建"选项卡→"表"组中，单击"表设计"→在"字段名称"列中键入名称，然后从"数据类型"列表中选择数据类型→如果需要，可在"说明"列中为每个字段键入说明→添加完所有字段后，在"文件"选项卡上，单击"保存"→切换至"数据表"视图→单击第一个空单元格，开始在表中键入数据。

3. 表间关系的建立与修改

（1）表间关系的概念：关系型数据库中不同表中的数据之间都存在一种关系，这种关系将数据库里各张表中的每条数据记录都和数据库中唯一的主题相联系，使得对一个数据的操作都成为数据库的整体操作。数据表之间的关系有一对一、一对多、多对多三种类型。

（2）建立表间关系：打开要建立关系的数据库，并关闭所有打开的表→单击"数据库工具"选项卡"关系"组中的"关系"按钮→弹出"显示表"对话框→在"显示表"对话框中双击选取要作为定义关系的表的名称→然后关闭"显示表"对话框，会发现"关系"窗口中添加了选中的表→从某个数据表中将所要的相关字段拖动到其他表中的相关字段→弹出现"编辑关系"对话框→在"编辑关系"对话框中检查显示在两个表字段列中的字段名称是否正确→单击"创建"按钮创建关系。

4. 表的维护

（1）修改表结构：添加字段，修改字段，删除字段，设置或更改主键。

设置或更改主键：选择要设置或更改其主键的表→在"开始"选项卡上的"视图"组中，单击"视图"→然后单击"设计视图"→在表设计网格中，选择要用做主键的一个或多个字段→在"设计"选项卡上的"工具"组中，单击"主键"。

添加字段：在数据表视图中创建或双击鼠标左键打开表→在"添加新字段"列中，输入要创建的字段的名称。

修改字段：在数据表视图中创建或双击鼠标左键打开表→右键单击要修改的字段选择重命名→输入新字段名→在表格工具的字段选项卡的格式组中修改选中字段的数据类型。

删除字段：在数据表视图中创建或双击鼠标左键打开表→右键单击要删除的字段选择删除字段命令。

（2）编辑表内容：添加记录，修改记录，删除记录，复制记录。

添加记录：在表的最后一行内直接输入数据→保存。

修改记录：打开表→找到要修改的记录行→直接修改相应字段信息→保存。

删除数据记录：鼠标左键双击打开表→在数据表视图中，单击要删除的数据记录前的数据记录选择符→右击鼠标，在弹出的下拉菜单中选择"删除记录"命令→系统弹出提示框→单击"是"按钮。

复制记录：打开表→选择需复制的记录行（Ctrl+C）→转到需复制的地方→粘贴（Ctrl+V）。

（3）调整表外观：鼠标左键双击打开表→在数据表视图中鼠标左键选择需要调整位置的字段→鼠标左键按住不放拖到相应位置。

5. 表的其他操作

（1）查找数据：双击鼠标左键打开表→点击"开始"选项卡中"查找"组的查找按

钮→弹出"查找和替换"对话框→在"查找"选项卡中填写"查找内容"并设置参数→点击"查找下一个"按钮。

（2）替换数据：双击鼠标左键打开表→在"开始"选项卡中"查找"组的单击"查找"按钮→弹出"查找和替换"对话框→在"替换"选项卡中填写"查找内容"并设置参数→点击"替换"或者"全部替换"按钮。

（3）排序记录：双击鼠标左键打开表→在"开始"选项卡中"排序与筛选"组中单击"升序"或者"降序"按钮。

（4）筛选记录：双击鼠标左键打开表→在"开始"选项卡中"排序与筛选"组中单击"筛选器"按钮完成自动筛选设置→单击表中字段名旁的向下小三角符号，进行筛选参数设置。

8.2.3　查询的基本操作

1. 查询分类

● 选择查询：该查询检索满足特定条件的数据。从一个或多个表中获取数据并显示结果。

● 计算查询：通过查询操作完成基本表内部或各基本表之间数据的计算。

● 参数查询：在运行实际查询之前弹出对话框，提示用户输入查询准则，系统将以该准则作为查询条件，将查询结果按指定的形式显示出来。

● 操作查询：仅在一个操作中更改许多记录的一种查询。操作查询分为四种类型：删除、追加、更改与生成表。

● SQL查询：这种查询需要一些特定的 SQL 命令，这些命令必须写在 SQL 视图中（SQL 查询不能使用设计视图）。

2. 查询准则

准则：是指在查询中用来限制检索记录的条件表达式，它是算术运算符、逻辑运算符、常量、字段值和函数等的组合。

（1）简单准则表达式。

● 字符型：表示一个不变的字符串，要用双引号（""）引起来。如："张飞"，"Lucy"，""表示空字符串。

● 数字型：表示一个不变的数值，可以为整数或小数。如：1，1.25，0.456，-123。

● 布尔型常量：表示布尔型的常量。只有 True 和 False，不需要用引号。

● 日期/时间型常量：表示一个日期/时间，要用两个井号（#）将日期/时间括住，不能用引号。如：#2008-11-28#。

● 表示空字段值：表示空值或非空值的常量。只有 Is Null 和 Is Not Null。

（2）操作符。

● 算术运算符：加（+）、减（-）、乘（*）、整除（/）、求余（% 或 mod）。

● 逻辑运算符：And、Or、Not。

● 关系运算符：=、<>、>、>=、<、<=。

● 特殊运算符：In、between…and…、Like、Is Null、Is Not Null。

（3）函数。

● 算术函数：

Abs（数值表达式）：返回数值表达式的绝对值。

Int（数值表达式）：返回数值表达式的整数部分。

Round（数值表达式，［表达式］）：按指定小数位数进行四舍五入运算的结果。

Srq（数值表达式）：返回数值表达式的平方根。

Sgn（数值表达式）：返回数值表达式的符号。

● 文本函数：

Space（数值表达式）：返回由数值表达式确定的空格个数组成的空字符串

Left（字符表达式，数值表达式）：返回一个值，该值是从字符表达式左侧第一个字符开始，截取的由数值表达式确定的若干个字符。

Right（字符表达式，数值表达式）返回一个值，该值是从字符表达式右侧第一个字符开始，截取的由数值表达式确定的若干个字符。

Len（字符表达式）：字符表达式的长度。

Ltrim（字符表达式）：返回去掉字符表达式左边空格后的字符串。类似的有 Rtrim（　　）和 Trim（　　）。

Instr（［数值表达式］，字符串，子字符串，［比较方法］）：返回一个值，该值是检索子字符串在字符串中最早出现的位置。数值表达式是检索的起始位置，为可选项。方法可以为 0、1、2，0 为做二进制比较，1 为不区分大小写比较，2 为数据库中包含信息的比较，默认为 0。

● 日期函数：

截取日期/时间分量：Day、Month、Year、Weekday、Hour、Minute、Second。

获取系统日期/时间：Date（）、Time（）、Now（）。

● SQL 聚合函数：Sum（）、Avg（）、Count（）、Max（）、Min（）。

● 转换函数：

Asc（字符表达式）：返回字符表达式的 ASCII 值

Str（数值表达式）：将数值表达式转换为字符串。

Val（字符表达式）：将字符表达式转换为数值。

（4）创建查询。

①使用向导创建查询：鼠标双击打开要进行查询的数据库→在"创建"选项卡的查询组中单击"查询向导"按钮→弹出"新建查询对话框"→选择进行查询的种类（例如：简单查询向导），按"确定"按钮→在弹出"简单查询向导"对话框中设置"表/查询"参数选择要查询的表，从"可用字段"中选择查询这段移动到"选定字段"中，按"下一步"按钮→选择采用"明细"/"汇总"方式查询单选框，按"下一步"按钮→选择"打开查询查看信息"/"修改查询设计"单选框参数，按"完成"按钮。

②使用设计器创建查询：鼠标双击打开要进行查询的数据库→在"创建"选项卡的查询组中单击"查询设计"按钮→在弹出"显示表"对话框的"表"选项卡中中选择要进行查询的表，单击"添加"按钮→单击"关闭"按钮。

在查询编辑区的上半部出现了选择建立查询的表及表中字段图标→双击需要建立查询的字段→选中的字段出现在查询编辑区下半部→"查询工具"选项卡的"结果"组中单

击"运行"按钮。

③在查询中查询：在"使用向导创建查询"和"使用设计器创建查询"的过程中，在选择要进行查询的表时选择已存在的查询即可。

（5）操作已创建的查询。

①运行已创建的查询：打开数据库→在左侧导航窗格的"查询"组中双击已创建的查询。

②编辑查询中的字段：打开数据库→在左侧导航窗格的"查询"组中右键单击已创建的查询→在弹出的快捷菜单中选择"设计视图"命令→在查询编辑区下半部中重新选择查询的字段→"查询工具"选项卡的"结果"组中单击"运行"按钮。

③编辑查询中的数据源：打开数据库→在左侧导航窗格的"查询"组中右键单击已创建的查询→在弹出的快捷菜单中选择"设计视图"命令→在查询编辑区上半部中删除已有的表→在上半部的空白处鼠标右键单击→在弹出的快捷键中选择"显示表"命令→在弹出的"显示表"对话框中重新选择要进行查询的表→选择进行查询的字段→"查询工具"选项卡的"结果"组中单击"运行"按钮。

④排序查询的结果：打开数据库→在左侧导航窗格的"查询"组中双击已创建的查询→在右侧的结果显示区中选择需要排序的列→在"开始"选项卡的"排序和筛选"组中按"升序"或"降序"按钮。

8.3 例题分析

例1 以下不属于 Access2010 数据库子对象的是（   ）

    A. 窗体   B. 组合框   C. 报表   D. 宏

答案：B

分析：Access 数据库子对象为：表、查询、窗体、报表、宏、模块。

例2 以下不属于数据库系统（DBS）的组成的是（   ）。

    A. 硬件系统   B. 数据库管理系统及相关软件

    C. 文件系统   D. 数据库管理员

答案：C

分析：DBS 由硬件系统、数据库、数据库管理系统及相关软件、数据库管理员和用户组成。

例3 DBMS 对数据库数据的检索、插入、修改和删除操作的功能称为（   ）。

    A. 数据操纵   B. 数据控制   C. 数据管理   D. 数据定义

答案：A

分析：数据操纵是 DBMS 对数据库的检索、插入、修改和删除操作。

例4 用二维表来表示实体及实体之间联系的数据模型是（   ）。

    A. 关系模型   B. 层次模型   C. 网状模型   D. 实体-联系模型

答案：A

分析：层次数据模型的特点是：有且只有一个节点无双亲，这个节点称为"根节点"；其他节点有且只有一个双亲。网状数据模型的特点：允许一个以上节点无双亲；一个节点可以有多于一个的双亲。关系数据模型是以二维表的形式来表示的。

例 5　下列实体类型的联系中，属于多对多联系的是（　　）。

　　　A. 学生与课程之间的联系　　　　B. 飞机的座位与乘客之间联系

　　　C. 商品条形码和商品之间的联系　　D. 车间与工人之间的联系

答案：A

分析：选项 B 为一对一的联系，选项 C 为一对一的联系，选项 D 为一对多的联系。

例 6　Access2010 数据库文件的后缀名为（　　）。

　　　A. accdb　　　　B. pdf　　　　C. acc　　　　D. ass

答案：A

分析：Access 数据库文件的后缀名是 accdb。

例 7　以下描述不符合 Access 特点和功能的是（　　）。

　　　A. Access 仅能处理 Access 格式的数据库，不能对诸如 DBASE、FOXBASE、Btrieve 等格式的数据库进行访问

　　　B. 采用 OLE 技术，能够方便创建和编辑多媒体数据，包括文本、声音、图像和视频等对象

　　　C. Access 支持 ODBC 标准的 SQL 数据库的数据

　　　D. 可以采用 VBA 编写数据库应用程序

答案：A

分析：Access 不仅能处理 Access 格式的数据库，也能对诸如 DBASE、FOXBASE、Btrieve 等格式的数据库进行访问。

例 8　某学校欲建立一个"教学管理"的数据库，由教师表、学生表、课程表、选课成绩表组成，教师表中有教师编号、姓名、性别、工作时间、职称、学历、系别等字段，试确认该表的主关键字是（　　）。

　　　A. 姓名　　　　B. 教师编号　　　　C. 系别　　　　D. 职称

答案：B

分析：主关键字段中不允许存在重复值和空值，教师编号具有唯一值，姓名、系别、职称等都不一定具有唯一值。

例 9　在一张"学生"表中，要使"年龄"字段的取值范围设在 14～50 之间，则在"有效性规则"属性框中输入的表达式为（　　）。

　　　A. >=14AND<=50　　　　　　　B. >=14OR=<50

　　　C. >=50AND<=14　　　　　　　D. >=14&&=<50

答案：A

分析：选项 B 和选项 C 不符合题目要求，选项 D 有语法错误。

例 10 假设某用户想把歌手的音乐存入 Access 数据库中，那么他该采用的数据类型是（   ）。

A. 查询向导　　B. 自动编号　　C. OLE 对象　　D. 备注

答案：C

分析：OLE 对象指的是其他使用 OLE 协议程序创建的对象，例如 Word 文档、Excel 电子表格、图像、声音和其他二进制数据。

例 11 假设有两个数据表 R、S，分别存放的是总分达到录取分数线的学生名单和单科成绩未达到及格线的学生名单。当学校的录取条件是总分达到录取线且要求每科都及格，试问该对其作什么运算，才能得到满足录取条件的学生名单？（   ）

A. 并　　　　B. 差　　　　C. 交　　　　D. 以上都不是

答案：B

分析：差运算是指属于一个数据表而不属于另外一个的。对于题中这种情况，是要找出属于 R 而不属于 S 的数据，所以应该是差运算。

例 12 表达式 X+1>X 是（   ）。

A. 算术表达式　　B. 非法表达式　　C. 关系表达式　　D. 字符串表达式

答案：C

分析：一个表达式的类型是表达式中最后计算的运算符的类型。按照运算符计算的优先级：算术运算符>字符运算符>关系运算符>逻辑运算符，本表达式中最后计算的是关系运算符。

例 13 在 Access 查询中，下列说法错误的是（   ）。

A. 追加查询的实质是执行 SQL 的 INSERT 命令

B. 选择查询的实质是执行 SQL 的 SELECT 命令

C. 更新查询的实质是执行 SQL 的 MODITY 命令

D. 删除查询的实质是执行 SQL 的 DELETE 命令

答案：C

分析：Access 的所有查询都可用 SQL 命令直接表示，而 SQL 命令中包含 INSERT 命令、SELECT 命令和 DELETE 命令，但不包含 MODITY 命令。

例 14 在查询设计器的设计视图中，如果要使表中所有记录的"price"字段的值增加 10%，应使用（   ）表达式。

A. ［price］+10%　　　　　　　　B. ［price］*0.1

C. ［price］*1.1　　　　　　　　D. ［price］/0.9

答案：C

分析：［price］＊1.1 相当于［price］＋［price］＊0.1，即在原来的基础上增加10%。其中［price］表示 price 字段的值。

例 15　在 Access 中，被删除的记录属于（　　　）。

　　　　A. 逻辑删除　　　B. 物理删除　　　C. 可恢复的　　　D. 以上三种都对

答案：B

分析：在 Access 中，被删除的记录属于物理删除，Access 中没有逻辑删除，也就是说删除操作是不可恢复的。

例 16　可以在一种紧凑的、类似于电子表格的格式中，显示来源与表中某个字段的合计值、计算值、平均值等的查询方式是（　　　）。

　　　　A. SQL 查询　　　B. 参数查询　　　C. 操作查询　　　D. 交叉表查询

答案：D

分析：交叉表查询来源于表中某个字段的总结值（合计、计算以及平均），并将它们分组，一组列在数据表的左侧，一组列在数据表的上部。

例 17　以下哪个查询是将一个或多个表、一个或多个查询的字段组合作为查询结果中的一个字段，执行此查询时，将返回所包含的表或查询中对应字段的记录（　　　）。

　　　　A. 联合查询　　　B. 传递查询　　　C. 数据定义查询　D. 子查询

答案：A

分析：联合查询可以将来自一个或多个表或查询的字段（列）组合为查询结果中的一个字段或列。

例 18　每个查询都有 3 种视图，下列不属于 3 种视图的是（　　　）。

　　　　A. 设计视图　　　B. 模板视图　　　C. 数据表视图　　　D. SQL 视图

答案：B

分析：查询的视图包括设计视图、数据表视图、SQL 视图。

例 19　特殊运算符"In"的含义是（　　　）。

　　　　A. 用于指定一个字段值的范围，指定的范围之间用 And 连接

　　　　B. 用于指定一个字段值的列表，列表中的任一值都可与查询的字段相匹配

　　　　C. 用于指定一个字段为空

　　　　D. 用于指定一个字段为非空

答案：B

分析：选项 A 为 Between 的含义，选项 C 为 Is Null 的含义，选项 D 为 Is Not Null 的含义。

例 20　关于准则 Like "［! 北京，上海，广州]"，以下可以满足条件的城市是（　　　）。

　　　　A. 北京　　　　B. 上海　　　　C. 广州　　　　D. 杭州

答案：D

分析：题目给出的准则表示非"［ ］"内的城市都满足条件。

例 21 哪个查询可以直接将命令发送到 ODBC 数据，它使用服务器能接受的命令，利用它可以检索或更改记录（　　）。

    A. 联合查询　　　B. 传递查询　　　C. 数据定义查询　D. 子查询

答案：B

分析：传递查询可以使用服务器能接受的命令直接将命令发送到 ODBC 数据库，如 Microsoft FoxPro。

8.4　练　习　题

（一）判断题

（　　）1. 关系数据库的范式主要用于规范数据关系、减少数据冗余，以方便数据库的操作。

（　　）2. 第四范式是规范多值依赖、连接依赖问题的。

（　　）3. 对一个数据库系统来说，Access 软件要求数据库必须建立安全机制。

（　　）4. 账户权限没有继承性。

（　　）5. 给数据库系统设置密码，只能限制复制数据库的操作。

（　　）6. 数据库安全机制自动为使用者建立了所有账户。

（　　）7. Access 的查询就是根据基本表得到新的基本表。

（　　）8. 在关系模型中，交换任意两行的位置不影响数据的实际含义。

（　　）9. 使用数据库系统可以避免数据的冗余。

（　　）10. 关系模型中，一个关键字至多由一个属性组成。

（　　）11. 数据库管理系统是数据库系统的核心。

（　　）12. 用树形结构来表示实体之间联系的模型是关系模型。

（　　）13. 专门的关系运算包括选择、投影和连接。

（　　）14. Access 提供了许多便捷的可视化操作工具和向导。

（　　）15. 模块对象有两种基本类型：类模块和标准模块。

（　　）16. 宏对象是一个或多个宏操作的集合，其中的每一个宏操作都能实现特定的功能。

（　　）17. 任意时刻，Access 能打开多个数据库。

（　　）18. Microsoft Access2010 默认的数据库文件扩展名是 . MDB。

（　　）19. 为了提高数据的效率，在一个表中应该包含多个主题及其相关的备份信息。

（　　）20. Microsoft Access 不可以与 Microsoft Excel 等软件共享数据

（　　）21. Microsoft Access 也可以使用 Alt+F4 快捷键将其退出。

（　　）22. Microsoft Access 中，日期的输入格式虽然有多种，但显示格式却只有一种：月—日—年。

（　　）23. 要为 Microsoft Access 数据加密，必须以独占方式打开文件。

（　　）24. 在 Microsoft Access 的表设计视图中要选定不连续的字段时，应该先按下 Shift 键。

（　　）25. Microsoft Access 中可创建选择查询、操作查询、参数查询、交叉表查询和 SQL 查询。

（　　）26. 使用 Microsoft Access 中的"复制""粘贴"不可能将原表中的记录添加到已有的表中。

（　　）27. Microsoft Access 数据库中的关系有一对一关系、一对多关系和多对多关系。

（　　）28. 如果加密了一个数据库，则只能在 Access 系统中才能打开。

（　　）29. 数据库系统也称为数据库管理系统。

（　　）30. Access 中字段的数据类型有十几种。

（二）填空题

1. Access 是一个（　　　）系统。

2. 表由若干记录组成，每一行称为一个"（　　　）"，对应着一个真实的对象的每一列称为一个"字段"。

3. 数据库应用系统中的核心问题是（　　　）。

4. 如果在创建表中建立字段"姓名"，其数据类型应当是（　　　）。

5. 如果在创建表中建立字段"基本工资额"，其数据类型应当是（　　　）。

6. 在人事数据库中，建表记录人员简历，建立字段"简历"，其数据类型应当是（　　　）。

7. 将表中的字段定义为"（　　　）"，其作用是保证字段中的每一个值都必须是唯一的（即不能重复）便于索引，并且该字段也会成为默认的排序依据。

8. 如果在创建表中建立字段"性别"，并要求用逻辑值表示，其数据类型应当是（　　　）。

9. 在人事数据库中，建表记录人员简历，建立字段"出生年月"，其数据类型应当是（　　　）。

10. 内部计算函数"Sum"的意思是对所在字段内所有的值（　　　）。

11. 将"Microsoft Foxpro"中"工资表"的数据，用 Access 建立的"工资库"中查询进行计算，需要将"Microsoft Foxpro"中的表链接到"工资库"中，建立（　　　）；或者导入到"工资库"中，将数据拷贝到新表中。

12. 内部计算函数"Group By"的意思是对要进行计算的字段分组，将（　　　）的记录统计为一组。

13. 从结构上看，数据库由许多（　　　）组成，而一个数据表由许多记录组成，一条记录由许多字段组成。

14. 可以在包含类似信息或字段的表之间建立关系。在表中的字段之间可以建立 3 种类型的关系（　　　）。

15. Access 作为 Office 组件中的一个可以独立安装的（　　　）软件，一直在 Windows 平台上独领风骚，已经成为风靡全球的最流行的桌面数据库管理系统。

16. 将表"学生名单"的记录删除，所使用的查询方式是（　　　）。

17. 模块是用 Access 所提供的 VBA 语言编写的程序段，模块有两种基本类型：（　　　）、（　　　）。

18. 宏有多种类型，它们之间的差别在于（　　　）。

19. Access 中主要有以下几种类型的固有常量：操作常量、DAO 常量、（　　　）、（　　　）、Run Command 方法常量，安全常量、VBA 常量和 VAR TYRE 函数常量。

20. 变量声明的方法有（　　　）和（　　　）。

（三）选择题

1. 以下（　　　）不是 Access 的数据库对象。

　　A. 表　　　　　　　　B. 查询　　　　　　　　C. 窗体　　　　　　　　D. 文件夹

2. Access 是（　　　）公司的产品。

　　A. 微软　　　　　　　B. IBM　　　　　　　　C. Intel　　　　　　　　D. Sony

3. 在创建数据库之前，应该（　　　）。

　　A. 使用设计视图设计表　　　　　　　　　　　B. 使用表向导设计表

　　C. 思考如何组织数据库　　　　　　　　　　　D. 给数据库添加字段

4. 创建子数据表通常需要两个表之间具有（　　　）的关系。

　　A. 没有关系　　　　　B. 随意　　　　　　　　C. 一对多或者一对一　　D. 多对多

5. 可用来存储图片的字段对象是（　　　）类型字段。

　　A. OLE　　　　　　　B. 备注　　　　　　　　C. 超级链接　　　　　　D. 查阅向导

6. 完整的交叉表查询必须选择（　　　）。

　　A. 行标题、列标题和值　B. 只选行标题即可　　C. 只选列标题即可　　　D. 只选值

7. Access 共提供了（　　）种数据类型。

    A. 8   B. 9   C. 10   D. 11

8. （　　）是连接用户和表之间的纽带，以交互窗口方式表达表中的数据。

    A. 窗体   B. 报表   C. 查询   D. 宏

9. （　　）是一个或多个操作的集合，每个操作实现特定的功能。

    A. 窗体   B. 报表   C. 查询   D. 宏

10. "学号"字段中含有"1"、"2"、"3"……等值，则在表设计器中，该字段可以设置成数字类型，也可以设置为（　　）类型。

    A. 货币   B. 文本   C. 备注   D. 日期/时间

11. 学生和课程之间是典型的（　　）关系。

    A. 一对一   B. 一对多   C. 多对一   D. 多对多

12. 层次型、网状型和关系型数据库划分原则是（　　）。

    A. 记录长度   B. 文件的大小   C. 联系的复杂程度   D. 数据之间的联系方式

13. 下列关于报表的叙述中，正确的是（　　）。

    A. 只能输出数据   B. 只能输入数据   C. 可以输入和输出数据   D. 不能输入和输出数据

14. 输入掩码通过（　　）减少输入数据时的错误。

    A. 限制可输入的字符数   B. 仅接受某种类型的数据

    C. 在每次输入时，自动填充某些数据   D. 以上全部

15. （　　）数据类型可以用于为每个新纪录自动生成数字。

    A. 数字   B. 超链接   C. 自动编号   D. OLE 对象

16. 可建立下拉列表式输入的字段对象是（　　）类型字段。

    A. OLE   B. 备注   C. 超级链接   D. 查阅向导

17. 报表的主要目的是（　　）。

    A. 操作数据   B. 在计算机屏幕上查看数据

    C. 查看打印出的数据   D. 方便数据的输入

18. 创建参数查询时，在条件栏中应将参数提示文本放置在（　　）中。

    A. ｛　｝   B. （　）   C. ［　］   D. 《　》

19. 以下叙述中，（　　）是错误的。

    A. 查询是从数据库的表中筛选出符合条件的记录，构成一个新的数据集合

    B. 查询的种类有：选择查询、参数查询、交叉查询、操作查询和 SQL 查询

    C. 创建复杂的查询不能使用查询向导

    D. 可以使用函数、逻辑运算符、关系运算符创建复杂的查询

20. 以下软件（　　）不是数据库管理系统。

    A. Excel   B. Access   C. FoxPro   D. Oracle

21. （　　）可以作为窗体的数据源。

    A. 表   B. 查询   C. 表的一部分   D. 都可以

22. 以下叙述中，（　　）是正确的。

    A. 在数据较多、较复杂的情况下使用筛选比使用查询的效果好

    B. 查询只从一个表中选择数据，而筛选可以从多个表中获取数据

    C. 通过筛选形成的数据表，可以提供给查询、视图和打印使用

    D. 查询可将结果保存起来，供下次使用

23. 利用对话框提示用户输入参数的查询过程称为（　　）。

    A. 选择查询   B. 参数查询   C. 操作查询   D. SQL 查询

24. 掩码 "####-######" 对应的正确输入数据是（　　　）。

　　A. abcd-123456　　　　B. 0755-123456　　　　C. ####-######　　　　D. 0755-abcdefg

25. 查询的数据可以来自（　　　）。

　　A. 多个表　　　　B. 一个表　　　　C. 一个表的一部分　　　　D. 以上说法都正确

26. 雇员和订单的关系是（　　　）。

　　A. 一对一　　　　B. 一对多　　　　C. 多对一　　　　D. 多对多

27. 存储学号的字段适合于采用（　　　）数据类型。

　　A. 货币　　　　B. 文本　　　　C. 日期　　　　D. 备注

28. 掩码 "LLL000" 对应的正确输入数据是（　　　）。

　　A. 555555　　　　B. aaa555　　　　C. 555aaa　　　　D. aaaaaa

29. Access 提供的筛选记录的常用方法有三种，以下（　　　）不是常用的。

　　A. 按选定内容筛选　　　B. 内容排除筛选　　　C. 按窗体筛选　　　D. 高级筛选/排序

30. 在表达式中 "&" 运算符的含义是（　　　）。

　　A. 连接文本　　　　B. 相乘　　　　C. 注释　　　　D. 只是一个字符

31. Access 有三种关键字的设置方法，以下的（　　　）不属于关键字的设置方法。

　　A. 自动编号　　　　B. 手动编号　　　　C. 单字段　　　　D. 多字段

32. 以下关于主关键字的说法，错误的是（　　　）。

　　A. 使用自动编号是创建主关键字最简单的方法

　　B. 作为主关键字的字段中允许出现 Null 值

　　C. 作为主关键字的字段中不允许出现重复值

　　D. 不能确定任何单字段的值的唯一性时，可以将两个或更多的字段组合成为主关键字

33. 在 Access 中，"文本" 数据类型的字段最大为（　　　）字节。

　　A. 64　　　　B. 128　　　　C. 255　　　　D. 256

34. （　　　）是表中唯一标识一条记录的字段。

　　A. 外键　　　　B. 主键　　　　C. 外码　　　　D. 关系

35. 修改数据库记录的 SQL 语句是（　　　）。

　　A. Create　　　　B. Update　　　　C. Delete　　　　D. Insert

36. 数据库技术是从 20 世纪（　　　）年代中期开始发展的。

　　A. 60　　　　B. 70　　　　C. 80　　　　D. 90

37. 二维表由行和列组成，每一行表示关系的一个（　　　）。

　　A. 属性　　　　B. 字段　　　　C. 集合　　　　D. 记录

38. 数据库是（　　　）。

　　A. 以一定的组织结构保存在辅助存储器中的数据的集合

　　B. 一些数据的集合

　　C. 辅助存储器上的一个文件

　　D. 磁盘上的一个数据文件

39. 关系数据库是以（　　　）为基本结构而形成的数据集合。

　　A. 数据表　　　　B. 关系模型　　　　C. 数据模型　　　　D. 关系代数

40. 关系数据库中的数据表（　　　）。

　　A. 完全独立，相互没有关系　　　　　　B. 相互联系，不能单独存在

　　C. 既相对独立，又相互联系　　　　　　D. 以数据表名来表现其相互间的联系

41. 以下说法中，不正确的是（　　　）。

　　A. 数据库中存放的数据不仅仅是数值型数据

B. 数据库管理系统的功能不仅仅是建立数据库

C. 目前在数据库产品中关系模型的数据库系统占了主导地位

D. 关系模型中数据的物理布局和存取路径向用户公开

42. 以下软件中，（　　）属于大型数据库管理系统。

A. FoxPro　　　　　　B. Paradox　　　　　　C. SQL Server　　　　D. Access

43. 如果一张数据表中含有照片，那么"照片"这一字段的数据类型通常为（　　）

A. 备注　　　　　　B. 超级链接　　　　　　C. OLE 对象　　　　D. 文本

44. Access 常用的数据类型有（　　）。

A. 文本、数值、日期和浮点数　　　　　　B. 数字、字符串、时间和自动编号

C. 数字、文本、日期/时间和货币　　　　　　D. 货币、序号、字符串和数字

45. 字段按其所存数据的不同而被分为不同的数据类型，其中"文本"数据类型用于存放（　　）。

A. 图片　　　　　　B. 文字或数字数据　　　　C. 文字数据　　　　D. 数字数据

46. 在数据管理技术发展的三个阶段中，数据共享最好的是（　　）。

A. 数据库系统阶段　　　B. 人工管理阶段　　　C. 文件系统阶段　　　D. 三个阶段相同

47. 在 Access 的查询中可以使用总计函数，（　　）就是可以使用的总计函数之一。

A. Sum　　　　　　B. And　　　　　　C. Or　　　　D. Like

48. 在 Access 中，如果一个字段中要保存长度多于 255 个字符的文本和数字的组合数据，选择（　　）数据类型。

A. 文本　　　　　　B. 数字　　　　　　C. 备注　　　　D. 字符

49. Access 中，在表的设计视图下，不能对（　　）进行修改。

A. 表格中的字体　　　B. 字段的大小　　　C. 主键　　　D. 列标题

50. Access 中，在数据表中删除一条记录，被删除的记录（　　）。

A. 可以恢复到原来位置　　　　　　B. 能恢复，但将被恢复为最后一条记录

C. 能恢复，但将被恢复为第一条记录　　　D. 不能恢复

51. 在 Access 中，可以在查询中设置（　　），以便在运行查询时提示输入信息。

A. 参数　　　　　　B. 条件　　　　　　C. 排序　　　　D. 字段

52. Access 中创建表时，对于数据类型设置为"数字"型的字段还要设置（　　）。

A. 字段大小　　　　　　B. 格式　　　　　　C. 说明　　　　D. 默认值

53. 在数据表视图中，当前光标位于某条记录的某个字段时，按（　　）键，可以将光标移动到当前记录的下一个字段处。

A. Ctrl　　　　　　B. Tab　　　　　　C. Shift　　　　D. Esc

54. Access 自动创建的主键，是（　　）型数据。

A. 自动编号　　　　　　B. 文本　　　　　　C. 整型　　　　D. 备注

55. 在 Access 中，可以使用（　　）命令不显示数据表中的某些字段。

A. 筛选　　　　　　B. 冻结　　　　　　C. 删除　　　　D. 隐藏

56. 在创建查询时，当查询的字段中包含数值型字段时，系统将会提示你选择（　　）。

A. 明细查询、按选定内容查询　　　　B. 明细查询、汇总查询

C. 汇总查询、按选定内容查询　　　　D. 明细查询、按选定内容查询

57. （　　）不是 Access 中可以使用的运算符。

A. +　　　　　　B. −　　　　　　C. ≥　　　　D. =

58. Access 中，不能在（　　）中对数据进行重新排序。

A. 数据表　　　　　　B. 查询　　　　　　C. 窗体　　　　D. 报表

59. Access 中，总计函数中的"Avg"是用来对数据（　　）。

　　　A. 求和　　　　　　　　B. 求均值　　　　　C. 求最大值　　　　D. 求最小值

60. Access 允许使用外部数据源的数据，为了使外部数据源的格式不变，且在它的源程序中仍可使用，采用（　　）方式。

　　　A. 链接表　　　　　　　B. 导入表　　　　　C. 复制表　　　　　D. 移动表

61. Access 中，设置为主键的字段（　　）。

　　　A. 不能设置索引　　　　　　　　　　　　B. 可设置为"有（重复）"索引

　　　C. 系统自动设置索引　　　　　　　　　　D. 可不设置索引

62. 如果在创建表中建立字段"性别"，并要求用汉字表示，其数据类型应当是（　　）。

　　　A. 是/否　　　　　　B. 文本　　　　　　C. 数字　　　　　D. 备注

63. 在 Access 的数据库对象中不包括（　　）对象。

　　　A. 表　　　　　　　B. 窗体　　　　　　C. 工作簿　　　　　D. 报表

64. 在教师信息输入窗体中，为职称字段提供"教授"、"副教授"、"讲师"等选项供用户直接选择，最合适的控件是（　　）。

　　　A. 组合框　　　　　　B. 复选框　　　　　C. 文本框　　　　　D. 标签

65. 在 Access 中，数据表和数据库两个概念的关系是（　　）。

　　　A. 完全相同的两个概念　　　　　　　　　B. 毫不相关的两个概念

　　　C. 数据表中包含数据库　　　　　　　　　D. 数据库中包含数据表

66. （　　）类型的字段可以改变"字段大小"属性。

　　　A. 文本　　　　　　B. 日期/时间　　　　　C. 数字　　　　　D. 备注

67. 关于文本类型不正确的叙述是（　　）。

　　　A. 系统默认的字段类型为文本类型

　　　B. 可以为文本类型的字段指定"格式"

　　　C. 转换为日期类型时，用户必须使用正确的日期或时间类型

　　　D. 可以转换为任何其他数据类型

68. 只有（　　）类型的字段才能设置"输入掩码"属性。

　　　A. 文本和日期　　　　B. 文本和数字　　　　C. 日期和数字　　　　D. 文本和货币

69. 关于主关键字正确的是（　　）。

　　　A. 主关键字的内容具有唯一性，而且不能为空值

　　　B. 同一个数据表中可以设置一个主关键字，也可以设置多个主关键字

　　　C. 排序只能依据主关键字字段

　　　D. 设置多个主关键字时，每个主关键字的内容可以重复，但全部主关键字的内容组合起来必须具有唯一性

70. Access 查询的数据源可以来自（　　）。

　　　A. 表　　　　　　　B. 查询　　　　　　C. 表和查询　　　　　D. 报表

71. 创建 Access 查询可以（　　）。

　　　A. 利用查询向导　　　　　　　　　　　　B. 使用查询"设计"视图

　　　C. 使用 SQL 查询　　　　　　　　　　　D. 使用以上三种方法

72. 以下关于查询的叙述正确的是（　　）。

　　　A. 只能根据数据表创建查询　　　　　　　B. 只能根据已建查询创建查询

　　　C. 可以根据数据表和已建查询创建查询　　D. 不能根据已建查询创建查询

73. Access 支持的查询类型有（　　）。

　　　A. 选择查询、交叉表查询、参数查询、SQL 查询和动作查询

　　　B. 基本查询、选择查询、参数查询、SQL 查询和动作查询

C. 多表查询、单表查询、交叉表查询、参数查询和动作查询

D. 选择查询、统计查询、参数查询、SQL 查询和动作查询

74. 以下不属于动作查询的是（   ）。

　　A. 交叉表查询　　　　　B. 更新查询　　　　　C. 删除查询　　　　　D. 生成表查询

75. 以下不属于 Access 查询的是（   ）。

　　A. 更新查询　　　　　B. 交叉表查询　　　　　C. SQL 查询　　　　　D. 连接查询

76. 假设某表数据表中有一个"姓名"字段，查询姓"王"的记录的条件是（   ）。

　　A. Not"王"　　　　　B. Like"王"　　　　　C. Like"王 *"　　　　　D. "王"

77. SQL 语言是（   ）语言。

　　A. 层次数据库　　　　　B. 网络数据库　　　　　C. 关系数据库　　　　　D. 非数据库

78. 在 SQL 语言中，实现数据库检索的语句是（   ）。

　　A. SELECT　　　　　B. INSERT　　　　　C. UPDATE　　　　　D. DELETE

79. 下列 SQL 语句中，修改表结构的是（   ）。

　　A. AltER　　　　　B. CREATE　　　　　C. UPDATE　　　　　D. INSERT

80. 以下叙述正确的（   ）。

　　A. SELECT 命令是通过 FOR 子句指定查询条件

　　B. SELECT 命令是通过 WHERE 子句指定查询条件

　　C. SELECT 命令是通过 WHILE 子句指定查询条件

　　D. SELECT 命令是通过 IS 子句指定查询条件

81. 已知基本表 SC（S#，C#，GRADE），则"统计修改了课程的学生人数"的 SQL—SELECT 语句为（   ）。

　　A. SELECT COUNT（DISTINCT S#）FROM SC　　B. SELECT COUNT（S#）FROM SC

　　C. SELECT COUNT（　）FROM SC　　　　　　D. SELECT COUNT（DISTINCT *）FROM SC

82. 与 WHERE AGE BETWEEN 18 AND 23 完全等价的是（   ）。

　　A. WHERE AGE>18 AND AGE<23　　　　　B. WHERE AGE>=18 AND AGE<23

　　C. WHERE AGE>18 AND AGE<=23　　　　　D. WHERE AGE>=18 AND AGE<=23

83. 在 SQL—SELECT 语句的下列子句中，通常和 HAVING 子句同时使用的是（   ）。

　　A. ORDER BY 子句　　B. WEHER 子句　　C. GROUP BY 子句　　D. 均不需要

84. 在查询中统计记录的个数时，应该用（   ）函数。

　　A. SUM　　　　　B. COUNT（列名）　　　　　C. COUNT（ * ）　　　　　D. AVG

85. 在查询中统计某列中值的个数应使用（   ）函数。

　　A. SUM　　　　　B. COUNT（列名）　　　　　C. COUNT（ * ）　　　　　D. AVG

86. 数据的完整性，是指存储在数据库中的数据要在一定意义下确保是（   ）。

　　A. 一致的　　　　　B. 正确的、一致的　　　　　C. 正确的　　　　　D. 规范化的

87. 以下有关数据基本表的叙述，（   ）是正确的。

　　A. 每个表的记录与实体可以以一对多的形式出现

　　B. 每个表的关键字只能是一个字段

　　C. 每个表都要有关键字以使表中的记录唯一

　　D. 在表内可以定义一个或多个索引，以便于与其他表建立关系

88. 建立 Access 数据库时要创建一系列的对象，其中最重要的是创建（   ）。

　　A. 报表　　　　　B. 基本表　　　　　C. 基本表之间的关系　　D. 查询

89. 在数据表视图中修改数据表中的数据时，在数据表的后选择区内会出现某些符号，下列有关这些符号的解释正确的是（   ）。

(1) 加亮显示：表示该行为当前操作行

(2) 铅笔形：表示表末的空白记录，可以在此输入数据

(3) 星形：表示该行正在输入或修改数据

    A. (1) (2)　　　　　　B. (2) (3)　　　　　　C. (1) (2) (3)　　　　D. (1)

90. 以下列出的是字段有效性规则所用的一些比较运算符及其作用：

(1) In（a1，a2，…，an）是括号中的某个值，这些值：a1，…，an 由用户指定

(2) Between a1 and a2 在 a1 和 a2 之间，a1 和 a2 为用户指定的值

(3) Like 用以检查一个文本或备注字段是否与一个模式字符串相匹配

其中正确的是（　　　）

    A. (1) (2) (3)　　　B. (1) (3)　　　　　C. (1) (2)　　　　　D. (2) (3)

91. 以下列出的是关于数据库的参照完整性的叙述。

(1) 参照完整性是指在设定了表间关系后用户仍可随意更改用以建立关系的字段

(2) 参照完整性保证了数据在关系型数据库管理系统中的安全与完整

(3) 参照完整性在关系型数据库中对于维护正确的数据关联是必要的

其中正确的是（　　　）

    A. (1) (2) (3)　　　B. (2) (3)　　　　　C. (1) (2)　　　　　D. (1) (3)

92. 在没有定义任何关系的数据库在数据库窗口创建关系的操作步骤，下列叙述，错误的是（　　　）。

    A. 关闭数据库中所有的表，设法弹出"关系"窗口

    B. 拉出"显示表"对话框，利用它在关系窗口内添加要创建关系的表或查询

    C. 关闭"显示表"对话框，对关系窗口内的表或查询单击要建立关系的字段

    D. 在弹出的"编辑关系"对话框中单击"实施参照完整性"复选按钮，再单击"确定"按钮

93. Access2010 中不可以建立的窗体是（　　　）。

    A. 纵栏式窗体　　　　B. 表格式窗体　　　　C. 数据表窗体　　　　D. 隐藏式窗体

94. 表是由（　　　）组成的。

    A. 字段和记录　　　　B. 查询和字段　　　　C. 记录和窗体　　　　D. 报表和字段

95. 从表中抽取选中信息的对象类型是（　　　）。

    A. 模块　　　　　　　B. 报表　　　　　　　C. 查询　　　　　　　D. 窗体

96. 窗体是（　　　）的接。

    A. 用户和用户　　　　B. 数据库和数据库　　C. 操作系统和数据库　D. 用户和数据库之间

97. 如果要从列表中选择所需的值，而不想浏览数据表或窗体中的所有记录，或者要一次指定多个准则，即筛选条件，可使用（　　　）方法。

    A. 按选定内容筛选　　B. 内容排除筛选　　　C. 按窗体筛选　　　　D. 高级筛选/排序

98. Access 2010 是属于（　　　）。

    A. 电子文档　　　　　B. 电子报表　　　　　C. 数据库管理系统　　D. 数据库应用程序

99. "字段大小"属性用来控制允许输入字段的最大字符数，以下（　　　）不属于常用的字段的大小。

    A. OLE　　　　　　　B. 整型　　　　　　　C. 长整型　　　　　　D. 双精度型

100. 计算机处理的数据通常可以分为三类，其中反映事物数量的是（　　　）。

    A. 字符型数据　　　　B. 数值型数据　　　　C. 图形图像数据　　　D. 影音数据

101. 具有联系的相关数据按一定的方式组织排列，并构成一定的结构，这种结构即（　　　）。

    A. 数据模型　　　　　B. 数据库　　　　　　C. 关系模型　　　　　D. 数据库管理系统

102. 使用 Access 按用户的应用需求设计的结构合理、使用方便、高效的数据库和配套的应用程序系统，属于一种（　　　）。

    A. 数据库　　　　　　B. 数据库管理系统　　C. 数据库应用系统　　D. 数据模型

103. 以下软件中,(　　) 属于小型数据库管理系统。

  A. Oracle   B. Access   C. SQL Server   D. Word 97

104. 以下不属于 Microsoft Office 系列软件的是 (　　)。

  A. Access   B. Word   C. Excel   D. WPS

105. 以下叙述中,正确的是 (　　)。

  A. Access 只能使用菜单或对话框创建数据库应用系统

  B. Access 不具备程序设计能力

  C. Access 只具备了模块化程序设计能力

  D. Access 具有面向对象的程序设计能力,并能创建复杂的数据库应用系统

106. 在数据表的设计视图中,数据类型不包括 (　　) 类型。

  A. 文本   B. 逻辑   C. 数字   D. 备忘录

107. 以下关于 Access2010 的说法中,不正确的是 (　　)。

  A. Access 的界面采用了与 Microsoft Office 2010 系列软件完全一致的风格

  B. Access 可以作为个人计算机和大型主机系统之间的桥梁

  C. Access 适用于大型企业、学校、个人等用户

  D. Access 可以接受多种格式的数据

108. Access 数据库管理系统根据用户的不同需要,提供了使用数据库模板和 (　　) 两种方法创建数据库。

  A. 自定义   B. 系统定义   C. 特性定义   D. 模板

109. 使用表设计器来定义表的字段时,以下 (　　) 可以不设置内容。

  A. 字段名称   B. 数据类型   C. 说明   D. 字段属性

110. 字段名可以是任意想要的名字,最多可达 (　　) 个字符。

  A. 16   B. 32   C. 64   D. 128

111. Access 中,(　　) 字段类型的长度由系统决定。

  A. 是/否   B. 文本   C. 货币   D. 备注

112. 设计数据库表时,索引的属性有几个取值 (　　)。

  A. 1   B. 2   C. 3   D. 4

113. Access 中,数据表中的 (　　)。

  A. 字段可以随意删除   B. 字段删除后数据保留

  C. 作为关系的字段需先删除关系,再删除字段 D. 字段输入数据后将无法删除

114. Access 中,(　　) 可以从一个或多个表中删除一组记录。

  A. 选择查询   B. 删除查询   C. 交叉表查询   D. 更新查询

115. Access 2010 中,在数据表视图下可实现对数据表的 (　　) 字段的功能。

  A. 查找   B. 定位   C. 添加   D. 筛选

116. 在 Access 中,使用开始选项卡中的 (　　) 组中的命令可以修改表的行高。

  A. 排序和筛选   B. 视图   C. 记录   D. 文本格式

117. Access 中,可以使用 (　　) 选项卡中的命令删除数据表中的记录。

  A. 文件   B. 开始   C. 创建   D. 数据库工具

118. Access 中的查询设计视图下,在 (　　) 栏中设置筛选条件。

  A. 排序   B. 显示   C. 条件   D. 字段

119. 在 Access 2010 中,要对数据表中的数据进行排序,使用开始选项卡展中的 (　　) 组中的命令。

  A. 排序和筛选   B. 剪贴板   C. 记录   D. 视图

120. 同一表中的数据行,叫 (　　)。

　　A. 字段　　　　　　　B. 记录　　　　　　　C. 值　　　　　　　D. 主关键字

121. 在 Access 中的数据表视图方式下，使用（　　）选项卡中的命令可以对数据表中的列重新命名。

　　A. 创建　　　　　　　B. 文件　　　　　　　C. 开始　　　　　　　D. 数据库工具

122. Access 中，表在设计视图和数据表视图中转换，使用开始选项卡中（　　）组中的命令。

　　A. 文本格式　　　　　B. 查找　　　　　　　C. 视图　　　　　　　D. 记录

123. 在 Access 中，可以把（　　）作为创建查询的数据源。

　　A. 查询　　　　　　　B. 报表　　　　　　　C. 窗体　　　　　　　D. 外部数据表

124. Access 中，使用开始选项卡中的（　　）组可以对查询表中的单元格设置背景颜色。

　　A. 文本格式　　　　　B. 记录　　　　　　　C. 视图　　　　　　　D. 查找

125. Access 中，要改变字段的数据类型，应在（　　）下设置。

　　A. 数据表视图　　　　B. 设计视图　　　　　C. 数据透视图视图　　　D. 数据透视表视图

126. 以下不属于 Access 数据库子对象的是（　　）。

　　A. 窗体　　　　　　　B. 组合框　　　　　　C. 报表　　　　　　　D. 宏

127. 工具栏中的"[Ａ↓]"按钮用于（　　）。

　　A. 降序排序　　　　　B. 升序排序　　　　　C. 查找内容　　　　　D. 替换内容

128. 字段名称命名规则错误的是（　　）。

　　A. 字段名称可以是 1-64 个字符　　　　　　B. 字段名称可以采用字母、数字和空格

　　C. 不能使用 ASCII 码值为 0-32 的 ASCII 字符　　D. 可以以空格为开头

129. 可以设置为索引的字段是（　　）。

　　A. 备注　　　　　　　B. 超链接　　　　　　C. 主关键字　　　　　D. OLE 对象

130. 工具栏中的"[▼]"按钮用于（　　）。

　　A. 降序排序　　　　　B. 筛选　　　　　　　C. 查找内容　　　　　D. 替换内容

131. 存储在计算机内按一定的结构和规则组织起来的相关数据的集合称为（　　）。

　　A. 数据库管理系统　　B. 数据库系统　　　　C. 数据库　　　　　　D. 数据结构

132. 不能退出 Access 的方法是（　　）。

　　A. 选择 Access 屏幕"文件"选项卡中的"退出"命令

　　B. 选择 Access 控制菜单中的"关闭"命令

　　C. 利用快捷键<Ctrl>+<F4>

　　D. 利用快捷键<Alt>+<F4>

133. 关系数据库是以（　　）的形式组织和存放数据的。

　　A. 一条链　　　　　　B. 一维表　　　　　　C. 二维表　　　　　　D. 一个表格

134. 在 Access 2010 中一个数据库的所有对象都存放在一个文件中，该文件的扩展名是（　　）。

　　A. DBC　　　　　　　B. DBF　　　　　　　C. ACCDB　　　　　　D. DBM

135. 表是数据库的核心与基础，它存放着数据库的（　　）。

　　A. 部分数据　　　　　B. 全部数据　　　　　C. 全部对象　　　　　D. 全部数据结构

136. Access 2010 窗口中的选项卡是（　　）。

　　A. 基本上都有自己的子选项卡　　　　　　　B. 会根据执行的命令而有所增添或减少

　　C. 可被利用来执行 Access 的几乎所有命令　　D. 以上全部是正确的

137. 在 Access 数据库窗口使用表设计器创建表的步骤依次是（　　）。

　　A. 打开表设计器、定义字段、设定主关键字、设定字段属性和表的存储

　　B. 打开表设计器、设定主关键字、定义字段、设定字段属性和表的存储

　　C. 打开表设计器、定义字段的属性、表的存储和设定主关键字

D. 打开表设计器、设定字段的属性、表的存储、定义字段和设定主关键字

138. 在表设计器的设计视图的上半部分的表格用于设计表中的字段。表格的每一行均由四部分组成，它们从左到右依次为（　　）。

    A. 行选择区、字段名称、数据类型、字段属性

    B. 行选择区、字段名称、数据类型、字段大小

    C. 行选择区、字段名称、数据类型、字段特性

    D. 行选择区、字段名称、数据类型、说明区

139. 在表设计器的工具栏中的"关键字"按钮的作用是（　　）。

    A. 用于检索关键字字段　　　　　　　　B. 用于把选定的字段设置为主关键字

    C. 弹出设置关键字对话框，以便设置关键字　　D. 以上都对

140. 在表设计器中定义字段的操作包括（　　）。

    A. 确定字段的名称、数据类型、字段大小以及显示的格式

    B. 确定字段的名称、数据类型、字段宽度以及小数点的位数

    C. 确定字段的名称、数据类型、字段属性以及设定关键字

    D. 确定字段的名称、数据类型、字段属性以及编制相关的说明

141. 输入掩码是用户为数据输入定义的格式，用户可以为（　　）数据设置掩码。

    A. 文本型、数字型、日期时间型、是/否型　　B. 文本型、数字型、日期时间型、货币型

    C. 文本型、数字型、货币型、是/否型　　　　D. 文本型、备注型、日期时间型、货币型

142. 以下关于数字/货币型数据的小数位数的叙述：

    （1）小数位数视数字或货币型数据的字段大小而定，最多为 15 位

    （2）如果字段大小为字节、整数、长整数，则小数位数为 0 位

    （3）如果字段大小为单精度数，则小数位数可为 0~5 位

    其中正确的是（　　）。

    A.（1）（2）　　　B.（1）（3）　　　C.（1）（2）（3）　　　D.（2）（3）

143. 在 Access2010 中的 VBA 过程里，要运行宏可以使用 DoCmd 对象的（　　）方法。

    A. Open　　　　　B. RunMacro　　　　C. Close　　　　D. Query

144. 在宏中，OpenReport 操作可用来打开指定的（　　）。

    A. 查询　　　　　B. 状态栏　　　　　C. 窗体　　　　　D. 报表

145. 关于宏的执行，以下说法不正确的是（　　）。

    A. 在"导航窗格"，选择"宏"对象列表中的某个宏名并双击，可以直接运行该宏中的第一个子宏的所有宏操作

    B. 在"导航窗格"，选择"宏"对象列表中的某个宏名并双击，可以直接运行该宏中的第二个子宏的所有宏操作

    C. 可以在一个宏中运行另一个宏

    D. 在一个宏中可以含有 IF 逻辑块

146. 在宏中，用于显示所有记录的宏命令是（　　）。

    A. MsgboxAllRecords　　B. ShowAllRecords

    C. SetProperty　　　　　D. SaveRecords

147. 在 VBA 中，表达式（5^2 Mod 8）>= 4 的值是（　　）。

    A. True　　　　　B. False　　　　　C. And　　　　　D. Or

148. 表达式　Iif（23 \ 5.5 <= 3 Or 5 >= 6, 68, 176）　的结果是（　　）。

    A. 5　　　　　　　B. 6　　　　　　　C. 68　　　　　　D. 176

149. 执行下列程序段后，变量 P 的值是（　　）。

```
Dim W As Single
Dim P As Single
W = 68.5
If W <= 50 Then
    P = W * 4
Else
    P = W * 2
End If
```

  A. 68.5   B. 137   C. 205.5   D. 275

150. 设 x=9，执行下列程序段后，变量 t 的值是（　　）。

```
y = x \ 4 + 2^4
If y<>30 Then x = x + y
t = x Mod 12
```

  A. 1   B. 2   C. 3   D. 4

151. 在 VBA 中，声明函数过程的关键字是（　　）。

  A. Dim   B. Const   C. Function   D. Sub

152. 对 VBA 中的逻辑值进行算术运算时，True 值被当做 -1，False 被当做（　　）。

  A. 1   B. 2   C. 0   D. 3

153. 在 VBA 中，类型说明符 # 表示的数据类型是（　　）。

  A. 整型   B. 长整型   C. 单精度型   D. 双精度

154. 下列语句中，定义窗体的加载事件过程的头语句是（　　）。

  A. Private Sub Form_ Chang（　　）   B. Private Sub Form_ _ LostFocus（　　）

  C. Private Sub Form_ Load（　　）   D. Private Sub Form_ Open（　　）

155. 现有一个已经建好的窗体，窗体中有一个命令按钮，单击此按钮，将打开"产品数量统计"报表，如果采用 VBA 代码完成，下面语句正确的是（　　）。

  A. Docmd. OpenForm "产品数量统计"   B. Docmd. OpenView "产品数量统计"

  C. Docmd. OpenTable "产品数量统计"   D. Docmd. OpenReport "产品数量统计"

156. 表达式 IIf（7 Mod 5 > 3，60，IIf（2^3 > 28，80，100））的运算结果是（　　）。

  A. 60   B. 80   C. 100   D. 160

157. 在 VBA 中，变量声明语句 "Dim a!，b AS integer" 中的变量 a 的类型是（　　）。

  A. 整型   B. 单精度型   C. 长整型   D. 变体型

158. 在 VBA 中，"Dim a（3，3）AS Boolean" 语句定义了一个数组，该数组中的全部元素都初始化为（　　）。

  A. True   B. False   C. -1   D. 1

159. 在 VBA 某个模块中，如有声明语句 Dim a（6，10）AS integer 那么数组 a（6，10）总共有（　　）个元素。

  A. 16   B. 60   C. 70   D. 77

160. 以下 VBA 程序段运行后，变量 j 的值是（　　）。

```
k = 10
j = 0
Do
  k = k + 10
    j = j + 1
```

```
Loop Until k > 20
```
  A. 1   B. 2   C. 4   D. 10

161. 以下 VBA 程序段运行后，变量 j 的值是（ ）。

```
y = 89
j = "不及格"
Do While y > 60
    j = IIf (y < 70, "及格", IIf (y < 90, "良好", "优秀"))
    y = y - 50
Loop
```
  A. "不及格"   B. "及格"   C. "良好"   D. "优秀"

162. 以下 VBA 代码程序运行结束后，变量 a 的值是（ ）。

```
a = 0
b = 101
Do
    b = b-20
    a = a+b
Loop While b>80
```
  A. 60   B. 140   C. 142   D. 160

163. 以下 VBA 代码程序运行结束后，数组元素 a（12）的值是（ ）。

```
Dim a (12) As Long, i As Long
i = 0
Do  Until  i>12
    a (i) = i^2- i
    i = i+1
Loop
```
  A. 1   B. 128   C. 132   D. 144

164. 假定有如下的 Function 过程：

```
Function ppfun (x As Single, y As Single)
    ppfun = x^3-y^2
End Function
```
在窗体上添加一个命令按钮（名为 cmd10），然后编写如下事件过程：

```
Private Sub cmd10_ Click ( )
    Dim a As Single, b As Single
    a = 5
    b = 4
    MsgBox ppfun (a, b) mod 50
    End Sub
```
打开窗体运行后，单击命令按钮，消息框中的输出内容是（ ）。

  A. 50   B. 25   C. 9   D. 109

165. 在窗体上添加一个命令按钮（名为 cmd2），然后编写如下事件过程：

```
Private Sub cmd2_ Click ( )
    Dim pi As Single, n As Integer
    pi = 3. 14
```

n＝Len（Str（pi）& Space（2）& "是本字符串长度"）

MsgBox n

End Sub

打开窗体运行后，单击命令按钮，消息框中的输出内容是（　　）。

A. 11　　　　　　　　 B. 12　　　　　　　　 C. 13　　　　　　　　 D. 14

166. 在窗体上添加一个命令按钮（名为 cmd13），然后编写如下事件过程：

Private Subcmd13＿ Click（　）

　　Dim x As String, y As String

　　x＝"龙洞华美路中山大学新华学院法学院"

　　y＝"2006 级法学专业学生"

　　MsgBox Mid（x, 6, 4）& Right（x, 3）& Left（y, 9）

End Sub

打开窗体运行后，单击命令按钮，消息框中的输出内容是（　　）。

A. 龙洞华美路中山大学新华学院法学院 2006 级法学专业学生

B. 中山大学新华学院法学院 2006 级法学专业学生

C. 中山大学法学院 2006 级法学专业学生

D. 中山大学法学院 2006 级法学专业

167. 下列哪些类型是逻辑数据模型的类型（　　）

A. 层次模型　　　　 B. 网状模型　　　　 C. 关系模型　　　　 D. 连接模型

168. 数据库管理阶段具有下列哪些特性（　　）

A. 数据共享　　　　 B. 数据独立性　　　 C. 数据结构化　　　 D. 独立的数据操作界面

169. 关系的分类有（　　）

A. 一对一关系　　　 B. 一对多关系　　　 C. 多对多关系　　　 D. 多对一关系

170. 传统的集合运算包括（　　）

A. 并运算　　　　　 B. 交运算　　　　　 C. 差运算　　　　　 D. 笛卡儿乘积

171. 专门的关系运算包括（　　）

A. 选择运算　　　　 B. 投影运算　　　　 C. 连接运算　　　　 D. 交叉运算

172. 下面有关主键的叙述错误的是（　　）

A. 不同记录可以具有重复主键值或空值　　　 B. 一个表中的主键可以是一个或多个字段

C. 在一个表中的主键只可以是一个字段　　　 D. 表中的主键的数据类型必定义为自动编号或文本

173. 下面有关 Access 中表的叙述正确的是（　　）

A. 表是 Access 数据库中的要素之一　　　　 B. 表设计的主要工作是设计表的结构

C. Access 数据库的各表之间相互独立　　　　 D. 可将其他数据库的表导入到当前数据库中

174. 在 Access 数据库系统中，不能建立索引的数据类型是（　　）

A. 文本　　　　　　 B. 备注　　　　　　 C. 数值　　　　　　 D. 时间/日期

175. 下面哪些是数据库系统中四类用户之一（　　）

A. 数据库管理员　　 B. 数据库设计员　　 C. 应用程序员　　　 D. 终端用户

176. 退出 Access 2010 常用的方法有（　　）

A. 从 "文件" 选项卡中选择 "退出" 命令

B. 单击 Access 2010 应用程序窗口右上角的 "关闭" 按钮

C. 双击 Access 2010 应用程序窗口右上角的 "关闭" 按钮

D. 按 Alt+F4 组合键

177. 数据库对象包括（　　）

A. 表　　　　　　　　B. 模块　　　　　　　C. 窗体　　　　　　　D. 属性

178. 字段名称的命名规则包括（　　　）

　　A. 空格作为字段名称的第一个字符　　　　B. 字段名称能包含惊叹号

　　C. 字段名称的长度可以是任意一个字符　　D. 字段名称不能包含问号

179. 查询可以分为（　　　）

　　A. 选择查询　　　B. 操作查询　　　C. 更新查询　　　D. 交叉表查询

　　E. 生成表查询　　F. 参数查询

180. 选择查询的设计窗口分为两部分，下面部分设计窗口的行中包含（　　　）内容。

　　A. 字段　　　　　B. 排序　　　　　C. 数据　　　　　D. 更新

　　E. 或　　　　　　F. 准则

181. 常用窗体的类型有（　　　）

　　A. 多选项卡窗体　B. 单选项卡窗体　C. 连续窗体　　　D. 数据表窗体

　　E. 弹出式窗体　　F. 子窗体

182. 在报表中要计算一组记录的总计值，需将文本框添加到（　　　）

　　A. 页眉　　　　　B. 组页眉　　　　C. 报表页脚　　　D. 组页脚

183. （　　　）不是窗体中控件的常用属性。

　　A. 控件来源　　　B. 格式　　　　　C. 输入掩码　　　D. 默认值

　　E. 有效性规则　　F. 标题　　　　　G. 索引

184. （　　　）不是 Access 2010 中字段的数据类型。

　　A. 文本　　　　　B. 数字　　　　　C. 逻辑　　　　　D. 货币

　　E. 自动编号　　　F. 通用　　　　　G. 备注

185. （　　　）不是专门的关系运算。

　　A. 比较　　　　　B. 选择　　　　　C. 合并　　　　　D. 连接

　　E. 投影　　　　　F. 交叉

186. 下面（　　　）是合法的变量名。

　　A. STR-NAME　　B. Case　　　　　C. FOR_ 99　　　D. abc2006

　　E. 6A

8.5　练习题参考答案

（一）判断题

1. T　2. F　3. F　4. T　5. F　6. F　7. F　8. T　9. T　10. F　11. T　12. F　13. T
14. T　15. T　16. T　17. F　18. F　19. F　20. F　21. T　22. F　23. T　24. F　25. T　26. F
27. T　28. F　29. F　30. T

（二）填空题

1. 数据库管理　2. 记录　3. 数据库设计　4. 文本　5. 数字　6. 备注　7. 主键　8. 是/否　9. 日期
10. 求和　11. 链接表　12. 字段内容相同　13. 数据表　14. 层次模型、网状模型、关系模型　15. 关系型桌面数据库　16. 删除查询　17. 类模块、标准模型　18. 用户触发宏的方式　19. 事件过程常量、关键字常量　20. 隐性声明和显性声明

（三）选择题

1. D　2. A　3. C　4. C　5. A　6. A　7. C　8. A　9. D　10. B　11. D
12. D　13. A　14. D　15. C　16. D　17. C　18. C　19. D　20. A　21. D　22. D

23. B　24. B　25. D　26. B　27. B　28. B　29. B　30. A　31. B　32. B　33. C
34. B　35. B　36. A　37. D　38. A　39. B　40. C　41. D　42. C　43. C　44. C
45. B　46. A　47. A　48. C　49. A　50. D　51. A　52. B　53. B　54. A　55. D
56. B　57. C　58. C　59. B　60. A　61. C　62. B　63. C　64. A　65. D　66. A
67. D　68. A　69. A　70. C　71. D　72. C　73. A　74. A　75. D　76. C　77. C
78. A　79. A　80. B　81. B　82. D　83. C　84. C　85. B　86. B　87. C　88. C
89. D　90. A　91. B　92. C　93. D　94. A　95. D　96. D　97. C　98. C　99. A
100. B　101. A　102. C　103. B　104. D　105. D　106. B　107. D　108. A　109. C　110. C
111. A　112. C　113. C　114. B　115. C　116. C　117. B　118. C　119. A　120. B　121. C
122. C　123. A　124. A　125. B　126. B　127. A　128. D　129. C　130. B　131. C　132. C
133. C　134. C　135. B　136. C　137. A　138. D　139. B　140. D　141. D　142. A　143. B
144. D　145. B　146. B　147. B　148. C　149. B　150. C　151. C　152. C　153. D　154. C
155. D　156. C　157. B　158. B　159. D　160. B　161. C　162. C　163. C　164. C　165. D
166. D　167. ABC　168. ABCD 169. ABC　170. ABCD 171. ABC　172. ACD　173. ABD　174. B
175. ABCD 176. ABD　177. ABCE 178. ABD　179. ABDF 180. ABEF 181. ACEF 182. BD　183. EG
184. CF　185. ACF　186. CD

附录一 一级笔试模拟试题

第 一 套

一、单项选择题

1. 计算机系统是指（　　　）。
   A. 主机和外部设备
   B. 主机、显示器、键盘、鼠标
   C. 运控器、存储器、外部设备
   D. 硬件系统和软件系统

2. 目前，人们通常所说的 Cache 是指（　　　）。
   A. 动态随机存储器 DRAM
   B. 只读存储 ROM
   C. 动态 RAM 和静态 RAM
   D. 高速缓冲随机存储器

3. 十进制数 12 转换为等价的二进制数的结果为（　　　）。
   A. 1001
   B. 1011
   C. 1100
   D. 1101

4. 某单位的财务管理软件是一种（　　　）。
   A. 系统软件
   B. 应用软件
   C. 工具软件
   D. 编辑软件

5. 计算机存储器单位 Byte 称为（　　　）。
   A. 位
   B. 字节
   C. 机器字
   D. 字长

6. I/O 接口位于（　　　）。
   A. 总线和 I/O 设备之间
   B. CPU 和 I/O 设备之间
   C. 主机和总线之间
   D. CPU 和主存储器之间

7. Visual Basic 是一种（　　　）的程序设计语言。
   A. 面向机器
   B. 面向过程
   C. 面向问题
   D. 面向对象

8. 计算机的内存储器是由许多存储单元组成的，为使计算机能识别和访问这些单元，给每个单元一个编号，这些编号称为（　　　）。
   A. 名称
   B. 位置
   C. 地址
   D. 编码

9. 计算机中存储和表示信息的基本单位是（　　　）。
   A. 位
   B. 字节
   C. 机器字
   D. 扇区

10. 在计算机网络中，表征数据传输可靠性的指标是（　　　）。
    A. 传输率
    B. 误码率
    C. 失真率
    D. 频带利用率

11. 下面属于操作系统软件的是（　　　）。
    A. Windows
    B. Office
    C. Internet Explorer
    D. PhotoShop

12. 计算机网络设备中的 Hub 是指（　　　）。
    A. 集线器
    B. 网关
    C. 路由器
    D. 网桥

13. 在 Windows 系统及其应用程序中，若某菜单中有淡字项，则表示该功能（　　　）。
    A. 不能在本计算机上使用
    B. 用户当前不能使用
    C. 会弹出下一级菜单
    D. 管理员才能使用

225

14. 以下用（　　）作为扩展名的文件被称为文本文件。

    A. EXE　　　　　　　B. COM　　　　　　　C. TXT　　　　　　　D. DOC

15. 在 Word 中，要从录入汉字切换到录入英文，通常应按（　）键。

    A. Ctrl+Shift　　　　B. Ctrl+空格　　　　　C. Shift+空格　　　　　D. Alt+空格

16. 选定 Word 中文档的一个段落应该是（　　）。

    A. 选定段落中的全部文本　　　　　　　B. 选定段落标记

    C. 将插入点移到段落中　　　　　　　　C. 选定包括段落标记在内的整个段落

17. 在 Excel 中默认情况下，单元格地址使用的是（　　　）。

    A. 相对引用　　　　B. 绝对引用　　　　　C. 混合应用　　　　　D. RC 引用

18. 在 Excel 系统中编辑统计学生成绩表时，如对 ≥ 90 的高分数据要使用醒目的字符显示，通常可以方便地使用（　　）命令进行设置。

    A. 数据筛选　　　　B. 数据排序　　　　　C. 条件格式　　　　　D. 查找命令

19. 在演示文稿放映过程中，可随时按（　　　）键中止放映。

    A. Enter　　　　　　B. Esc　　　　　　　C. Pause　　　　　　　D. Ctrl

20. 数据库中表的一列可以称为（　　）。

    A. 一条记录　　　　B. 一个字段　　　　　C. 一个元组　　　　　D. 一个关系

二、多项选择题

1. 下列叙述中，正确的有（　　　）。

    A. 内存容量是指微型计算机硬盘所能容纳信息的字节数

    B. 微处理器最主要的性能指标是字长和主频

    C. 微型计算机应避免强磁场的干扰

    D. 微型计算机机房湿度不宜过大

    E. 用 MIPS 为单位来衡量计算机的性能，它指的是传输速率

2. 微型计算机中，运算器的主要功能是（　　　）。

    A. 逻辑运算　　　　　B. 算术运算　　　　　C. 暂存运算结果

    D. 按主频指标规定发出时钟脉冲　　　　E. 保存指令信息供系统各部件使用

3. 关于 ASCII 码，以下表述正确的有（　　　）。

    A. 是一种英文字符编码　　　　　　　　B. 其基本集包括 128 个字符

    C. 是美国标准信息交换码的简称　　　　D. 每个字符用一个机器字表示

    E. 它是把字符转换成二进制串来处理的编码

4. 与低级程序设计语言相比，用高级语言编写程序的主要优点是（　　　）。

    A. 通用性强　　　　　B. 交流方便　　　　　C. 执行效率高

    D. 学习、理解容易　　E. 可以直接执行

5. Windows 对硬盘文件夹及文件属性的修改可以（　　　）。

    A. 修改为只读　　　　B. 修改为隐藏　　　　C. 修改为既只读又隐藏

    D. 多个文件成批修改　　E. 文件夹及文件同时修改

6. 数据库中常见的数据结构模型包括（　　　）。

    A. 概念模型　　　　　B. 关系模型　　　　　C. 网状模型

    D. 层次模型　　　　　E. 实体模型

7. 程序设计中，程序控制结构主要有（　　　）。

    A. 叠代结构　　　　　B. 递归结构　　　　　C. 顺序结构

    D. 选择（分支）结构　E. 循环结构

8. 计算机操作系统的功能是（　　　）。

A. 把源程序代码转换成目标代码　　　　　　B. 实现用户与计算机之间的接口

C. 实现硬件与软件之间的接口　　　　　　　D. 控制计算机资源及程序

E. 管理计算机资源及程序

9. 下面合法的 Windows 文件夹名是（　　　）。

A. X+Y　　　　　B. X−Y　　　　　C. X＊Y　　　　　D. X÷Y　　　　　E. X＝Y

10. 下列哪几个 Excel 公式使用了单元格的混合地址引用（　　　）。

A. ＝A $10+A12　　　　B. ＝$G $98+H65　　　　C. ＝$T23+ $I $34

D. ＝F23+G $34　　　　E. ＝B11＊C10

三、判断分析题

（　　）1. CAD/CAM 是计算机辅助设计/计算机辅助制造的缩写。

（　　）2. 计算机用于机器人的研究属于人工智能的应用。

（　　）3. 计算机软件是指所使用的各种程序的集合，不包括有关的数据和文档资料。

（　　）4. 计算机的 CPU 能直接读写内存、硬盘和光盘中的信息。

（　　）5. 计算机中一个字节是 16 个二进制位。

（　　）6. 十进制小数转换为二进制小数可用乘 2 取整的方法。

（　　）7. 显示器的分辨率越高，显示的图像越清晰，要求的扫描频率也越快。

（　　）8. 一台计算机上只能安装一种操作系统。

（　　）9. 在 Windows 系统中，如果删除了 U 盘上的文件，该文件被送入"回收站"，并可以恢复。

（　　）10. Windows 中，剪贴板使用的是内存的一部分空间。

（　　）11. Word 具有分栏功能，在进行分栏操作时，各栏的宽度必须设为相同。

（　　）12. 在 Excel 中，公式相对引用的单元格地址，在进行公式复制时会自动发生改变。

（　　）13. 在 PowerPoint 中，必须给每张幻灯片赋予一个文件名才能保存。

（　　）14. 多媒体技术中的关键技术之一是数据的压缩与解压缩，其目的是为了提高存储和传输的效率。

（　　）15. WWW（万维网）是一种浏览器。

（　　）16. 用户在连接网络时，使用 IP 地址与域名地址的效果是一样的。

（　　）17. 用户向对方发送电子邮件时，是直接发送到接收者的计算机中进行存储的。

（　　）18. 知识产权是指人类通过创造性的智力劳动而获得的一项智力性的财产权。

（　　）19. 计算机病毒可以通过电子邮件传播。

（　　）20. 目前，在技术上只能用计算机软件来防治计算机病毒。

四、填空题

1. 未来计算机将朝着微型化、巨型化、（　　　）、智能化方向发展。

2. 计算机应用软件中，文件操作进行的"打开"功能实际上是将文件从辅助存储器中取出，传送到（　　　）的过程。

3. 一个 32×32 点阵的汉字字模需要（　　　）个字节来存储。

4. 国标码汉字机内码是用两个字节表示，每个字节的最高位恒定为（　　　）。

5. Windows 支持 USB 接口技术。USB 的中文含义是（　　　）。

6. 在 Word 中，要插入一些特殊符号可以使用"插入"菜单下的（　　　）命令。

7. 在 Excel 的公式"＝AVERAGE（C5：D8）"计算中，该公式所求单元格平均值的单元格个数是（　　　）个。

8. 通过 IE 进行网页访问，这种访问方式采用的是浏览器/（　　　）模式。

9. 网络按其分布的地理范围可分为 LAN、WAN、MAN。Internet 属于（　　　）。

10. 为网络信息交换而制定的规则称之为（　　　）。

第 二 套

一、单项选择题

1. 一个网站的起始网页一般被称为（　　　）。
   A. 文档　　　　　　B. 网址　　　　　　C. 网站　　　　　　D. 主页

2. 不属于信息技术范畴的是（　　　）。
   A. 计算机技术　　　B. 网络技术　　　　C. 纳米技术　　　　D. 通信技术

3. 用户 A 通过计算机网络将同意签订合同的消息传给用户 B，为了防止用户 A 否认发送过的消息，应该在计算机网络中使用（　　　）。
   A. 消息认证　　　　B. 身份认证　　　　C. 数字签名　　　　D. 以上都不对

4. 在下一代互联网中，Ipv6 地址是由（　　　）位二进制数组成。
   A. 32　　　　　　　B. 64　　　　　　　C. 128　　　　　　　D. 256

5. 网络设备中的路由器是工作在（　　　）协议层。
   A. 物理　　　　　　B. 网络　　　　　　C. 传输　　　　　　D. 应用

6. 计算机的运算器主要功能是（　　　）。
   A. 算术运算　　　　B. 逻辑运算　　　　C. 算术运算和逻辑运算　　　D. 函数运算

7. 在计算机、手机中安装的视频播放软件（如暴风影音、迅雷看看等）是一种（　　　）。
   A. 系统软件　　　　B. 转译软件　　　　C. 编译软件　　　　D. 应用软件

8. 按计算机应用的分类，办公自动化属于（　　　）。
   A. 科学计算　　　　B. 实时控制　　　　C. 数据处理　　　　D. 辅助设计

9. 最能准确反映计算机主要功能的是（　　　）。
   A. 计算机是一种信息处理机　　　　　　B. 计算机可以存储大量信息
   C. 计算机可以代替人的脑力劳动　　　　D. 计算机可以实现高速度的运算

10. Windows 中使用"磁盘清理"的主要作用是为了（　　　）。
    A. 修复损坏的磁盘　　　　　　　　　　B. 删除无用文件，扩大磁盘可用空间
    C. 提高文件访问速度　　　　　　　　　D. 删除病毒文件

11. 计算机的内存储器由许多存储单元组成，为使计算机能够识别和访问这些单元，给每个单元一个编号，这些编号称为（　　　）。
    A. 地址　　　　　　B. 数据　　　　　　C. 记录　　　　　　D. 名称

12. 在数据库系统中，最核心的是（　　　）。
    A. 数据模型　　　　　　　　　　　　　B. 数据库（DB）
    C. 数据库管理人员（DBA）　　　　　　D. 数据库管理系统（DBMS）

13. 计算机网络最突出的优点是（　　　）。
    A. 运算速度快　　　B. 精度高　　　　　C. 共享资源　　　　D. 内存容量大

14. 目前没有用在智能手机上的操作系统是（　　　）。
    A. Symbian（塞班）　B. Android（安卓）　C. IOS　　　　　　D. Windows 7

15. 域名是 Internet 服务提供商（ISP）的计算机名，域名中的后缀 .com 表示机构所属类型为（　　　）。
    A. 军事机构　　　　B. 政府机构　　　　C. 教育机构　　　　D. 商业公司

16. 电子邮件客户端软件设置发送邮件服务器的协议是（　　　）。
    A. SMTP　　　　　　B. FTP　　　　　　C. HTTP　　　　　　D. POP3

17. 操作系统五大管理功能中的（　　　）功能是直接面向用户的，是操作系统的最外层。

A. 处理器管理　　　　B. 设备管理　　　　C. 作业管理　　　　D. 存储管理

18. 扩展名为 .EXE 的文件为（　　　）。

A. 命令解释文件　　　B. 可执行文件　　　C. 目标代码文件　　　D. 系统配置文件

19. 在 Windows 系统的资源管理器中不能完成的是（　　　）。

A. 文字处理　　　　　B. 文件操作　　　　C. 文件夹操作　　　　D. 格式化磁盘

20. 下列软件中用户间不能利用网络进行实时交流的是（　　　）。

A. QQ　　　　　　　B. 微博　　　　　　C. 微信　　　　　　　D. WinRAR

二、多项选择题

1. 计算机的特点是（　　　）。

A. 运算速度快　　　B. 存储功能强　　　C. 计算精度高　　　D. 自动连续处理信息

2. 计算机中，存储容量的大小单位有（　　　）。

A. Byte　　　　　B. KB　　　　　　C. MB　　　　　　D. GB　　　　　　E. TB

3. 字处理软件 Word 具备（　　　）功能。

A. 文字排版　　　B. 段落排版　　　C. 图文混排　　　D. 表格处理　　　E. 打印并预览

4. 数据库中常见的数据模型有（　　　）。

A. 层次模型　　　B. 概念模型　　　C. 网状模型　　　D. 关系模型　　　E. 星形模型

5. （　　　）是流媒体格式文件。

A. AVI　　　　　B. MPG　　　　　C. RM　　　　　D. RMVB　　　　E. ASF

三、判断分析题

（　　　）1. 机器人属于计算机学科中人工智能的研究领域。

（　　　）2. 数据安全的最好方法是随时备份数据。

（　　　）3. 多媒体数据在计算机中是以十进制表示和存储的。

（　　　）4. 计算机软件是指所使用的数据、程序和文档资料的集合。

（　　　）5. 在关系数据模型中，交换任意两行的位置将影响数据的实际含义。

（　　　）6. 在一个局域网内，连接网络的常见设备是交换机和集线器。

（　　　）7. 计算机的 IP 地址分配分为静态地址和动态地址。

（　　　）8. 计算机能直接识别的语言是汇编语言。

（　　　）9. 国标码 GB2312-80 中收录的一级汉字有 3755 个，按照 16×16 点阵存放这些汉字，所占的存储空间理论上为 16×16×3755/8/1024KB。

（　　　）10. Wi-Fi（wireless fidelity）技术可以将个人电脑、手持设备（如 PDA、手机）等终端以无线方式互相连接。

（　　　）11. RAM 中存储的数据只能读取，无法将数据写入其中。

（　　　）12. 中央处理器（CPU）是由控制器、外围设备和存储器组成的。

（　　　）13. 用户向对方发送电子邮件时，是直接发送到接收者的计算机中进行存储的。

（　　　）14. 多媒体压缩技术、人机交互技术和分布式处理技术的出现促进了多媒体系统的产生和发展。

（　　　）15. 网络系统中"防火墙"的作用是保护内网的信息安全。

四、填空题

1. 通过有线传输的介质主要有同轴电缆、（　　　）和光纤等。

2. 二进制的 10011 等于十进制的（　　　）。

3. 计算机中的字符，一般采用 ASCII 码编码方案。若已知大写字母"I"的 ASCII 码值为 49H，则可以推算出"J"的 ASCII 码值为（　　　）H。

4. 目前使用的 Internet 中，TCP/IP 共有（　　　）层协议。

5. 计算机的工作原理是基于美籍匈牙利科学家冯·诺依曼提出的（　　　）原理。

6. 在关系数据库中，表的一行称为一条（　　　）。

7. 在计算机上外接 U 盘或移动硬盘，通常是插入（　　　）接口。

8. 计算机网络分为通信子网和（　　　）。

9. 计算机网络从地理范围上可分为局域网、城域网和（　　　）三类。

10. 回收站是本地（　　　）中的一块存储区域，用户可自行修改其大小。

第 三 套

一、填空题

1. 世界上公认的第一台电子计算机于（　　　）年在美国诞生，它所使用的逻辑元件为（　　　）。

2. 第四代计算机使用（　　　）电路作为主存储器。

3. 计算机主要应用于数值计算、（　　　）、数据处理、（　　　）和人工智能等方面。

4. 完整的微机系统包括（　　　）和（　　　）系统。

5. 微机软件系统包括（　　　）和（　　　）软件，操作系统是一种（　　　）程序，其作用是（　　　）。

6. 微机的内存储器比外存储器存取速度（　　　），内存储器可与微处理器（　　　）交换信息，内存储器根据工作方式的不同又可分为（　　　）和（　　　）。

7. 计算机的存储容量一般是以 KB 为单位，这里的 1KB=（　　　）个字节，若为 640KB 的内存容量则为（　　　）字节。

8. 在 PowerPoint 的幻灯片中，按钮 品 是（　　　）。

9. 在 PowerPoint 的幻灯片中，按钮 🖱 是（　　　）。

10. 打印机主要有三类分别是：针式打印机、（　　　）和激光打印机。

11. 批处理文件通用的扩展名为（　　　）。

12. 能把文字、数字、图形、声音、图像和动态视频信息集为一体处理的计算机称为（　　　）计算机。

13. 鼠标是一种比传统键盘的光标移动更加方便、更加准确的（　　　）设备。

14. 计算机网络按距离的远近一般分为（　　　）和（　　　）网。

15. Internet 的中文名是（　　　）。

16. 电子邮件的英文缩写是（　　　）。

17. DOS 规定，通配符"＊"可以表示（　　　）个任意字符，"?"表示（　　　）个任意字符。

18. （　　　）设备既可作为输入设备，又可作为输出设备。

19. Windows 中鼠标一般可以完成双击、单击和（　　　）操作。

20. 在中文 Windows 中，每个文件名允许最长不超过（　　　）个字符，Windows XP 系统中使用最多的对象是（　　　）。

21. Windows 系统中（　　　）与 DOS 中目录的概念一致。

22. 快捷方式图标的特点是（　　　）。

23. 打开一个窗口并使其最小化，在（　　　）处会出现代表该窗口的按钮。

24. "我的电脑"和"资源管理器"都能对文件及文件夹进行管理，其中（　　　）提供了浏览文件系统的最好方法。

25. "开始"菜单中的"文档"的下一级菜单列出了用户最近使用的（　　　）个文件。

26. "我的电脑"窗口中的"查看"菜单下提供了"大图标"、（　　　）和"详细资料"四种查看方式。

27. 在 Windows XP 系统中，"开始"菜单中包括：程序、文档、（　　　）、搜索、帮助和支持、运行、

（　　）等七项菜单项。

28. 使用鼠标移动窗口时，鼠标应放在窗口的（　　）上。

29. 资源管理器中选中连续的多个文件，在使用鼠标的同时要按（　　）键。

30. 资源管理器中选中不连续的多个文件，在使用鼠标的同时要按（　　）键。

31. 资源管理器中，删除选中的文件，可按（　　）键。

32. （　　）和（　　）操作可将选中的内容放入 Windows 剪贴板上。

33. Word 所生成文件的扩展名为（　　）。

34. Word 可以设置标题及其升降级别的视图方式为（　　）。

35. Word 宋体 4 号字比宋体 2 号字（　　）。

36. Word 若打印第 4 至 10 页，第 12，14 页，打印范围的写法为（　　）。

37. 屏幕保护是指在约定的时间内无（　　）或无（　　）动作时，系统将运行指定的程序。

38. 所谓"选中"是用鼠标（　　）要操作的图标、菜单命令等对象。

39. 在 Windows 的资源管理器中，文件夹左侧的"+"按钮，表示在该文件夹下还包括有（　　）。

40. Word 的特点是图文并茂，所见即（　　），但只能在（　　）视图下才能看见用户添加的页眉页脚、脚注等。

41. 在 Word 工作窗口的水平滚动条的（　　）端，有多种视图的切换按钮。

42. 在 Word 中，更改文档的字颜色应执行"格式"菜单中的（　　）命令。

43. Excel 工作簿文件扩展名为。

44. Excel 编辑窗口主要由标题栏、菜单栏、工具栏、（　　）、（　　）、滚动条和表格等组成。

45. Excel 工具栏包括"常用"工具栏、"格式"工具栏、（　　）工具栏、（　　）工具栏和（　　）工具栏等。

46. 在 Excel 默认情况下，一个工作簿包含（　　）张工作表。

47. 在 Excel 工作表中，只有（　　）个活动单元格。

48. Excel 提供的填充序列类型有：等差序列、（　　）序列、日期序列、（　　）填充序列。

49. 在 Excel 中，输入公式必须以（　　）开始。

50. 若单元格 A2 的内容是"李红"，B2 的内容是 200，在 C2 中输入公式：=A2&"津贴："&B2，则在 C2 单元格中显示（　　）。

51. 公式：=SUM（E2：F4）是对（　　）单元格求和。

52. 公式：=SUM（B1，C1：C3）是对（　　）单元格求和。

53. 使用 Excel 的（　　）可以很方便地绘制出表格的各种数据图表。

54. 演示文稿 PowerPoint 文件的扩展名为（　　）。

55. PowerPoint 提供了幻灯片视图、大纲视图、备注页视图和（　　）、（　　）五种视图。

56. 在 Excel 中，对某报表数据进行求和，既可在单元格直接输入公式，也可用工具栏中的按钮。

57. 在 Excel 中，按钮 是（　　）。

58. 在 Excel 中，按钮 是（　　）。

59. 在 Excel 中的单元格都采用网格线进行分隔，这些网格线是（　　）打印出来的。

60. 在 Excel 中可绘制不同的图表，使抽象的数据形象化，图表定好后既可选择将图表（　　）工作表，也可选择将图表设为（　　）工作表另外单独存放。

61. 在 PowerPoint 的幻灯片中，每一个对象将对应一个（　　）符。

62. 在 PowerPoint 的幻灯片中，录入文本内容的方法与 Word（　　）。

63. 在对 PowerPoint 的幻灯片设置背景中，单击"应用"按钮使该背景效果作用于正编辑的幻灯片，而"全部应用"是作用于（　　）

64. 选取多张幻灯片，按住(＿＿＿)键不放，依次单击各张幻灯片。

65. 在 PowerPoint 的幻灯片中，按钮 🖳 是 (　　　)。

二、选择题

1. "裸机"是指 (　　　)。

　　A. 没有外包装的计算机　　　　　　　　B. 没有硬盘的计算机

　　C. 没有外部设备的计算机　　　　　　　D. 没有软件系统的计算机

2. 内部存储器中的 RAM 具有 (　　　)。

　　A. 不可读可写　　　　　　　　　　　　B. 断电信息不丢失

　　C. 只读为可写　　　　　　　　　　　　D. 断电信息丢失

3. 计算机的硬盘和软盘都属于 (　　　)。

　　A. 外存　　　　　B. 内存　　　　　C. 外设　　　　　D. 主机的一部分

4. 在下列设备中，（1）不能作为输出设备，（2）不能作为输入设备。

　　(1) A. 打印机　　　　B. 显示器　　　　C. 绘图仪　　　　D. 键盘

　　(2) A. 显示器　　　　B. 鼠标器　　　　C. 键盘　　　　　D. 扫描仪

5. (　　　) 不是系统软件。

　　A. DOS　　　　B. Microsoft　Office　　　C. Windows　　　　D. UNIX

6. 下列 (　　　) 不属于杀毒软件。

　　A. KV300　　　　B. VB　　　　C. KILL　　　　D. KVW3000

7. Internet 的主通信协议是 (　　　)。

　　A. X. 25　　　　B. X. 400　　　　C. IPX　　　　D. TCP/IP

8. 十进制数 23 对应二进制数是 (　　　)。

　　A. 11011　　　　B. 10111　　　　C. 1100　　　　D. 1011

9. 在 Excel 中一个单元格最多可以输入 (　　　) 个数字或字符。

　　A. 16　　　　B. 25　　　　C. 255　　　　D. 以上都不对

10. 首次进入 Excel，打开的第一个工作簿的名字默认为 (　　　)。

　　A. 文档1　　　　B. BOOK1　　　　C. SHEET1　　　　D. 未命名

11. 在 PowerPoint 的幻灯片中，按钮 🖳 为 (　　　)。

　　A. 新建幻灯片　　　　B. 备注页视图　　　　C. 幻灯片视图

12. 在 PowerPoint 的幻灯片中，按钮 🖳 为 (　　　)。

　　A. 幻灯片版面设计　　　　B. 应用设计模板　　　　C. 新幻灯

13. 在 PowerPoint 的幻灯片中，按钮 🅂 为 (　　　)。

　　A. 阴影　　　　B. 浮凸　　　　C. 底纹

14. 二进制数 1110011 转换为十六进制数是 (　　　)。

　　A. 6B　　　　B. A7　　　　C. 73　　　　D. B8

15. 在 Excel 中，要在一个单元格中输入数据，这个单元格必须是 (　　　)。

　　A. 空的　　　　B. 必须定义为数据类型

　　C. 当前单元格　　D. 行首单元格

16. 西文字符在计算机内部是采用 (　　　) 位二进制数，而汉字是采用 (　　　) 位二进制数。

　　A. 8　　　　B. 6　　　　C. 16　　　　D. 32

17. 汇编语言和机器语言同属于 (　　　)。

　　A. 高级语言　　　　B. 低级语言　　　　C. 编辑语言　　　　D. 二进制代码

18. DOS 操作系统的目录结构是 (　　　)。

A. 层次   B. 网络   C. 树形   D. 拓扑

19. 随机存取存储器的英文缩写为（   ）。

     A. PROM   B. ROM   C. EPROM   D. RAM

20. 在计算机有关文献中，经常可以看到 CAI 字样，这里的 CAI 是（   ）的英文缩写。

     A. 计算机辅助教学   B. 计算机辅助设计

     C. 计算机辅助制造   D. 计算机辅助测试

21. ASCII 码的中文名称是（   ）。

     A. 二进制编码   B. 二—十进制编码

     C. 美国标准信息交换码   D. 拼音输入码

22. 有关计算机病毒的传播途径，不正确的说法是（   ）。

     A. 共用磁盘   B. 软盘复制   C. 借用他人的软盘   D. 放在一起的软盘

23. 在 Word 2003 中，按（   ）键与工具栏上的复制按钮功能相同。

     A. Ctrl+C   B. Ctrl+V   C. Ctrl+A   D. Ctrl+S

24. 更改行间距应执行"格式"菜单中的（   ）命令。

     A. 段落   B. 字体   C. 边框与底纹   D. 样式

25. 将文档进行打印时，输入"3，7-9，13"，即表示（   ）。

     A. 打印第 3-13 页   B. 打印第 3，7，8，9，10，11，12，13 页

     C. 打印第 3，7，8，9，13 页   D. 打印除"3，7-9，13"页外的页

26. 在 Windows XP 中，运行桌面上的快捷方式，可采用（   ）。

     A. 双击相应图标   B. 打开相应的图标

     C. 选择相应程序图标   D. 单击相应图标

27. 工具栏上的按钮 **B** *I* U 的作用分别是（   ）。

     A. 斜体、粗体，下划线   B. 下划线、斜体、粗体

     C. 粗体、斜体、下划线   D. 下划线、粗体、斜体

28. 在 Word 中，可以利用（   ）很直观地改变段落的缩进方式、调整左右边界和改变表格的列宽。

     A. 菜单栏   B. 工具栏   C. 标题栏   D. 标尺

29. 在 Windows XP 中，应用程序之间的信息传递经常通过（   ）完成。

     A. 屏幕   B. 剪贴板   C. 键盘   D. 磁盘

30. 在 Word 中，设置页眉页脚常用的操作方法是（   ）。

     A. 单击"格式/页眉页脚"命令   B. 单击"视图/页眉页脚"命令

     C. 单击"编辑/页眉页脚"命令   D. 文本窗口中单击右键

31. 下拉菜单中的选项后边有省略号<…>表示（   ）。

     A. 该项被选后将出现三次句号框   B. 操作时应按三次后边的英文提示

     C. 该项被选后将出现对话框   D. 选该项后将出现级联菜单

32. 在 Word 中，进行英文及各种中文输入法切换的组合键应是（   ）。

     A. Ctrl+空格   B. Ctrl+Shift   C. 右 Ctrl+空格   D. 右 Ctrl+右 Shift

33. 恢复一个最小化窗口的操作是：用左键单击（   ）上该窗口的按钮。

     A. 桌面   B. 任务栏   C. 文件夹   D. "开始"菜单

34. Windows XP 是（   ）操作系统。

     A. 单用户单任务   B. 单用户多任务   C. 多用户多任务   D. 磁盘

35. 在 Word 页面视图下分成三栏的文本版式，在普通视图中见到的是（   ）栏。

     A. 3   B. 2   C. 1   D. 不定

36. 分节排版是将 Word 的文档分节，使文档在不同的节中有不同的（   ）。

A. 页面设置　　　　　　　B. 字体　　　　　　　C. 色彩　　　　　　　D. 视图

37. 在 Word 中会出现 "另存为" 对话框是（　　　）。

A. 新建文档第一次保存　　　　　　　　B. 打开已有文档修改的保存

C. 先取名后再输入内容时　　　　　　　D. 将 Word 文档改名

38. 在 Excel 中，连续选择单元格只要按住（　　　）键同时选择各单元格；间断选择单元格只要按住（　　　）键同时选择各单元格。

A. Ctrl　　　　　　　　B. Shift　　　　　　　C. Alt

39. Excel 中的工作簿文件扩展名为（　　　）。

A．. XLC　　　　　　　B．. XLM　　　　　　　C．. XLS　　　　　　　D．. XLT

40. 在 Excel 中在单元格中输入 4/5，则 Excel 认为是（　　　）。

A. 分数　　　　　　　　B. 日期　　　　　　　C. 小数　　　　　　　D. 表达式

41. 在 Excel 中填充柄位于（　　　）。

A. 菜单栏里　　　　　　　　　　　　　B. 工具栏里

C. 当前单元格的右下角　　　　　　　　D. 状态栏中

42. 在 Excel 中，选择 "格式" 工具栏里的千位分隔符后，2000 将显示为（　　　）。

A. 2,000　　　　　　　B. 2000　　　　　　　C. ￥2,000　　　　　　D. 2,000.00

43. 在 Excel 中，单元格中（　　　）。

A. 只能包含数字　　　　　　　　　　　B. 可以是数字、字符、公式

C. 只能包含文字　　　　　　　　　　　D. 以上都不是

44. 在 Excel 中，工作表的标签在屏幕的（　　　），活动工作表（　　　）。

A. 上方　　　　　　　　B. 下方　　　　　　　C. 只能一个　　　　　　D. 可以多于一个

45. 在 Excel 工作表单元格中文字自动（　　　）对齐；数字自动（　　　）对齐。

A. 右　　　　　　　　　B. 中间　　　　　　　C. 左　　　　　　　　D. 两边

46. 在 Excel 中，单元格 B32 的意义是（　　　）。

A. B 行与 32 列相交的那一格　　　　　B. 32 行与 B 列相交的那一格

C. 第 B32 个单元格　　　　　　　　　D. 以上都不是

三、判断题

（　　　）1. 使用鼠标改变窗口大小时，鼠标应放置在窗口的标题栏上。

（　　　）2. 在 Word 2003 中，利用查找功能打开文档，可用问号 "?" 代表任意数量的字符，或用星号代表某个字符。

（　　　）3. 删除快捷方式图标，则相应的应用程序也被从磁盘上删除。

（　　　）4. Windows XP 系统，文件名中允许包含空格。

（　　　）5. 窗口关闭后，以图标按钮的形式保存在 "任务栏" 中。

（　　　）6. Windows XP 可同时打开多个窗口，可以把一个文件同时在多个窗口进行编辑。

（　　　）7. 插入的分页符不可以删除。

（　　　）8. 不能用 "页眉和页脚" 命令插入页码。

（　　　）9. 改变文本的字体、段落等，可以通过鼠标右键打开的快捷菜单来完成。

（　　　）10. 双击 "常用" 工具栏上的 "格式刷" 图标，可以对文本块的格式进行多次复制。

（　　　）11. 一个 Excel 文档就是一个工作表。

（　　　）12. 在 Excel 中输入分数 $\frac{2}{5}$，只需输入 2/5 即可。

（　　　）13. 启动 Excel 后显示一个空的工作簿。

（　　　）14. 输入到单元格里的数值数据通常是向右对齐的。

（　）15. 当一列的列宽被设置为 0，就再也无法恢复，其中的内容将丢失。

（　）16. 每个工作窗口所能有的工作表个数不超过 255 个。

（　）17. 公式"＝SUM（D4：D7）"和公式"＝SUM（D4，D7）"其返回值是一样的。

（　）18. 在 Excel 中，可同时在多个单元格中输入相同的数据。

（　）19. 在 PowerPoint 的幻灯片中，可插入 Excel 数据图表。

（　）20. PowerPoint 可将文字、图形、声音等多媒体综合运用，但不能将原有 Word 文档插入幻灯片中。

第 四 套

一、单项选择题

1. 二进制数 1010001 转换成十进制数是（　　）。

　A. 93　　　　　　　　B. 65　　　　　　　　C. 81　　　　　　　　D. 83

2. 微型计算机中运算器、控制器和内存储器总称为（　　）。

　A. MPU　　　　　　　B. CPU　　　　　　　C. 主机　　　　　　　D. ALU

3. 存储信息的最小单位字节（Byte）的表示为（　　）。

　A. 8 位二进制数　　　B. 4 位二进制数　　　C. 7 位二进制数　　　D. 1 位二进制数

4. DOS 和 Windows 操作系统中，文件的扩展名表示（　　）。

　A. 文件的版本　　　　B. 文件的大小　　　　C. 文件的属性　　　　D. 文件的类型

5. 高级语言编写的源程序要转换成计算机能直接执行的目标程序，必须经过（　　）。

　A. 汇编　　　　　　　B. 解释　　　　　　　C. 编辑　　　　　　　D. 编译

6. 在计算机运行中，突然断电下列（　　）中的信息将会失。

　A. ROM　　　　　　　B. RAM　　　　　　　C. CD-ROM　　　　　D. 磁盘

7. Windows 操作系统是（　　）。

　A. 单用户多任务系统　　　　　　　　　　B. 多用户多任务系统

　C. 单用户单任务系统　　　　　　　　　　D. 多用户单任务系统

8. 把软盘置为写保护状态后（　　）。

　A. 只能向其中写入信息　　　　　　　　　B. 只能读出其中的信息

　C. 可以读取其中的信息并写入信息　　　　D. 不能读取其中的信息

9. 在微机中，主机对磁盘的读写是以（　　）为单位的。

　A. 文件　　　　　　　B. 磁道　　　　　　　C. 扇区　　　　　　　D. 字节

10. Windows 资源管理器中，不能完成的任务是（　　）。

　A. 格式化磁盘　　　　B. 查找文件　　　　　C. 磁盘文件更名　　　D. 造字

11. 十进制 75 对应的二进制数是（　　）。

　A. 01001011　　　　　B. 00100111　　　　　C. 01100101　　　　　D. 00101011

12. 无论采用哪种外码输入汉字，存入到计算机内部一律转换成（　　）。

　A. 内码　　　　　　　B. 汉字库　　　　　　C. ASCII 码　　　　　D. 外码

13. 表处理软件 Excel 是在（　　）环境下运行的。

　A. DOS 环境　　　　　　　　　　　　　　B. 中文 Windows 环境

　C. WPS 环境　　　　　　　　　　　　　　D. FOXBASE 环境

14. 通常 1KB 是指（　　）。

　A. 1000 字节　　　　　　　　　　　　　　B. 1000 个二进制位

  C. 1024 字节　　　　　　　　　　　　　　　D. 1024 个二进制位

15. 某工厂使用计算机控制生产过程，这是计算机在（　　　）方面的应用。

  A. 科学计算　　　　　　B. 过程控制　　　　　　C. 信息处理　　　　　　D. 智能模拟

16. 计算机病毒感染的原因是（　　　）。

  A. 与外界交换信息时感染　　　　　　　　　　B. 因硬件损坏而被感染

  C. 在增添硬件设备时感染　　　　　　　　　　D. 因操作不当感染

17. 电子邮件地址 ZZZ@ PUB、CAT. CQ. CN 中 ZZZ 表示（　　　）。

  A. 用户名　　　　　　B. 主机名　　　　　　C. 单位名　　　　　　D. 用户类型

18. 电子邮件 E-mail 由邮件头和邮件体组成，下面不属于邮件头的内容是（　　　）。

  A. 发信人的 E-mail 地址　　　　　　　　　　B. 邮件发出的时间

  C. 收信人的 E-mail 地址　　　　　　　　　　D. 附件文件

19. 在下列文件名中，符合 DOS 定义的文件名是（　　　）。

  A. XF1. TXT　　　　　　B. F，*　　　　　　C. F1. BAT　　　　　　D. AB. 123

20. 在用区位码输入汉字时，存储在存储器中的是汉字的（　　　）。

  A. 区位码　　　　　　B. 拼音码　　　　　　C. 字型码　　　　　　D. （机）内码

21. DOS 操作系统是（　　　）。

  A. 单用户单任务系统　　　　　　　　　　　　B. 单用户多任务系统

  C. 多用户多任务系统　　　　　　　　　　　　D. 多用户单任务系统

22. 剪贴板中已复制进一幅图像，再复制进一段文字，则剪贴板中（　　　）。

  A. 图像在前文字在后　　　　　　　　　　　　B. 文字在前图像在后

  C. 只有图像　　　　　　　　　　　　　　　　D. 只有文字

23. Word 编辑状态下，当前输入的文字显示在（　　　）。

  A. 鼠标光标处　　　　　　B. 插入点　　　　　　C. 文件尾部　　　　　　D. 当前行尾部

24. 下面的哪种说法是正确的（　　　）。

  A. 程序在软盘上就可以运行　　　　　　　　　B. 任何程序都可以在 DOS 上直接运行

  C. 程序在硬盘上就可以运行　　　　　　　　　D. 任何程序必须进入内存才能运行

25. 在同等情况下，计算机执行（　　　）速度最快。

  A. 高级语言程序　　　　　　B. 机器语言程序　　　　　　C. 汇编语言程序　　　　　　D. 源程序

二、多项选择题

1. 编制计算机程序可以用（　　　）。

  A. 英语自然语言　　　　　　B. 汉语自然语言　　　　　　C. 高级语言　　　　　　D. 汇编语言

  E. 二进制机器码

2. 能够由用户进行读、写操作的存储设备有（　　　）。

  A. 硬盘　　　　　　B. CD-ROM　　　　　　C. ROM　　　　　　D. RAM　　　　　　E. 软盘

3. 当一个文档窗口被关闭后，该文档是（　　　）。

  A. 保存在外存中　　　B. 保存在剪贴板中　　　C. 保存在内存中　　　D. 不保存

  E. 既保存在外存也保存在内存中

4. Windows 中剪贴板可以保存（　　　）。

  A. 图片　　　　　　B. 文件　　　　　　C. 声音　　　　　　D. 动画　　　　　　E. 文字

5. 外存储器与内存储器相比具有的优点是（　　　）。

  A. 存取速度快　　　　　　B. 存储信息可长期保存　　　　　　C. 与内存储器相同

  D. 存储容量大　　　　　　E. 存储单位信息量的价格便宜

6. Internet 上使用广泛的服务是（　　　）。

A. 网上查询　　　　　B. 电子邮件　　　　C. 网上购物　　　D. 网上电话

E. 文件传输

7. CPU 不能直接访问的存储器有（　　）。

A. 软盘　　　　　B. 硬盘　　　　C. RAM　　　D. ROM　　　E. 光盘

8. 在 Word 中编辑一个文档时（　　）。

A. 文档不取文件名即可存盘　　　　　B. 每次修改后存盘必须重新取名

C. 存盘时才取名　　　D. 不必先给文档取名　　E. 必须先给文档取名

9. 计算机病毒是（　　）。

A. 电路故障　　　　　B. 磁盘霉变　　　　C. 机械故障　　　D. 破坏性程序

E. 由磁盘物理损伤引起

10. 微机中常见的输出设备有（　　）。

A. 显示器　　　　　B. 打印机　　　　C. 键盘　　　D. 扫描仪　　　E. 鼠标器

三、判断题

（　　）1. 启动 Excel 时，用户实际上打开了一个程序窗口和一个文档窗口。

（　　）2. 多媒体计算机是指能够处理文本、图形、图像和声音等信息的计算机。

（　　）3. 目前，通用计算机均指能够处理文本、图形、图像和声音等信息的计算机。

（　　）4. Windows 可以同时打开多个窗口。

（　　）5. 计算机冷启动时将进行开机自检（POST），热启动则不进行。

（　　）6. 中文信息处理的含义是汉字信息处理，包括汉字输入、编辑、排版、存储、打印和汉字信息的传输等。

（　　）7. Word 具有分栏功能，各栏的宽度可以不同。

（　　）8. Word 编辑软件的环境是 DOS。

（　　）9. 子目录的命名规则与文件的命名规则是一样的，子目录名也可带扩展名。

（　　）10. 存储器的基本单位是 Byte，1KB 等于 1000 Byte。

（　　）11. 任何新盘必须格式化后才能使用。

（　　）12. 计算机内部存储信息由数字 0 和 1 组成的。

（　　）13. 计算机系统是由中央处理器、存储器和输入输出设备组成。

（　　）14. Excel 是一种电子表格处理软件。

（　　）15. 一个 ASCII 字符占用一个字节，一个汉字至少需要 2 个字节。

（　　）16. Word 中图文框中可以同时放入图片和文字。

（　　）17. Word 中一个段落可设置为既是居中又是两端对齐。

（　　）18. 格式化磁盘将删除盘上原来所有的信息。

（　　）19. Windows 的"桌面"指的是某一个窗口。

（　　）20. 目录（文件夹）的命名规则与文件不同，目录（文件夹）名不能有扩展名。

（　　）21. 利用 Word 录入和编辑文档之前，必须首先指定所编辑的文档的文件名。

（　　）22. Word 文档存盘后自动退出 Word。

（　　）23. 编译方式就是指翻译一句执行一句。

（　　）24. 十进制数 1999 相当于十六进制数 7CF。

（　　）25. 计算机编程所用的高级语言是人类自然语言。

（　　）26. Windows 可以同时打开和激活多个 DOS 窗口。

（　　）27. 画图应用程序中定义必须从左上角到右下角。

（　　）28. 画图应用程序中块的复制必须通过剪贴板。

四、填空题

1. 每（　　）位二进制数可用 1 位十六进制数，32 位字长的二进制数可用（　　）位十六进制数表示。

2. 按存储器是否直接与 CPU 交换信息，可分为（　　）和（　　）两类。

3. 计算机病毒是一种人为（　　），它破坏（　　）和（　　）的运行，影响计算机正常使用。

4. Internet 网中计算机的地址编号（IP 地址）占用（　　）字节。用（　　）组十进制数字表示，每组数字取值范围是（　　），相邻两组数字之间用圆点分隔。

5. 计算机的指令由（　　）和（　　）组成，一台计算机可能执行的全部指令是该机的（　　）。

6. Word 是一种（　　）软件，需要（　　）在操作系统下执行。

7. 微机的主要性能指标是（　　），（　　），（　　）。

8. 计算机软件系统分为（　　）和（　　）两大类。

第 五 套

一、单项选择题

1. 计算机硬件的五大组成部分是（　　）。

   A. 输入设备、输出设备、内存、外存、控制器

   B. 存储器、控制器、定时器、输入/输出设备

   C. 输入设备、输出设备、存储器、控制器、运算器

   D. CPU、控制器、运算器、输入设备、输出设备

2. 计算机执行（　　）程序所用的时间最短（或者说是速度最快）。

   A. 机器语言　　　　B. 高级语言　　　　C. 汇编程序　　　　D. 机器语言和汇编语言

3. 从理论上讲，一张标记为 MF2-HD 的 3.5 英寸的软盘可以存储（　　）个汉字。

   A. 360×1024　　　B. 720×1024　　　C. 1200×1024　　　D. 1440×1024

4. 根据新的国际标准 ISO/IEC 10646.1（信息技术通用多八位编码字符集第一部分：体系结构与基本多文种平面）的规定，汉字与其他语言文字最终都将用（　　）字节进行编码。

   A. 2　　　　　　　B. 4　　　　　　　C. 6　　　　　　　D. 8

5. 各种中英文输入法之间的切换可用组合键（　　）实现。

   A. Ctrl+C　　　　B. Ctrl+Space　　　C. Ctrl+Shift　　　D. Ctrl+V

6. 在 Word 表格中，若当前已选定了某一行，此时按 Del 键将（　　）。

   A. 删除表格线但不删除内容　　　　　　B. 删除内容但不删除表格

   C. 删除选定的这一行　　　　　　　　　D. Del 键对表格不起作用

7. Windows 应用程序的菜单命令中，命令动词后面有"…"表示（　　）。

   A. X 键是热键　　　　　　　　　　　　B. Alt+X 是热键

   C. 执行此命令时会出现下一级菜单　　　D. 执行此命令时会出现对话框

8. 在 Windows XP 环境中，对于删除硬盘上文件的操作，下列说法中正确的是（　　）。

   A. 在 Windows XP 中被删除的文件被放到了回收站中

   B. 被删除的文件被物理地从盘上抹掉了

   C. 被删除的文件被从硬盘上移到了软盘上

   D. 被删除的文件是不可能被恢复的

9. 在 Windows 环境下，要在不同的应用程序及其窗口之间进行切换，应按组合键（　　）。

   A. Ctrl+Shift　　　B. Alt+Tab　　　　C. Ctrl+Tab　　　　D. Ctrl+Alt+Tab

10. 多媒体技术不具备的基本特征是（　　）。

A. 信息载体的多样性　　　　　　B. 信息处理技术的综合性

C. 多媒体信息编码的不一致性　　D. 信息的集成化和协同性

11. Internet 网上使用的 HTTP 协议是一种（　　）协议。

A. 邮政传输　　　B. 文件传输　　　C. 域名服务　　　D. 超文本传输

二、多项选择题

1. CPU 能直接访问的存储器有（　　）。

A. 软盘　　　B. 硬盘　　　C. RAM　　　D. ROM　　　E. 光盘

2. 平常所说的机器字长为 32 位，是指（　　）。

A. 在 CPU 中作为一个整体进行处理的二进制代码为 32 位

B. 机器能处理的最大数值为 2^{32}

C. 在 CPU 中作为一个整体处理的单位为 4 字节

D. 机器计算精度为 2^{-32}

E. 机器处理速度为 2^{32}

3. 冯·诺依曼"存储程序控制"原理为（　　）。

A. 采用二进制形式表示数据和指令

B. 将程序和所需数据事先存入内存

C. 计算机五大组成部分为输入与输出设备、控制器、CPU、运算器

D. 计算机工作时自动从内存取指令执行

E. 计算机五大组成部分是输入设备、输出设备、存储器、控制器和运算器

4. 操作系统的管理功能有（　　）。

A. 文件管理　　B. 存储器管理　　C. 处理器管理　　D. 设备管理　　E. 作业管理

5. 下列操作中可以退出中文 Word 的是（　　）。

A. 双击 Word 标题栏　　　　　B. 选择"文件/退出"命令

C. 按 Alt+F4 键　　D. 按 Ctrl+F4 键　　E. 双击文本编辑窗口

6. 操作系统分为（　　）。

A. 批处理系统　　B. 实时系统　　C. 控制系统　　D. DOS 系统　　E. 分时系统

7. 对于中文 Windows 的窗口，基本操作有（　　）。

A. 移动窗口　　B. 改变窗口大小　　C. 滚动窗口中的信息

D. 复制窗口　　E. 关闭窗口

8. 欲将磁盘上的文件调入相应的窗口中，可选择（　　）操作方式。

A. "粘贴（P）"　　B. "打开（O）…"　　C. "查看（V）"　　D. "从…粘贴（F）"

E. 在资源管理器（文件管理器）中双击该文件

9. 衡量一台计算机的系统性能高低的指标有（　　）。

A. CPU 的型号　　B. 内存容量　　C. 软件配置　　D. 外设配置　　E. 可靠性

10. 在（　　）时计算机易感染病毒。

A. 运行磁盘、光盘上的程序　　　　B. 硬件损坏

C. 增添硬件设备　　　　D. 操作不当　　　E. 上网浏览，接收电子邮件

11. 在 WWW 网络中，我们用（　　）标识要访问的网络中的计算机。

A. IP 地址　　B. 用户名字　　C. 统一资源定位器 URL

D. 用户账号　　E. 网卡上的地址

12. 汉字信息处理应该包括的功能有（　　）。

A. 文字录入　　B. 文字编辑与排版　　C. 打印输出

D. 汉字信息的存储　　E. 汉字信息的传输

13. 关于 Windows 环境中的剪贴板，下列说法正确的是（　　　）。

    A. 剪贴板是一部分软盘空间　　　　　　　B. 剪贴板是一部分硬盘空间

    C. 剪贴板是一部分内存空间　　　　　　　D. 剪贴板是各应用程序之间数据交换的工具

    E. 剪贴板只能存放最近一次粘贴上去的信息

14. 若需删除正在编辑的 Word 文档中的一段文本，可将光标定位于段首，然后（　　　）。

    A. 按若干次 Delete 键　　　　　　　　　B. 按若干次 Enter 键

    C. 按若干次 Insert 键　　　　　　　　　D. 按若干次 BackSpace 键（手键）

    E. 将该段文字选定为块，再按 Delete 键

三、判断题

（　　）1. ASCII 码是英文字母、数字和符号等具体的有形字符的编码。

（　　）2. Windows XP 和 Windows NT 是真正的 32 位操作系统。

（　　）3. 目录（文件夹）的命名规则与文件不同，目录（文件夹）名不能有扩展名。

（　　）4. 文件的路径名凡是以"＼"开始表示的都是绝对路径。

（　　）5. 在 Word 环境中，可以把同一个 Word 文档在多个窗口中打开。

（　　）6. Word 的"所见即所得"特性指的是屏幕上的排版效果就是打印时的实际输出效果。

（　　）7. 利用 Internet 中的电子邮件可以传输计算机系统中的任何信息。

（　　）8. Word 与 WPS 2000 都是在 Windows 平台上运行的文字处理软件。

四、填空题

1. 十进制数 135、75 转化成二进制数是（　　　）。

2. 我们经常用 MIPS 衡量计算机的运行速度，在此单位 MIPS 的含义是（　　　）。

3. 对于 16×16、24×24、32×32 以及 48×48 四种点阵字模，输出效果最好的是（　　　）。

4. 在 Word 的（　　　）视图方式中看到的排版效果，就是打印输出时的实际效果。

5. WWW 网络上的主页中的多媒体信息是用（　　　）语言描述的。

6. LAN 是（　　　）的英文缩写。

第　六　套

一、单项选择题

1. 下面的哪种说法是正确的（　　　）。

    A. 程序在软盘上就可以运行　　　　　　　B. 任何程序都可以在 DOS 上直接运行

    C. 程序在硬盘上就可以运行　　　　　　　D. 任何程序必须进入内存才能运行

2. 在同等情况下，计算机执行（　　　），速度最慢。

    A. 高级语言程序　　　B. 机器语言程序　　　C. 汇编语言程序　　　D. 源程序

3. 在计算机运行中，突然断电下列（　　　）中的信息将会丢失。

    A. ROM　　　　　　B. RAM　　　　　　C. CD-ROM　　　　　D. 磁盘

4. 对 IBM PC 微机进行热启动，应同时按下的 3 个键是（　　　）。

    A. Alt+Del+Esc　　B. Ctrl+Del+Esc　　C. Alt+Del+Ctrl　　D. Ctrl+Alt+Esc

5. 存储和传输信息的最小单位字节（Byte）的准确表示为（　　　）。

    A. 7 位二进制数　　B. 8 位二进制数　　C. 1 位二进制数　　D. 4 位二进制数

6. 十进制数 66 转换成二进制数是（　　　）。

    A. 01000010　　　B. 01000100　　　C. 01010000　　　D. 01000001

7. 把软盘置为写保护状态后，（　　　）。

A. 只能向其中写入信息 　　　　　　　　B. 只能读出其中的信息

C. 可以读取其中的信息并写入信息 　　　D. 不能读取其中的信息

8. 工具栏上的按钮 $\boxed{B\ I\ U}$ 的作用分别是（　　）。

　　A. 斜体、粗体、下划线 　　　　　　　B. 下划线、斜体、粗体

　　C. 粗体、斜体、下划线 　　　　　　　D. 下划线、粗体、斜体

9. 在微机中，主机对磁盘的读写是以（　　）为单位的。

　　A. 文件 　　　　　B. 磁道 　　　　　C. 扇区 　　　　　D. 字节

10. 在用区位码输入汉字时，存储在存储器中的是汉字的（　　）。

　　A. 区位码 　　　B. 拼音码 　　　C. 字型码 　　　D. （机）内码

11. Word 中，对编辑的文本进行字体、字号的设置可在（　　）命令菜单内操作。

　　A. 制表 　　　　B. 帮助 　　　　C. 格式 　　　　D. 编辑

12. 设置页面宽度为 15 cm，左页边界为 3cm，右页边界为 3cm，文本所占宽度为（　　）。

　　A. 15cm 　　　　B. 12cm 　　　　C. 9cm 　　　　D. 6cm

13. 在画图中欲画直线或正圆，需在拖动鼠标的同时按住（　　）键。

　　A. Alt 　　　　　B. Ctrl 　　　　C. Shift 　　　　D. Enter

14. Windows 中，欲把某编辑系统中的图形或文字置入剪贴板中，需采用的方法是（　　）。

　　A. 用复制或剪切功能 　　　　　　　　B. 选定图形或文字后用复制或剪切功能

　　C. 用粘贴功能命令 　　　　　　　　　D. 选定图形或文字后用粘贴功能

15. Windows 中，极小化一个窗口则该窗口将表现为（　　）。

　　A. 什么都没有 　　B. 一条线 　　　C. 一个图标 　　　D. 一个点

16. 在中文 Word 中，粘贴一幅保存在剪贴板上的图形，可选用按（　　）键的操作。

　　A. Ctrl+V 　　　　B. Ctrl+C 　　　　C. Ctrl+X 　　　　D. Ctrl+Z

二、多项选择题

1. 计算机的特点包括（　　）。

　　A. 速度快 　　B. 精度高 　　C. 存储容量大 　　D. 能进行逻辑判断 　　E. 代替人脑

2. 微机中常见的输入设备有（　　）。

　　A. 显示器 　　B. 键盘 　　C. 打印机 　　D. 鼠标器 　　E. 绘图仪

3. 微机中常见的输出设备有（　　）。

　　A. 显示器 　　B. 键盘 　　C. 打印机 　　D. 鼠标器 　　E. 扫描仪

4. 键盘操作时，可用于大小写字母转换的键是（　　）。

　　A. CapsLock 　　B. Ctrl 　　C. Shift 　　D. Alt 　　E. Tab

5. 外存储器与内存储器相比具有的优点是（　　）。

　　A. 存储容量大 　　　　　B. 存取速度快 　　　　　C. 信息可长期保存

　　D. 存储单位信息量的价格便宜 　　E. 与内存储器相同

6. 封住软盘的写保护口可以防止（　　）。

　　A. 数据写入 　　B. 磁盘划伤 　　C. 感染病毒 　　D. 读数据出错 　　E. 写数据出错

7. 衡量计算机硬件系统的性能指标有（　　）。

　　A. 内存容量 　　B. CPU 型号 　　C. 软件配置 　　D. 外部设备配置

　　E. 显示卡的缓冲区容量

8. 关于 ASCII 码，以下叙述正确的有（　　）。

　　A. 是一种国际通用字符编码 　　　　　B. 基本集包括 128 个字符

　　C. 是美国标准信息交换码的简称 　　　D. 每个字符均占用 1 个字节

E. 中文编码

9. 利用"页面设置"功能可以设置（　　　）。

    A. 页边距　　　　B. 纸张来源　　　　C. 纸张大小　　　　D. 正文排列方向　　　　E. 字体大小

10. 在中文 Word 中粘贴剪贴板上的内容，可选用的操作是（　　　）。

    A. 按 Ctrl+Z 键　　　　　　　　B. 按 Ctrl+C 键　　　　　　　　C. 按 Ctrl+V 键

    D. 按 Ctrl+X 键　　　　　　　　E. 单击"编辑/粘贴"命令

11. 在中文 Word 中建立表格应设置的项目有（　　　）。

    A. 列数　　　　　　B. 类型　　　　　　C. 行数　　　　　　D. 列宽　　　　　　E. 行高

12. 移动视窗的位置应采取（　　　）。

    A. 鼠标拖动视窗工作区　　　　　　B. 鼠标拖动视窗标题栏

    C. 鼠标拖动视窗边框　　　　　　　D. 鼠标拖动视窗菜单栏

    E. 选择控制菜单中的"移动（M）"功能

13. 欲在应用程序中粘贴剪贴板中的内容，可选择的操作有（　　　）。

    A. Ctrl+X　　　　　　　　　B. Ctrl+V　　　　　　　　C. Ctrl+P

    D. "编辑（E）"的"粘贴（P）"　　　　　　E. Ctrl+Z

14. Internet 上使用广泛的服务是（　　　）。

    A. 网上查询　　　B. 文件传输　　　C. 电子邮件　　　D. 网上电话　　　E. 网上购物

15. 计算机病毒是（　　　）。

    A. 人为制造的　　B. 电路故障　　　C. 破坏性程序　　　D. 磁盘霉变

    E. 由磁盘物理损伤引起

16. 从原理上讲，目前各种不同的汉字编码方法和 GB2312-80 字符集基本上是根据汉字的（　　　）等属性研究设计的。

    A. 读音　　　　B. 字形　　　　C. 意义　　　　D. 使用频率　　　　E. ASCII 码顺序

17. 设置页边距可进行（　　　）设置。

    A. 上页边距　　　B. 下页边距　　　C. 文本宽度　　　D. 文本高度　　　E. 右页边距

三、判断题

（　　）1. 目前，通用计算机一般均采用存储程序式工作原理。

（　　）2. 编译方式就是指翻译一句执行一句。

（　　）3. 十进制数 1999 相当于十六进制数 7CF。

（　　）4. 计算机的存储量可以由字节（Byte）表示，1 个字节由 8 位二进制数组成。

（　　）5. 存储器的基本单位是 Byte，1KBytes 等于 1000Byte。

（　　）6. 计算机编程所用的高级语言是人类自然语言。

（　　）7. 计算机所装内部存储器 RAM 可读出也可写入。

（　　）8. 使用 DEL ＊.＊ 命令可以删除当前磁盘当前目录中的所有文件及目录。

（　　）9. Windows 可以同时打开和激活多个窗口。

（　　）10. 同一时刻剪贴板中只可存入一种信息。

（　　）11. 当第一次保存文件时，"保存"和"另存为"都会出现"另存为"对话框。

（　　）12. 画图应用程序中定义块必须从左上角到右下角。

（　　）13. 画图应用程序中块的复制必须通过剪贴板。

（　　）14. Windows 中极小化窗口操作的结果是关闭窗口。

（　　）15. 计算机病毒是由于非法操作计算机而产生的。

（　　）16. 只要选定 Word 的表格，按 Del 键就可将整个表格全部删除。

（　　）17. 在打印预览中只能观察当前页。

（　　）18. 利用 Word 录入和编辑文档之前，必须首先指定所编辑的文档的文件名。

（　　）19. 图文框中可以同时放入图片和文字。

（　　）20. 一个段落可设置为既是居中又是两端对齐。

四、填空题

1. 目前所有 IBM 系列微型计算机中最底层的基本输出输入管理程序 BIOS 存放在（　　）中，而磁盘操作系统 DOS 在（　　）上。

2. 每（1）位二进制数可用 1 位十六进制数表示，32 位字长的二进制数用（　　）位十六进制数表示。

3. 十进制数 160 等于二进制数（　　），等于十六进制数（　　）。

4. 计算机通过总线来传递各种信息，（　　）总线传递数据，（　　）总线传递地址，控制总线用于传递各种控制信息。

5. Windows 主要操作都是响应鼠标三个动作触发的事件，这些事件是按下鼠标按键、（　　）鼠标按键和（　　）鼠标。

6. 为了方便排版，录入时在（　　）结束处插入硬回车键，在插入空行时按（　　）键。

7. Internet 网上 Explorer 主要用于（　　），而 E-mail 则主要用于收发（　　）。

8. 多媒体计算机集成了可以定义成块的多种信息，除基本的文字信息外还有（　　）、（　　）等信息媒体。

第　七　套

一、判断题

（　　）1. 窗口就是启动程序时屏幕上显示的一方框。

（　　）2. 现代电子计算机的设计思想主要是"存储程序"和"控制程序"。

（　　）3. 只要不在计算机上玩游戏，就不会染上病毒。

（　　）4. 微型计算机在原理上与电子计算机不同。

（　　）5. 在 Word 中用"插入/符号"命令，可以插入特殊字符。

（　　）6. 计算机启动分为热启动和冷启动。

（　　）7. Windows 中有应用程序窗口和文档窗口两类。

（　　）8. 在 Word 中，可以实现图文混排。

（　　）9. 只要有一台计算机、调制解调器和电话线，就可以与 Internet 相连。

（　　）10. 在 Excel 中，文件簿是由若干工作表构成的。

二、单项选择题

1. 在 Word 中格式栏上对字符不能设置的属性有（　　）

　　A. 字体　　　　　　　B. 字号　　　　　　　C. 字符颜色　　　　　D. 给字符加着重号

2. 若要在 Windows 中删除快捷方式，比较简单的方法是（　　）

　　A. 直接将此快捷方式拖到回收站　　　　　B. 在编辑菜单中选删除

　　C. 在工具栏中选删除　　　　　　　　　　D. 快捷方式，在出现的菜单中选删除

3. Internet 不能提供（　　）服务。

　　A. 电子邮件　　　　　B. 金融　　　　　　　C. 远程登录 Telnet　　D. WWW 浏览

4. 下列参数的内存读写速度最快的是（　　）。

　　A. 60ns　　　　　　　B. 70ns　　　　　　　C. 80ns　　　　　　　D. 100ns

5. 在 Word 中输入汉字时，输入的文字总出现在（　　）。

　　A. 屏幕右上角　　　　B. 插入点　　　　　　C. 鼠标指针所在处　　D. 文档末尾

6. 计算机输出设备有（　　）。

    A. 鼠标　　　　　　　B. 键盘　　　　　　　C. 显示器　　　　　　D. 扫描仪

7. 下面哪一个不是附件中的程序（　　）。

    A. 画图　　　　　　　B. 计算器　　　　　　C. 记事本　　　　　　D. 程序管理器

8. 操作系统属于（　　）。

    A. 系统软件　　　　　B. 应用软件　　　　　C. 工具软件　　　　　D. 编辑软件

9. 在 Windows 中，程序是用（　　）来表现的。

    A. 窗口　　　　　　　B. 菜单　　　　　　　C. 文档　　　　　　　D. 图标

10. 在 Windows 中，可以用 Ctrl+空格键来进行（　　）。

    A. 中/英文输入法的切换　　　　　　　　B. 全/半角切换

    C. 各汉字输入法间切换　　　　　　　　D. 以上都不对

11. 用鼠标拖动窗口是用鼠标拖动（　　）。

    A. 软盘　　　　　　　B. 驱动器　　　　　　C. 标题栏　　　　　　D. 网络

12. 不属于计算机发展方向的是（　　）。

    A. 巨型化　　　　　　B. 微型化　　　　　　C. 智能化　　　　　　D. 科学化

13. 病毒不可能通过（　　）进行传播。

    A. 软盘　　　　　　　B. 驱动器　　　　　　C. 硬盘　　　　　　　D. 网络

14. Word 中，字符格式不包括（　　）。

    A. 字体　　　　　　　B. 字号　　　　　　　C. 行间距　　　　　　D. 字间距

15. 下列几个设备中，访问速度最快的是（　　）。

    A. 软盘　　　　　　　B. 硬盘　　　　　　　C. 光盘　　　　　　　D. 内存

16. 下列键中，被称为上档键的是（　　）。

    A. Ctrl　　　　　　　B. Del　　　　　　　C. BackSpace　　　　　D. Shift

17. 在 Word 中，选定文本后按下键盘上的 Delete 键是（　　）。

    A. 剪切　　　　　　　B. 撤销　　　　　　　C. 消除　　　　　　　D. 恢复

18. 第三代计算机的主要逻辑单元是（　　）。

    A. 电子管　　　　　　B. 晶体管　　　　　　C. 中小型集成电路　　D. 大规模集成电路

19. 在资源管理器中查看"文件"和"文件夹"时，不能完成的任务是（　　）。

    A. 按文件名排序　　　B. 按类型排序　　　　C. 按文件大小排序　　D. 按文件属性排序

20. 在 Excel 中，表中输入的（　　）自动右对齐。

    A. 文字　　　　　　　B. 数字　　　　　　　C. 符号　　　　　　　D. 图形

21. 全球最大的广域网是（　　）。

    A. CERNET　　　　　B. Chinanet　　　　　C. Internet　　　　　　D. NOVELL

22. 可用于大小写字母转换的键是（　　）。

    A. CapsLock　　　　　B. Esc　　　　　　　C. Ctrl　　　　　　　D. NumLock

23. 在 Word 格式菜单中，（　　）不可能存在。

    A. 字体　　　　　　　B. 段落　　　　　　　C. 复制　　　　　　　D. 分栏

24. 所有对话框至少有（　　）个命令按钮。

    A. 1　　　　　　　　B. 2　　　　　　　　C. 3　　　　　　　　D. 4

25. Internet 的标准协议是（　　）。

    A. IPX/SPX 协议　　　B. TCP/IP 协议　　　C. NET BEUT 协议　　D. DLC 协议

26. 在 Word 中，（　　）菜单中可以对标尺进行显示和隐藏操作。

    A. 文件　　　　　　　B. 编辑　　　　　　　C. 视图　　　　　　　D. 格式

27. 在 Word 中，文本的缩进方式不包括（ ）。
    A. 两端对齐　　　　B. 悬挂缩进　　　　C. 左缩进　　　　D. 右缩进

28. 计算机信息构成的最小单位是（ ）。
    A. 字节　　　　B. 位　　　　C. 字　　　　D. ASCII 码

29. 在 Windows 对话框中，重新命名文件或文件夹时，下列操作错误的是（ ）。
    A. 选择欲重新命名的文件夹或文件
    B. 将鼠标指向所选的名字，右击弹出快捷菜单
    C. 选择"重命名"，输入新名字
    D. 双击该名字框外的任意位置

30. 下列各项不属于声卡所起作用的是（ ）。
    A. 声音和数学信号的切换　　　　B. 完成声音的合成
    C. 发出声音　　　　D. 完成声音的播放和录制

31. 下面哪一个不能由 Word 完成（ ）。
    A. 建立文件　　　　B. 编辑文件　　　　C. 打印文件　　　　D. 删除文件

32. 在 Word 中，对字体、字号的设置可在（ ）菜单内完成。
    A. 视图　　　　B. 格式　　　　C. 表格　　　　D. 工具

33. 下列不是网络协议的是（ ）。
    A. TCP/IP　　　　B. NETBUL　　　　C. Novell　　　　D. IPX/SPX

34. 下列各项中，不属于 Word 文件菜单所有的项目是（ ）。
    A. 删除　　　　B. 新建　　　　C. 关闭　　　　D. 页面设置

35. 多媒体教学网络不具有的功能是（ ）功能。
    A. 交互辅导　　　　B. 控制功能　　　　C. 思维功能　　　　D. 课堂管理

三、多项选择题

1. 在 Word 中，段落的格式化内容包括（ ）。
   A. 段落缩进　　　　B. 字体字号　　　　C. 段间距　　　　D. 页眉页脚

2. 在 Windows 中，切换程序的主要方法有（ ）。
   A. 单击任务栏按钮　　　　B. 单击程序窗口　　　　C. 按下 Ctrl+Tab 键
   D. 按住 Alt 并按下 Tab 键　　　　E. 按住 Alt 再按下 Esc

3. Word 主要功能有（ ）。
   A. 文件管理　　　　B. 文件编辑　　　　C. 版面设计　　　　D. 表格处理
   E. 图形处理

4. Internet 提供的服务有（ ）。
   A. 电子邮件　　　　B. 文件传递　　　　C. WWW 浏览　　　　D. 远程登录

5. 在用 Word 编辑文件时（ ）。
   A. 首先必须给文件取名　　　　B. 文档可以不取名，由 Word 自动取名
   C. 可以在编辑完后取名　　　　D. 其扩展名缺省值为 .doc

6. 计算机病毒具有（ ）。
   A. 传染性　　　　B. 破坏性　　　　C. 隐蔽性　　　　D. 针对性

7. 鼠标的基本操作主要有（ ）。
   A. 复制　　　　B. 指向　　　　C. 单击　　　　D. 拖动　　　　E. 连击

8. 计算机的主要特点有（ ）。
   A. 运算速度快　　　　B. 计算精度高
   C. 有记忆和逻辑判断能力　　　　D. 内部操作自动运行

9. 一个网络系统，主要由（　　　）。

    A. 计算机   B. 通讯部件   C. 网络软件   D. 硬件系统   E. 网络适配器

10. 磁盘复制的主要操作步骤是（　　　）。

    A. 在"我的电脑"或"资源管理器"窗口中单击要复制的软盘驱动器图标

    B. 单击"文件/磁盘拷贝"命令   C. 单击开始   D. 单击关闭

11. 影响 CPU 性能的几个主要因素是（　　　）。

    A. 时钟频率   B. 体系结构   C. 高速缓存   D. 制造工艺   E. 体积大小

12. Windows 中窗口的基本操作有（　　　）。

    A. 最小化和最大化   B. 窗口移动   C. 改变窗口大小   D. 关闭窗口

第 八 套

一、单项选择题

1. 通常称某台微机为 486、586、PII，是针对其（　　　）。

    A. 内存容量   B. CPU 型号   C. CPU 速度   D. 主板型号

2. 十进制 33 对应的二进制数是（　　　）。

    A. 00100001   B. 00100100   C. 00101001   D. 00100011

3. 无论采用哪种外码输入汉字，存入到计算机内部一律转换成（　　　）。

    A. 内码   B. 汉字库   C. ASCII 码   D. 外码

4. 表处理软件 Excel 是在（　　　）环境下运行的。

    A. DOS 环境   B. 中文 Windows 环境   C. WPS 环境   D. FOXBASE 环境

5. 使用计算机开机的顺序是（　　　）。

    A. 开主机再打开外设   B. 开显示器再打开打印机

    C. 开主机再打开显示器   D. 开外设再打开主机

6. 一台完整的计算机系统由（　　　）组成。

    A. 主机和外设   B. 硬件系统和软件系统

    C. 主机、键盘和显示器   D. 系统软件和应用软件

7. 通常说的 1KB 是指（　　　）。

    A. 1000 字节   B. 1000 个二进制位   C. 1024 字节   D. 1024 个二进制位

8. 从磁盘取出信息的操作叫（　　　）。

    A. 写入   B. 读出   C. 只读   D. 随机存储

9. 显示器是一种输出设备，最重要的指标是（　　　）。

    A. 显示速度   B. 屏幕尺寸   C. 分辨率   D. 制造厂家

10. 电子邮件 E-mail 由邮件头和邮件体组成，下面不属于邮件头的内容是（　　　）。

    A. 发信人的 E-mail 地址   B. 邮件发出的时间

    C. 收信人的 E-mail 地址   D. 附件文件

11. 计算机中一个字节包含的二进制位是（　　　）。

    A. 4 位   B. 6 位   C. 8 位   D. 16 位

12. 计算机病毒感染的原因是（　　　）。

    A. 与外界交换信息时感染   B. 因硬件损坏而被感染

    C. 在增添硬件设备时感染   D. 因操作不当感染

13. 电子邮件地址 zzz@ PuB、Cat. cq. cn 中 PuB、Cat. cq. cn 表示（　　　）。

A. 用户名 B. 主机名 C. 单位名 D. 用户类型

14. 某工厂使用计算机控制生产过程，这是计算机在（ ）方面的应用。

    A. 科学计算 B. 过程控制 C. 信息处理 D. 智能模拟

15. Word 文档文件的扩展名是（ ）。

    A. . TXT B. . DOC C. . WPS D. . BLP

16. 一个文件的扩展名通常表示（ ）。

    A. 文件的大小 B. 文件的版本 C. 文件的类型 D. 完全由用户自己定义

17. Word 编辑状态下，当前输入的文字显示在（ ）。

    A. 鼠标光标处 B. 插入点 C. 文件尾部 D. 当前行尾部

18. Word 中，对编辑的文本进行字体、字号的设置可在（ ）命令菜单内操作。

    A. 制表 B. 帮助 C. 格式 D. 编辑

19. 设置页面宽度为 15cm，左页边界为 3cm，右页边界为 3cm，文本所占宽度为（ ）。

    A. 12cm B. 15cm C. 9cm D. 6cm

20. 在 Word 表格中，若当前已选定了某一行，此时按 Del 键将（ ）。

    A. 删除表格线但不删除内容 B. 删除内容但不删除表格线

    C. 删除选定的这一行 D. Del 键对表格不起作用

21. DOS 规定文件名最多为（ ）个英文字符。

    A. 1 B. 3 C. 8 D. 任意

22. Windows 操作系统是（ ）。

    A. 单用户单任务系统 B. 单用户多任务系统

    C. 多用户多任务系统 D. 多用户单任务系统

23. Windows 中，双击标题栏将（ ）。

    A. 弹出应用程序 B. 最大化窗口 C. 最小化窗口 D. 关闭该应用程序

24. 在菜单命令中，常见到的命令词后面有（X），表示（ ）。

    A. X 键是热键 B. Alt+X C. Ctrl+X D. Shift+X

25. 在 Windows 系统中汉字输入法与英文输入法切换时应按（ ）键。

    A. Ctrl+Alt B. Shift+空格 C. Ctrl+空格 D. Alt+空格

26. 剪贴板中已复制进一幅图像，再复制进一段文字，则剪贴板中（ ）。

    A. 图像在前文字在后 B. 文字在前图像在后 C. 只有图像 D. 只有文字

27. 在 Windows 应用程序的菜单命令中，命令词后面有"▶"表示（ ）。

    A. 该菜单命令还有下一级菜单 B. 执行此命令时将会出现等待标记

    C. 英文逗号键是热键 D. 执行此命令时出现对话框

28. 移动窗口的位置应采取（ ）。

    A. 鼠标拖动窗口工作区 B. 鼠标拖动窗口标题栏

    C. 鼠标拖动窗口边框 D. 鼠标拖动窗口菜单栏

29. 各种中英文输入法之间的切换可用组合键（ ）实现。

    A. Ctrl+C B. Ctrl+space C. Ctrl+Shift D. Ctrl+V

二、多项选择题

1. 微机中常见的输入设备有（ ）。

    A. 显示器 B. 键盘 C. 打印机 D. 鼠标器 E. 绘图仪

2. Internet 上使用广泛的服务是（ ）。

    A. 网上查询 B. 文件传输 C. 电子邮件 D. 网上电话 E. 网上购物

3. 计算机常使用的进位计数制有（ ）。

A. 二进制 　　 B. 十进制 　　 C. 八进制 　　 D. 十六进制 　　 E. 四进制

4. 使用 Excel 电子表格软件时输入数据的类型包括（　　　）。

A. 字符型 　　 B. 数值型 　　 C. 时间型 　　 D. 逻辑型 　　 E. 函数型

5. 计算机的特点是（　　　）。

A. 运算速度快 　　　　　　 B. 存储功能强 　　　　　　 C. 计算精度高

D. 自动连续处理信息 　　　 E. 有逻辑判断能力

6. 和内存相比，外存储器的主要优点是（　　　）。

A. 存储容量大 　　　　　　 B. 信息可长期保存 　　　　 C. 存取速度快

D. 信息存取方便 　　　　　 E. 存储单位信息量的价格便宜

7. 下面哪些是高级语言（　　　）。

A. C 语言 　　 B. 汇编语言 　　 C. 机器语言 　　 D. QBASIC 语言 　　 E. Pascal 语言

8. 操作系统的管理功能有（　　　）。

A. 文件管理 　　 B. 存储器管理 　　 C. 处理器管理 　　 D. 设备管理 　　 E. 作业管理

9. 操作系统分类是（　　　）。

A. 批处理系统 　　 B. 实时系统 　　 C. 控制系统 　　 D. DOS 系统 　　 E. 分时系统

10. 汉字信息处理应该包括的功能有（　　　）。

A. 文字录入 　　　　　　 B. 文字编辑与排版 　　　　 C. 汉字信息的存储

D. 汉字打印输出 　　　　 E. 汉字信息的传输

11. 下列操作中可以退出 Word 的是（　　　）。

A. 单击 Word 标题栏 ⊠ 按钮 　　　　 B. 选择"文件/退出"选项

C. 按 Alt+F4 键 　　　　　　　　　　 D. 按 Ctrl+F4 键 　　　　　　 E. 双击文本编辑窗口

12. 利用"页面设置"功能可以设置（　　　）。

A. 页边距 　　 B. 纸张来源 　　 C. 纸张大小 　　 D. 正文排列方向 　　 E. 字体大小

13. 对于 Windows 的窗口基本操作有（　　　）。

A. 移动窗口 　　 B. 改变窗口大小 　　 C. 滚动窗口信息 　　 D. 复制窗口 　　 E. 关闭窗口

14. 在 Windows 的鼠标操作中，鼠标器的拖动可以（　　　）。

A. 移动窗口 　　 B. 移动图标 　　 C. 打开窗口 　　 D. 关闭窗口 　　 E. 选定操作块

15. 在 Windows 的应用程序中能用多媒体进行加工、处理的信息有（　　　）。

A. 数字 　　 B. 字符 　　 C. 声音 　　 D. 图形 　　 E. 图像

16. 将一个应用程序图标打开成窗口的方法有（　　　）。

A. 单击该图标 　　　　　　 B. 双击该图标 　　　　　 C. 在该图标上按鼠标右键

D. 选择"文件/打开"功能 　　 E. 拖动该图标

三、判断题

（　　） 1. 任何新盘必须格式化后才能使用。

（　　） 2. 计算机病毒是有传染性的。

（　　） 3. 计算机内部存储信息都是由数字 0 和 1 组成的。

（　　） 4. 计算机系统是由硬件系统和软件系统组成的。

（　　） 5. Excel 是一种电子表格处理软件。

（　　） 6. 一个 ASCII 字符占用 1 个字节，一个汉字至少需要 2 字节。

（　　） 7. 软字库是存放在软盘或硬盘上的。

（　　） 8. 目前，通用计算机一般均采用存储程式式工作原理。

（　　） 9. 格式化磁盘将删除盘上原来所有的信息。

（　　）10. 子目录必须建立在根目录下。

（　　）11. 表示文件名时，通配符"?"只代表任意的一个字符。

（　　）12. Windows 的"桌面"指的是某一个窗口。

（　　）13. Windows 可以同时打开多个窗口。

（　　）14. 同一时刻剪贴板中只可存入一种信息。

（　　）15. Windows 中最小化窗口操作的结果是关闭窗口。

（　　）16. 目录（文件夹）的命名规则与文件不同，目录（文件夹）名不能有扩展名。

（　　）17. 利用 Word 录入和编辑文档之前，必须首先指定所编辑的文档的文件名。

（　　）18. Word 文档中，每个段落都有自己的段落标记，段落标记的位置在段落的首部。

（　　）19. Word 具有分栏功能，各栏的宽度可以不同。

（　　）20. 文档存盘后自动退出 Word。

（　　）21. 编辑某一文档时不允许创建另外的新文档。

四、填空题

1. 每（　　）位二进制数可用 1 位十六进制数表示，32 位字长的二进制数可用（　　）位十六进制数表示。

2. 多媒体计算机是能够处理（　　）、（　　）、（　　）、（　　）等多种媒体信息的计算机系统。

3. 计算机的指令由（　　）和（　　）组成，一台计算机可能执行的全部指令是该机的（　　）。

4. 计算机病毒是一种人为（　　），它破坏（　　）和（　　），影响计算机正常使用。

5. Internet 网中计算机的地址编号（IP 地址）占用（　　）个字节。用（　　）组十进制数字表示，每组数字取值范围是（　　），相邻两组数字之间用圆点分隔。

6. 在资源管理器中新建文件夹的操作是：选中某一对象，单击"资源管理器"窗口中的（　　）菜单项，再单击（　　）命令，然后再键入文件夹名。

7. 在桌面上建立新文件夹，（　　）鼠标右键，在弹出的快捷菜单中单击（　　）文件夹。

8. 新文档的保存可以单击工具栏中（　　）按钮；也可单击（　　）菜单，选择（　　）菜单项。

9. 在微机的软件系统中，Word 是一种（　　）软件，需要在（　　）操作系统下运行。

一级笔试模拟试题参考答案

第 一 套

一、单项选择题

1. D 2. D 3. C 4. B 5. B 6. A 7. D 8. C 9. B 10. B 11. A 12. A 13. B 14. C 15. B 16. D
17. A 18. C 19. B 20. B

二、多项选择题

1. BCD 2. ABC 3. BCE 4. ABD 5. ABCDE 6. BCD 7. CDE 8. BCDE 9. ABDE 10. ACD

三、判断题

1. √ 2. √ 3. × 4. × 5. × 6. √ 7. √ 8. × 9. × 10. √ 11. × 12. √ 13. × 14. √
15. × 16. √ 1 7. × 18. √ 19. √ 20. ×

四、填空题

1. 网络化 2. 内存（主存或者 RAM）3. 128 4. 1 5. 通用串行总线接口 6. 特殊符号 7. 8 8. 服务器 9. WAN 10. 协议

第 二 套

一、单项选择题

1. D 2. C 3. C 4. C 5. B 6. C 7. D 8. C 9. A 10. B 11. A 12. D 13. C 14. D 15. D 16. A
17. C 18. B 19. A 20. D

二、多项选择题

1. ABCDE 2. ABCDE 3. ABCDE 4. ACD 5. CDE

三、判断题

1. √ 2. √ 3. × 4. √ 5. × 6. √ 7. √ 8. × 9. √ 10. √ 11. × 12. × 13. × 14. √
15. √

四、填空题

1. 双绞线 2. 19 3. 4A 4. 4 5. 存储程序控制 6. 记录 7. USB 或通用串行总线 8. 资源总网 9. 广域网 10. 硬盘

第 三 套

一、填空题

1. 1946；电子管 2. 大规模或超大规模集成 3. 过程控制；计算机辅助系统 4. 硬件；软件 5. 系统；

250

应用；管理；控制和管理计算机的硬件和软件资源，协调各种资源合理使用，使系统高效运行　6. 快；直接；间接、直接；只读存储器；随机存储器　7. 1024；655360　8. 幻灯片浏览视图　9. 插入超级链接　10. 喷墨打印机　11. BAT　12. 多媒体　13. 输入　14. 局域网；广域网　15. 国际互联网　16. E-mail　17. 多；一　18. 外存储器　19. 拖动　20. 255；窗口　21. 文件夹　22. 在图标的右下角有一个箭头　23. 任务栏　24. 资源管理器　25. 15　26. 小图标、列表　27. 收藏夹；设置　28. 标题栏　29. Shift　30. Ctrl　31. Del　32. 复制；剪切　33. DOC　34. 大纲视图　35. 小　36. 4-10，12，14　37. 输入；鼠标　38. 单　39. 子文件夹　40. 所得；页面　41. 左　42. 字体　43. XLS　44. 编辑栏；状态栏　45. 图表；绘图；数据透视表　46. 三　47. 一　48. 等比；自动　49. =　50. 李红津贴；200　51. E2、E3、E4、F2、F3、F4　52. B1、C1、C2、C3　53. 图表向导　54. PPT　55. 幻灯片浏览视图；幻灯放映视图　56. 自动求和　57. 增加小数位　58. 百分比样式，即将数据乘以100后再添百分号　59. 不可以　60. 附加到当前；新　61. 占位　62. 相同　63. 整个演示文稿的所有幻灯片　64. Ctrl　65. 幻灯片放映视图

二、选择题

1. D　2. D　3. A　4. (1) D，(2) A　5. B　6. B　7. D
8. B　9. D　10. B　11. C　12. B　13. A　14. C　15. C
16. A；C　17. B　18. C　19. D　20. A　21. C　22. D　23. A
24. A　25. D　26. A　27. C　28. D　29. B　30. B　31. C
32. B　33. B　34. B　35. C　36. A　37. B　38. B；A　39. C
40. B　41. C　42. D　43. B　44. B；C　45. C；A　46. B

三、判断题

1. ×　2. ×　3. ×　4. √　5. ×　6. ×　7. ×　8. ×　9. √　10. √
11. ×　12. ×　13. √　14. √　15. √　16. √　17. ×　18. ×　19. √　20. ×

第　四　套

一、单项选择题

1. C　2. C　3. A　4. D　5. D　6. B　7. A　8. B　9. C　10. D　11. A
12. A　13. B　14. C　15. B　16. A　17. A　18. D　19. A　20. D　21. A　22. D
23. B　24. D　25. B

二、多项选择题

1. C、D、E　2. A、D、E　3. A　4. A、B、C、D、E　5. B、D、E　6. A、B、E　7. A、B、E　8. A、C、D　9. D　10. A、B

三、判断题

1. T　2. T　3. T　4. T　5. T　6. T　7. T　8. F　9. T　10. F　11. T
12. T　13. F　14. T　15. T　16. T　17. F　18. T　19. F　20. F　21. F　22. F
23. F　23. F　24. T　25. F　26. F　27. F　28. T

四、填空题

(1) 4.8　(2) 内存、外存　(3) 编制的程序、程序、数据　(4) 4.4.0~255　(5) 操作码、操作数、指令系统　(6) 应用/字处理、Windows　(7) 字长（位数）、处理速度、存储容量　(8) 系统软件、应用软件

第 五 套

一、单项选择题

1. C 2. A 3. B 4. B 5. C 6. B 7. D 8. A 9. B 10. C 11. D

二、多项选择题

1. C D 2. AC 3. ABDE 4. ABCDE 5. BC 6. ABE 7. ABCE 8. BE 9. ABCDE 10. AE 11. AC

12. ABCDE 13. CD 14. AE

三、判断题

1. F 2. T 3. F 4. T 5. F 6. T 7. T 8. T

四、填空题

34. 10000111.11 35.（执行）百万条指令/每秒 36. 48 ＊ 48 点阵字模 37. 页面 38. HTML（超文本标记语言） 39. 局域网

第 六 套

一、单项选择题

1. D 2. A 3. B 4. C 5. B 6. A 7. B 8. C 9. C 10. D 11. C 12. C 13. C 14. B 15. C 16. A

二、多项选择题

1. ABCD 2. BD 3. AC 4. AC 5. ACD 6. AC 7. ABDE 8. ABCD 9. ABC

10. CE 11. ACD 12. BE 13. BD 14. ABC 15. AC 16. ABD 17. ABE

三、判断题

1. T 2. F 3. T 4. T 5. F 6. F 7. T 8. F 9. F 10. F 11. T

12. F 13. T 14. F 15. F 16. F 17. F 18. F 19. T 20. F

四、填空题

1. 主板/ROM；外存 2. 4；8 3. 10100000；A0 4. 数据；地址 5. 双击；拖动 6. 段落；回车 7. 浏览；电子邮件 8. 声音；图像

第 七 套

一、判断题

1. T 2. T 3. F 4. F 5. T 6. T 7. F 8. T 9. T 10. T

二、单项选择题

1. D 2. A 3. B 4. A 5. B 6. C 7. D 8. A 9. D 10. A 11. C

12. D 13. B 14. C 15. D 16. D 17. C 18. C 19. D 20. B 21. C 22. A

23. C 24. B 25. B 26. C 27. A 28. B 29. D 30. C 31. D 32. B 33. C

34. A 35. C

三、多项选择题

1. AC 2. ABDE 3. ABCDE 4. ABCD 5. BCD 6. ABCD 7. BCDE 8. ABCD 9. ABC 10. ABCD

11. ABCD 12. ABCD

第 八 套

一、单项选择题

1. B　2. A　3. A　4. B　5. D　6. B　7. C　8. B　9. B　10. D　11. C
12. A　13. B　14. B　15. B　16. C　17. B　18. C　19. C　20. B　21. C　22. B
23. B　24. B　25. C　26. D　27. A　28. B　29. C

二、多项选择题

1. BD　2. ABC　3. ACD　4. ABCE　5. ABCDE　6. ABE　7. ADE　8. ABCDE
9. ABE　10. ABCDE　11. ABC　12. ABC　13. ABCE　14. ABE　15. ABCDE　45. BD

三、判断题

1. T　2. T　3. T　4. T　5. T　6. T　7. T　8. T　9. T　10. F　11. T
12. F　13. T　14. F　15. F　16. F　17. F　18. F　19. T　20. F　21. F

四、填空题

1. 4；8　2. 文字、声音、图形、动画　3. 操作码；操作数；指令系统　4. 编制的程序；文件；数据
5. 4；4；0 到 255　6. 文件；新建　7. 单击；新建　8. 保存；文件，保存　9. 应用软件；Windows

第 九 套

一、选择题

1. D　2. C　3. B　4. C　5. B　6. D　7. D　8. B　9. B　10. B　11. A
12. B　13. B　14. D　15. A　16. B　17. B　18. D　19. B

二、多项选择题

1. ABCD　2. CE　3. ABDE　4. ABCDE　5. BD　6. DE　7. ABCDE　8. AB　9. ABCD　10. BCD

三、判断题

1. T　2. T　3. F　4. T　5. T　6. T　7. T　8. T　9. F　10. T　11. T
12. T　13. F　14. T　15. T　16. T　17. T　18. F　19. T　20. T

四、填空题

1. 硬盘　2. 字长　3. 运算器、控制器　4. 6　5. 系统软件、应用软件。　6. 100101.01　7. 二进制编码
8. TCP/IP　9. 16　10. 服务器

附录二 一级上机模拟试题

第 一 套

注意事项：请各位考生在指定工作盘的根目录中建立考试文件夹，考试文件夹的命名规则为"准考证号+考生姓名"，如"05100101 张婧"。考生的所有解答内容都必须放在考试文件夹中。

一、汉字录入（请在 Word 软件中正确录入如下文本内容，25 分）

要求：1. 在文件内容第一行的表格中录入自己的姓名及准考证号；

2. 表格下正确录入文本，文本中的英文、数字按西文方式，标点符号按中文方式；

3. 文件保存在考试文件夹中，文件名为 CQDJKS1. DOC。

姓名		准考证号	

Android 系统

Android（安卓）是美国 Google（谷歌）公司开发的基于 Linux 的自由及开放源代码手机操作系统。它包括操作系统、用户界面和应用程序——移动电话工作所需的全部软件，而且不存在任何以往阻碍移动产业创新的专有权障碍。

Google 与开放手机联盟合作开发了 Android 系统，这个联盟由包括中国移动、摩托罗拉等 34 家技术和无线应用的领军企业组成。2012 年 11 月数据显示，Android 占据全球智能手机操作系统市场 76% 的份额，中国市场占有率为 90%。

Google 通过与运营商、设备制造商、开发商和其他有关各方结成深层次的合作伙伴关系，希望借助建立标准化、开放式的移动电话软件平台，在移动产业内形成一个开放式的生态系统。

二、Word 编辑和排版（25 分）

打开上面文件 CQDJKS1. DOC，先另存于考试文件夹中，文件名为 JSJ1. DOC，再按如下要求进行操作。

1. 排版设计

（1）纸张：16 开；边距：左右页边距均为 1.8cm，上下页边距均为 2cm；

（2）标题：楷体二号加粗，居中对齐，段前段后各间隔 1 行；

（3）正文：将前面录入的正文内容复制两份，每段首行缩进 2 个字符，正文内容第一自然段设置为宋体小四号红色，第二、三自然段设置为仿宋体缩放 150%、字间距加宽 5 磅，其余自然段设置为楷体小四号蓝色；分栏：第四、五、六自然段分为两栏，中间加分栏线；

2. 将正文内容中所有的"Android"一词使用替换功能设置为楷体、四号、加粗倾斜、绿色；

3. 用自选图形绘制一个"五星"对象。要求：无线条颜色、填充色为红蓝颜色过渡中心辐射、三维立体效果；版式为四周型右对齐；

4. 再次保存编辑好的 JSJ1. DOC 文件。

254

三、Excel 操作（20 分）

在 EXCEL 系统中按以下要求完成，文件存于考试文件夹中，文件名为 JSJ1. XLS。

1. 按以下样例格式建立表格并输入内容（外框粗线，内框细线，标题合并单元居中）；

2. 利用公式计算"总成绩"（成绩平均分占 50%、社会活动分占 30%、获奖加分占 20%、保留一位小数）；

3. 制作包括"总成绩"的分离型三维饼图，图表中要有图例、百分比；

4. "总成绩"栏填充背景色为绿色。

学生奖学金表

学号	姓名	成绩平均分	社会活动分	获奖加分	总成绩
20120505333	李嘉欣	40.8	70	60	
20120501120	钟曦予	92	95	90	
20120608066	郑煜文	76	80	80	
20120501288	吴之豪	84.4	85	80	
20120511555	司马云飞	56.5	90	70	

四、Windows 基本操作（10 分）

1. 在考试文件夹中用考生姓名和"等级考试 1"建立两个二级文件夹，并在"等级考试 1"下再建立两个三级文件夹 AAA 和 BBB；

2. 将前面的 JSJ1. DOC 和 JSJ1. XLS 文件复制到已建的"等级考试 1"文件夹中；

3. 将前面的 JSJ1. DOC 文件复制到考生姓名二级文件夹中，并更名为"安卓. DOC"。

五、PowerPoint 操作（10 分）

请用 PowerPoint 制作主题为"重庆大学城"的宣传稿（至少两张幻灯片）。将制作完成的演示文稿以 JSJ1. PPT 为文件名保存在"等级考试 1"文件夹中。要求如下：

1. 标题用艺术字、其他文字内容、模板、背景等格式自定；

2. 绘图、插入图片（或剪贴画）等对象；

3. 各对象的动画效果自定，延时 0 秒自动出现；

4. 幻灯片切换时自动播放，样式自定。

六、下面 1 和 2 小题中任意选作一题（10 分）

1. 用 FrontPage 或 Dreamweaver 制作一网页文件，主题为"知识就是力量"，其中要插入相关的图片和文字；另外要插入一剪贴画（或其他图片），并设置浏览网页时，单击该图片可链接到 http：// www. cas. cn/的超级链接，用文件名 JSJ1. HTM（或 JSJ1. HTML）保存到"等级考试 1"文件夹中。

2. 用 Visual FoxPro 或 Access 建立备件统计表，其表结构如下：

设备编号：字符型，C8　　数量：数值型，N4

经 办 人：字符型，C8　　设备单价：数值型，N6. 2

存放部门：字符型，C6　　说明：备注型

建立数据表 JSJ1. DBF（或 JSJ1. MDB），保存到"等级考试 1"文件夹中，同时在表中录入如下数据。

备件统计表

设备编号	经办人	存放部门	数量	设备单价	说明
15010001	张东升	技术科	1700	500.00	Memo
16050176	魏明远	财务科	1500	600.00	Memo
17086253	郝国栋	销售科	1400	700.00	Memo

第 二 套

一、汉字录入（请在 word 系统中正确录入如下文本内容，25 分）

要求：1. 在文件内容的第一行录入准考证号及姓名；

2. 正确录入表格后的文本，英文，数字按西文方式；标点符号按中文方式。

3. 文件保存在考生盘根目录中，文件名为 JSJ4. DOC。

姓名		准考证号	

"星光"多媒体芯片

2001 年 3 月，"星光一号"作为第一枚拥有中国自主知识产权的百万门级，超大规模数字多媒体芯片成功实现产业化，并打入国际市场，为三星，飞利浦等国际知名品牌视频摄像头采用。

2002 年 4 月，"星光二号"问世，实现声像同步，进入了可视通信应用领域。一个月后，"星光三号"研发成功，并迅速被日本富士通用于全球第一个手机控制机器人的眼睛图像采集处理。

2002 年 12 月，"星光四号"拓展到移动通讯系统。

2003 年 6 月，"星光五号"更完美地实现了与手机，移动存储和数码相机的有机结合，成为中国电信指定的唯一标准芯片方案。现在我们喜欢的手机彩信，和弦铃声，都是"中国芯"众多功能之一。

二、Word 编辑和排版（25 分）

打开上面录入的文件 JSJ4. DOC，完成如下操作后以文件名"计算机 4. DOC"另存于考生盘根目录下。

1. 排版设计

纸张：16 开；边距；左右页边距均为 2.4cm，上下页距均为 3cm；

标题：黑体二号居中对齐，段前段后各间隔 1.5 行；

正文：楷体小四号两端对齐，单倍行距，首行缩进 2 个字符；

2. 设置页面背景为"文字水印"效果，文字为"星光工程"；隶书，4 号，斜体；

3. 设置页眉为考生准考证号和姓名，五号楷体，蓝色，居中。

三、Excel 操作（20 分）

在 Excel 系统中按以下要求完成，文件存于考生盘根目录下：JSJ4. XLS.

1. 录入以下表格内容，要求双边框线；

2. 利用公式计算"总分"栏，使用 IF 函数计算"等级"栏（总分大于 85 为"优秀"，总分小于 85 为"一般"）；

3. 根据总分降序排序。

学生成绩表

学 号	姓 名	一题	二题	三题	四题	总分	等级
20070101	张一	10	17	28	38		
20070111	李丹	10	16	24	33		
20070105	张娟	6	16	25	27		
20070113	丁大明	3	12	20	25		
20070110	张五一	6	7	22	12		
20070106	王大军	5	7	14	19		

四、Windows 基本操作 （10 分）

1. 在考生盘根目录下用考生姓名和"大学计算机基础 4"建立两个一级文件夹，并在"大学计算机基础 4"下再建立两个二级文件夹"AAA"和"BBB"；

2. 将前面的 JSJ4. DOC 和 JSJ4. XLS 文件复制到已建的"大学计算机基础 4"文件夹中；

3. 将前面的计算机 4. DOC 文件复制到已建的考生姓名文件夹中更名为"KT4. DOC"。

五、PowerPoint 操作 （10 分）

劳动节快到了，请帮我用 PowerPoint 制作一张贺卡发给我的老师。将制作完成的演示文稿以"JSJ4. PPT"为文件名存在"AAA"文件夹中。要求如下：

标题：王老师劳动节快乐

文字内容：自拟

图片内容：绘制或插入你认为合适的图形（至少一幅）

基本要求：

1）标题用艺术字；

2）模板，文稿中文字，背景，图片等格式自定；

3）添加一个文本框，插入能发送到"WLRTS1968@ 126. com"邮件的超链接；

4）各对象有自定义的动画效果，延时 1 秒自动出现。

六、下面 1 和 2 小题中任意选做一题 （10 分）

1. 用 FrontPage 或 Dreamweaver 制作一网页文件，内容是介绍重庆的情况，其中要插入相关的图片和文字；另外要插入一剪贴画，并设置浏览网页时，单击该图片可连接到"重庆之窗"网页 www. cqwin. com 的超级链接，用文件名 JSJ4. HTM （或 JSJ4. HTML）保存到考生盘根目录下面。

2. 用 Visual FoxPro 或 Access 按下面的"学生档案数据表"数据及结构制作一数据库的学生档案 JSJ4. DBF （或 JSJ4. MDB），保存到考生根目录下。其表的数据及结构如下：

学号　字符型　　出生年月　　日期型

姓名　字符型　　　　　　　学院　　字符型

性别　逻辑型（男 T，女 F）　专业　　字符型

学生档案数据表

学 号	姓 名	性别	出生年月	学 院	专业
0623001	王大全	男	1991−05−28		网络
0623267	陈小红	女	1989−10−01		电子
0724008	张永芳	女	1992−03−15		软件
0724299	张继勇	男	1992−11−09		数学

第 三 套

一、汉字录入（请在 Word 软件中正确录入如下文本内容，25 分）

要求：1. 在文件内容开始的表格中正确地录入考生姓名及准考证号；

2. 表格下正确录入文本，文本中的英文、数字按西文方式，标点符号按中文方式；

3. 文件保存在考试文件夹中，文件名为 CQDJKS3. DOC。

姓 名		准考证号	

音乐的魅力

生命如水，岁月如歌。当我们经历着四季变换，花开花谢，每天清晨感受着朝阳的温暖与晨露的滋润，聆听着山涧泉水的叮咚，封闭已久的心灵不经意间被它开启，才发现天空是那样的清澈而蔚蓝；花草是那样的艳丽而娇美，流水是那样的轻柔而活泼，擦肩而过的陌生人是那样的和蔼而可亲……原来，人生是这样的缤纷而多彩。

这种声音就是——音乐。音乐是一种力量，一种无可比拟的力量。它可催你奋进，可以给你抚慰，它更能够联结世界，沟通人心，给我们美好的一切。让我们对生活充满了憧憬和向往。这，就是音乐的力量。这，就是音乐的魅力。

二、Word 编辑和排版（25 分）

打开上面文件 CQDJKS3. DOC，先另存于考试文件夹中，文件名为 JSJ3. DOC，再按如下要求进行操作。

1. 排版设计

（1）纸张：B5、纵向；边距：左右页边距均为 2cm，上下页边距均为 2.5cm；

（2）标题：黑体小三号、居中，段前段后各间隔 1.5 行；

（3）正文：楷体小四号，两端对齐，每落首行缩进 2 个字符，行距为 1.5 倍行距；首字下沉 3 行；

2. 将正文中所有的"音乐"一词替换为隶书、四号、加粗、蓝色。

3. 在正文内容右下方绘制"云形标注"图形。要求：无线条颜色、填充色为红蓝颜色过渡中心辐射，图形正中添加"音乐"两个字（宋体、小一号、白色、居中）；

4. 再次保存编辑好的 JSJ3. DOC 文件。

三、Excel 操作（20 分）

在 EXCEL 系统中按以下要求完成，文件存于考试文件夹中，文件名为 JSJ3. XLS。

2012 年 9 月职工工资及津贴发放表

姓 名	基本工资	岗位津贴	奖 金	扣 款	实发工资
李小勇	850.00	250.00	346.00	102.00	
王大川	880.00	400.00	410.00	124.00	
张天全	860.00	300.00	392.00	113.00	
陈地宽	870.00	350.00	433.00	118.00	
小 计					

1. 建立以上样式表格并输入内容（外框红色双线，内框蓝色细线，数字两位小数，标题 16 号黑体字合并单元格居中，其他 11 号楷体字）；

2. 利用公式计算"实发金额"和"小计"（不用公式计算不得分）；

3. 用三维柱形图显示小计情况（包括基本工资、岗位津贴和奖金）。

四、Windows 基本操作（10 分）

1. 在考试文件夹中分别用考生姓名和"等级考试 3"建立两个一级文件夹，并在"等级考试 3"下再建立两个二级文件夹"EEE"和"FFF"；

2. 将前面的 JSJ3. DOC 和 JSJ3. XLS 文件复制到已建的"等级考试 3"文件夹中；

3. 将前面的 JSJ3. DOC 文件复制到已建的姓名文件夹中并更名为"音乐.DOC"。

五、PowerPoint 操作（10 分）

2013 年五一节即将到来，请用 PowerPoint 制作庆祝五一国际劳动节贺卡。将制作完成的演示文稿以 JSJ3. PPT 为文件名保存在"等级考试 3"文件夹中，要求如下：

标题：五一节快乐！

文字内容：自定

图片内容：绘制或插入你认为合适的图形、图片

基本要求：1）标题采用艺术字；

2）模板、文稿中和文字、背景、图片等格式自定；

3）各对象的动画效果自定，延时 2 秒自动出现。

六、下面 1 和 2 小题中任意选作一题（10 分）

1. 用 FrontPage 或 Dreamweaver 制作一网页文件，内容是向朋友介绍自己学校情况，其中要插入相关的图片和文字；另外要插入一剪贴画（或学校风景）小图片，并设置浏览网页时，单击该图片可链接到你所在学校的首页的超级链接，用文件名 JSJ3. HTM（或 JSJ3. HTML）保存在"等级考试 3"文件夹中。

2. 用 Visual FoxPro 或 Access 制作一学生档案，其表结构如下：

学号：字符型，C10　　　　出生年月：日期型

姓名：字符型，C8　　　　高考成绩：数字型，N3

性别：逻辑型简历：备注型

建立表 JSJ3. DBF（或 JSJ3. MDB），保存到"等级考试 3"文件夹中，同时在表中录入如下数据。

学生档案表

学 号	姓名	性别	出生年月	高考成绩	简历
2012011001	刘全	男	1989-05-17	572	Memo
2012011002	陈红	女	1989-10-11	533	Memo
2012021001	王小明	女	1990-03-25	507	Memo
2012031001	谭海波	男	1989-11-19	521	Memo

附录三 一级笔试自测题

第 一 套

一、单项选择题

1. 按照计算机的发展史，第二代计算机采用的电子元件是（　　）。

    A. 大规模集成电路　　B. 电子管　　　　C. 集成电路　　　　D. 晶体管

2. 磁盘、优盘在使用前应进行格式化操作。所谓"格式化"是指对磁盘（　　）。

    A. 进行磁道和扇区的划分　　　　　B. 文件管理

    C. 清除原有信息　　　　　　　　　D. 读写信息

3. 计算机的主要性能指标取决于（　　）。

    A. 磁盘容量、显示器的分辨率、打印机的配置

    B. 字长、运行速度、内存容量

    C. 机器的价格、配置的操作系统、使用的磁盘类型

    D. 所配置的语言、操作系统和外部设备

4. 为实现某一目的而编制的计算机指令序列称为（　　）。

    A. 字符串　　　　　　B. 软件　　　　　C. 程序　　　　　D. 指令系统

5. 十进制数 261 转换为二进制数的结果为（　　）。

    A. 111111111　　　　　B. 100000001　　　C. 100000101　　　D. 110000011

6. 64 位微型计算机系统是指（　　）。

    A. 内存容量 64MB　　　　　　　　B. 硬盘容量 64G

    C. 计算机有 64 个接口　　　　　　D. 计算机的字长为 64 位

7. 计算机软件是指所使用的（　　）。

    A. 各种程序的集合　　　　　　　　B. 有关的文档资料

    C. 各种指令的集合　　　　　　　　D. 数据、程序和文档资料的集合

8. 在 Windows XP 系统是（　　）操作系统。

    A. 单用户单任务　　B. 多用户多任务　C. 单用户多任务　D. 多用户单任务

9. 剪贴板是（　　）中的一块区域。

    A. 硬盘　　　　　　　B. 优盘　　　　　C. 内存　　　　　D. 光盘

10. 即插即用硬件是指（　　）。

    A. 不需要 BIOS 支持即可使用的硬件

    B. 在 Windows 系统所能使用的硬件

    C. 计算机中安装的软件能够直接使用的硬件

    D. 硬件安装在计算机上后，系统会自动识别并完成驱动程序的安装和配置

11. 在 Windows 中，可用 Ctrl+空格键来进行（　　）。

    A. 中、英文输入法切换　　　　　　B. 全、半角切换

C. 各汉字输入法间切换　　　　　　D. 软硬键盘切换

12. Windows 中，要复制当前文件夹中已经选中的对象，可先使用组合键（　　　）。

　　A. Ctrl+V　　　　　B. Ctrl+A　　　　　C. Ctrl+C　　　　　D. Ctrl+X

13. 在 Word 系统的编辑状态下，选择了一个段落并设置段落的"首行缩进"为 2 厘米则（　　　）。

　　A. 该段落的首行起始位置距页面的左边线 2 厘米

　　B. 文档中各段落的首行只由"首行缩进"确定位置

　　C. 该段落首行起始位置在段落"左缩进"位置的右边 2 厘米

　　D. 该段落首行起始位置在段落"左缩进"位置的左边 2 厘米

14. 在 Excel 系统中，假设在 D4 单元格内输入了公式"=C3+$A$5"，再把该公式复制到 E7 单元格，则 E7 单元格中的公式实际上是（　　　）。

　　A. =C3+$A$5　　　B. =D6+$A$5　　　C. =C3+$A$8　　　D. =D6+$B5

15. 在 PowerPoint 系统的幻灯片视图中，如果当前是内容版式为空白的幻灯片，要想输入文字（　　　）。

　　A. 应当直接输入文字　　　　　　B. 应当首先插入一个新的文本框

　　C. 必须切换到浏览视图中去输入　　D. 必须切换到大纲视图中去输入

16. 在一个局域网内，连接网络的设备是（　　　）。

　　A. 交换机和路由器　B. 集线器和交换机　C. 路由器和网关　　D. 交换机和网关

17. 互相联网中的文件传输协议是（　　　）。

　　A. HTTP　　　　　B. POP3　　　　　C. FTP　　　　　　D. SMTP

18. 以下不属于传输介质的是（　　　）。

　　A. 微波　　　　　B. 蓝牙　　　　　C. 红外线　　　　　D. 光纤

19. Internet 上网页的最大特点是（　　　）。

　　A. 超级链接　　　　　　　　　　B. 支持多媒体数据

　　C. 网络传输便捷　　　　　　　　D. 与系统无关性

20. 为了解决软件危机，人们提出了用（　　　）的原理来设计软件，这就是软件工程诞生的基础。

　　A. 运筹学　　　　　B. 工程学　　　　　C. 软件学　　　　　D. 数学

二、多项选择题

1. Windows "查看"磁盘文件图标时的排序方式有，按文件的（　　　）。

　　A. 名称　　　　　B. 作者　　　　　C. 大小　　　　　D. 修改时间　　E. 类型

2. 计算机操作系统的功能中有（　　　）。

　　A. 把源程序代码转换成目标代码　　B. 实现用户和计算机之间的接口

　　C. 实现软件对硬件的操作　　　　　D. 控制计算机资源及程序

　　E. 管理计算机资源及程序

3. 对"计算机软件系统"规范的说法是包括了下面的（　　　）。

　　A. 应用软件　　　B. 语言处理程序　C. 数据库系统　　D. 系统软件　E. 操作系统

4. Excel 中有关工作簿的概念，下列叙述正确的是（　　　）。

　　A. 一个 Excel 文件就是一个工作簿　　B. 一个 Excel 文件可包含多个工作簿

　　C. 一个 Excel 工作簿可只有一张工作表　D. 一个 Excel 工作簿只能包含 3 张工作表

　　E. 一个 Excel 工作簿可包含多张工作表

5. 以下表示是互联网有效的顶级域名（　　　）。

　　A. . dot　　　　　B. . com　　　　　C. . txt　　　　　D. . tw　　　　E. . cn

三、判断题

（　　）1. 运算器有多项功能，其中最主要的功能是实现算术运算和逻辑运算。

（　　）2. 计算机与其他运算工具的本质区别是它能够存储和控制程序。

（　　）3. 计算机系统包括运算器、控制器、存储器、输入设备和输出设备五大部分。

（　　）4. 数据文件与相应的应用程序的关联，是通过文件的类型名进行的。

（　　）5. 低级语言是独立于机器的程序设计语言。

（　　）6. Windows 系统桌面上的快捷图标被删除后，其所指向的文件也被删除。

（　　）7. 计算机操作系统的重要功能是对计算机硬件、软件资源进行管理和控制。

（　　）8. Word 中的工具栏，只能固定出现在 Word 窗口的上方。

（　　）9. 在 Excel 中，公式中相对引用的单元格地址，在进行公式复制时会自动发生改变。

（　　）10. 在 Excel 中，可同时在多个单元格中输入相同的数据。

（　　）11. 动态网页和静态网页的区别是其中是否插入了动画。

（　　）12. 局域网传输的误码率比广域网传输的误码率高。

（　　）13. Internet 网的域名和 IP 地址之间的关系是一一对应的。

（　　）14. 数据库中表的一行就是一条记录。

（　　）15. 计算机网络的最基本功能是数据通信和资源共享。

四、填空题

1. 计算机的内存储器可分为随机存储器 RAM 和（　　）。

2. 按照 32×32 点阵存放国际码 GB2312-80 中一级汉字（共 3755 个）的汉字库，所占的存储空间数大约（　　）KB。

3. 一个 2G 的优盘理论上可存储（　　）个汉字的编码。

4. 对于 8 位机来说，十进制数-1 的补码为（　　）。

5. 在 Windows 系统中，任务管理器是管理（　　）和内存的程序。

6. 在计算机上外接 U 盘或移动硬盘，通常是插入（　　）接口。

7. 打开一个 Word 文档，是指把该文档从磁盘调入（　　），并在窗口的工作区显示其内容。

8. Excel 的单元格中如果是公式，一定是（　　）开头。

9. 在计算机网络中，为网络提供共享资源的基本设备是（　　）。

10. TCP/IP 协议中的 TCP 是中文（　　）的简称。

第 二 套

一、单项选择题

1. 气象预报是计算机的一项应用，按计算机应用的分类，它属于（　　）。

    A. 科学计算　　　　B. 实时控制　　　　C. 数据处理　　　　D. 辅助设计

2. 按使用器件来划分计算机的发展史，当前使用的微型计算机属于（　　）时代。

    A. 集成电路　　　　B. 晶体管　　　　C. 电子管　　　　D. 超大规模集成电路

3. 计算机系统中，西文字符的标准 ASCII 码由（　　）位二进制数组成。

    A. 4　　　　　　　　B. 7　　　　　　　　C. 8　　　　　　　　D. 16

4. 字符 C 的 ASCII 码为 1000011，则 E 的 ASCII 码为（　　）。

    A. 1000100　　　　B. 1000101　　　　C. 1000111　　　　D. 1001010

5. 4 个二进制位可以表示（　　）种不同的状态。

    A. 4　　　　　　　　B. 8　　　　　　　　C. 16　　　　　　　D. 32

6. 在 24 * 24 点阵字库中，存储一个汉字的字模信息需要占用（　　）个字节的存储空间。

    A. 2 * 16　　　　　B. 3 * 3　　　　　　C. 3 * 24　　　　　D. 24 * 24

7. 计算机软件是指所使用（　　）的集合。

A. 各种程序　　　　B. 有关文档资料　　　C. 各种指令　　　D. 数据、程序和文档资料

8. 以"程序存储和程序控制"为基础的计算机体系结构是由（　　　）提出的。

A. 布尔　　　　　B. 冯·诺依曼　　　　C. 帕斯卡　　　　D. 图灵

9. 获取指令、决定指令的执行顺序，向相应硬件部件发出控制信息，这是（　　　）的基本功能。

A. 运算器　　　　B. 控制器　　　　C. 内存储器　　　D. 输入/输出设备

10. 一般在应用软件中，"文件"菜单下的"打开"功能，实际上是将数据从辅助存储器中取出，传送到（　　　）的过程。

A. EEROM　　　　B. EPROM　　　　C. RAM　　　　D. ROM

11. 在计算机运行中突然断电，下列（　　　）中的信息将会丢失。

A. RAM　　　　B. ROM　　　　C. U 盘　　　　D. 磁盘

12. 在如下四个接口图标中，（　　　）是 USB 接口图标。

A. 　　　B. 　　　C. 　　　D.

13. 影响个人计算机系统功能的因素除了软件外，还有（　　　）。

A. CPU 的时钟频率　　　　　　B. 内存容量
C. CPU 所能提供的指令集　　　　D. 以上都对

14. 不是衡量微机硬件性能指标的是（　　　）。

A. 字长　　　　B. 运算速度　　　　C. 操作系统　　　C. 内存容量

15. 机器指令是由二进制代码表示的，它能被计算机（　　　）执行。

A. 编译后　　　　B. 解释后　　　　C. 汇编后　　　D. 直接

16. Google 公司开发的智能手机操作系统是（　　　），并逐渐运用到平板电脑、手机和其他一些领域。

A. Symbian（塞班）　　B. Android（安卓）　　C. iOS　　　D. Windows 7

17. 在 Windows 系统中，可以使用组合键（　　　）关闭已打开的应用程序窗口。

A. Ctrl+F4　　　B. Alt+F4　　　C. Ctrl+Shift　　　D. Ctrl+Esc

18. 扩展名为 .com 的文件为（　　　）文件。

A. 命令解释　　　B. 文本　　　C. 图形　　　D. 系统配置

19. Windows 7 是一个（　　　）的操作系统。

A. 单用户多任务　　B. 单用户单任务　　C. 多用户单任务　　D. 多用户多任务

20. 在 Word 系统中，可以显示出页眉和页脚的是（　　　）视图。

A. 普通　　　　B. 页面　　　　C. 大纲　　　　D. WEB 版式

21. 在 Excel 系统中，假设在 D4 单元格内输入了公式"＝C3＋$A$5"，再把该公式复制到 E7 单元格，则 E7 单元格中的公式实际上是（　　　）。

A. ＝C3＋$A$5　　B. ＝C3＋$A$8　　C. ＝D6＋$A$5　　D. ＝D6＋$B5

22. 在 Windows 系统中，可用 Ctrl+空格键来进行（　　　）。

A. 中、英文输入法切换　　　　B. 全、半角切换
C. 各种汉字输入法间切换　　　　D. 以上都不对

23. 在数据库系统中，用二维表来表示实体及实体之间联系的数据模型称为（　　　）模型。

A. 实体——联系　　B. 层次　　　C. 网状　　　D. 关系

24. 国际标准化组织（ISO）制定的开放系统互连参考模型（OSI/RM）共有七个层次。下列四个层次中最高的一层是（　　　）。

A. 表示层　　　B. 网络层　　　C. 传输层　　　D. 物理层

25. 在 TCP/IP 层次模型中，（　　　）是第三层（网络层）的协议。

A. IP　　　B. TCP　　　C. HTTP　　　D. FTP

26. 在下列表示中，（　　）是正确的 Ipv4 地址。

    A. 261. 86. 1. 68　　　　　B. 201. 286. 1. 68　　　　　C. 127. 386. 1. 8　　　　　D. 68. 186. 0. 168

27. 在如下四个手机图标中，表示连接无线 WIFI 图标是（　　）。

    A. 　　　　B. 　　　　C. 　　　　D.

28. 在多媒体技术中，图像数据压缩的目的是为了（　　）。

    A. 符合 ISO 标准　　　　　　　　　　　　B. 符合各国的电视制式

    C. 减少数据存储量，利于传输　　　　　　D. 图像编辑的方便

29. （　　）不是防止计算机感染病毒的有效方法。

    A. 在计算机上安装杀毒软件　　　　　　　B. 对网上下载的程序进行病毒检测

    C. 定期对计算机做清洁卫生　　　　　　　D. 经常用杀毒软件对磁盘杀毒

30. 信息安全技术是指保障网络信息安全的方法，（　　）是保护数据在网络传输过程中不被窃听、篡改或伪造的技术，它是信息安全的核心技术。

    A. 访问控制技术　　　　B. 加密技术　　　　C. 数字签名　　　　D. 防火墙技术

二、判断分析题

（　　）1. 云计算是专门用于航空航天科技的一门技术。

（　　）2. 计算机文化是指一个人所掌握的计算机基础知识和使用计算机的基本工作能力。

（　　）3. 所有的十进制数都可以精确转换为二进制数。

（　　）4. 一个完整的计算机系统包括硬件系统与系统软件。

（　　）5. 程序的存储式执行是当前计算机自动工作的基本核心。

（　　）6. 任何程序不需进入内存，直接在硬盘上就可以运行。

（　　）7. 运算器是由累加器和几个寄存器以及辅助电路组成，按所给指令或数据进行以加法运算为基础的四则运算。

（　　）8. 在计算机系统中，总线是 CPU、内存和外部设备之间传送信息的公用通道。微机系统的总线由数据总线、地址总线和控制总线三部分组成。

（　　）9. 当同时使用 ASCII 码和 GB2312-80 时，为避免产生二义性，汉字系统将 GB2312-80 中的每个字节的最高位设置为 1，作为汉字机内码。

（　　）10. 在 Windows 系统中，基本操作要点是选定对象再操作。

（　　）11. Windows 系统中，用 Alt+PrintScreen 可以将活动窗口或对话框作为一幅图形复制到剪贴板中。

（　　）12. Microsoft 公司的 Windows 是当前世界上唯一可以用的微型计算机操作系统。

（　　）13. 数据库中常见的数据模型有概念模型和星形模型。

（　　）14. 4G 是第四代移动通信技术的简称。

（　　）15. 计算机网络有两种基本工作模式：对等模式和客户/服务器（C/S）模式。

（　　）16. 一条信道的最大传输速率是和带宽成正比的，信道的带宽越高，信息的传输速率就越快。

（　　）17. 蓝牙是一种近距离无线数字通信的技术标准，主要适合于个人、办公室或家庭使用。

（　　）18. 在 IPV4 协议中，其 IP 地址由网络地址和主机地址两部分组成。

（　　）19. 默认情况下，域名中的后缀 .gov 表示机构所属类型为军事机构。

（　　）20. 如果我们上了网就可以找到世界上任意一台计算机。

（　　）21. 微信二维码是腾讯公司开发出的配合微信使用的添加好友的一种新方式，是含有特定内容格式的，只能被微信软件正确解读的二维码。

（　　）22. 用 Ping 命令可以测试网络是否联通。

（　　）23. 在现行 IPV4 中，用手动方式配置网络时，一般要知道 IP 地址、子网掩码、默认网关和 DNS

服务器。

（　　）24. 一个网站的起始网页一般被称为主页。

（　　）25. 流媒体是指采用流式传输的方式在 Internet 播放的媒体格式，其最大的特点就是可以边播放边下载，无需等待全部下载完成再播放。

（　　）26. 多媒体所涉及相关技术中，以数据压缩技术最为关键。

（　　）27. 从软件工程的角度来说，一个软件是有生命周期的。

（　　）28. 信息系统是一门综合性、边缘性学科，是计算机科学、管理科学、行为科学、系统科学等学科互相渗透的产物。

（　　）29. 计算机信息系统的特征之一是涉及的数据量大，因此必须在内存中设置缓冲区，用以长期保存系统所使用的这些数据。

（　　）30. 传播网络谣言，并以此牟利，这只是属于个人的思想意识问题，不构成犯罪。

三、填空题

1. 十进制数 265 转换为等价的二进制数的结果为 100001001，那么转换为等价的十六进制数的结果为（　　）H。

2. 计算机中的字符，一般采用 ASCII 码编码方案。若已知大写字母 "Y" 的 ASCII 码值为 59H，则可以推算出 "Z" 的 ASCII 码值为（　　）H。

3. 计算机向使用者传递计算、处理结果的设备称为（　　）。

4. 操作系统的功能由 5 个部分组成：处理器管理、存储器管理、（　　）管理、设备管理和作业管理。

5. 在 Windows 系统中，选定多个连续的文件或文件夹，操作步骤为：单击所要选定的第一个文件或文件夹，然后按住（　　）键，单击最后一个文件或文件夹。

6. 在 Excel 系统中，公式 =5<6 的结果是（　　）。

7. 数据库管理系统的英文缩写是（　　）．

8. 在关系数据库中，关系表的一行称为一条（　　）。

9. 在计算机网络中，通信双方必须共同遵守的规则或约定，称为（　　）。

10. IPv6 是 "Internet Protocol Version 6" 的缩写，它是用于替代现行版本 IP 协议 IPv4 的下一代 IP 协议，IPv6 具有长达（　　）位的地址空间。

第 三 套

一、单项选择题

1. 下列设备中，只能作为输出设备的是（　　）。

   A. 磁盘存储器　　　B. 键盘　　　　　　C. 鼠标器　　　　　D. 打印机

2. 微机计算机中存储数据的最小单位是（　　）。

   A. 字节　　　　　　B. 字　　　　　　　C. 位　　　　　　　D. KB

3. 二进制数 01100100 转换成十六进制数是（　　）。

   A. 64　　　　　　　B. 63　　　　　　　C. 100　　　　　　　D. 144

4. 计算机能够自动工作，主要是用了（　　）。

   A. 二进制数制　　　　　　　　　　　　B. 高速电子元件

   C. 存储程序控制原理　　　　　　　　　D. 程序设计语言

5. 一座办公大楼内各个办公室中的微机进行联网，这个网属于（　　）。

   A. WAN　　　　　　B. MAN　　　　　　C. LAN　　　　　　D. Internet

6. HTTP 是一种（　　）。

    A. 高级程序设计语言   B. 域名   C. 超文本传输协议   D. 网址

7. 多媒体计算机的英文缩写为（   ）。

    A. CAI   B. CAD   C. ROM   D. MPC

8. 在 Windows 资源管理器右窗格中，同一文件夹下，用鼠标左键单击了第一个文件，按住 Ctrl 键再单击第五个文件，则选中了（   ）个文件。

    A. 0   B. 5   C. 1   D. 2

9. 下面关于 Windows 文件名的叙述，错误的是（   ）。

    A. 文件名中允许使用汉字   B. 文件中允许使用多个圆点分隔符

    C. 文件名中允许使用空格   D. 文件名中允许使用竖线"丨"

10. PowerPoint 演示文档存盘时，其默认的扩展名为（   ）。

    A. . ppt   B. . pnt   C. . pot   D. . dot

11. Windows 中的窗口和对话框比较，窗口可移动和改变大小，而对话框（   ）。

    A. 既不能移动，也不能改变大小   B. 仅可以移动，不能改变大小

    C. 仅可以改变大小，不能移动   D. 既能移动也可以改变大小

12. Word 编辑状态下，鼠标在某行左边行首，若仅选择光标所在行应选用（   ）。

    A. 单击鼠标左键   B. 将鼠标左键击三下   C. 双击鼠标左键   D. 单击鼠标右键

13. Word 模板文件的扩展名（   ）。

    A. . DOC   B. . DOT   C. . WPS   D. . TXT

14. Word 编辑状态下，当前编辑的文档是 C 盘根目录下的 d1. doc 文档，要将该文档拷贝到软盘，应当使用（   ）。

    A. "文件"菜单中的"另存为"命令   B. "文件"菜单中的"保存"命令

    C. "文件"菜单中的"新建"命令   D. "插入"菜单中的命令

15. 在 Excel 中，新建一个工作簿缺省的工作表有（   ）个。

    A. 1   B. 2   C. 0   D. 3

16. 数字字符"1"的 ASCII 码的十进制数表示为 49，数字字符"8"的 ASCII 码的十进制数表示应为（   ）。

    A. 56   B. 58   C. 60   D. 54

17. 具有多媒体功能的微机计算机系统，常用 CD-ROM 作为外存储器，它是（   ）。

    A. 只读存储器   B. 可读可写存储器   C. 只读硬盘   D. 只读大容量软盘

18. 办公自动化是计算机的一项应用，按计算机应用的分类它属于（   ）。

    A. 科学计算   B. 实时控制   C. 数据处理   D. 辅助设计

19. 在 Excel 中默认情况下，单元格名称使用的是（   ）。

    A. 相对引用   B. 绝对引用   C. 混合应用   D. 三维相对引用

二、多选题

1. 微型计算机中，运算器的主要功能是（   ）。

    A. 逻辑运算   B. 算术运算   C. 分析指令并译码

    D. 按主频指标规定发出时钟脉冲   E. 保存指令信息供系统各部件使用

2. 静态 RAM 的特点是（   ）。

    A. 在不断电的条件下，其中的信息保持不变

    B. 在不断电的条件下，其中的信息不能长时间保持

    C. 其中的信息只能读不能写

    D. 其中的信息断电后也不会丢失

    E. 其中的信息断电后会丢失

3. 下列叙述中，正确的有（　　　）。

　　A. 内存容量是指微型计算机硬盘所能容纳信息的字节数

　　B. 微处理器的主要性能指标是字长和主频

　　C. 微型计算机应避免强磁场的干扰

　　D. 微型计算机机房湿度不宜过大

　　E. 用 MIPS 为单位来衡量计算机的性能，它指的是传输速率

4. 计算机信息系统安全保护技术包括（　　　）。

　　A. 运行安全　　　　B. 实体安全　　　　C. 信息安全　　　　D. 操作安全　　E. 网络安全

5. 图标是 Windows 的一个重要元素，下列有关图标的描述中，正确的是（　　　）。

　　A. 图标只能代表某个应用程序或应用程序组

　　B. 图标可以代表任何快捷方式

　　C. 图标可以代表包括文档在内的任何文件

　　D. 图标可以代表文件夹

　　E. 图标可以重新排列

6. Windows 中，"粘贴"和"剪切"操作描述的是（　　　）。

　　A. "粘贴"是将"剪切板"中的内容复制到指定的位置

　　B. "粘贴"是将"剪切板"中的内容移动到指定的位置

　　C. "剪切"操作后可以进行多次"粘贴"操作

　　D. "剪切"操作的结果是选定的信息复制到"剪切板"中

　　E. "剪切"操作的结果是选定的信息移动到"剪切板"中

7. Word 中的查找和替换功能可以（　　　）。

　　A. 替换文字　　　　B. 替换格式　　　　C. 不能替换格式　　　D. 只能替换格式不能替换文字

　　E. 格式和文字可以一起替换

8. Word 在文档"格式"工具中设置的对齐方式有（　　　）。

　　A. 分散对齐　　　　B. 上下对齐　　　　C. 两端对齐　　　　D. 居中对齐 E. 右对齐

9. 下面关于显示器的叙述正确的是（　　　）。

　　A. 显示器的分辨率与处理器的型号有关

　　B. 显示器的分辨率与处理器的型号无关

　　C. 分辨率是 1024×768，表示一屏的水平方向每行 1024 点，垂直方向每列 768 点

　　D. 显示卡是驱动、控制计算机显示文本、图形、图像信息的硬件配置

　　E. 像素是显示屏上能独立赋予颜色和亮度的最小单位

10. 下面关于系统文件的叙述中，错误的是（　　　）。

　　A. 系统文件与具体应用领域无关　　　　　B. 系统文件与具体应用领域有关

　　C. 系统文件是在应用软件基础上开发的　　D. 系统文件并不提供人机界面

　　E. 系统软件提供人机界面

三、判断题

（　　　）1. 计算机病毒可以通过电子邮件传播。

（　　　）2. 多媒体计算机可以处理图像和声音信息，但不能处理文字。

（　　　）3. 计算机系统是指计算机的软件系统，不包括硬件。

（　　　）4. Windows 支持长文件名，DOS 不支持长文件名。

（　　　）5. 正版软件能用于生产和商业目的。

（　　　）6. 计算机与其他计算工具的本质区别是它能够存储和控制程序。

（　　　）7. 汉字"中"的区位码与国际码是相同的。

（　　）8. 可以用软件和硬件技术来检测与消除计算机病毒。

（　　）9. 任何程序不需进入内存，直接在硬盘上就可以运行。

（　　）10. Windows 中，剪切板使用的是内存的一部分空间。

（　　）11. Windows 中，文档窗口组成与应用程序窗口组成的不同，是文档窗口不含菜单。

（　　）12. 在 Windows 及其应用程序中，当拉下一个菜单时，如果某些命令是灰色，表示命令永远不能用。

（　　）13. Word 中，对字符进行格式设置在字符键入的前后都可以进行。

（　　）14. Word 的打印预览模式下，不能检查分页符，调整页边距。

（　　）15. 用 Word "插入" 菜单中的 "页码" 命令在文档中标注页码，该命令对文档的第一页不标注页码号。

（　　）16. Internet 中广泛使用的是 TCP/IP 协议。

（　　）17. 多媒体技术具有集成性、实时性和交互性 3 个基本特性。

（　　）18. 在 Excel 中，公式相对引用的单元格地址，在进行公式复制时会自动发生改变。

（　　）19. 在 Excel 的工作表中不能插入来自其他文件的图片。

（　　）20. PowerPoint 中幻灯片的 "切换效果" 指的是幻灯片在放映时出现自动的方式。

四、填空题

1. 按目前的划分方式，微型计算机属于（　　）代计算机。

2. 20G 的硬盘相当于（　　）M（兆）。

3. Windows 中，通过 "开始" 菜单的 "运行" 项键入（　　）进入 MS-DOS 方式。

4. 文件名 "计算机文化基础 . DOC" 对应的短文件名是（　　）。

5. 当 Word 文档中含有页眉、眉脚、图形等复杂格式内容时，应采用（　　）方式进行显示。

6. Excel 工作簿文件的扩展名是（　　）。

7. 在 Internet 中，用字符串表示的 IP 地址被称为（　　）。

8. 计算机网络设备中，HUB 是指（　　）。

9. 文件型病毒传染的对象主要是 .com 和（　　）类文件。

10. 在 Excel 工作表中，若当前活动单元格在 H 列 11 行上，该单元格的绝对地址表示形式是（　　）。

第 四 套

一、单项选择题

1. 下列存储设备中，存取速度最快的是（　　）
　　A. 软盘　　　　　　B. 硬盘　　　　　　C. 光盘　　　　　　D. 内存

2. 目前，通常称 486、586、PII 计算机，它们是针对该机的（　　）而言的。
　　A. CPU 的速度　　B. 内存容量　　　　C. CPU 的型号　　　D. 总线标准类型

3. 机器语言指令是由哪两部分组成的（　　）。
　　A. 操作码和控制码　　B. 操作码和操作数　　C. 控制码和地址码　　D. 控制码和操作数

4. 程序是在什么地方运行的（　　）。
　　A. 内存中的程序在内存中运行　　　　　　B. 软盘中的程序在软盘上运行
　　C. 硬盘中的程序在硬盘上运行　　　　　　D. 所有程序都是在内存中运行的

5. 文件长度、建立（修改）文件的日期和时间等信息是保存在（　　）中的。
　　A. 文件的目录　　　　　　　　　　　　　B. 文件内容的末尾部分
　　C. 文件内容开始的位置　　　　　　　　　D. 内存

6. 对于 Excel 工作表中的单元格，下列哪种说法是错误的（　　）。

    A. 不能输入字符串　　　B. 可以输入数值　　　C. 可以输入时间　　　D. 可以输入日期

7. 关于操作系统，下列哪个说法是正确的（　　）。

    A. 我们所用的微机只能运行 DOS 和 Windows 操作系统

    B. Windows XP 是最好的图形用户界面的多任务操作系统

    C. 不同的操作系统的作用是一样的，但功能有强弱之分，使用方法有差别

    D. DOS、Windows 和 LINUX 操作系统不能同时安装在一台微机中

8. 计算机病毒是一种（　　）。

    A. 源程序　　　　　B. 可执行程序　　　　C. 文本文件　　　　D. WORD 文档

9. 多媒体计算机的核心部件是（　　）。

    A. 高档 CPU　　　　B. 大容量内存　　　　C. 光盘驱动器　　　　D. 声卡和音箱

10. 关于万维网（WWW）的正确的说法是（　　）。

    A. INTERNET 网络就是万维网

    B. 万维网是独立于 INTERNET 而存在的一种计算机网络

    C. 任何一个计算机网络都是万维网的组成部分

    D. 万维网是基于 INTERNET 的信息网络

11. 拼音码、五笔字型码都是（　　）。

    A. 汉字的内码　　　　　　　　　B. 汉字的输入码（外码）

    C. 汉字的输出码　　　　　　　　D. 传输汉字时用的编码

12. Word 2003 文档窗口中标尺的长度单位（1、2、3 等）一般是（　　）。

    A. 厘米　　　　　B. 英寸　　　　　C. 毫米　　　　　D. 磅

13. 在 Word 系统中建立一个新文件时，若不进行字符格式设置，则默认录入的汉字为（　　）。

    A. 宋体粗体小四号颜色自动　　　　B. 宋体常规形小四号颜色自动

    C. 宋体粗体五号颜色自动　　　　　D. 宋体常规形五号颜色自动

14. 在 Excel 中执行存盘操作时，作为文件存储的是（　　）。

    A. 工作表　　　　　B. 工作簿　　　　　C. 图表　　　　　D. 报表

二、多项选择题

1. 打印机性能的好坏，可以用（　　）等指标衡量。

    A. 打印色彩多少　　　　　　　　B. 打印机上存储器容量

    C. 能打印的幅面的大小　　　　　D. 噪音大小　　　　E. 打印速度

2. 编制计算机程序可以用（　　）。

    A. 机器语言　　　　B. 汇编语言　　　　C. 高级语言　　　　D. 英语 E. 汉语

3. 计算机中机器数的正负号是用什么表示的（　　）。

    A. 正号+　　　　　B. 二进制数码 1　　　C. 二进制数码 0　　　D. 负号– E. 其他符号

4. 关于文件名和文件夹（目录），下列哪些说法是正确的（　　）。

    A. DOS 文件名中不允许出现空格，Windows XP 文件名中可以包含空格

    B. DOS 中文件与目录（文件夹）的命名规则一样，目录也可以有扩展名

    C. Windows XP 中文件和文件夹名字的长度不能超过 DOS 文件系统的规定

    D. DOS 目录名中允许使用汉字，中文 Windows XP 文件夹名不能使用汉字

    E. DOS 文件名中不允许使用汉字，中文 Windows XP 文件名中可以使用汉字

5. Windows 系统所提供的剪贴板是（　　）。

    A. 存储住处的物理空间　　　　　B. 一个图形处理应用程序

    C. 一段连续的硬盘区域　　　　　D. 一段连续的内存区域

6. 计算机系统安全包括哪些方面（　　　）。
  A. 计算机实体（设备）安全　　　　　　　B. 计算机软件安全
  C. 计算机数据安全　　　　　　　　　　　D. 实验员人身安全　　　E. 计算机运行安全

7. 文字处理实际上是指（　　　）。
  A. 程序的编译、链接　　　　　　　　　　B. 排版
  C. 文字的录入、编辑　　　　　　　　　　D. 程序调试

8. 要在计算机中进行汉字信息处理，必须解决哪些问题（　　　）。
  A. 汉字拼音编码问题　　　　　　　　　　B. 汉字存储编码问题
  C. 汉字打印问题　　　　　　　　　　　　D. 汉字显示问题　　　E. 汉字输入编码问题

9. Word 2003 非默认的文档格式有（　　　）。
  A. 纯文本　　　　　　B. HTML 文档　　　　　C. 文档模板　　　　　D. WORD 文档
  E. UNICODE 文本

10. 下列几项中，哪些是正确的 Excel 工作表的单元格地址（　　　）。
  A.（A20，A30）　　　B. B10　　　　　　　C. D5：D10　　　D. A10~E10　　　E. A1：C3

三、判断题

（　　）1. 启动计算机的过程，实际上就是从磁盘中引导操作系统的过程。

（　　）2. 软盘上磁道的编号是按照从内向外的方向从小到大编号的。

（　　）3. 计算机系统的性能只是由 CPU 决定的。

（　　）4. 计算机中的一个字节由 7 位二进制数据码组成。

（　　）5. 机器语言又叫机器指令，是能够直接被计算机识别和执行的计算机程序设计语言。

（　　）6. 在 Windows 系统中，既可使用鼠标，又可使用键盘，因此，二者缺一不可。

（　　）7. 网络通信协议就是通信时应该遵守的规则和约定，协议涉及的三个基本要素是语法、语义和时序。

（　　）8. 在 Windows 系统中，控制面板的作用是用来对系统环境进行设置的。

（　　）9. CPU 与内存之间的数据交换是并行传输的，当我们用调制解调器和电话线上网时，信息是串行传输的，即一位一位传输的。

（　　）10. 16 位字长的二进制数可用 2 位十六进制数表示。

（　　）11. 汉字的机内码与字模点阵码的作用是一样的。

（　　）12. 在 Word 中，输入文字之前就应选择字型、字号等，录入完毕后，字型、字号就不能改变了。

（　　）13. 在 Word 的页面视图中看到的排版效果，就是打印输出时的实际效果。

（　　）14. 与 Word 中的表格不同，对 Excel 工作表中的单元格不能进行单元格的合并操作。

（　　）15. Excel 工作表不能出现在 Word 文档中。

四、填空题

1. 现代计算机的基本工作原理是（　　　）。

2. 十进制数 235.75 转化成八进制数是（　　　）。

3. Windows 及其应用程序的菜单中，淡字选项（灰色显示）表示该功能（　　　）。

4. 程序的执行分为两种：一种是解释方式执行，一种是（　　　）。

5. 在 Windows XP 中执行删除操作，被删除的对象并没有物理地删除，而是被放到了（　　　）中。

6. 对于一个纯文字的 Word 文档，编辑并排版以后，执行存盘操作，请问除了文字（包括标点符号）代码以外，该文档中还包含什么信息（　　　）。

7. Word 2003 中的快捷菜单是如何弹出来的（　　　）。

8. Excel 工作簿存盘时，默认的文件扩展名是（　　　）。

9. 在 INTERNET 的域名 PKU. EDU. CN 中，EDU 代表的是什么部门或机构（　　）。
10. 多媒体信息在计算机中是用什么表示（　　）。

第 五 套

一、单项选择题

1. 存储容量的大小是以（　　）为单位度量的。
    A. bit   B. Byte   C. WORD   D. Hz
2. 操作系统是使用（　　）对文件进行存取的。
    A. 文件大小   B. 文件类型   C. 文件名   D. 文件内容
3. 机器语言指令是由（　　）进行译码分析并发出控制信号的。
    A. 控制器   B. 运算器   C. 存储器   D. 主机
4. 在微机中，CPU 是通过（　　）与内存交换数据的。
    A. 地址总线   B. 数据总线   C. 信号线   D. 控制总线
5. 用下列哪种方法不能关闭 Word 2003（　　）。
    A. 双击窗口标题栏
    B. 鼠标单击窗口右上角的"关闭"按钮
    C. 选择"文件"菜单的"退出（X）"
    D. 双击标题栏上"W Microsoft WORD"中的 W
6. 与一般计算机相比，多媒体计算机的主要特征是能够（　　）。
    A. 进行数值运算   B. 进行文字处理   C. 处理语音信息   D. 处理图形、图像和语音信息
7. 扩展名为 EXE 和 COM 的文件是（　　）。
    A. 源程序文件   B. 机器语言程序文件 C. 文本文件   D. WORD 文档
8. 在国际标准化组织制订的最新的编码标准中，各种语言文字最终将统一用（　　）个字节进行编码。
    A. 1   B. 2   C. 3   D. 4
9. 当我们用浏览器浏览一个网站的主页时，信息是采用（　　）协议传输的。
    A. HTTP   B. FTP   C. TELNET   D. PPP
10. 一般情况下，计算机运算的精确程度取决于（　　）。
    A. 内存容量的大小 B. 软件   C. 字长   D. 运算的速度
11. 在使用 Excel 的过程中，可以同时向（　　）选定的工作表中输入相同的数据。
    A. 1 个   B. 2 个   C. 3 个   D. 多个
12. 对于 Excel 工作表中的单元格，下列哪种说法是错误的（　　）。
    A. 单元格可以合并   B. 单元格的高度可以改变
    C. 一列中只能输入一种类型的数据   D. 单元格的宽度可以改变
13. 在中文 Windows XP 环境下，进行中英文输入法切换的组合键是（　　）。
    A. CTRL+ALT+DEL   B. CTRL+SHIFT   C. CTRL+ALT   D. CTRL 十空格
14. 在五笔字型码中，交叉识别码是（　　）。
    A. 字型码   B. 末笔笔画代码
    C. 末笔笔画代码十字型代码   D. 字型代码+末笔笔画代码

二、多项选择题

1. 下列存储器中，哪些是外部存储器（　　）。

    A. 软盘   B. 硬盘   C. 内存   D. 光盘   E. 磁带

2. 操作系统的功能可以概括为（　　　）。

   A. 存储管理　　　B. 设备管理　　　C. 进程管理（CPU 管理）

   D. 程序编译　　　E. 文件管理

3. 下列设备中，哪些是输入输出设备（　　　）。

   A. 软盘　　　B. 磁盘驱动器　　　C. 光盘　　　D. 光盘驱动器　　　E. 主机

4. 通常所说的微机的主机是由哪几部分组成的（　　　）。

   A. 硬盘　　　B. 控制器　　　C. 运算器　　　D. 软盘驱动器　　　E. 内存

5. 为了保证软盘中的数据安全，可以采取的措施有（　　　）。

   A. 把软盘置为写保护状态　　　B. 防止软盘受潮　　　C. 使软盘远离磁场

   D. 不折、压软盘　　　E. 经常备份软盘中的数据

6. 电子数字计算机能够直接识别的是（　　　）。

   A. 二进制　　　B. 八进制　　　C. 十进制　　　D. 机器语言　　　E. 汇编语言

7. Word 2000 窗口中的"常用"工具栏和"格式"工具栏（　　　）。

   A. 可以取消　　　B. 不可以取消　　　C. 可竖放在窗口的一侧

   D. 可以水平放在窗口底端　　　E. 只能水平放在窗口顶端

8. 在 Excel 中，对工作表中的一行数据，您可以执行（　　　）操作。

   A. 求和　　　B. 求平均值　　　C. 设置字体、字号

   D. 从大到小排序　　　E. 从小到大排序

9. 在 Word 2003 中对文档进行的排版操作，包括（　　　）等内容。

   A. 页面设置　　　B. 改变窗口大小　　　C. 设置显示比例

   D. 文字、段落格式设置　　　E. 图文混排

10. 下列编码方案中，哪些是用于汉字输入的（　　　）。

   A. ASCII 码　　　B. 五笔字型码　　　C. 拼音编码　　　D. 汉字内码　　　E. 区位码

三、判断题

（　　）1. 要启动计算机，系统中必须安装有操作系统。

（　　）2. 外部设备是指主机以外的设备，如显示器、键盘、鼠标、打印机等。

（　　）3. 在 Word 2003 中，输入一个自然段后，都应该按一下回车键。

（　　）4. 利用 INTERNET 网络向同学发送电子邮件时，电子邮件是直接发送到了对方的计算机中。

（　　）5. ROM 类存储器中的信息能够长期保存，在断电的情况下信息也不会丢失。

（　　）6. 在 Windows 环境中的不同位置按鼠标右键弹出的快捷菜单都是一样的。

（　　）7. 计算机系统的性能是由硬件决定的。

（　　）8. 与磁道一样，光盘上的光道也是一系列的同心圆。

（　　）9. 不能利用剪贴板在 Word、Excel 等不同的应用程序之间复制或移动信息。

（　　）10. Word 中的普通表格与 Excel 工作表是一样的，操作方法也是一样的。

（　　）11. 在 Word 的普通视图中看到的排版效果，就是打印输出时的实际效果。

（　　）12. 中文 Word 2003 不需要汉字操作系统的支持。

（　　）13. 在 Excel 中，可以在两个工作表之间插入一张新的工作表。

（　　）14. 显示字库与打印字库的点阵数是一样的。

四、填空题

1. 如果经常要用到一种文档样式，可以在 Word 中把该文档按（　　　）类型存盘，以便以后使用该文档样式。

2. 在 Word 中的（　　）视图中看到的就是实际的排版效果。

3. 在 Excel 中执行存盘操作时，一个工作簿中的各工作表是存入（　　）个文件的。

4. 网络通信的速度是二进制位/秒，简写为（　　）。

5. 万维网中不同网站上的信息是用（　　）联系在一起的。

6. 软盘上的标记"MFD-2HD"的中文含义是（　　）。

7. 无符号二进制数 111001101.01101 转换为十六进制数是（　　）。

8. Windows 桌面上的（　　）图标是不能删除的。

9. 程序的执行分为两种，一种是解释方式，一种是编译方式。哪种方式每次执行时都需要源程序（　　）。

10. 除了尺寸大小和色彩数量以外，评价显示器的主要性能指标是（　　）。

第　六　套

一、单项选择题

1. 大规模和超大规模集成电路芯片组成的微型计算机属于现代计算机阶段的（　　）。
   A. 第一代产品　　　　　B. 第二代产品　　　　C. 第三代产品　　　　D. 第四代产品

2. 计算机之所以能够按照人的意图自动工作，主要是因为采用了（　　）。
   A. 高速的电子元件　　B. 高级语言　　　　C. 二进制编码　　　　D. 存储程序控制

3. 十进制数 268 转换成十六进制数是（　　）。
   A. 10BH　　　　　　B. 10CH　　　　　　C. 10DH　　　　　　D. 10EH

4. 在存储一个汉字内码的两个字节中，每个字节的最高位是（　　）。
   A. 1 和 1　　　　　B. 1 和 0　　　　　C. 0 和 1　　　　　D. 0 和 0

5. 关于 CPU 的组成正确的说法是（　　）。
   A. 内存储器和控制器　　　　　　　　B. 控制器和运算器
   C. 内存储器和运算器　　　　　　　　D. 内存储器，运算器和控制器

6. CPU 能直接访问的存储器是（　　）。
   A. 软盘　　　　　　B. 磁盘　　　　　　C. 光盘　　　　　　D. ROM

7. 计算机软件是指所使用的（　　）。
   A. 各种程序的集合　　B. 有关的文档资料
   C. 各种指令的集合　　D. 各种程序的集合及有关的文档资料

8. 如果微机不配置（　　），那么它就无法使用。
   A. 操作系统　　　　B. 高级语言　　　　C. 应用软件　　　　D. 工具软件

9. 目前网络传输介质传输速率最高的是（　　）。
   A. 双绞线　　　　　B. 同轴电缆　　　　C. 光缆　　　　　　D. 电话线

10. Windows 的对话框（　　）。
    A. 既不能移动，也不能改变大小　　　　B. 仅可以移动，不能改变大小
    C. 仅可以改变大小，不能移动　　　　　D. 既能移动，也能改变大小

11. Windows 中提供设置系统环境参数和硬件配置的工具是（　　）。
    A. 资源管理器　　　B. 控制面板　　　　C. 附件　　　　　　D. 我的文档

12. 下列关于 Windows "开始菜单"的叙述中错误的是（　　）。
    A. "开始"菜单中包含了 Windows 的绝大多数功能
    B. 用户可以自己定义"开始"菜单

  C. "开始"菜单的内容可以增删

  D. "开始"按钮始终显示在桌面上

13. Windows 中，"粘贴"的快捷键是（　　　）。

  A. CTRL+A   B. SHIFT+V   C. CTRL+V   D. CTRL+C

14. 删除 Windows 桌面上某个应用程序的图标，意味着（　　　）。

  A. 该应用程序连接同其图标一起被删除   B. 只删除了应用程序，对应的图标被隐藏

  C. 只删除了图标，对应的应用程序被保留   D. 该应用程序连同图标一起被隐藏

15. 在 Word 的编辑状态，分别按顺序先后打了 d1. doc、d2. doc、d3. doc、d4. doc 四个文档，当前的活动窗口是（　　　）

  A. d1. doc   B. d2. doc   C. d3. doc   D. d4. doc

16. 在 Word 中，（　　　）视图方式可以显示出分页符，但不能显示出页眉和页脚。

  A. 普通   B. 页面   C. 大纲   D. 全屏显示

17. 在 Excel 中，默认情况下，单元格名称使用的是（　　　）

  A. 相对引用   B. 绝对引用   C. 混合引用   D. 三维相对引用

18. 在第一张幻灯片上为某对象设置超级链接链接到本演示文稿的第七张幻灯片，再将该对象复制到第二张幻灯片上，这时第二张幻灯片上所复制对象链接的是（　　　）幻灯片。

  A. 第六张   B. 第七张   C. 第一张   D. 第二张

19 使用 Modern 拨号上网发送邮件时，是将数字信号转换成模拟信号，此过程称为（　　　）。

  A. 解释   B. 调制   C. 解调   D. 编译

20. 下列四项中，不属于计算机病毒特征的是（　　　）。

  A. 潜伏性   B. 传染性   C. 破坏性   D. 免疫性

二、多项选择题

1. 下面是关于解释程序和编译程序的叙述，正确的是（　　　）。

  A. 编译程序和解释程序均能产生目标程序

  B. 编译程序和解释程序均不能产生目标程序

  C. 编译程序能产生目标程序而解释程序则不能

  D. 编译程序不能产生目标程序而解释程序能

  E. 解释程序对源程序的语句是翻译一句执行一句

2. CPU 能直接访问的存储器有（　　　）。

  A. ROM   B . RAM   C. Cache（高速缓存）D. CD-ROM   E. 硬盘

3. 在 Windows 中，下列文件夹名正确的是（　　　）。

  A. 12% +3%   B. 12）$-3 $ C. 12 * 3！   D. 1&2 =0   E. a12/3

4. 在 Windows 中，可以由用户设置的文件属性为（　　　）。

  A. 存档   B. 只读   C. 隐藏   D. 系统   E. 显示

5. Windows 对磁盘文件的显示方式有（　　　）。

  A. 大图标   B. 小图标   C. 列表   D. 详细资料   E. 自定义方式

6. 下列关于"回收站"的叙述中，正确的是（　　　）。

  A. "回收站"中的信息可以清除，也可以还原

  B. 每个硬盘逻辑上"回收站"的大小可以分别设置

  C. 当硬盘空间不够使用时，系统自动使用"回收站"所占据的空间

  D. "回收站"中可以存放所有逻辑硬盘上被删除的信息

  E. "回收站"中可以存放软盘上被删除的信息

7. 在 Word 中，下列哪些操作会出现另存为对话框（　　）。

    A. 新建文档第一次保存　　　　　　　　B. 打开已有文档修改后保存

    C. Word 窗口已命名文档修改后存盘　　　D. 建立文档副本，以其他名字保存

    E. 将 Word 文档保存成其他文件格式

8. 在 Word 中，提供文档的对齐方式有（　　）

    A. 两端对齐　　　B. 居中对齐　　　C. 左对齐　　　　D. 右对齐　　　　E. 分散对齐

9. 在 Excel 中数据筛选是展示记录的一种方式，筛选的方法有（　　）

    A. 自动筛选　　　B. 低级筛选　　　C. 高级筛选　　　D. 中级筛选　　　E. 人工筛选

10. 新建 PowerPoint 演示文稿通常可以采用的方法有（　　）

    A. 利用空演示文稿创建　　　　　　　B. 利用母版创建　　C. 利用设计模板创建

    D. 利用内容提示向导创建　　　　　　E. 利用常用工具栏上的"新建幻灯片"按钮创建

三、判断题

（　　）1. 与十进制数 217 等值的二进制数是 11011001。

（　　）2. 微机断电后，机器内部的计时系统将停止工作。

（　　）3. 内存储器与外存储器主要的区别在于是否位于机箱内部。

（　　）4. 每个逻辑硬盘都有一个根目录，根目录是在格式化上建立的。

（　　）5. 计算机系统包括运算器、控制器、存储器、输入设备和输出设备五大部分。

（　　）6. Windows 是一个多任务操作系统。

（　　）7. 在 Windows 及应用程序中，当拉下一个菜单时，如果某些命令是灰色，则表示该命令永远不

       能用。

（　　）8. 桌面上"我的电脑"和"回收站"两个图标用户不能删除。

（　　）9. 如果计算机中只有一个软驱，在 Windows 中不能进行软盘的复制。

（　　）10. 在 Windows 中，用户可查看 Windows 剪贴板上的内容。

（　　）11. 在 Windows 中可以创建 Windows 启动盘。

（　　）12. 利用 Word 录入和编辑文档之前，必须首先指定所编辑的文档的文件名。

（　　）13. Word 中的自然段是以回车键结束的。

（　　）14. 在 Excel 的工作表中不能插入来自文件的图片。

（　　）15. 在 Excel 中，能将多个单元格命名一个名称，并在公式计算中，可以用该名称引用单元格。

（　　）16. Windows 演示文稿可以保存为 WEB 格式。

（　　）17. 两台计算机利用电话线路传输数据信号时必备的设备之一是网卡。

（　　）18. 因特网（Internet）初期主要采用 TCP/IP 协议进行通讯，随着因特网的发展，该协议已经不

       再使用。

（　　）19. Modem（调制解调器）既是输入设备也是输出设备。

（　　）20. 计算机病毒可以通过电子邮件传播。

四、填空题

1. 在计算机中运行程序，必须先将程序调入计算机的（　　）。

2. 一个十进制数中左面一位是其相邻的右面一位的 10 倍。一个二进制数中左面一位是其相邻的右面一

   位的（　　）倍。

3. 在市电掉电后，能继续为计算机系统供电的电源被称为（　　）。

4. 完成某一特定的任务的一系列指令的集合称为（　　）。

5. 在 Windows 中，"回收站"是（　　）中的一块区域。

6. 在 Windows 中可以安装多个打印机，打印作业总是发送到（　　　）打印机。

7. 在 Word 中，编辑页眉、页脚时，应选择（　　　）视图方式。

8. 在 Word 中，要插入一些特殊的字符使用（　　　）菜单的"符号"命令。

9. 在 Excel 工作表中，若当前活动单元在 H 列 11 行上，该单元格的绝对地址表示是（　　　）

10. 在 PowerPoint 窗口中可以同时观察到多张幻灯片的视图是（　　　）视图。

参 考 文 献

［1］ 熊江，应宏 . 大学计算机基础学习指导 . 武汉：武汉大学出版社，2006.8.

［2］ 熊江，吴元斌，赵永建 . 大学计算机基础教程 . 北京：科学出版社，2012.8.

［2］ 吴元斌，熊江，钟静 . 大学计算机基础实验教程 . 北京：科学出版社，2012.8.